吴江市地方志系列丛书

吴江市环境保护志

《吴江市环境保护志》编纂委员会　编

广陵书社

图书在版编目（CIP）数据

吴江市环境保护志 / 《吴江市环境保护志》编纂委
员会编. -- 扬州 ：广陵书社，2014.11
　　ISBN 978-7-5554-0184-1

　　Ⅰ．①吴… Ⅱ．①吴… Ⅲ．①环境保护－概况－吴江
市 Ⅳ．①X321.253.3

中国版本图书馆CIP数据核字(2014)第263395号

ISBN 978-7-5554-0184-1

书　　名　吴江市环境保护志
编　　者　《吴江市环境保护志》编纂委员会
责任编辑　刘　栋　顾寅森　田浩然
出版发行　广陵书社
　　　　　扬州市维扬路 349 号　　　　邮编 225009
　　　　　http://www.yzglpub.com　　E-mail:yzglss@163.com
印　　刷　金坛市古籍印刷厂有限公司
开　　本　889 毫米 × 1194 毫米 1/16
印　　张　24.625
字　　数　600 千字
版　　次　2014 年 11 月第 1 版第 1 次印刷
标准书号　ISBN 978-7-5554-0184-1
定　　价　118.00 元

《吴江市环境保护志》编纂委员会

顾　　问：王永健　汤卫明

主　　任：范新元

副 主 任：张荣虎

委　　员：沈卫芳　朱三其　陆国祥　许竞竞
　　　　　王通池　周　民　唐美芳

主　　编：范新元

副 主 编：张荣虎

编　　委：凌汝虞　翁益民　薛建国　黄　娟
　　　　　吴　昊　陈明源　金　骏　施　荣

编写人员：夏元麟

图照编辑：夏元麟

扉页篆刻：许建华

《吴江市环境保护志》审稿人员

（以姓氏笔画为序）

于振华　沈卫新　沈昌华　沈春荣　李流芳
肖耀华　顾晓红　顾婉秋　谭　亮

《吴江市环境保护志》审定单位

苏州市吴江区地方志办公室
苏州市吴江区环境保护局

1987年1月6日，江苏省副省长张绪武（右一）在震泽镇调查环境保护工作。

2002年4月10日，国家环保总局局长解振华（前排中）、苏州市市长杨卫泽（前排右）在盛泽镇视察环境综合整治情况。

2005年9月14日，苏州市人大常委会副主任周性光（左）、苏州市副市长谭颖(中)、苏州市环保局局长陈铁民（右）率督查组到吴江市检查污染治理项目的实施情况。

2008年3月31日，国家环保部副部长吴晓青（前排右三）在吴江视察新农村环境保护工作。

环境机构

吴江县环境保护局（摄于1981年冬）

吴江市环境监理大队（摄于2001年）

吴江市环境监测站（摄于2006年）

吴江市盛泽环保分局（摄于2001年）

吴江市环境保护局（摄于2000年）

环境监测

环境监测人员正在采样、检测、化验、分析……

环境
监察

环境监察人员正在
执法检查。

2005年9月,市政府采取行动取缔旧桶复制企业。市长徐明(右)、市环保局局长范新元(左)亲临现场。

2004年8月,市环保局召开喷水织机整治工作会议。

2003年8月,吴江市开展烟尘专项整治行动。上图为整治前的芦墟水泥厂,下图为整治后加了除尘装置的烟囱。

2005年5月,市政府召开化工企业综合整治工作会议。

2007年7月,市政府召开整治排污企业,保障群众健康环保专项行动工作会议。

环保责任制

1989年4月12日，该年度环保责任书签字仪式正在进行。

1991年4月15日，县政府召开环保责任制工作会议。

1998年3月24日，该年度环保责任书签字仪式正在进行。

1992年3月30日，副县长汝留根（左）代表县政府与菀坪乡乡长严永琦（右）签订年度环保责任书。

6

污染
防治

2001 年 4 月，餐饮业油烟治理工作会议召开。

吴江东方染厂的生化池(摄于 1991 年)

2006 年 5 月，太湖水污染防治会议在吴江宾馆召开。

盛泽镇联合污水处理厂(摄于 1995 年)

盛泽炼染一厂的污水处理车间(摄于 1989 年)

吴江城镇垃圾焚烧装置(摄于 2002 年)

垃圾填埋渗滤液膜处理设施(摄于 2008 年)

吴江市绿怡固废处置有限公司(摄于 2001 年)

环境宣传

1997年6月5日，市环保局、市司法局联合举办"环保进社区"活动。

1993年4月，市委宣传部、市环保局等联合举办环保卡拉OK比赛。

1991年5月，县委宣传部、团县委、县环保局联合举办"鲈乡美"环保演讲比赛。

2003年6月5日，市委宣传部、市环保局联合举办环保千人签名活动。

儿童环保

宣传画

2003 年 10 月,市环保局法制宣教科科长翁益民正在作环保知识讲座。

环境教育

1989 年 4 月 27 日,县委宣传部、县环保局在县政府第一招待所餐厅举办环保知识讲座。

1991 年春,芦墟中学正在上环境教育课。

2002 年 8 月 20 日,县环保局举办企业法人代表环保知识培训班。

吴江县环境保护十年成绩展览
1979 —— 1989

1989 年 6 月,县委宣传部、县政协经科委、县工人文化宫、环保局、环科学会联合举办吴江县环境保护十年成绩展览。

2004 年 6 月 25 日,县环保局召集部分违法企业的负责人举办环境警示教育培训班。

创建
活动

2004 年 12 月 22 日，"国家环保模范城市"的命名授牌仪式在吴江宾馆江宾礼堂举行。

国家环保总局副局长汪纪戎（左一）向吴江市市长徐明（右一）授牌。

2002 年 5 月 21 日，市政府成立国家生态示范区创建领导小组。图为小组成员单位正在开会。

2005 年 4 月 12 日，市委、市政府在吴江宾馆江宾礼堂召开创建国家生态市和国家生态园林城市动员大会。

"6·5" 世界环境日

1989年6月5日，吴江第一次举办世界环境日纪念大会。

1991年6月，县工人文化宫、环保局联合举办"环境与人类"摄影作品展。

2006年5月，市环保局、市文广局联合举办环保演讲比赛。

1992年6月5日，市政府正在开展世界环境日纪念活动。

2008年6月，市科协、市环保局联合举办节能减排科普知识竞赛。

2005年世界环境日期间，鲈乡幼儿园的孩子们走进鲈乡三村社区宣传环境保护。

党风
政风
行风
建设

2004年6月10日,市环保局召开政风行风评议动员大会。

2005年4月2日,市环保局正在开展党员先进性教育活动。

2005年4月19日,市环保局全体共产党员在嘉兴南湖重温入党誓言。

2005年6月,市环保局共产党员公示上岗。

1985年度部分环保先进集体的代表。

2006年度部分荣获国家园林城市创建先进集体的代表。

1986年度部分环保先进集体的代表。

1988年，出席苏州市乡镇环保员先进表彰大会的吴江代表。

1991年，出席"依靠科技进步，促进环保工作"经验交流会的获奖代表。

先进表彰

生态工业

2006年,正在全力打造"绿色恒力、生态恒力"的江苏恒力集团

2008年,正在运转的盛泽水处理发展有限公司的水处理设施

2006年,吴江循环经济示范企业——亨通集团

2008年夏,绿树掩映的吴江经济开发区

2008年，同里镇北联村生态农业基地

仙人掌种植

芡实养殖

无公害蔬菜种植

2007年，震泽镇新申生态农庄

生态
农业

15

太湖湿地保护

龙舟竞渡

2008 年,东太湖湿地公园的风光

2005 年秋,环保工作人员正在清理湿地

帆影

归渔

美丽家园

2006年,七都镇新建的农村生活污水处理设施

2008年,汾湖镇杨文头村

镇村垃圾专用车

镇村河道保洁员

2007年,震泽镇龙降桥村

17

2006年，吴江公园及其附近

2008年，城中湿地

绿韵吴江

2007年，城市夜景

18

序　一

盛世修志，尤其是修《吴江市环境保护志》，意义格外重大，原因有二：

一、改革开放之后，吴江的经济发展之快，令世人瞩目。但是，担忧也接踵而至：西方发达国家在其工业化的过程中需要上百年、甚至数百年分阶段缓缓出现的环境问题，在我们吴江，却是"呼啦"一下如同潮水般涌来。环境问题的凶险，不仅造成巨大的经济损失，更重要的，是危害群众的健康，影响社会的稳定。——所以，生态文明建设早已上升为区委、区政府的头等大事之一。但是，如何把头等大事细化为一步步切实可行的行动，如何在行动的过程中做到经济和环境的"双赢"，并且进而把"双赢"做到最大，我想，《吴江市环境保护志》将是一本非常管用的参考书。

二、环境保护工作之难，难在一言难尽。譬如吧，当我们抬起头来，享受明月和清风的时候，他们——吴江的环保工作者正在用智慧、知识和意志，和污水毒气噪声展开游击战、拉锯战和持久战。其实，劳心劳力，甚至付出健康的代价，都是其次；于心不忍但又不得已而为之的，是一次又一次地断人财路。其中悲剧色彩最为浓厚的，是那些直接的、间接的、甚至是转弯抹角的亲朋好友。所以，当我们打开这本沉甸甸的志书，除了数据、表格、方案、规划、措施、项目……大家能否看见一种精神呢？这种精神，和我们中华民族的传统美德，和我们党一再倡导的凛然正气，是不是一脉相承的呢？

以上两点，是我的体会。写下来，和正在建设美丽吴江的朋友们分享。同时，也要借此机会，代表区委、区政府，向吴江的环保工作者表示崇高的敬意，感谢你们的工作，感谢你们为吴江的经济腾飞所做的特殊的贡献！

中共吴江区委员会书记　梁一波

2013 年 9 月

序 二

打开手中的这本《吴江市环境保护志》，作为一名环保工作者，一个土生土长的吴江人，我的心中感慨万千。

如果时光能够倒流30年，那时，走在吴江县城的街道上，恐怕很少有人听过"环保"这个词，更不知"环保"为何事、为何物。而今，环境保护已成为许多吴江人的行为习惯，就连幼儿园的孩子也在大声地吟唱"花草浇浇水，垃圾分分类，争做小环保，废物变宝贝"。我想，这就是环保工作者30多年辛勤劳动的成果之一，也是吴江百姓赐予我们的最最丰厚的回报。

当然，如果走进吴江的城市、乡村、工厂、田野……仍能在环保方面挑出许多使人皱起眉头、甚至想拍桌子、发脾气的地方，——尽管吴江的天比前些年更蓝，水比前些年更清；尽管我们已经捧回"全国环境保护模范城市""全国生态示范区"和"国家生态市"等许多闪着光亮的牌子。但是，正如老前辈们曾经挂在嘴边的一句老话：成绩不讲跑不了，问题不找不得了。所以，我要建议我的同行以及那些关心吴江环境的人，能在百忙之中，抽空读一读、或看一看、或翻一翻这本《吴江市环境保护志》，因为这里凝聚着区（市、县）委、区（市、县）政府的历任领导、吴江的百姓以及我们这些环保工作者曾经付出的心血，更重要的是，这本书能为我们今后更加高效地管理和治理吴江的环境，提供经验、教训和智慧。

行文至此，忽然想起环保局的围墙之外，大约千米之遥，有座古老的石桥，桥墩上的对联依稀可辨：春日几家还放鸭，秋风何处不思莼。上联是讲唐代的陆龟蒙，由于眷恋家乡的景色，曾在此处放鸭，相传附近曾建有鸭漪亭；下联是讲西晋的张翰，由于思乡心切，不惜辞官回家，品尝家乡的莼菜羹。

如今的吴江，是否还有如此迷人的所在？我曾问过不少朋友，朋友的回答都是摇头。但是我坚信，精诚所至，金石为开。有科学发展观和"十八大"精神的指引，有区委、区政府的领导，有吴江百姓的参与，有我们这些环保工作者一代接一代的努力，试问：还有什么奇迹是不能创造的呢？

于是，又想起中国人的一句老话：有志者，事竟成。

吴江区环境保护局局长　范新元

2013 年 9 月

编写说明

一、本志以实事求是为原则,全面地记述吴江环境保护事业的历史。

二、本志上限为 1979 年 6 月 7 日,下限为 2008 年 12 月 31 日。

三、本志对机构名称的使用首次用全称,然后用简称;区域、机构、职务的名称,均采用所叙之事当时的称谓。

四、本志资料主要来自吴江区档案局、吴江区环境保护局及其他相关政府部门的档案。

目 录

概　述

　　吴江地处长江三角洲的腹地,东接上海市青浦区,南邻浙江省嘉善、嘉兴、桐乡、湖州等市县,西濒太湖,北依苏州。总面积1260.88平方公里(含东太湖水域84.2平方公里)。2008年,全市户籍人口79.5万,登记外来暂住人口65.22万。境内无山,地势低平,湖泊众多,河网密布,水域面积占总面积的22.7%,是典型的江南水乡城市。自古以来,吴江就有“鱼米之乡、丝绸之府”的美称,如今,又有“电缆之都、电子之城”的美誉。

　　改革开放前,吴江是有一定工业基础的农业县,生态环境所受的污染,主要来自集镇居民的生活垃圾和生活污水,以及印染业、缫丝业排放的废水。由于工业规模有限,人口不多,加上水系发达,水流通畅,污染的影响并不明显。改革开放后,吴江工业突飞猛进,除传统的印染业、缫丝业迅速发展外,建材、化工、电镀、冶炼、铸造、皮革、酿造、服装、制鞋、旧桶复制等行业也在吴江农村遍地开花。80年代中期,全县乡镇工业企业接近2500家,有66种不同的行业,工业炉窑、蒸气锅炉近500台(座),污染源上千。与此同时,人口(主要是外来人口)在增加,城镇的规模在扩展,农药、化肥的使用量也随着农业的发展而大量增加。环境的管理和治理,已到刻不容缓的地步。

一

　　1979年8月,吴江县环境保护办公室(下简称“县环保办”)成立。1981年3月,以县环保办为基础,吴江县环境保护局(下简称“县环保局”)成立。1984年2月,县环保局和县城建局合并为吴江县城乡建设环境保护局。是年10月,县环保局恢复建制。1992年5月,县环保局改称市环保局。

　　1981年3月,县环保局成立时,内设环保股。1989年6月,县环保局内设综合股和管理股。1991年4月,增设计划股。1997年4月,市环保局内设机构调整为办公室、环境管理科(简称“管理科”)、综合计划科(简称“计划科”)、宣传教育科(简称“宣教科”)。1998年1月,宣传教育科改为“法制宣教科”(简称“法宣科”)。2005年4月,环境管理科增挂“固体废物管理科”(下简称“固废科”)牌子。2008年8月,市环保局设行政服务科,原“综合计划科”在“行政服务科”挂牌。

　　1981年11月,县环保局成立环境监测组。1983年1月,以环境监测组为基础,县环境监测站成立。1993年2月,市环保局成立环境监理站。1997年12月,环境监理站更名为环境监理大队。2002年6月,环境监理大队更名为环境监察大队。1984年11~12月,吴江县各乡、镇设环境保护办公室。2000年12月,市环保局盛泽分局成立。

1985年1月,县环保局党支部、团支部成立。1987年7月,县环保局工会委员会成立。2004年5月,市环保局党组成立。

二

1983年5月,吴江县开始制订环境保护规划。至2008年底,全市(含镇、村)制订各类环境规划40余份,可分为综合性、区域性和专项性3种类型。1980年4月28日,吴江县革命委员会印发《吴江县关于〈奖励综合利用和收取排污费的暂行规定〉的通知》,这是吴江市(县)历史上第一个环境规范性文件。至2008年底,吴江市(县)委、市(县)政府以及市(县)环保局等行政机关,先后制定环境规范性文件288个。1979年10月,吴江县开始执行建设项目环境影响评价审批制度。至2008年底,排污收费制度、建设项目"三同时"管理制度、污染物排放许可证制度、环境保护目标责任制等二十几项环境保护制度在吴江得到贯彻和执行。2002年12月31日,市政府制定《吴江市特大安全事故应急处理预案》,标志着吴江市环境应急机制开始建立。至2008年底,制定《吴江市安全生产事故快速反应机制方案》《吴江市突发公共事件总体应急预案》等11项。1985年5月,县环保局首次对全县24个乡镇2372家企业进行工业污染源调查。至2008年底,全市(县)范围的环境调查有7次。

1979~2008年,市(县)环保局接到群众来信来电来访10888次。1981~2008年,市(县)政协委员环境类提案171件。1987~2008年,市(县)人大代表环境类建议69件。对所有的来信来电来访以及建议和提案,市环保局都作出答复和办理。对于吴江境域内发生的环境事故和环境纠纷,市(县)环保局均作出处理,力求及时和公正。

三

1983年,县环境监测站成立之初,首先开展的是环境事故应急监测。1985年,开始进行常规监测和监督监测。

常规监测的项目有全县的水环境监测、县城区的大气环境监测和声环境监测。其中水环境的监测水体有运河吴江段、颓塘河、太浦河及松陵城河,监测断面17个。2008年,监测水体增至11个,监测断面增至29个。此外,全市各乡镇还分散设置297个农村地表水水质监测点。1985年,吴江县城区大气环境常规监测点设在市环境监测站、松陵饭店和生命信息中心。1997年6月~2001年7月,测点设在市环境监测站、市环保局和教师进修学校。2001年7月之后,测点设在市环保局、教师进修学校和海关直通关。1985年,县城区声环境常规监测的项目主要是区域环境噪声和道路交通噪声;1999年下半年,增加功能区环境噪声监测。

监督监测的对象是全县所有向环境排放废水、废气、烟尘、噪声(含振动)的企、事业单位及个体工商户。90年代初,进一步对生活污染源、流动污染源和农业污染源进行监督监测。

90年代中期开始,市环境监测站在标准化建设上取得不少成绩:1992年,获苏州市"优质实验室"称号;1994年,获江苏省"优质实验室"称号;2001年,获江苏省"标准化监测站"

称号；2004年3月，获国家实验室认可证书；2005年3月，通过国家实验室认可的监督评审；2007年9月，再次通过国家实验室监督评审。

四

1993年2月，市环境监理站成立，环境执法工作开始走上正轨。1996年8月，市政府授权市环保局对本市范围内造成严重污染的企、事业单位作出限期治理决定。1998年1月，市环保局将环境监督检查和行政执法事项委托市环境监理大队办理。2001年7月，市环保局将盛泽镇范围内的环境管理、污染源监督、污染事故和环境纠纷事件调查等行政执法中查处违法行为的现场处罚事项，委托给盛泽分局办理。

环境执法分为常规执法、专项执法和联合执法。

常规的环境执法始于1979年县环保办成立之初。常规执法以现场监察为主，对于重点污染源及其污染防治设施每月不少于1次；一般污染源及其污染治理设施每季度不少于1次；生态示范区、综合治理工程、烟尘控制区、噪声达标区每季度不少于1次；对于群众举报的污染源，则及时进行现场监察。现场监察的项目有污染物排放情况、污染防治设施运转情况、建设项目“三同时”执行情况、限期治理项目的完成情况等。对于违法违规行为，一经发现，则下达行政命令，责令其改正；对于其中情节较为严重者，则予以必要的行政处罚。2001～2008年，接受常规执法检查的企业达41520厂次。1996～2008年，被责令关闭的企业（或车间）达208家，被责令停产整治的企业达441厂次，被责令限期整改的企业达80厂次。

专项执法行动始于1990年2月，最初的整治对象是“旧桶复制”行业。经数轮整治，2005年，全市101家旧桶复制企业（含挂靠）全部被取缔。与此同时，专项执法行动的范围也不断扩大，覆盖至炼油、电镀、化工、喷水织造、畜禽养殖、网围养殖等所有的污染行业和所有的违法违规行为。

联合执法行动始于90年代中期。1995～1998年，由市政府牵头，市人大、市政协参与，市环保局、市法制局、市工商局、市技监局、市监察局等部门协同配合，每年组织一次环保执法大检查。至2008年，全市先后开展过“环境执法年”环保联合执法统一行动、五大专项整治行动和整治违法排污企业保障群众健康环保专项行动。

五

80年代，吴江县污染防治工作揭开序幕。1986～1989年，吴江每年投入污染防治的资金分别为人民币139.84万元、330.04万元、223.80万元和473.00万元，共完成污染防治项目113项。其中比较重要的项目有：吴江印染厂建成日处理能力6000吨的污水处理装置；吴江化工厂建成苯酚萃取处理装置；吴江化肥厂将氨水脱硫改为活性炭脱硫；吴江水泥厂建成煤磨除尘装置，将一级收尘改为三级收尘；东风化工厂周位酸车间搬迁；吴江肉联厂采用射流曝气工艺，建成屠宰污水处理装置；震泽染化厂和平望染化厂分别建成污水物化处理装置。这些项目的完成，对全县局部环境的改善，均起到积极的作用。

90年代初，一些具有吴江特色的治理措施相继出台。1992年12月，市环保局向市委、市政府提出“区域集中治污”的设想并开始实践。1993年2月，市环保局向市委、市政府提出“淘汰落后产能"的建议并开始实施。90年代中期,全市环境整治的力度不断加大。1995年,市政府投资750万元,在松陵镇柳胥村附近,建成全市首个符合《城市生活垃圾卫生填埋技术标准》(CJT17—88)的垃圾填埋场,基本实现垃圾和粪便的无害化处理。此后,吴江市生活垃圾无害化处理率逐年提高,1999年达100%。1997~1998年,吴江市组织实施以太湖水污染源达标排放为重点的"零点行动",先后投入1.5亿元用于工业废水治理设施建设,24家治理无望的污染企业被关停并转,基本实现全市工业污水达标排放的目标。1998年12月,市环保局连续发文,责令富联羊毛衫厂等9家企业限量生产,这是吴江首次对违规企业采取"限产轮产"的治理措施。1999年,在巩固"零点"行动成果的基础上,吴江开展"一控双达标"活动,组织实施以大气污染源治理为重点的"蓝天工程",对全市公路两侧、集镇的烟尘进行全面整治,淘汰1蒸吨以下的燃煤锅炉,更换各种不符合环保要求的加热油锅炉,对1蒸吨以上的燃煤锅炉进行除尘、脱硫治理,全市拔掉几百只小烟囱,大气污染源治理取得突破性进展。90年代,吴江先后有14个镇完成烟尘控制区建设,其中松陵镇还进一步完成烟尘和噪声"双控制"小区的建设。

90年代中后期,市委、市政府开始推动生态农业建设和新农村建设。之前,吴江曾在沼气建设和秸秆利用等方面取得优异的成绩。1996年11月6日,市政府印发《关于发展生态农业的通知》。2000年之后,吴江先后启动"有机、绿色、无公害食品基地建设"和"农业面源综合治理"等生态农业工程,改变农业产业结构,控制种植和畜禽养殖污染,控制农药和化肥的面源污染。2007年7月25日,市政府印发《关于进一步加强农业面源污染整治工作的意见》,进一步推动生态农业建设。此外,从2003年开始,吴江先后开展"三清""三绿"和"六清六建"活动,整治农村环境。2006年1~12月,市委、市政府连续5次发文,加快新农村建设的进度,至2008年底,全市农民集中居住区建设和农村生活污水处理设施建设成效显著,农村环境质量大幅提高。

2000年后,全市水环境整治成效显著。地下水方面,2000年9月~2005年12月,全市383口深井,分4批全部封填完毕。地面水方面,市委、市政府通过颁发规范性文件和开展整治行动,加强水源地的保护,加强畜禽养殖业和网围养殖业的整治以及太湖蓝藻的防控。此外,市委、市政府通过河湖清淤、污水集中处理、实施生态工程、强化项目审批等多项措施,加强頔塘河、急水港以及其他河湖的水环境整治。2006年3月,东太湖围垦区内停止所有经营性开发项目的建设,区内居民分期分批迁往居民集中居住区。2008年8月,市政府开始实施《吴江市水污染防治规划》,与此同时,投资估算高达30.5亿元人民币的东太湖综合整治工程启动,工程包括围网清理、生态养殖、底泥清淤、生态修复等多项子工程,定于2010年完工。

吴江市盛泽镇素有"绸都"之称,一直是环境整治工作的重中之重。2001年11月,江浙边界因水污染引发纠纷,市委、市政府立即采取轮产、限产、督查处罚等一系列应急措施,贯彻落实国家环保总局、水利部和江、浙两省政府签订的《关于江苏苏州与浙江嘉兴边界水污染和水事矛盾的协调意见》。事件平息之后,市委、市政府以铁的手段和纪律,狠抓监管;同时,鼓励企业引进高技术、发展低污染和无污染的新兴产业,淘汰落后工艺设施和技术。经过地方政府、环保部门以及企业主们共同持续的努力,盛泽镇的环境质量明显好转并提高。

六

1979年9月,县环保办成立后的第一件实事,就是宣传《中华人民共和国环境保护法(试行)》。1984年,县委宣传部和县环保局编印的《中华人民共和国水污染防治法问答》交县广播站宣讲,这是吴江县首次通过政府主流媒体进行环境宣传。80年代,县广播站播出环保类稿子200余次。90年代起,两台一报(吴江人民广播电台、吴江电视台、吴江日报)逐渐成为环保工作最有力的宣传工具。1992年、1995年和1996年,吴江人民广播电台数次开设环境系列讲座。2005年上半年起,吴江电台设《环保之声》栏目,定期播出。1996年5月,吴江电视台首次对盛泽镇、黎里镇和松陵镇11个环保先进单位作出报道,之后,环保类新闻成为吴江电视台报道重点之一。1997年5月,吴江日报开始设"环境专版"。2002年5月,吴江日报设"环保专版",每月一期。2006年,吴江市先后启动"环境保护宣传月"和"'百村、千厂、万人'生态市宣传月"活动,"两台一报"全程参与,进行密集的宣传。

80年代中后期,群众性的环境宣传活动开始在全市(县)趋于常规化、系列化,活动的内容和形式逐年丰富。至2007年,以"环保"为主题的才艺比赛、知识竞赛、展览、宣讲、咨询活动、签名活动、文艺表演等多达20余次。从1989年开始,每年的6月5日,市政府都要有组织、有计划地开展"六·五"世界环境日的宣传活动。

90年代中期,吴江市区的主要街道开始悬挂大型的环保标语,公交车、出租车上出现环保类宣传广告。2000年后,市政府定期在《中国环境报》上刊登环保公益广告。市委宣传部和市环保局等部门开始在江陵大桥东侧、仲英大道北入口、大发市场东南侧等市区主要的交通路口设置大型的环保公益宣传牌,在吴江宾馆、吴江公园、科技馆等市区重要区域以及盛泽镇、平望镇、同里镇的主要街道设置灯箱广告或悬挂大型的宣传标语,在全市的客运公交车、出租车上喷涂广告或宣传画。

吴江市(县)的环境教育活动始于80年代末。1988~2008年,市(县)环保局举办的环保类培训班多达30余次。1989~2008年,吴江市(县)举办各种环境教育讲座约180场次,听众约13660人次(不含广播、电视和在中、小学举办的讲座)。

90年代初,县教育局、县环保局互相配合,开始在中、小学逐步普及环境教育。1991年4月,市环保局编印《吴江县中、小学环境征文作品选编》发给中、小学生课外阅读,编印《吴江县中、小学环境教育教案选编》,发给中、小学教师作教学参考。1994年10月,市环保局编印《吴江环保知识普及讲座》,发给全市中、小学,并建议各学校开设环保知识讲座。2001年2月,市环保局编印《环保基础知识》10000册,环保类法律法规5000册,送到各所学校作教材。至2003年9月,环境教育在全市中、小学第二课堂的普及率达100%。

七

经过30年的努力,吴江的环境质量虽有起伏,但总体水平有较大幅度的提高。至2008年底,全市主要污染物排放总量已经连续数年有效地控制在国家和江苏省规定的范围之内,环境质量综合指数居苏州五县(市)之首。2003年12月,国家环保总局授予吴江市"国家环保模范城市"称号;2004年12月,国家环保总局批准吴江市为国家级生态示范区;2008年12月,吴江市"国家生态市"的创建工作通过国家环境保护部考核验收组的考核验收。与此同时,吴江建成"全国环境优美乡镇"7个;建成江苏省级生态村66个;建成"绿色社区"42个,其中国家级1个、江苏省级22个、吴江市级19个;建成"绿色学校"96所(含幼儿园),其中国家级2所、江苏省级23所、苏州市级25所、吴江市级46所。此外,吴江在"国家级园林城市""全国优秀旅游城市""全国城市环境综合整治优秀城市""全国可持续发展战略示范县(市)"以及"江苏省节水型城市"的创建活动中,也取得优异的成绩。

纵观今日的吴江,经济正在健康地发展,综合实力正在迅速地增强,社会文明昌盛,人民富裕安康,城市品位逐年提高,人与自然和谐相处,一条生产发展、生活富裕、生态良好的文明发展之路,已经展现在每一个吴江人的眼前和脚下。

大 事 记

1979 年

6月7日　吴江低压电器厂、芦墟公社医院、芦墟冷冻机械厂和芦墟钮扣厂的部分职工(共36人),联名写信,向《新华日报》反映芦墟镇水源污染情况。这是"文化大革命"后,吴江县第一封反映环境问题的群众来信。

8月26日　吴江县革命委员会环境保护办公室(下简称"县环保办")成立,县城建局局长成国喜兼任办公室主任,人员编制2名。

10月8日　县环保办印发《对震泽建立染厂的意见》,要求震泽染厂"在79年底前建好污水处理池",否则,"即使开工也只能停产处理"。这是县环保办首次执行建设项目环境影响评价审批制度。

11月6日,县环保办印发《对国营吴江东方红印染厂由于历年来对盛泽镇严重污染,要赔偿损失的通知》,要求东方红印染厂"拿出人民币壹拾玖万元给盛泽镇建造自来水,作为赔偿损失,以解决居民吃水问题"。这是县环保机构成立后,首次调解环境纠纷。

1980 年

4月28日,县革委会印发《吴江县关于〈奖励综合利用和收取排污费的暂行规定〉的通知》,开始在县属企业中(包括外地驻吴江县的单位)征收排污费。这是"文化大革命"后,吴江县第一个环境规范性文件。

8月25日　县环保办印发《关于接受苏州市颜料厂脱壳产品必须严格执行"三同时"的通知》,这是县环保机构首次执行建设项目"三同时"管理制度。

10月16日　县环保办下发《关于对黎里公社南星电镀厂排污超标实行罚款的通知》,这是县环保机构首次对环境违法企业作出罚款的处分。

1981 年

3月9日　吴江县环境保护局(下简称"县环保局",1992年5月4日后,简称"市环保局")成立,陈高声任县环保局副局长,主持工作。

6月7日　县人大七届一次会议上,代表费阿虎提出"严格控制镀锌化工业发展"的建议,这是"文化大革命"后县人大代表首次提出环保类建议。

6月16日　县政协六届一次会议上,石志民、叶启荣等7名委员联名提出"治理三废污染"的提案,这是"文化大革命"后县政协委员首次提出环保类提案。

7月18日　县政府颁发《关于加强城镇卫生管理暂行规定》。

11月　县环保局环境监测组成立,次月,更名为环境监测室。这是吴江县环境监测的开始。

1982 年

10月　王佐英任县环保局局长。蒋正铭任县环保局副局长。

11月　中共吴江县环保局支部成立,蒋正铭任支部书记。

1983 年

1月18日　吴江县环境监测站成立,工作人员3名,股级。

3月2~3日　县政府在铜罗公社召开全县沼气工作会议,会后,县政府印发《关于印发全县沼气工作会议纪要的通知》,推动全县的沼气建设工作。

5月9日　县环保局编制《吴江县环境保护"六五"规划》,这是吴江县第一份环境保护规划。

10月4日　八都乡冶炼厂发生职工砷(砒霜)污染中毒事故。全厂职工56人,42人不同程度中毒。其中1人死亡,15人严重中毒。这是吴江县历史上第一起由污染引发的多人中毒事故。

10月28日　吴江县环境科学学会(下简称"县环科学会",1992年5月4日后,简称"市环科学会")在平望乡招待所举行成立大会。会员50人。

10月　张耀武任县环保局副局长。

11月23日　桃源乡被评为全县实现沼气先进乡。至1983年11月,全乡有沼气池3400多个,3口以上家庭基本用上沼气。

12月8日　震泽镇被苏州市爱卫会评为"1983年度苏州市文明卫生镇",这是全县第一个苏州市级文明卫生镇。

12月12日　县环保局为落实苏州市委宣传部转发的《第二次全国环境保护会议宣传提纲》,制定7条措施并上报县委宣传部,这是吴江县首次有计划地开展环境宣传和环境教育活动。

1984 年

2月16日　县环保局与县城建局合并,成立县城乡建设环境保护局,内设环保股。

7月18日　县政府下发《关于加强乡镇环保工作组织领导的通知》,要求各乡镇设置环境保护办公室(下简称"环保办")。同年11月26日,县编制委员会下发《关于设置乡镇环保员的通知》,进一步解决各乡镇专职环保员的编制问题。

7月23日　吴江县第一次环境保护工作会议在县第一招待所召开。

10月20日　吴江县环境保护局恢复建制。

10月31日　县环保局下属企业——吴江县环境保护服务公司成立。

10月　王志清任县环保局副局长,主持工作。

1985 年

1月　县环保局党支部重新成立,王志清任书记。共青团吴江县环保局支部成立,凌汝虞任书记。

3月20日　县环保局内部刊物《工作通讯》出第一期。1988 年 1 月,更名为《环保简讯》。1990 年 1 月,更名为《吴江环保》。至 2005 年 4 月停刊,共编印 184 期。

4月　县环保局搬出县城建局,迁至松陵镇西元圩办公。

5月11日　县环保局印发《关于开展污染源调查的通知》,这是吴江县首次对全县的工业污染源进行调查。至 1986 年 12 月调查结束,全县 24 个乡镇中,被调查的企业达 2372 家。

6月19日　县环保局印发《关于对乡(村)镇企业征收排污费的通知》,开始在乡镇、村办企业中征收排污费。

6月19~20日　县人大常委会组织在吴江的苏州市人大代表和县人大代表联合视察《水污染防治法》在吴江县的实施情况。这是县人大首次开展环境视察工作。

6月　全县所有的乡、镇均设置环保办公室。

11月29日　县环保局转发苏州市环保局制订的《电镀许可证环保条件(征求意见稿)》,这是吴江县执行污染物排放许可证制度的开始。

1986 年

1月23~25日　县八届人大常委会召开第十三次会议,县环保局副局长王志清受县政府委托作《关于我县环境保护工作的情况汇报》。这是县环保局领导首次在县人大作环保工作报告。

5月16日　县环保局、县交通局、县公安局印发《关于对手扶拖拉机、单缸柴油机类机动车辆、桨船限期安装低噪声新型消声器的通知》,这是吴江县第一个关于环境噪声治理的规范性文件。

5月17日　联邦德国的梅舒·凯斯科,由商业部处长方杰英陪同,到八坼米厂参观稻壳发电机组。

5月23日　县政府印发《批转县多管局、环保局〈关于保障蚕桑生产的紧急报告〉的通知》,责令"蚕桑生产地区(铜罗、青云、桃源、庙港、七都、八都、谭丘、盛泽、平望、横扇、梅堰、震泽、南麻)所有的砖瓦、水泥、炼铁、玻璃等生产企业以及生产中使用氟石的铸件厂,从即日起至 5 月底,停止生产,不再排放含氟气体"。是年,全县因氟污染少收蚕茧 1024.5 吨,直接经济损失 470 万元。是吴江历史上最严重的氟污染灾害。

6月5日　联合国粮食组织技术顾问那克本蒂(泰国籍)到八坼米厂参观稻壳发电机组。

7月7~8日　县八届人大常委会举行第十六次会议。会议议程之一是听取和审议副县长汝留根代表县政府所作的《关于环境卫生和环境保护工作的情况汇报》。会议还就庄庆荣等 8 位代表在八届人大三次会议上提出的《切实加强城乡环境卫生和环境保护、维护水乡风貌》的议案,通过《关于加强环境卫生和环境保护的决议》。

1987 年

1月6日　江苏省副省长张绪武对震泽镇的工业结构、工业布局及工业污染的状况,进行调研,要求镇区和近郊的 15 个污染企业作出治理规划,搞好污染治理,保护古镇风貌。

1月　震泽镇被江苏省爱卫会评为"1986 年度江苏省爱国卫生先进镇",这是全县第一个省级爱国卫生先进镇。

2月5日　江苏省副省长张绪武撰写《苏南古镇震泽镇的环境保护情况》,对震泽镇工业污染的状况、原因及治理的途径,作出具体的分析和研究。

2月19日　县政府在梅堰乡召开全县绿化造林工作会议,贯彻省政府《关于加快城乡绿化步伐,进一步开展"爱我中华,绿化江苏"活动的意见》,布置 1987 年各乡镇绿化造林任务。

2月　蒋源隆任县环保局副局长。

3月9日　县政府办公室印发《关于转发张绪武副省长〈苏南古镇震泽镇的环境保护情况〉的通知》,要求各乡镇政府、各有关委办局(公司)、各直属单位认真组织学习。

5月11~16日　县人大常委会首次组成调查组,就人大代表在九届一次会议上提出的"制止盛泽染厂污染项目"和"治理西白漾"议案进行调查,并写出《关于盛泽乡新建东方丝绸印染厂有关污染问题的调查报告》。

6月10日　县环保局《环保简讯》1987 年第四期上的《震泽镇十五个污染企业治理进度较快》受到苏州市环保局的重视,苏州市环保局印发《关于转发吴江县第四期〈环保简讯〉的通知》,要求各县(市)环保局"参照吴江的做法,切实加强小城镇的环境保护工作",并"将本通知发至各乡(镇)环保办公室"。

6月13日　苏州市副市长黄铭杰到震泽镇检查污染治理情况。

7月17~18日　县九届人大常委会召开第三次会议,县环保局副局长王志清作《关于盛泽乡东方印染厂坚持"三同时",防止水污染的情况报告》。

7月　县环保局第一届工会委员会成立,张耀武任主席,邓景芳任副主席。

8月28~29日　苏州市人大副主任石高才视察吴江化工厂、震泽染化厂、东风化工厂、盛泽东方丝绸印染厂,并在盛泽新民丝织厂召开座谈会,了解污水治理情况。

12月15日　县政府印发《转发县环保局〈关于我县实行厂长任期目标责任制中制定环境责任的要求和考核标准的报告〉的通知》,这是吴江县执行环境保护目标责任制的开始。

1988 年

1月　王志清任县环保局局长。

3月10日　县政府办公室印发《关于广泛宣传认真贯彻〈中华人民共和国大气污染防治法〉的通知》,要求各镇"进一步搞好消烟除尘工作,逐步建成'无黑烟镇'",这是县政府首次为单个的环境法律印发学习文件。

3月　县环保局举办《中华人民共和国大气污染防治法》培训班,培训对象是各乡镇环保助理员,这是吴江县首次举办环境教育培训班。

5月　县委宣传部、县司法局、县环保局联合举办《中华人民共和国大气污染防治法》知识竞赛,发出竞赛卷近千份,收回775份。其中乡镇领导105份、村领导219份、企业领导417份。平望镇成绩最好,平均92.4分。这是吴江县首次举办环保知识竞赛。

7月22~23日　县九届人大常委会召开第九次会议,环保局局长王志清作《关于我县环境保护执法的情况汇报》。

8月3日　县政府在震泽镇召开现场办公会议,研究顿塘河水质改善问题。副县长汝留根主持,县人大主任于孟达、副主任陈达力和县人大建委、县经委、县环保局、县化建公司、震泽镇政府、梅堰镇政府的领导以及东风化工厂等十几家重污染企业的厂长参加会议。这是县政府首次就专项治理问题召开现场办公会议。

8月9日　吴江县第二次环境保护工作会议在平望镇莺湖饭店召开。

9月27~28日　县九届人大常委会召开第十次会议。副县长张莹作《关于加强集镇环境卫生管理,美化镇容镇貌情况的汇报》,会议审议县九届人大三次会议上陈达力等代表提出的《加强环境卫生管理,美化镇容镇貌》的议案,通过《关于加强环境卫生管理,美化镇容镇貌的决议》。

10月21日　县政府在盛泽乡印花厂二楼会议室召开现场办公会议,专题研究盛泽乡徐家浜水污染问题。

1989 年

2月2日　县环保局印发《关于大力宣传、认真执行〈吴江县排污水费征收管理使用暂行办法〉的通知》,这是县环保局首次为吴江县的环境规范性文件印发学习文件。

3月10日　县政府在平望镇莺湖饭店召开全县环保工作经验交流会,各乡(镇)分管环保的副乡(镇)长、环保助理员、1988年度环保先进单位的负责人和先进个人,县机关相关的部、委、办、局的领导,各工业公司的经理、县环科学会的理事等120余人出席会议,县长钱明、县人大副主任陈达力、县政协副主席刘公直参加会议。这是吴江县首次召开环保工作经验交流会。

3月18日　国家环保局副局长金鉴明到同里镇视察环保工作。

4月12日　1989年度环保责任书签字仪式在县第一招待所举行。上午,苏州市副市长黄铭杰、吴江县县长于广洲分别在市、县长环保责任书上签字;下午,副县长汝留根、各乡(镇)长分别在县、乡(镇)长环保责任书上签字。这是吴江县首次举行县、乡(镇)两级环保责任书签字仪式。

4月24日　吴江热管锅炉厂生产的LRG系列热管炉排双层反烧锅炉通过省级鉴定,这是当时国内最佳节能消烟除尘生活用锅炉,排尘浓度低于国家环保一类地区标准。

4月27日　县委宣传部、县爱卫会、县环保局在县政府第一招待所餐厅会议室举办"环境与健康"报告会,主讲人是县卫生防疫站站长、县环科学会理事秦星坡,参加对象是县机关部、委、办、局负责宣传教育的领导,县环科学会会员,松陵镇爱卫会、环保办成员,松陵镇部分工厂分管环保的负责人,松陵镇各中、小学分管宣传教育的副校长。这是吴江县首次举办环境教育讲座。

5月11日　县环保局、县文教局、县环科学会和县政协经济科技委员会联合印发《关于召开中、小学环境教育现场会的通知》,总结和推广芦墟镇中学和芦墟镇中心小学环境教育的经验。这是县环保局首次就环境教育问题和县教育局等单位联合举办现场会议。

5月13日　县环保局印发《关于在"六·五"世界环境日期间广泛开展宣传活动的通知》。这是吴江县首次有组织、有计划、较大规模地开展"六·五"世界环境日的宣传活动。

5月29~30日　县人大第九届常委会召开第十五次会议,会议议程之一是听取和审议县环保局局长王志清受县政府委托所作的《关于环保执法情况的汇报》。

6月2日　"六·五"世界环境日暨吴江县环保工作十周年大会在县工人文化宫召开。

6月2~7日　县委宣传部、县环保局、县环科学会、县政协经济科技委员会联合举办的"吴江县环保工作十年成绩展览"在县工人文化宫举行,参观者达15020人次。与此同时,县环保局、县环科学会、县工人文化宫、县民间文艺协会在县工人文化宫联合举办"环保知识有奖灯谜活动",参加者千余人。

6月　县环保局内设管理股、综合股。

7月28日,县政府印发《批转县财政局、城建局〈加强地下水资源管理意见〉的通知》,这是县政府第一个关于地下水资源管理的规范性文件。

12月16日　芦墟镇中学、芦墟镇第二中学、芦墟镇中心小学和芦墟镇幼儿园联合发出《致全县中、小学师生一封信》,建议全县中、小学师生广泛开展"环境教育"活动。县教育局、县环保局立即将此信转发给全县中、小学,推动全县中、小学环境教育的开展。

1990 年

2月16日　县环保局、县工商局联合印发《关于在全县开展清理整顿旧桶复制行业的通知》,首次对旧桶复制行业采取专项执法行动。27日,县环保局、县工商局在青云乡召开全县清理整顿旧桶复制行业现场会,对旧桶复制行业的清理整顿工作作出具体部署。年底,全县旧桶复制企业从191家减到98家。

3月8日　吴江绸缎炼染一厂被国家纺织工业部评为环境保护先进集体。

3月20日　在江苏省青少年绿化工程建设会议上,吴江团县委被评为省青少年绿化工程先进集体,县直机关团委书记沙强被评为省青少年绿化工作先进个人。

3月21日　县委宣传部、县政府法制科、县司法局、县环保局联合印发《关于转发省、市"关于学习、宣传、贯彻〈中华人民共和国环境保护法〉的通知"的通知》,这是吴江县首次组织规模较大的群众性环境法规集中学习活动。

3月　县教育局、县环保局首次联合举办"中、小学环境征文、征画比赛",活动历时4个月,全县60多家中、小学,4万多名学生参加,112名学生和教师分获一、二、三等奖和相应的辅导教师奖。赛后,所有获奖作品制成27个展板,在全县各大镇巡展1个月。

4月22日　1990年度吴江县环保目标责任制工作会议在县政府第一招待所餐厅楼上会议室举行,县委常委刘古锵代表县政府与各乡(镇)政府签订1990年度县、乡(镇)长环保目标责任书。

5月20日　受国家纺织工业部委托,省丝绸总公司对吴江县新民、新生丝织厂的节能工作进行考评,两家单位均通过申报节约能源国家一级企业的评审。

5月25日　苏州市市长章新胜与吴江县县长张钰良签订1990~1992年度市、县长环保目标责任书。

是日　县人大常委会城乡建设工作委员会等5家单位、黄国勋等14人被苏州市政府评为1988~1989年度环境保护先进集体和先进个人。这是吴江县首批获得苏州市政府表彰的环保先进集体和先进个人。

5月　卢彩法任县环保局副局长。

6月2日　吴江县第一部以环保为内容的电视录像片《鲈乡水》在县环保局通过评审。

6月5日　吴江县纪念"六·五"世界环境日大会在松陵镇小天鹅电影院召开。

6月6日　原中国环境科学学会办公室主任叶庆荣一行,到吴江县视察环保宣传工作。

是日　县环保局、县教育局、县环科学会以"儿童与环境"为主题,联合举办吴江县中、小学环境征文、征画比赛活动。

6月11~13日　吴江县、吴县的省人大代表在视察活动中,对苏州市部分化工企业严重污染周围水域的问题表示关切,呼吁相关部门必须重视并切实解决。

6月27日　县人大常委会财经、城乡建设、教科文卫工作委员会对吴江县《水污染防治法》实施情况进行调查。

6月　县文学艺术界联合会、县环保局组织环保小品、相声征文评选,23篇作品获奖。其中8篇首次送苏州市参赛,1篇获三等奖,3篇获鼓励奖。

7月2日　县教育局、县环保局联合组织中、小学环境教育优秀教案评选,共28篇教案参选,6篇获奖教案送江苏省参选。吴江师范副校长王斐《尾气中二氧化硫的回收和环境保护》获江苏省环境教育教案优秀奖,桃源中学屠新祥《物体的沉浮条件》获江苏省环境教育教案鼓励奖。

7月23~24日　县人大十届常委会召开第三次会议,会议议程之一是听取和审议县环保局局长王志清受县政府委托所作的《关于〈水污染防治法〉执行情况汇报》。

7月24日　省环保局在县第一招待所召开吴江砖瓦厂稀土项目环境影响报告书评审会议。省环保局,市、县有关单位的领导、工程技术人员共29人出席。

9月1日　县政府选派吴江除尘设备厂厂长宋七棣赴泰国参加"90环保技术展览"活动,这是吴江县首次派员赴国外进行环保技术交流。

10月19日　县环科学会、县农学会、县林特产学会、县蚕桑学会、县水产学会首次就生态农业问题在县第一招待所举办吴江县保护生态农业环境研讨会,并向获奖的12篇论文的作者颁发证书和奖品。

11月2日　吴江县环保局、县环科学会摄制的《鲈乡水》,在苏州市环保局、文联、电视工作者协会组织的苏州六县(市)环保专题片评比中,获得第一名。

12月21日　县经委在新生丝织厂召开由菀坪热管节能设备厂生产的"热管省煤器推广会"。

12月　芦墟镇中心小学副校长陈治华被评为江苏省环境教育优秀教师。

是年夏、秋季　盛泽镇向家荡水域因受印染污水的影响,连续发生大面积死鱼事故,共损失鲜鱼5万余斤。

1991 年

3月1日　副县长周荣宝率县科委、县环科学会、县化工学会及吴江化工厂、东风化工厂、红旗化工厂等化工企业的负责人26人,赴上海同济大学学习化工行业"三废"治理的新工艺、新技术。

3~6月　县委宣传部、县团委、县环保局举办"鲈乡美"环保演讲比赛,比赛的录像在各乡镇巡回放映,录音在全县的有线广播中播出。

4月15日　1991年度环保目标责任制工作会议在县政府第一招待所餐厅楼上会议室举行,副县长汝留根代表县政府与各乡(镇)政府签订1991年度县、乡(镇)长环保目标责任书。

4月20日　县教育局、县环保局联合召开全县中、小学环境教育经验交流会,全县中、小学的领导及各乡镇的环保助理员60余人参加会议。会上,铜罗镇中学、芦墟镇中心小学等13所学校的代表发言,交流环境教育的经验。

4月22日　吴江新型建材厂承担的"石棉水泥废渣利用的研究"通过省级鉴定。

4月　县环保局增设计划股。

5月14日,县环保局在平望金联化工厂举办化工行业环保培训班,参加对象是各化工厂分管环保的副厂长和1名负责污水处理的操作人员、各化工厂所在乡镇的环保助理员和县化建医药工业公司的环保干部。这是吴江县首次举办环保设施操作技术培训班。

5月17日　县委宣传部、团县委、县环保局在盛泽镇联合举办"鲈乡美"环保演讲比赛。

5月29日　县政府印发《关于印发〈吴江县城建供水资源管理实施办法〉的通知》,这是县政府首次印发关于水资源管理的规范性文件。

5月下旬　八都桃花庄村、永联村发生连续桑叶氟污染事故,经济损失1.5万元。

6月4日　县工人文化宫、县环保局联合举办"环境与人类"摄影作品比赛,22名作者共87幅作品参赛,其中50幅优秀作品放大后,在松陵镇中心宣传橱窗展出2个月。

6月26日　吴江发电厂被国家能源部授予全国小火电节能竞赛红旗。

6月下旬　震泽镇徐家埭东风工业用油厂趁连续大雨,把大量废水直接排入颒塘河,致使下游永乐村58人轻度中毒,此外,平望镇自来水厂也3次停水共90多小时。

6月　县环保局、各乡镇环保办举办环境保护有奖灯谜活动,共收集灯谜300条,编印成《鲈乡环保灯谜》,用以丰富群众的业余生活。

7月10日　省环保局副局长陈朝君到吴江县检查防汛工作。

9月11日　首届"环境保护专业职业高中班"在吴江县职业中学开学,学生36人。

12月18日　苏州市委副秘书长吴德富到盛泽镇检查环保工作。

1992 年

1月16~18日　县人大十届常委会召开第十三次会议,会议审议并通过《关于〈重视开发东太湖,充分利用水资源〉议案办理情况的决议》。

2月　县教育局、县文化馆、县环保局举办青少年环保知识竞赛,3名优胜者随后参加由国际少年基金会和国家环保局主办的"青少年环保知识竞赛",芦墟中学学生沈奕裴获江苏省一等奖。

3月30日　1992年度环保目标责任制工作会议在县政府第一招待所餐厅楼上会议室举行,副县长汝留根代表县政府与各单位签订1992年度环保目标责任书。

4月24~25日　县十届人大常委会召开第十六次会议,县环保局局长王志清受县政府委托作《认真贯彻水污染防治法,切实保护饮水资源》的汇报。

5月3日　苏州市政府和吴江县政府签订1992年度环境保护目标责任书。

5月4日　吴江县改为吴江市(县级)。

5月28日　在苏州六县市迎"六·五"环保知识竞赛中,吴江市环境监测站代表队获得团体第1名。

6月3日　1992年纪念"六·五"世界环境日暨表彰大会在市税务局招待所举行。

6月17日　市环保局制作的环保专题宣传片《鲈乡路》,被苏州电视台录用播放。

6月20日　市政府召开农村改水工作会议。会议提出,下半年确保完成改水收益人口8万,力超10万,并要求各乡镇要搞好一个改厕试点村。

6月27日　由省计委、省经委牵头,东南大学、省节能中心,中国纺织大学,苏州市计委、经委,吴江市计委、市经委参加评审的双效溴化锂节能基建项目(规模为2400大卡每小时,总投资2400万元)设计通过评审。

8月15~18日　盛泽镇东区数家印染厂的超标废水因河水倒流而涌向上游,致使湾里荡水质恶化,鱼类大量死亡,经济损失10万余元,附近4个村级自来水厂被迫停止供水。

11月　严永琦任市环保局副局长。

12月26日　市环保局向市政府呈递《关于盛泽镇环境污染现状和治理方案设想的报告》,首次提出建立盛泽印染废水联合处理厂的建议,并对厂址、规模、处理能力、资金来源以及建成之后的管理费用和收费标准,提出具体的设想。

1993 年

1月15~16日　吴江市第十届人大常委会召开第二十一次会议,市环保局局长王志清受市政府委托作"关于环境保护目标责任制工作情况的汇报"。

2月11日　市政府批转市环保局《关于盛泽环境污染现状和治理方案设想的报告》,要求盛泽镇建设印染污水联合处理厂,这是吴江市区域集中治污的开始。

2月12日　吴江市环境监理站成立,工作人员3名。

4月29日　1993年度环保目标责任制工作会议在松陵饭店举行,副市长张祖满代表市政府与各乡镇政府及有关部门签订1993年度的环保目标责任书。

4~5月　市委宣传部、团市委、市文化局、市环保局举办"保护蓝天碧水,促进改革开放"系列比赛(含卡拉OK、摄影、书法、绘画等项赛事)。获胜的5名选手在随后的苏州市比赛中,获得一等奖1名,二、三等奖各2名,吴江市获优秀组织奖。

5月16日　全市工业经济会议上,市委书记沈荣法首次强调:坚决不上重污染项目。

5月30日　国家环保总局公布全国3000家重点污染企业名单,国营吴江化工厂、吴江化肥厂、平望染料化工厂、吴江红旗化工厂、吴江第二水泥厂、国营吴江水泥厂、吴江第二建材厂、吴江发电厂共8家企业名列其中。

6月2日　1993年纪念"六·五"世界环境日暨表彰大会在物资局明月楼召开。

是日　市委、市政府在莘塔镇召开全市秸秆还田、干耕晒垡现场会议。

6月24日　浙江省嘉兴市委、市政府信访办公室第15期《信访反映》以"江苏省盛泽镇工业污水侵害我市"为题,向中共中央办公厅、国务院办公厅信访局、江苏省信访局、吴江市信访局反映情况。

7月13日　吴江发电厂被评为1992年度全国地方电厂节能降耗先进单位。

7月22日　以省人大常委会城建环保委员会主任王朝元为团长的省环保执法检查团第四分团一行8人,到盛泽镇进行环保执法检查。

8月3日　吴江市政府印发《关于严格控制重污染项目建设的通知》,规定今后不再新建印染、染料、化工等重污染项目;已经批准在建的项目,必须严格执行"三同时"规定;未经审批的重污染项目,银行不贷款、供电部门不供电、工商行政部门不发营业执照。

8月13日　市政府印发《吴江市地面水域功能类别划分规定》,首次对全市城镇集中式饮用水源水域、27条市级以上河道水域、65条乡镇骨干河道水域、50个千亩以上的湖荡水域和市区、各镇区水域的功能类别作出划分规定。

10月17日　以全国人大常委会副委员长王丙乾为团长、全国环保执法赴江苏检查团一行15人,到盛泽镇检查环保执法工作。

10月17~18日　由全国人大环保委、中共中央宣传部、广电部、国家环保局联合主办,中央人民广播电台、中央电视台、中国环境报、经济日报等首都8家新闻单位记者组成的"中华环保世纪行"江淮采访团一行12人,到盛泽镇采访。

10月20日　省环境监测优质实验室验收组一行共7人,对市环境监测站实验室进行检查验收,通过人员素质、实验室管理、质量保证和工作完成情况4个方面的检查,认为市环境监测站已基本达到优质实验室的要求。

11月25~27日　江苏省省辖市环境监测站站长会议在吴江市松陵饭店召开,全省11个省辖市及常熟、泰州、吴江3个县级市的环境监测站站长参加会议。

1994 年

1月17日　法国OTV通用水集团公司国际部副总经理马历、丹麦克鲁格公司代表谢静,到吴江市洽谈盛泽镇污水处理项目。

3月4日　市政府召开全市绿化工作会议,市长张钰良与各镇领导签订1994年绿化责任书。

3月23日　全市污水处理设施运转管理工作会议在平望召开,市环保局领导、市有关工业主管部门的环保干部、各镇环保助理员、污水处理设施企业分管环保工作的领导90余人出席会议。

3月29日　1994年度环保目标责任制工作会议在市政府第一招待所会议室举行,副市长张祖满代表市政府与各镇的分管镇长、经委主任及五大公司经理签订1994年度环保目标责任状。

5月16日   由省人大、省委宣传部、省环保局、省司法局、省广电局联合组办,由省10多家新闻单位参加的"中华环保世纪行在江苏"采访团一行7人,到盛泽镇采访。

6月3日   1994年纪念"六·五"世界环境日暨表彰大会在市政府第一招待所举行。

6月   市教育局、市环保局联合开展以"一个地球、一个家庭"为主题的环境教育系列活动,有知识竞赛、作文比赛、绘画比赛、社会宣传等。参加活动的中、小学学生超过2万名,共发出知识竞赛试卷6000份,评选出优秀作文54篇、绘画19幅。

7月19日   市政府在盛泽镇政府召开盛泽地区环境保护专题会议,市长张钰良、副市长张祖满到会并对盛泽地区污染治理工作提出具体的要求。

7月   市环境监测站首次编制《质量管理手册》(即《质量手册》),对监测流程、监测质量管理体系、仪器设备使用及维护、人员、环境、现场监测、样品管理、样品分析、数据处理等作出严格的规定。

8月2日   由盛泽14家印染企业出资,共同建设的1.5万吨每日的联合污水处理厂打下第一根桩,标志着盛泽地区区域集中治污工程的开始。

9月15日   盛泽镇环境监理所成立。

9月23日   市委、市政府召开吴江市创建全国卫生城市工作会议,要求全市上下确保1995年创建全国卫生城市成功。

9月   张兴林、姚明华任市环保局副局长。

10月28~31日   苏州市城市卫生检查团对吴江市130个单位的创建全国卫生城市工作进行检查,吴江市通过初检。

11月1日   吴江市区开始实施《关于在吴江市区实施"十个不准"的暂行规定》,市委副书记汝留根,市委常委、市人武部部长孙如松,副市长张莹、周玉龙带领市机关一百多名干部在城区主要路口执勤。

11月3~4日   根据国务委员宋健关于江浙水污染纠纷的批示,国家环保局副局长王扬祖到吴江市调查、处理江浙水污染纠纷,并提出具体的处理意见。

11月18日   省政府秘书长林祥国率省环保执法检查团一行8人,到盛泽镇检查工作。吴江市市长张钰良向检查团汇报江浙两省交界处水污染状况和联合污水治理厂建设情况。

12月12日   市政府印发《关于转发建设部〈城市生活垃圾管理办法〉的通知》,吴江市城镇垃圾无害化处理工程开始启动。

12月30日   市政府转发由市城建局、市环保局制订的《吴江市实施〈加快城市污水集中处理工程建设的若干规定〉的办法》,吴江市城镇生活污水集中处理工程开始启动。

1995 年

1月   张兴林任市环保局局长。

3月2日   市政府在吴江宾馆召开全市绿化工作会议,市政府与各镇政府签订《绿化任务书》。

3月21日　市政府印发《批转市城建局、环保局〈关于明确各镇地面水厂水源保护区划定范围的请示〉的通知》,要求各镇政府做好各级保护区范围内的水质保护工作,以保证地面水厂的供水质量。

4月5日　1995年度环保目标责任制工作会议召开,副市长张祖满代表市政府与全市23个镇、13个市属机关签订1995年度环保目标责任书。

4月27~28日　市人大十一届常委会召开第十七次会议,会议讨论并通过《吴江市人大常委会关于〈创建全国卫生城市活动要从市区向各镇辐射,提高全市卫生工作整体水平〉议案办理意见的决议》。

5月4日　市政府印发《吴江市区烟尘控制区管理办法》,吴江市开始实行烟尘排放申报登记制度和排污许可证制度,并对烟尘控制区的管理,作出明确的规定。

是日　市政府印发《吴江市区环境噪声适用区划分规定》和《吴江市区环境噪声适用区划分编制说明》,将吴江市区(含规划中的开发区,共16平方公里)划分为4个环境噪声适用区。

5月26~27日　由新华日报社、江苏省有线电视台、江苏省农业科技报等新闻单位组成的"中华环保世纪行在江苏"采访团,到吴江市采访,重点考察盛泽、莨坪等地。

5月27日　省政协副主席彭司勋率太湖水体污染防治调查组一行12人,到吴江市太湖沿岸地区调研。

6月5日　1995年纪念"六·五"世界环境日暨表彰大会召开。

6月5~7日　市科协、市环保局等20个单位联合举办以"科学与健康"为主题、"环境与人类"为内容的第七届科普宣传周活动。

6月10~11日　以李济民为团长、邢育检为副团长的苏州市爱卫会创建全国卫生城市检查团一行16人,分成8个组,对吴江市城区进行模拟检查考核。

6月22日　松陵镇环境监理所成立。

7月9~11日　省创建全国卫生城市调研组到吴江市,对吴江市的创建工作进行随机抽查。

7月20日　市委、市政府在吴江宾馆召开吴江市创建全国卫生城市决战动员大会。

8月9~10日　苏州市环保局副局长程耀寰率苏州市烟尘控制区验收小组,对吴江城区烟尘控制区建设进行现场验收。验收组认为,城区的各项指标均达到烟尘控制区的要求,将建议苏州市政府向吴江市政府颁发《烟尘控制区证书》。

8月15日　市政府首次依法对青云新联化工厂等11家企业作出停产、转产或关闭的处罚决定。

9月15日　市委、市政府在江城会堂召开"迎接全国卫生城市检查誓师大会"。会上,市委、市政府与市创建工作领导小组、市创建办、市机关各部门、松陵镇政府签订《创建全国卫生城市保证书》。

9月26~28日　省爱卫办副主任郦书通率全国城市卫生和环境综合整治江苏省检查团第四分团一行15人,对吴江市创建全国卫生城市进行检查验收。

11月24~27日　黎里镇、震泽镇通过江苏省卫生镇考核,黎里乌桥村、震泽齐心村通过江苏省卫生村考核。

12月10日　由全国爱卫办助理巡视员毕效曾、省卫生厅副厅长郦书通、苏州市副市长陈浩组成的全国、省、苏州市爱卫办考察团,到吴江市考察。

12月13日　市环保局印发《吴江市全面实施排污申报登记制度工作方案》,开始执行排污申报登记制度。

12月23~24日　北厍镇、同里镇通过江苏省卫生镇考核;北厍镇汾湖村通过江苏省卫生村考核。

1996 年

1月20日　经全国爱卫会组织的第三次全国卫生城市检查及调研考核,吴江市被评为全国卫生城市。

是日　国家水利部副部长严克强率水利部、国家计委联合调研组一行12人,到吴江市视察太湖治理工程建设情况。

1月25日　省政府副秘书长钱志新率省环境保护委员会第十七次会议的近百名代表,到吴江市考察环境保护工程和市容市貌。

1月26日　市人大城建工委主任宗才正等13名市人大常委委员提出《继续加强环境保护,改善投资环境,促进经济腾飞》的议案,被列为市人大十一届四次会议的第1号议案,交由市人大常委会审议。

4月1~2日　市十一届人大常委会召开第二十四次会议,市环保局局长张兴林作“关于吴江市第十一届人民代表大会第四次会议1号议案办理意见的汇报”,会议通过《吴江市人大常委会关于〈继续加强环境保护,改善投资环境,促进经济腾飞〉议案办理意见的决议》。

4月15日　江苏省副省长张怀西到吴江市视察卫生城市创建工作。

是日　市委、市政府在江城会堂召开创建国家卫生城市动员大会,宣布:创建全国卫生城市时的班子不撤、队伍不散、方法不变、力度不减,把创建活动推向新高潮。

5月9~11日　全国爱卫办副主任刘玉良到吴江市调研创建工作,视察松陵、黎里、芦墟的镇区环境面貌及吴江市境内国道、省道沿线综合整治情况。

5月20日　市环保服务公司更名为市环保工程公司,隶属市环保局,属自负盈亏的集体所有制企业。

6月5日　市委常委、副市长周玉龙代表市政府,首次在吴江电视台作纪念“六·五”世界环境日讲话。

是日　市司法局、市环保局联合举办环保法律法规和环保知识咨询活动,向市民散发环保宣传品400多份,并接受群众投诉;市机关党委、市环保局联合举办环保黑板报联展,19家单位参展。

6月21~22日　全国爱卫办副主任施妈麟一行到吴江市考察指导创建国家卫生城市工作。

7月23日　吴江市创建国家卫生城市领导小组在江城会堂举行健康知识千人会考。

7月29~31日　苏州市爱卫会派出检查团,对吴江市创建国家卫生城市工作进行检查评估。

8月14日，市政府印发《市政府关于授权市环保局对造成环境污染的单位作出限期治理决定的通知》，授权市环保局对全市范围内造成严重污染的企、事业单位作出限期治理决定。

8月25日　市政府发文，责令青云新联化工厂、盛泽漂染厂等11家工厂立即停产或立即关闭。

8月26日　市政府印发《吴江市城市环境噪声管理办法》，对工业噪声、社会生活噪声、交通噪声、建筑施工噪声的监督管理以及相关的法律责任等，作出明确的规定。

8月29日~9月1日　省爱卫办副主任郦书通率省卫生城市创建考核检查团一行10人，到吴江市考核检查。9月1日，吴江市创建国家级卫生城市省级考核情况通报会在江城会堂举行。会上，郦书通宣布考核鉴定意见，并将鉴定意见书递交给吴江市市长张钰良。检查团认为，吴江市已经达到《国家卫生城市检查考核标准实施细则》的基本要求。

8月31日　青云镇被国家绿化委员会授予"全国造林绿化百佳乡"称号。

9月13日　吴江市委印发《关于批转市人大常委会党组〈关于对市人大常委会任命干部进行述职评议和组织市人大代表评议国税局、地税局、环保局工作意见的请示〉的通知》。10月4日，市环保局局长张兴林向人大代表作"接受人大代表评议，促进环境保护工作"的汇报。10月29日，市环保局局长张兴林再次到人大常委会，作"接受人大代表评议自查自纠情况"的汇报。11月5日，市环保局制订"接受人大评议整改计划"。12月12日，市环保局向人大常委会呈交《关于人民代表评议落实整改措施的情况汇报》。市人大代表对市环保局工作的首次评议至此结束。

9月25日，市政府成立以市委常委、副市长周玉龙为组长的吴江市取缔和关停污染严重企业领导小组，并一次性取缔全市17家污染严重的企业。

9月25~26日　市人大十一届常委会召开第二十八次会议。会议期间，与会人员集体视察"三合一"工程污水处理厂、北门工农路改造现场以及老同里路、梅里村、石里村等城郊结合地区。

10月13日　全国爱卫办副主任苏菊香到吴江市检查创建工作。

11月6日　市政府印发《关于发展生态农业的通知》，这是吴江市首次印发关于生态农业建设的政府规范性文件。

11月15日　市委、市政府在江城会堂召开创建国家卫生城市动员大会，要求全市人民做好迎接国家级调研的准备工作。

11月20日　《松陵地区绿地系统规划》通过专家论证。根据《规划》，2010年吴江市区绿化覆盖率达40%，人均公共绿地达12平方米以上。

11月21~23日　全国爱卫会助理巡视员毕效曾率国家调研组，对吴江市创建国家卫生城市工作进行调研。调研后，调研组宣布吴江市已经达到《国家卫生城市检查考核标准实施细则》的基本要求。

12月9日　国家环保局副局长王扬祖到吴江市，视察日处理1.5万吨污水的盛泽联合污水处理厂，了解太湖庙港段的水质情况。

12月　周民任市环保局副局长。

1997 年

1 月 20 日　芦墟镇被评为江苏省首批 17 个"九五"期间环境与经济协调发展示范镇之一。

1 月 29 日　松陵镇吴新、江新、高新、石里、梅里 5 个村被命名为"江苏省卫生村"。

3 月 25 日　1997 年度环境保护目标责任制会议在松陵饭店召开。

3 月 29 日　国务委员、全国爱卫会主任彭珮云到吴江市考察国家卫生城市创建工作。

4 月 3 日　市委、市政府在江城会堂召开迎接国家卫生城市考核动员大会。

4 月 8 日　市政府办公室印发《吴江市环境保护局职能配置、内设机构和人员编制方案》，对市环保局的职能、职责、人员编制和领导职数作出规定，内设机构为办公室、综合计划科、环境管理科和宣传教育科。

4 月 21～23 日　全国爱卫会副主任刘玉良率国家卫生城市考核鉴定组，到吴江市考核城市卫生和环境综合整治工作，认为吴江市在创建国家卫生城市工作中，"各项指标均达到《国家卫生城市检查考核标准实施细则》的要求，建议全国爱卫会命名吴江市为国家卫生城市"。与此同时，以上海市环保局副处长沈永林为组长的环保考核组，负责考核吴江市的环保工作，各项指标的总得分为 18.98 分，高于国家卫生城市的考核要求。

5 月 4 日　全国爱卫会发文，正式命名吴江市为国家卫生城市。

5 月 14 日　八坼镇通过江苏省卫生镇考核。

5 月 23～24 日　芦墟镇通过江苏省卫生镇考核。

5 月　吴江日报开始设环境专版，宣传环保法律和法规，并对部分环保先进单位的事迹作出报道。

6 月 5 日　常务副市长金明作"六·五"世界环境日电视讲话。

是日　市委宣传部、市环保局在市中心举行"六·五世界环境日"千人签名活动，参加者逾千人，横幅达 15 米。

6 月 13 日　市环保局就吴江东方染厂印染废水处罚一案举行环保行政处罚听证会，这是吴江市首例环保行政处罚听证。

6 月 16 日　国家卫生城市命名表彰大会在江城会堂举行。

9 月 27～28 日　七都镇通过江苏省卫生镇考核。

11 月 6～7 日　省爱卫办副主任郦书通率国家卫生城市复查团到吴江市复查，吴江市顺利通过。

11 月 17 日　市政协在盛泽镇政府三楼会议室举行十届三十六次常委会议，听取市环保局和盛泽镇政府对环保工作的汇报，视察盛泽联合污水处理厂、坛丘华盛印染厂的环保工作。

11 月 24 日　市环保局转发省环保局《关于加强危险废物交换和转移管理工作的通知》，开始执行危险废物交换、转移审批制度。

11 月 30 日　盛泽镇通过江苏省卫生镇考核验收。

12 月 1 日　梅堰镇通过江苏省卫生镇考核验收。

12 月 5～6 日　全省绿化工作会议在吴江宾馆召开。市委书记沈荣法发言，介绍吴江市绿化工作的经验。副省长姜永荣率各市的分管副市长 150 余人参观震泽锦绣园、震泽公园、梅堰镇农田林网和村庄绿化、古运河风光带、市区工农路绿化带、中山街街心公园等。

12 月　吴江市环境监理站更名为吴江市环境监理大队。

1998 年

1 月 4 日　市环保局签发《吴江市环境保护局行政执法委托书》,将环境监督检查和行政执法事项委托市环境监理大队办理。

1 月 6 日　国务院办公厅《信息参考》以"吴江市全面疏浚河道一举三得"为题,介绍吴江市开展河道保护、整治环境所取得的成绩。

2 月 12 日　苏州市政府与吴江市政府签订 1998 年度市长环境保护目标责任书,首次把创建国家环境保护模范城市列入考核内容。

2 月 16~20 日　江苏省和苏州市"太湖流域限期达标"吴江市督查组一行 5 人,到吴江市对吴赣化工厂、吴江化肥厂等 35 家企业进行第一次督查。吴江市"太湖流域 1998 限期治理"工作全面展开。

2 月 28 日　国家环保局污染控制司副司长臧玉祥、水利部水政水资源司副司长任光照率太湖流域水污染防治检查组一行 38 人,到吴江市考察太湖水资源保护和水污染防治工作。

3 月 10 日　江苏省原副省长陈克天一行 9 人,到吴江市考察太湖治理工程建设和管理情况。

3 月 16 日　江苏省和苏州市"太湖流域限期达标"吴江市督查组对吴江市进行第二次督查,共抽查 21 家企业。

3 月 24 日　1998 年度环保目标责任制工作会议召开,副市长张锦宏代表市政府与各镇政府和各职能部门签订 1998 年度环保目标责任状。

4 月 8 日　市政府成立吴江市太湖流域污染防治领导小组。市长汝留根任组长,副市长周留生、吴海标、张锦宏任副组长,各相关部门的领导任组员。

4 月 11~13 日　金家坝镇、八都镇通过江苏省卫生镇考核。

4 月 13 日　国家环保总局局长解振华一行 7 人到吴江市考察松陵镇瓜泾口高锰酸盐指数自动监测仪、市容市貌及盛泽镇联合污水处理厂。

4 月 14~17 日　江苏省和苏州市"太湖流域达标排放"吴江市督查组一行 5 人,对吴江市进行第三次督查,共抽查 14 家在治理技术、资金方面问题比较突出的企业。

4 月 24 日　《中国环境报》新闻部主任记者丁品一行 4 人,到吴江市就太湖流域污染防治、企业改制过程中的环保工作等进行采访。

4 月 25~26 日　中共中央委员、国家环保总局副局长宋瑞禄到吴江市,考察市容市貌、市污水处理厂、垃圾填埋场,并沿太湖视察太湖水污染防治情况。

5 月 8 日　盛泽镇联合污水处理厂二期工程正式动工建设。

5 月 12~14 日　江苏省和苏州市"太湖流域达标排放"吴江市督查组一行 6 人,对吴江市进行第四次督查,共抽查 14 家企业。

5 月 18 日　盛泽印染总厂投资 3000 万元、占地 4.5 万平方米的污水治理扩建工程动工。

该工程完成后,盛泽印染总厂日污水处理能力将达到 2.2 万吨。

5 月 19~22 日　市人大、政府、政协联合组织环保执法大检查,对各镇、各有关单位的限期治理工作进行督查。

5 月 27~28 日　市人大第十二届常委会召开第三次会议,会议议程之一是听取和审议《关于我市创建园林城市规划和建设情况的汇报》。

6 月 5 日　1998 年纪念"六·五"世界环境日大会在吴江宾馆举行。

6 月 14 日　省人大城建环保委办公室主任陈统骥率"中华环保世纪行在江苏——聚焦太湖"采访团一行 20 余人到吴江市采访。

6 月 15~18 日　江苏省和苏州市"太湖流域达标排放"吴江市督查组对吴江市进行第五次督查。

7 月 7 日　市"太湖流域水污染防治领导小组"举行全体会议,市长汝留根、副市长张锦宏出席并讲话。

7 月 8 日　中央电视台经济部记者刘满胜、刘放到吴江市采访太湖流域水污染防治工作情况,并到盛泽镇、七都镇进行实地采访。

7 月 14~15 日　盛泽镇渔业村、东港村通过江苏省卫生村考核。

7 月 15~16 日　江苏省和苏州市"太湖流域达标排放"吴江市督查组一行 7 人,到吴江市进行第六次督查,苏州市电视台随程采访报道。

7 月 20 日　市人大常委会对全市《水污染防治法》的执行情况进行检查。

7 月 22 日　市政协第十一届常委会召开第三次会议,通过《关于改善和提高我市整体环境质量的几点意见》的建议案。

7 月 27~28 日　市人大第十二届常委会召开第四次会议,会议议程之一是对近年来全市《环境保护法》贯彻落实的情况进行审议。

7 月 29~30 日　国家环保总局副局长汪纪戎一行 5 人到吴江市考察太湖流域限期达标排放工作,并就如何进一步做好污染防治工作与市委书记沈荣法、市长汝留根,副市长周留生、张锦宏及市环保局长张兴林等进行座谈。

8 月 8 日　吴江市被全国爱卫会确定为 1998 年国家卫生城市 8 个免检城市之一和 4 个通报表扬的城市之一。

8 月 12~13 日　全国人大、国家环保总局组织的"中华环保世纪行"采访团一行 6 人,到吴江市采访。

8 月 16~24 日　市环保局、市法院、市公安局、市监察局、市工商局、市技监局、市国土局联合执法,取缔 18 个小炼油企业,拆除 75 套土法炼油装置。

9 月 7 日　全国绿化委员会给吴江市颁发"全国造林绿化百佳县(市)"奖牌,同时,授予桃源镇"全国造林绿化百佳镇"称号。

9 月 14~15 日　江苏省和苏州市"太湖流域达标排放"吴江市督查组到吴江市进行第七次督查,对 9 家治理设施还未完成的企业进行检查和督促。

9 月 18~19 日　省专家审定组审定通过《吴江市生态农业建设总体规划》。

10 月 15~16 日　江苏省和苏州市"太湖流域达标排放"吴江市督查组到吴江市进行第八

次督查,对 8 家治理设施还处于施工、调试阶段的企业进行检查和督促。

10 月 26 日　江苏省省长季允石与苏州市市长陈德铭签订苏州市市长环境保护目标责任状,其中写明,2002 年吴江市达到国家环境保护模范城市标准。

10 月 28 日　江苏省首家秸秆煤气设备在八坼镇农创村点火成功。

11 月 17~18 日　江苏省和苏州市"太湖流域达标排放"吴江市督查组到吴江市进行第九次督查。对盛泽鹰翔集团等 7 家企业进行重点检查。

12 月 2 日　市政府召开"太湖流域达标排放(零点行动)决战动员大会"。

12 月 3 日　苏州市政府在吴江市召开通报会,通报吴江市所辖 22 个镇(除市区松陵镇之外)已全面建成苏州市卫生镇,列全省第二,其中 12 个镇已建成江苏省卫生镇。

12 月 6 日　青云镇通过江苏省卫生镇考核。

12 月 25 日　市环保局连发 9 份文件(吴环发〔1998〕48 号~吴环发〔1998〕56 号),责令富联羊毛衫厂、江苏东方集团等 9 家企业限量生产,以确保污水达标排放。这是市环保局首次以文件形式,对违规企业下达限产的行政命令。

12 月 28 日　市环保局印发《关于对我市污染企业开展监督性监测的通知》,开始对全市101 家污染企业进行监督性监测,监测频次为每年 4~5 次。

1999 年

1 月 1 日　吴江市太湖流域污染源治理工作通过江苏省和苏州市两级政府"零点"达标排放考核验收。

3 月 27 日　1999 年度环保目标责任制工作会议在吴江宾馆召开,副市长张锦宏代表市政府与各镇政府、各相关部门签订 1999 年度环保目标责任书。

4 月 16~18 日　南麻镇、莘塔镇通过江苏省卫生镇考核。

4 月 20 日　全国政协常委王东率全国政协人口资源环境委员会"环保工业与经济可持续发展"专题调研组一行 6 人,到吴江市考察环保工业和环保情况。

5 月 22 日　市政府批转市环保局《吴江市排污总量控制工业污染源达标排放和城市环境功能区达标工作方案》,首次提出"一控双达标[1]"的环境治理目标。

5 月 27 日　市环保局印发《关于组织全市环保联合执法统一行动的通知》,在市人大常委会参与下,环保、工商、技监、监察、法制等部门协同配合,对全市的污染企业,尤其是"限期治理"企业、"15 小[2]"企业及近期群众投诉较多的企业,进行现场执法检查。

6 月 2 日　根据江苏省环保局"环境执法年"的要求及苏州市环保局《关于组织全市环保联合执法统一行动的通知》,市政府在全市范围开展环保联合执法统一行动,共有 41 个单位接受检查。

6 月 5 日　市长程惠明发表电视讲话纪念世界环境日。

1　"一控":完成苏州市政府下达的主要污染物排放总量的控制计划。"双达标":①工业污染源排放的水、大气污染物以及噪声、固体废物等,达到国家制定的标准;②空气环境质量、水环境质量达到国家制定的标准。

2　"15 小":指生产工艺、技术、装备落后,资源、能源消耗大,浪费大,对生态和环境有严重影响,危害人体健康,难以形成经济规模和产业规模的小企业。具体为:小造纸、小制革、小染料、小土焦、小土硫磺、小电镀、小漂染、小农药、小选金、小炼油、小炼铅、小石棉、小放射、小炼汞、小炼砷。

6月23日　市环保局会同市电视台、吴江日报社对盛泽地区污染治理设施的运转情况进行突击检查。

6月24日　市政府首次就大气污染源限期达标排放问题召开专门的工作会议,全市未能完成限期治理任务的污染企业的法人代表及其所在镇的分管领导参加会议。

7月6~10日　市计委、市环保局、市工商局、市技监局联合对全市各成品油经营单位和48家加油站推广使用无铅汽油、禁止销售含铅汽油的情况进行大检查。

8月3日　芦墟镇获江苏省环境保护委员会(下简称"省环保委")授予的全省首批28个环境与经济协调发展示范镇之一。

10月26日　市政协常委会组织城建组、提案组全体委员,听取市环保局局长张兴林关于环保工作的汇报,并视察盛泽镇联合污水处理一、二、三分厂和黎里啤酒厂的污染治理。

11月15日　市环境监测实验大楼开工。次年5月5日竣工。

12月14日　吴江市城区(即松陵镇)9.36平方公里的环境噪声达标区,经苏州市建设环境噪声达标区领导小组办公室验收小组复查后通过。

2000 年

1月6日　在国家建设部开展的第三次(1999年)全国城市环境综合整治工作中,吴江市被评为"第三次全国城市环境综合整治优秀城市";副市长张锦宏被评为"第三次全国城市环境综合整治优秀城市市长";建委主任陈振林被评为"第三次全国城市环境综合整治优秀城市建委主任"。

1月11日　黎里镇被国家建设部评为"全国小城镇建设示范镇";芦墟镇、北库镇、桃源镇、八坼镇被评为"江苏省小城镇建设示范镇"。

3月3日　2000年度环保目标责任制会议在吴江宾馆召开,市长程惠明与各镇政府、各相关部门签订2000年度环保目标责任书。

3月20日　市十二届人大常委会召开第十五次会议。市环保局局长张兴林受市政府委托作环境保护工作汇报。

3月22日　市政府在盛泽镇召开现场办公会议,决定对盛泽地区的印染行业进行全面的调查整顿。

5月15日　八坼镇农创村获国家环保总局、农业部、科技部、共青团中央联合授予的"全国秸秆禁烧和综合利用先进集体"称号。

6月5日　市政府召开纪念"六·五"世界环境日暨环境保护工作先进表彰会议,市长程惠明讲话,并对"双达标"工作先进集体和先进个人进行表彰。

6月15日　市政府批转实施由盛泽镇政府、市环保局共同制订的《关于加强盛泽地区印染行业环境保护管理暂行办法》,并规定其他各镇可参照执行。这是市政府首次针对盛泽地区的印染行业制订环境规范性文件。

6月　盛泽环境监理所和松陵环境监理所分别更名为吴江市环境监理大队盛泽环境监理中队和吴江市环境监理大队松陵环境监理中队。

7月17~18日　省政府副秘书长王斌泰到吴江市督察太湖水环境综合整治工作。

7月25日　市环保局首次召开行风义务监督员会议,同时,市环保行风监督员岗成立。

8月　沈云奎任市环保局副局长。

9月7日,市政府成立限期禁止开采地下水工作领导小组,市长程惠民任组长,副市长沈荣泉、张锦宏任副组长,政府相关部门的领导任组员。12日,市政府印发《关于下达地下水禁止开采封井计划的通知》,要求各镇政府按照规定的期限督促各深井取水单位按时按质完成封井任务。

10月14日　中央委员、国家环保总局副局长宋瑞祥率调研组到吴江市,调研太湖流域水污染防治第二阶段目标的完成情况。

11月1日,市环保工程公司转制,与市环保局脱钩。

11月5日　市环保局首次在松陵镇进行公众对城市环境满意程度的问卷调查。

12月14日　国务院副秘书长马凯到吴江市考察东太湖吴江段治污工程。

12月27日　国家环保总局副局长汪纪戎率领工作组到吴江市检查达标排放工作,视察中国鹰翔集团、盛泽镇的污水处理工程和东太湖吴江段的水质状况。

12月28日　吴江市被国家旅游局评为"中国优秀旅游城市"。

12月29日　全国首个镇级环保分局——盛泽镇环保分局成立,市环保局副局长蒋源隆兼任分局局长。

是日　吴江市环境监理大队升格为副科级单位。

2001 年

1月8日　七都镇被全国爱国卫生运动委员会评为国家卫生镇。

1月　市环保局在市统计局、农林局、建设局协助下,以市环境监测站为主要编写力量,编写《1996~2000年吴江市环境质量报告书》,上报吴江市政府、苏州市环保局和苏州市环境监测站。

2月16日　以国家环保总局副局长汪纪戎为组长的国家太湖流域水污染防治工作核查组,到吴江市视察太湖水污染防治工作。

3月22日　市政府召开全市环境保护工作会议,市政府与各镇政府、各职能部门签订2001年度环境保护目标责任书。

4月6日　盛泽镇环保分局举行挂牌仪式。

4月9~10日　苏州市环境监理支队到盛泽对印染企业进行突击抽查。

4月18日　吴江市"九五"期间及2000年度污染物排放总量控制工作通过苏州市政府的核查。

4月19日　省人大副主任黄孟复一行到盛泽镇考察污水处理情况。

5月16日　省环保厅厅长史振华一行到盛泽镇视察环保工作。

5月21日　市环保局转发省环保厅《关于在全省试行〈危险废物经营许可证制度〉的通知》和《关于在全省试行〈危险废物行政代处置制度〉的通知》,开始执行危险废物经营许可证制度和危险废物行政代处置制度。

5月30~31日　江苏省环保厅、苏州市环保局联合执法组,对盛泽地区16家印染企业、12

套污水处理设施进行突击检查。

6月4日　苏州城建环保学院教授陈亢利为盛泽镇150多位印染、涂层、热电等企业领导及村主任,开设"可持续发展道路"讲座,并通过有线广播和闭路电视向全镇市民转播。

6月22日　省政府苏锡常地区地下水封井工作督查组,到吴江市检查地下水禁采封井工作。

6月29日　市环境监测站标准化建设通过省环保厅组织的验收。

6月　芦墟镇中心小学"绿色地球村"的小会员们写信给苏州市委常委、市长杨卫泽,汇报自己开展活动的情况,杨卫泽回信,希望小会员们"当好环保卫士,建设绿色家园"。

7月1日　市环保局签发《吴江市环境保护局行政执法委托书》,将盛泽镇范围内的环境管理、污染源监督、污染事故和环境纠纷事件调查等行政执法中查处违法行为的现场处罚事项,委托给盛泽分局办理。

7月4日　市委、市政府在吴江宾馆召开全市创建国家环保模范城市动员大会。8日,市委、市政府联合印发《关于在全市开展创建国家环境保护模范城市的通知》,成立吴江市创建国家环境保护模范城市领导小组。9日,市委、市政府召开创建环境保护模范城市决战动员大会,市长马明龙代表市政府与各镇政府、各有关部门签订"创模"工作责任书。19日,市委办公室、市政府办公室印发《关于印发〈吴江市创建环境保护模范城市工作方案〉的通知》,要求在2002年底之前,通过国家级考核验收。

7月17日　金家坝镇杨文头村、屯村镇肖甸湖村获省环保厅授予的"百佳生态村"称号。

7月20日　市环保局印发《关于试行企业环境行为信息公开化制度的通知》,开始执行企业环境行为信息公开化制度。

7月30日　市十二届人大常委会召开第二十六次会议,市环保局局长张兴林作"《水污染防治法》实施情况的汇报"。

7月　吴江市大气自动监测系统正式投入运行。

8月23日　苏州市环保局、法制局、财政局、编委组成考核组,对吴江市环境监理大队的标准化建设进行考核验收。经过检查和评议,认为吴江市环境监理大队的标准化建设已达到《全国环境监理机构标准化建设》一级标准。

8月26日　市委书记朱建胜主持召开盛泽地区纺织印染行业环保专题会,为盛泽地区的污染治理制定配套的政策措施。9月3日,市委、市政府成立以市委督导员毕阿四为总指挥的盛泽地区纺织印染行业环保综合整治指挥部。是日,市委、市政府联合印发《关于加强盛泽地区环境保护工作的意见》,这是市委、市政府首次联合制订关于盛泽地区环保工作的规范性文件。6日,盛泽地区纺织印染行业环保综合整治指挥部在盛泽镇召开环保综合整治动员大会。7日,市政府成立以盛泽镇镇长盛红明为主任的盛泽地区纺织印染行业综合整治执法办公室。

8月28~30日　市"创模"领导小组组成5个督查小组分赴16镇,对各镇的"创模"进展进行第一次督查。

9月12日　市政协十一届二十一次常委会召开,会议讨论并通过《关于尽快改善吴江饮用水源环境的建议(讨论稿)》。

是日　市环保局、团市委联合举行"保护母亲河——青少年环保监督岗"的授牌仪式,宣布吴江市"青少年环保监督岗"正式成立。市委宣传部、市环保局、团市委、市广电局、市教育局、吴江日报社等单位派代表出席授牌仪式。

9月24~25日　吴江市巩固国家卫生城市工作通过省爱卫会、环保厅、卫生厅联合组成的国家卫生城市第三检查组的复查。

9月26日　芦墟镇中心小学"永鼎环保园"正式落成并举行揭牌仪式,市委书记朱建胜、市长马明龙联名发出贺信,市委常委吴炜、市政府督导员张莹等到会祝贺。

10月11日　市教育局、市环保局联合印发《关于开展评选吴江市绿色学校、绿色幼儿园的通知》,开始启动全市"绿色学校"的创建活动。

10月19日　市"创模"领导小组召开餐饮业油烟治理工作会议,并与市区40多家营业面积在100平方米以上的餐饮店业主签订污染防治工作责任书,要求各餐饮店在2001年12月31日以前完成油烟治理任务。

10月19~20日　省政府人口资源环境委员会"城镇建设与环境保护问题"调研组到吴江市调研。调研组听取小城镇建设与环境保护工作的汇报并实地调研七都、黎里、同里等镇。

10月30日　苏州市太湖水污染防治工作会议在盛泽镇召开,苏州市市长杨卫泽、副市长姜人杰、吴江市长马明龙、盛泽镇党委书记姚林荣以及苏州各县市区的领导和有关部门负责人共60余人出席会议。

10月30~31日　省环保厅污控处处长黄友璋率省环保厅环保执法组一行20人,分成4个小组,对盛泽地区23家印染企业和盛泽联合污水处理厂进行夜间突击检查。

10月　吴少荣任市环保局局长。

11月6日　省环保厅和苏州市环保局组成联合验收组,对吴江市环境监测站的标准化建设进行考核验收,29项标准达标,1项(专业技术人员结构和比例)未能通过。

11月16日　市环保局印发《关于组织有关企业领导进行环保法规培训的通知》,这是市环保局首次举办盛泽地区重点企业法人代表培训班。

11月22日　凌晨,浙江嘉兴方面在江、浙交界的清溪塘封堵航道,引发江、浙边界的水污染和水事纠纷。市委、市政府印发《关于做好"11·22清溪塘违法封堵事件"发生后盛泽地区社会稳定工作的决定》。市委副书记、市长马明龙,市委副书记范建坤、徐惠明等赴现场处置。

11月24日　江、浙两省和水利部、环保总局的领导共同签署《江苏苏州与浙江嘉兴边界水污染和水事矛盾的协调意见》。当晚,江苏省副省长王炳荣主持召开贯彻落实会议。会后,吴江市委连夜开会,通报情况,统一思想,决心按照中央、国务院和省市各级领导的指示精神做好贯彻落实工作。

11月25日　苏州市政府成立吴江盛泽地区水环境综合整治领导小组,苏州市副市长姜人杰为组长,苏州市交通运输局局长邵建林、苏州市环保局局长陈铁民、吴江市长马明龙为副组长,有关方面领导为成员。

是日　吴江市委、市政府成立落实江浙两省边界水事矛盾《协调意见》领导小组,市委副书记范建坤任组长,市委常委、副市长沈荣泉,市委常委、盛泽镇党委书记姚林荣,副市长金玉林、王永健任副组长,市环保局、市水利局、市水产局等政府部门及盛泽镇政府的领导任小组成员。

11月26日   市政府召开盛泽地区水环境综合整治会议,市政府与盛泽地区各印染厂和污水处理厂的厂长当场签订限期整治达标排放责任状。

11月   芦墟镇中心小学通过国家环保总局、教育部的考核,成为国家级"绿色学校"。

11月   市教育局、市环保局联合开展"争当环境小卫士"活动,芦墟镇中心小学潘晓溪、刘秀文、陈吉、武晨江、沈洁5名同学获"全国环境小卫士"称号,芦墟镇中心小学获"全国学校优秀组织奖"。

12月3~6日   水利部太湖流域管理局副局长叶寿仁到吴江市检查督促水利部、环保总局《协调意见》的落实情况。

12月4日   黎里镇、桃源镇、同里镇获省环保厅授予的"环境与经济协调发展示范镇"称号。

12月5日   市政府印发《吴江市东太湖风景名胜区管理办法》,并成立吴江市东太湖风景名胜区管委会领导小组,市长马明龙任组长,副市长张锦宏、王永健任副组长,政府相关部门的负责人任组员。

12月6日   太湖流域水资源保护局局长房玲娣到盛泽检查《江苏苏州与浙江嘉兴边界水污染和水事矛盾的协调意见》的落实情况,并实地检查多家印染厂水处理情况。

12月7~8日   由市四套班子领导带队,组成5个督查组,分赴全市各镇(盛泽镇除外),对45家重点污染企业的环境整治工作进行督查工作。

12月8日   市政府印发《关于盛泽地区印染企业污水治理长效管理的实施意见》,并成立盛泽地区印染行业污水治理长效管理领导小组。领导小组由副市长王永健任组长,市环保局局长吴少荣和盛泽镇镇长张国强任副组长,市环保局和盛泽镇的分管领导任组员。

12月13日   市环保局印发《关于组织部分污染企业法人代表参加环保法制培训的通知》,这是市环保局首次举办印染行业违法企业法人代表培训班,参加对象是在执法检查中发现问题的10家违法企业的法人代表。

12月18日   市委、市政府在江宾礼堂召开全市迎接国家环境保护模范城市省级调研动员大会,市四套班子、市"创模"领导小组、市机关局以上单位领导,各镇镇长、分管副镇长、环保助理员200余人参加会议。

12月27~30日   国家环保总局副局长汪纪戎一行,组织江、浙两省政府和太湖流域水资源保护局,对吴江市落实《江苏苏州与嘉兴边界水污染和水事矛盾的协调意见》的情况进行现场督查。

12月29日   市政府办公室印发《吴江市环境保护局职能配置、内设机构和人员编制规定》,对市环保局的职能、职责作出部分调整。

2002 年

1月4~5日   省环保厅及苏州市环保局组成考查组,对吴江市"双达标"及创建国家环保模范城市工作进行技术考查。

1月10日   市环保局在盛泽镇召开印染企业清洁生产审计动员大会。中国环境科学院副院长、国家清洁生产中心主任段宁,省环保厅科技处副处长鲍荣熙、苏州市环保局副局长王承武等出席会议并讲话。

2月4日　省委常委、苏州市委书记陈德铭视察盛泽镇联合污水处理厂、新民印染厂、祥盛纺织印染有限公司，乘船查看坝里桥到太平桥清溪塘的水环境。

2月21~23日　全国人大环资委副主任叶如棠率全国人大常委会依法加强京杭运河水污染防治工作调研组一行6人，到吴江市视察京杭运河水污染防治工作。

3月2日　中国轻工业联合会副会长许坤元率中国纺织工业协会专家组到吴江市，对盛泽镇纺织产业布局和污水治理等问题进行整体规划。

3月5日　《人民日报》用整版介绍吴江市发展支柱行业，加强环境保护，创造最佳投资环境的情况。

3月20日　市政府印发《关于命名市高级中学等10个单位为吴江市"绿色学校"的通知》，宣布吴江市高级中学、七都中学、松陵一中、梅堰中学、吴江市实验小学、震泽实验小学、盛泽实验小学、金家坝中心幼儿园、梅堰中心幼儿园、北库中心幼儿园为吴江市首批"绿色学校（幼儿园）"。

3月24日　水利部水资源司司长吴季松到盛泽镇调研水资源管理情况，并实地查看盛泽镇联合污水处理厂和祥盛印染有限公司。

4月2日　市政府召开化工企业综合整治工作会议。会议决定用三个月时间，对全市化工行业实施环境专项整治，要求各化工企业按照整治要求，不折不扣落实整改措施。

4月3日　国家环保总局纪检组组长曾晓东率国务院《太湖水污染防治"十五"计划》落实情况联合检查组，到吴江市检查太湖水污染防治情况。

4月10~11日　国家环保总局局长解振华一行到吴江市视察。

4月11~15日　中科院院士、吴江市人民政府顾问汪集旸和河海大学研究院副院长、博士生导师陆桂华一行5人到吴江市考察水资源及环境保护情况。

4月17日　《中国环境报》对吴江市大力调整产业结构的情况作出报道。

4月23日　市委、市政府召开盛泽环境综合整治专题会议，研究盛泽地区产业结构、产品结构调整和水环境综合整治的对策。会议对污水处理、科技创新、丝绸市场建设、加大整治力度、成立水处理发展有限公司以及城市总体规划等问题作出新的部署。

4月29日　吴江市政府和盛泽镇政府在北京举行盛泽产业结构调整升级方案论证会，对《盛泽地区产业结构、产品结构调整三年规划》《盛泽地区水环境整治可行性研究报告》进行论证。中国纺织工业协会副会长许坤元、中国科学院院士汪集旸及有关部门专家教授30余人出席会议。

5月13日　市政府在松陵饭店议事厅召开全市环保工作会议，市政府与各镇政府、各相关部门签订2002年度环保目标责任书。

5月15日　市政府召开迎接创建国家环境保护模范城市国家级调研动员大会，市"创模"领导小组成员、各工作组组长、各镇分管副镇长参加会议。

5月21日　市政府成立吴江市创建国家级生态示范区领导小组，市委副书记、市长马明龙任组长，市委副书记范建坤、市人大常委会副主任翁祥林、副市长王永健、市政协副主席戚冠华任副组长，市委办公室、市政府办公室等26个部门的领导为组员。

5月　市环保局举办"绿之情"文艺专场汇演,吴江电视台、电台转播,吴江日报报道。

6月2~4日　国家环保总局派出调研组,到吴江市调研、评估创建环保模范城市工作情况。调研组充分肯定吴江市的创模工作,同时提出8条需要改进和加强的意见。

6月6日　盛泽盛虹印染有限公司和盛泽新民印染有限公司通过国家清洁生产委员会的审计论证。

6月18日　吴江市区域供水工程开工。2005年2月5日,一期工程竣工投产,供水能力30万吨每日。2006年12月8日,二期工程暨排泥水处理工程开工。2008年6月30日,二期工程竣工投产,供水能力60万吨每日,基本满足全市经济和生活用水的需要。

6月22日　市委、市政府再次召开盛泽环境综合整治专题会议。会议决定加强盛泽地区产业结构和产品结构的调整,加快水环境综合整治的步伐,把盛泽的纺织经济板块做大做强,把盛泽镇做大做美。

6月　吴江市环境监理大队更名为吴江市环境监察大队。

7月5日　市政府在盛泽镇召开清洁生产动员大会。会后,25家印染企业开始清洁生产审计工作。

7月7日　国家环保总局副局长王心芳一行7人,到吴江市对落实环保"十五"计划进行调研。

7月8日　市环保局印发《关于建立我局110联动体系开展24小时值班制度的通知》,开始执行110联动体系24小时值班制度。

7月9日　市政府印发《关于盛泽地区印染行业鼓励技术进步限制淘汰落后设备的实施意见》,鼓励印染企业淘汰1992年前购买的、浴比在1比10以上的印染设备,购置采用先进的染色工艺配方、低浴比、高效智能化染色设备。对于推行清洁生产技术,引进先进的印染设备和先进工艺、先进技术的企业,明确给予优先贷款、政府贴息等优惠政策。

7月10日　市政府印发《关于进一步贯彻落实〈苏州市人民政府关于禁止销售和使用高毒高残留农药的通告〉的通知》,全面禁止销售和使用高毒高残留农药及其混配剂。

8月8日　市政府召开全市第三批污染企业综合整治工作会议。

8月13日　市政府出台《盛泽地区污水处理统一管理暂行办法》,对"集中治污,市场运作"作出具体的规定。

8月18日　在盛泽镇政府的协调和参与下,盛泽镇集体资产经营公司和盛泽镇投资公司合股组建的盛泽水处理发展有限公司正式挂牌成立。

9月11日　市委、市政府召开第三次盛泽环境综合整治专题会议,研究盛泽的水环境综合整治工作。

10月22~24日　省建设厅副厅长王翔率考评组到吴江市进行省级园林城市考评验收,认为各项指标均达到或超过省级要求。

10月30~31日　以日本思特频公司为首的二十多家环保行业配套企业组成的访问团到吴江市考察。

11月8日　吴江市通过中国优秀旅游城市复核检查。

11月13日　市委书记朱建胜在市环保局呈送的《关于推行集中治污的专题报告》后批

示："集中治污,市场运作,确是当前解决经济发展与环境保护一对矛盾的有效途径之一,是走可持续发展道路的重要工作内容,应积极探索,加快推进。"

12月9日　盛泽镇25家印染企业的清洁生产工作通过由省经贸委、省环保厅组织的专家组验收。至此,盛泽镇的27家印染企业全部实施清洁生产并通过验收。

12月10日　江苏省太湖流域印染行业清洁生产现场交流会在吴江市召开。

12月28~29日　国家环保总局副局长汪纪戎一行,到盛泽镇考察环境综合整治情况。

12月31日　市政府印发《吴江市特大安全事故应急处理预案》。根据《预案》,市环保局局长为特大事故应急处理总指挥部成员,市环保局为特大环保事故应急救援指挥部的牵头单位。

12月　王通池任市环保局副局长。

2003年

1月18日　中央电视台教育频道"当代教育"播出芦墟镇中心小学开展环境教育的专题报道《汾湖水·百草园》。

2月21日　市环保局印发《关于印发〈吴江市环境保护局2003年度"送法下乡"环保法制培训工作方案〉的通知》,决定集中一个月,采取"轮训"的方式,对全市各镇的分管领导、环保助理员、污染企业法人代表、社区、行政村负责人进行培训,合计1200多人。这是吴江市历史上规模最大、历时最久、参与人数最多的环保法制培训。

2月　芦墟镇中心小学获全国"绿色学校"创建活动先进学校。

3月21日　市环保局印发《关于开展"环保进社区"和创建"绿色社区"活动的通知》,开始启动"绿色社区"创建活动。

4月　市实验小学获江苏省"绿色学校"创建活动先进学校,市环保局获江苏省"绿色学校"创建活动优秀组织单位,芦墟镇中心小学校长张俊获江苏省"绿色学校"创建活动先进工作者,芦墟镇中心小学六(3)班学生潘晓溪获江苏省"绿色学校"创建活动"绿校之星"。

5月18日　总投资1.8亿元(含管网工程),占地10公顷,日处理污水5万吨的盛泽污水处理工程竣工投运。

5月20日　市政府印发《关于印发〈吴江市创建全国生态示范区建设规划实施方案〉的通知》,要求所辖各镇、开发区和各相关部门、单位组织实施。

5月27日　市环保局、农林局联合发文,责令同里三友养猪场和平望顾扇养猪场在8月底前完成废弃物、废水的污染治理工作,达到国家规定的排放标准。这是吴江市环保部门首次对生猪养殖业下达整改通知书。

6月5日　市委宣传部、市环保局在市中心举办"创建全国环保模范城市"千人签名活动,参加者逾千人。

6月11日,吴江市创建国家级生态示范区领导小组成立创建国家生态示范区指挥部。

是日　省建设厅副厅长王翔一行,对吴江市地下水禁采封井工作进行督查。

6月18日　水利部太湖流域管理局副局长叶寿仁到吴江市察看东太湖非法圈圩清除情况。

6月23日　垂虹景区暨市区绿化景点工程开工。

6月25~26日　江苏省太湖生态农业示范县(市、区)验收会议在吴江市召开。吴江市通过省生态农业建设示范市验收。

7月18~20日　国家环保总局和省环保厅派出专家组,对吴江市的创建工作进行调研,并提出具体的改进意见。

9月7~9日　国家环保总局组成考核组,对吴江市的创建工作进行验收。考核组同意省环保厅的推荐意见,通过吴江市创建国家环境保护模范城市工作的考核。

10月29日　副省长何权一行10人到吴江市视察环保工作。

12月11日　市政府批转市环保局制订的《吴江市頔塘河、急水港水环境综合整治方案》,强化頔塘河、急水港水环境整治的措施和力度。

12月17~18日　省环保厅副厅长赵挺率创建全国生态示范区省调研组一行到吴江市调研。

12月23日　国家环保总局发文,授予吴江市"国家环境保护模范城市"称号。

12月30日　松陵镇松陵二村社区和水乡花园社区被市环保局和松陵镇政府命名为吴江市首批"绿色社区"。

12月　松陵环境监理中队和盛泽环境监理中队撤销,市环境监察大队重设5个环境监察中队,分管全市各镇。

2004 年

2月16日　市政府印发《吴江市安全生产事故快速反应机制方案》,根据该《方案》,吴江市成立应急救援指挥部,市环保局局长任指挥部成员之一,分管副局长任工作人员;此外,市环境监测站站长、副站长,担任吴江市重特大事故专家组成员,负责环保检测工作。

2月29~30日　国家环保总局局长解振华、副局长汪纪戎一行对太湖流域水污染防治工作进行调研。

3月2日　市机构编制委员会印发《关于镇区划调整后有关镇机关及其事业单位机构编制职能调整的意见》,全市9个镇均设立环境保护办公室,并配备专职的环境保护工作人员。

3月15日　市政府办公室印发《转发市环保局〈关于加强全市纺织行业污染防治工作的意见〉的通知》,全市投资7000多万元,对喷水织机行业开展专项整治行动。

3月　在市政府与同里镇、七都镇、黎里镇签订的环境保护责任书中,开始把"通过创建全国环境优美乡镇考核验收"列为实事目标之一。

3月　市环境监测站获得国家实验室认可证书。

3月　经江苏省环保厅和苏州市环保局批准,吴江市运东金属表面处理加工区成立。

4月15日　吴江经济开发区经济发展局、市环保局联合印发《关于对外资企业开展环保知识培训的通知》,这是吴江市首次面向外资企业举办环保培训班。

4月19日　国家环保总局副局长汪纪戎一行,到吴江市调研重点流域水污染防治工作。

4月26日　省委副书记、省长梁保华到盛泽镇调研环保情况。

4月28日　苏州市政协副主席吴砚池、程耀寰等到吴江市视察农村河道整治情况。

5月15日　苏州市副市长谭颖率水污染综合整治工作小组到盛泽镇调研。

6月9日　松陵污水处理厂二期扩建工程动工,次年12月23日竣工,污水处理能力为3.5万吨每日。

6月　沈卫芳任市环保局副局长。

7月10日　市政府成立盛泽地区印染企业搬迁领导小组,市委副书记、市长马明龙任组长,市委常委、盛泽镇党委书记姚林荣和副市长王永健任副组长,市环保局等8个政府部门的领导任组员。

7月15日~8月6日,市文广局、市环保局、市社区服务中心举办全市环保知识竞赛,印发试卷2.2万份,回收2万余份;18个队参加预赛,6个队参加决赛,电视台全程转播。

8月4日　水利部太湖流域管理局局长孙继昌等到盛泽镇视察江浙边界流域水资源质量状况。

8月30日　市政府印发《关于盛泽镇区部分印染企业搬迁工作的意见》,决定用2年时间,分2期,将盛泽镇区7家印染企业迁出盛泽镇区。

9月9日　省水利厅副厅长陆桂华率省政府苏锡常地区地下水禁采封井工作督查组,到吴江市检查2004年度地下水禁采封井工作。

9月13~14日　国家环保总局派出考核组,对吴江市全国生态示范区的创建工作进行验收,认为吴江市的各项考核指标全部达到全国生态示范区建设一类地区标准。

9月14~15日　全国政协人口资源环境委员会副主任刘成果,率领全国政协“农业面源污染防治问题”调研组一行12人,到吴江市视察。

11月3日　国家卫生城市复查组到吴江市复查。

11月10日　省人大常委会副主任叶坚将率部分省人大代表到吴江市,视察太湖国家重点风景名胜区风景名胜资源保护情况。

11月　震泽镇砥定社区率先获得苏州市“绿色社区”称号。

12月22日　“国家环境保护模范城市”授牌仪式在吴江宾馆江宾礼堂举行。国家环保总局副局长汪纪戎、省环保厅厅长史振华、苏州市副市长谭颖等出席。

12月30日　国家环保总局印发《关于命名第三批国家级生态示范区的决定》,正式批准吴江市为国家级生态示范区。

是日　国家环保总局印发《关于命名2004年度全国环境优美乡镇的决定》,正式命名吴江市同里镇为“全国环境优美乡镇”。

是日　市政府成立吴江市创建全国生态市领导小组,市委副书记、代市长徐明任组长,市委副书记范建坤、市人大常委会副主任平健荣、副市长王永健、市政协副主席戚冠华任副组长,市委办公室、市政府办公室等26个部门的领导为组员。

12月　市政府和同济大学共同编制《吴江市循环经济建设规划》和《吴江市生态市建设规划》。

2005 年

1月5日　省环保委下发《关于命名江苏省首批“绿色社区”的通知》,松陵镇松陵二村社区和城中社区被评为江苏省首批"绿色社区"。

1月18日　吴江市"城市环境建设与管理"项目获省政府命名的2003年度"江苏人居环境奖"范例奖。

1月25日　七都镇通过全国环境优美乡镇考核。

3月11日　市第十三届人大常委会第十七次会议作出《关于同意〈吴江市生态市建设规划〉的决定》。

3月16日　同里镇党委书记严品华、镇长曹雪娟被国家环保总局授予"创建全国环境优美乡镇优秀领导"称号。

3月24日　市政府印发《批转市环保局〈关于2005年度江浙交界断面水质控制预警方案〉的通知》。

3月28日　市政府印发《关于吴江市创建全国生态市的实施意见》,生态市创建工作全面启动。

3月　市政府与各镇、各责任单位签订生态市创建责任状,要求各镇、各单位及时达标、按时完成任务。

3月　市环境监测站通过国家实验室认可的监督评审。

4月12日　市委、市政府召开全市创建国家生态市、国家生态园林城市动员大会。

4月　市环保局环境管理科增挂"固体废物管理科"。

5月23日　全国人大环资委调研室副主任尚莒城等一行到吴江市进行水污染防治执法检查。

是日　"中华环保世纪行"记者团到盛泽镇进行采访。

5月31日　国家环保总局印发《关于表彰第三批国家级生态示范区建设先进单位和先进个人的决定》,授予吴江市环保局为国家级生态示范区建设先进单位,授予吴江市委副书记范建坤、副市长王永健为国家级生态示范区建设优秀领导者,授予吴江市环保局局长吴少荣为国家级生态示范区建设先进工作者。

6月15日　市政府印发《关于责令莺湖浆料厂等53家化工企业和化工车间关闭的通知》,对拒绝关闭的企业,采取停电、拆除设备等措施,予以关闭。

6月27日,吴江恒祥酒精制造有限公司因突发事故直排污水,导致江浙交界的澜溪塘铜罗段发生重大污染事故,浙江省嘉兴市秀洲区新塍镇的地表水厂被迫停止供水,影响3万人的饮水、用水以及下游的农业、养殖业。事故引起国务院的重视,温家宝总理和曾培炎副总理分别作出批示,国家环保总局局长解振华、副局长汪纪戎指示立即查处。事实查清后,市环保局聘请专家,制定整改措施。与此同时,在国家环保总局的组织下,江浙双方省、市、县三级环保部门和吴江市政府、秀州区政府,先后三次召开协调会议,吸取教训,化解矛盾,消除隐患。

6月　市依法治市领导小组办公室、市司法局、市环保局举办环保普法宣讲和环保图片巡回展。

6月　市机构编制委员会明确市环境监测站为全民所有制社会公益性科学技术事业单位,参照行政管理类事业单位管理。

7月13日　苏州市委副书记、市长阎立视察盛泽镇太平桥断面水质和建设中的平望污水处理厂。

7月14日　市政府印发《关于责令全市各旧桶复制企业关闭的通知》,取缔旧桶交易市场,吊销全市所有旧桶复制企业的营业执照。

8月1~2日　全国农药残留微生物降解技术培训班在吴江市开班,来自全国各地的农业技术人员40多人参加培训。

8月12日　市委、市政府印发《关于进一步加强环境保护工作的意见》,开始执行环境质量行政"一把手"问责制。

8月15日　市政府同意市环保局和市建设局划定的吴江净水厂保护区范围,并要求市环保局和市建设局会同其他有关部门,抓好保护区各项措施的落实,保障生产和生活供水安全。

8月19日　市政府办公室印发《转发市发改委等部门关于〈吴江市2005年整治违法排污企业保障群众健康环保专项行动工作方案〉的通知》。

9月14日　苏州市人大常委会副主任周性光、苏州市副市长谭颖、苏州市环保局局长陈铁民率"苏州市整治违法排污企业保障群众健康环保专项行动"联合督查组,到吴江市检查污染治理项目的实施情况。

9月　范新元任市环保局局长。

9月　市机构编制委员会明确吴江市环境监察大队为参照国家公务员制度管理的全民事业单位。

10月12日　国务院研究室副主任李炳坤到吴江市调研新农村建设情况。

10月22日　震泽镇通过国家卫生镇考核。

10月24~25日　建设部国家园林城市考评组到吴江市进行现场评审验收。

11月23~24日　吴江市通过创建生态农业县(市)工作验收,成为省首批生态农业县(市)之一。

11月24日　省人大常委会副主任洪锦炘率省执法检查组一行13人,到吴江市对《关于在苏锡常地区限期禁止开采地下水的决定》实施情况进行视察。

11月25日　松陵镇垂虹桥东端修缮及环境整治工程通过省文物保护专家组验收。全国文联主席周巍峙为垂虹景区揭牌。

12月1日　苏州市旅游饭店星级评定委员会发文,批准苏州同里湖大饭店有限公司等12家单位为吴江市首批绿色宾馆(饭店)。

12月　张荣虎任市环保局副局长。

2006 年

1月19日　市委、市政府批准市环保局等七部门制订的《吴江市农村人居环境建设和环境综合整治试点工作实施方案》并转发各镇政府,首次提出新农村建设"三集中"原则,即:农田向种粮大户集中,工业向小区集中,农民向集中居住区集中。

1月　市环保局在市统计局、市公安局、市农林局、市气象局、市建设局协助下,以市环境监测站为主要编写力量,编写《2001~2005年吴江市环境质量报告书》,上报吴江市政府、苏州市环保局和苏州市环境监测站。

2月4日　市委、市政府召开全市创建国家生态市再动员大会。

2月20日　市政府召开创建国家园林城市表彰大会暨推进创建全国生态市、创建国家生态园林城市和城乡环境建设工作会议。

2月25日　省委常委、苏州市委书记王荣到盛泽镇、七都镇调研社会主义新农村建设情况。

2月　市政府再次与各镇、各责任单位签订生态市创建责任状,要求各镇、各单位及时达标、按时完成任务。

2月　唐美芳任市环保局纪检组组长。

3月2日　市十二届政协召开第二十二次常委会议,协商通过《关于切实搞好农村环境卫生建设的建议案(讨论稿)》。

是日　市政府印发《吴江市突发公共事件总体应急预案》,根据该《预案》,市政府成立市突发公共事件应急委员会,市环保局局长为应急委员会成员之一。应急委员会下设22个专项突发公共事件应急指挥部,市环保局为气象灾害应急指挥部、安全生产事故应急指挥部、爆炸事故应急指挥部、环境污染事故应急指挥部、生态破坏事故应急指挥部、重大动物疫情应急指挥部的成员单位,并牵头制定和组织实施环境污染事故应急预案和生态破坏事故应急预案。

3月21日　市政府印发《关于停止在东太湖围垦区进行投资开发建设的通知》,规定:围垦区内停止所有经营性开发项目的建设,原有居民迁移到居民集中居住区,原有坟地于年内迁移结束。

是日　市政府成立以市长徐明为组长的东太湖退垦还湖综合利用工程工作领导小组。

4月6日　市政府在盛泽镇召开喷水织机治理暨生态市建设工作会议。

4月15日　国家建设部在人民大会堂召开"《国务院关于加强绿化建设的通知》颁布5周年暨城市园林绿化先进表彰大会"。会上,吴江市获"国家园林城市"称号,松陵城区水环境综合整治工程获"中国人居环境范例奖"。

4月26日　苏州市副市长谭颖率苏州市督查组到盛泽督查水环境综合整治情况。

5月10日　全市第一个镇级新农村建设工程项目——震泽镇中心城区新农村建设工程项目启动。

5月24日　省委常委、苏州市委书记王荣等到松陵镇梅石小区、芦墟镇杨文头村调研新农村建设情况。

5月25日　"中华环保世纪行"赴太湖流域采访记者团一行20人到吴江市,就太湖流域水污染治理情况进行实地采访。

5月31日　市环保局副局长沈卫芳、七都镇党委书记屠福其、镇长朱卫星被国家环保总局授予"创建全国环境优美乡镇优秀领导"称号。

5月　县文广局、市环保局联合举办"创建生态市"征文、摄影、演讲比赛,征文获奖作品在吴江日报刊登,摄影获奖作品在各镇巡展,演讲比赛由吴江电视台、电台转播。

6月5日　市建设国家生态市办公室和市人民广播电台共同开通《环保之声》直播节目。

6月6~7日　市委办公室、市政府办公室、市监察局、市环保局组成联合督查组,检查吴江经济开发区、临沪经济开发区及各镇的生态建设工作。

6月9~10日　震泽镇、汾湖镇通过全国环境优美乡镇考核。

6月13日　苏州市人大常委会主任周福元一行20人,到松陵镇友谊村、盛泽镇圣塘村等地视察新农村建设情况。

6月　吴江三联印染有限公司等7家印染企业分别从盛泽镇区搬至平望镇、震泽镇、桃源镇和浙江省,盛泽镇区的污水排放量减少3.56万吨每日,控制在7.5万吨每日之内。

7月19日　市政府在盛泽镇召开全市环境综合整治现场会。

是日　苏州市政协副主席吴砚池、程耀寰一行13人到吴江市,开展关于"吴江市农村河道水系整治与规划建设课题"调研活动。

7月20日　省人大常委会副主任张艳一行18人,到吴江市就《关于促进污水厂污泥资源化利用的建议》办理情况进行跟踪督办,并对盛泽水处理发展有限公司污泥处理进行现场督查。

是日　市政府办公室印发《转发市环保局等部门关于〈吴江市2006年整治违法排污企业保障群众健康环保专项行动工作方案〉的通知》。

7月21日　市建设国家生态市领导小组办公室与吴江日报社制定创建宣传报道计划。

7月25日　苏州市副市长谭颖率苏州市发改委、经贸委、环保局、农林局等部门领导到吴江市调研国家生态市建设工作。

7月26日　市委、市政府召开新农村建设示范村规划编制成果汇报会,听取全市17个示范村的规划编制情况汇报。

8月1日　《吴江日报》第1、2版联动,开始分6期推出"创建国家生态市"专栏,下设全市动员全民参与、环保企业巡礼、记者环保行等分栏目以及领导重视篇、各方联动篇、专项整治篇、市民参与篇、生态经济篇、环境优美篇等宣传专版。

8月2~7日,市委书记朱民、市长徐明及市环保局、市农林局、市爱卫办等部门领导,分赴平望、桃源、横扇、同里等镇,督查国家生态市、全国环境优美乡镇的创建工作。

8月10日　苏州市环保局副局长袁鸿柏率初审组,到吴江市审核建设国家生态市技术资料。

8月25日　市政府召开全市各镇及30个行政村省级生态村建设工作推进会。

8月29日~9月1日　市政府和建设国家生态市领导小组组织督查组,赴各镇指导国家生态市建设工作。

8月31日　国家环保总局副局长潘岳一行5人到吴江市视察。

8~9月　市环保专项行动领导小组办公室举办环保法制图片巡回展,在全市各镇的社区、村、企业、学校巡回展出。

9月5日　市政府印发《吴江市生活饮用水源保护细则(试行)》,对饮用水源保护区的区划范围、具体的保护措施、政府有关部门所应承担的职责及违法查处的程序等,作出明确规定。

9月6日　市长徐明率吴江经济开发区社会事业局、吴江临沪经济开发区社会事业局、市发改委等13个部门领导及各镇镇长实地查看松陵镇八圩社区、八圩苗圃、横扇镇菀坪柑桔生态园、七都太湖湿地等13个重点生态工程,并在吴江宾馆召开建设国家生态市重点工程进展情况汇报会。

9 月 8~13 日　苏州市环保局、苏州市农林局、苏州市爱卫会组成调研组,到吴江市考核30 个省级生态村的建设工作。

9 月 15 日　苏州市委副书记徐建明到震泽调研社会主义新农村建设推进情况。

9 月 21 日　苏州市人大常委会副主任黄炳福一行 6 人到吴江市调研新农村建设。

9 月 29 日　省生态市考核技术专家到吴江市对建设国家生态市台账资料工作进行具体的指导。

10 月 9 日　苏州市环保局副局长袁鸿柏到吴江市督查平望、桃源、横扇三镇建设全国环境优美乡镇工作。

10 月 13 日　市政府成立以市长徐明为组长的化工行业专项整治工作领导小组,决定对全市所有的化工企业,通过逐个排查和集中整治,提高生产经营标准、行业准入门槛和从业资质要求,将分散的化工企业向化工集中区域集中,以求有效地控制和治理污染。

是日　水利部规计司司长周学文一行到吴江市视察东太湖综合整治规划情况并听取汇报。

10 月 18 日　省环保厅副厅长秦亚东一行到吴江市调研水环境整治情况并听取水环境整治情况汇报。

10 月 20~21 日　省环保厅副厅长赵挺一行到吴江市参加吴江经济开发区工业园规划评审会,并实地检查平望镇建设全国环境优美乡镇工作。

10 月 23 日　市政府召开第四十三次常务会议,通过《吴江市化工生产企业专项整治方案》和《吴江市推进工业企业循环经济工作意见》。

10 月 26 日　市委、市政府组织召开全市农村环境建设千人动员大会,市委书记朱民作动员报告。

10 月 30 日　苏州市副市长朱永新率苏州市人大沧浪区代表团一行 20 人,到吴江考察太湖吴江段水质和水质保护情况。

是日　吴江市获国家建设部颁发的 2006 年中国人居环境奖(水环境治理优秀范例城市)。

11 月 14 日　震泽镇新申农庄通过全国农业旅游示范点验收。

11 月 16 日　苏州市副市长谭颖率吴江市、太仓市、吴中区领导在平望镇召开生态市建设现场会,视察恒宇纺织染整有限公司、震泽新申农庄、平望污水处理厂、南华纺织整理厂等国家生态市建设重点生态工程。

11 月 17 日　全省国家生态市建设资料员培训会议在吴江市鲈乡山庄召开。

11 月 18~20 日　平望镇、横扇镇通过江苏省全国环境优美乡镇考核。

11 月 25 日　新华社江苏分社副社长、总编辑施勇峰到吴江市调研环境保护工作。

11 月 30 日　省委常委、苏州市委书记王荣到吴江市调研新农村建设进程落实情况和汾湖经济开发区开发建设情况。

11 月　朱三其任市环保局副局长。

12 月 1 日　省生态市考核组技术专家到吴江市指导技术资料工作。

12 月 16 日　省水利厅副厅长张小马到吴江市,考察同里镇水利环境综合整治工程建设进展情况。

12月19~21日　苏州市环保局、苏州市农林局、苏州市爱卫办组成验收组,对松陵镇、汾湖镇、七都镇和桃源镇的省级生态村创建工作进行考核,共有34个村通过苏州市级考核。

12月28日　省环保厅、省教育厅联合印发《关于确认江苏省第六批绿色学校(幼儿园)的通知》,确认七都中学、市实验初级中学、松陵第一中学、松陵高级中学、八都镇中心小学、盛泽镇中心小学、庙港实验小学、芦墟镇中心小学幼儿园为省第六批绿色学校(幼儿园)。

12月下旬　市委、市政府开展"百村、千厂、万人"生态市宣传月活动。

12月　省建设厅命名吴江市为江苏省节水型城市。

2007 年

1月11日　省技术考核组对吴江市国家生态市建设工作进行技术考核。

1月12日　省环保委命名同里镇东新社区、鱼行社区、横扇镇菀坪社区、七都镇庙港社区、盛泽镇南麻社区、平望镇南新社区、震泽镇镇南社区为2006年度省级"绿色社区";市环保局为2006年度"绿色社区"创建先进单位,市环保局局长范新元为2006年度"绿色社区"创建先进个人。

2月13日　市政府组织召开全市环保工作会议,市政府与各镇、开发区政府、各相关职能部门签订年度环境保护目标责任书。

2月　市文广局、市环保局首次以"环境保护"为主题,联合举办"生态吴江"环保文艺演出,吴江电视台、电台转播,吴江日报报道。

2月　市环保局举办建设国家"生态市"环保书法评比,获奖作品在市中心展出。

3月1日　市环保局印发《关于淘汰我市印染企业落后产能设备的通知》,规定:从即日起对全市印染企业中污染严重的O型缸实施强制淘汰。

3月6~7日　省环保厅副厅长赵挺率领省级考核组对吴江市建设国家生态市情况进行考核,认为吴江市已具备向国家申请生态市考核验收条件。

3月16日　苏州市政府与吴江市政府签订《吴江市2007年度主要污染物总量控制目标责任书》。

是日　东太湖综合整治规划编制工作领导小组第二次会议在吴江市召开。水利部太湖流域管理局、江苏省环保厅、水利厅、省海洋与渔业局、省太湖渔管会办公室、苏州市政府、吴江市政府等参加会议。

4月2日　苏州市委常委、副市长周伟强率苏州市经贸委、规划局、环保局、安监局、国土局负责人,到吴江市调研化工集中区建设问题。

4月5~6日　国家环保总局生态司副司长李远一行对吴江市的创建工作进行调研。

4月6日　《吴江东太湖温泉度假区总体规划》通过专家组评审。

4月16日　市委、市政府召开全市环境保护暨创建国家生态市迎检动员大会,要求各镇、各部门确保创建一举成功。

4月18日　苏州市副市长朱建胜到吴江市调研新农村建设情况。

5月15日　市第十三届人大常委会召开第三十三次会议,市环保局局长范新元作"吴江市创建国家生态市工作情况汇报"。

5月17日　江苏省副省长黄莉新一行视察东太湖地区综合整治工作。

6月4日　在全省节能减排科技创新行动启动会议上,科林集团吴江宝带除尘有限公司被命名为首批10家"江苏省节能减排创新示范企业"之一,是苏州市唯一的示范企业。

6月7日　市政府办公室印发《吴江市饮用水源地环境安全事故应急预案》,并成立以市长徐明为组长的太湖水污染防治暨饮用水源安全应急工作小组。

6月10日　国家环保总局环境影响评价司副司长赵维钧一行,到盛泽恒力化纤集团考察调研,考察团对恒力化纤集团的中水回用工程给予充分肯定。

6月14日　江苏省政府副秘书长吴沛良率省调研组到吴江市调研东太湖围网养殖情况。

6月23日　国家环保总局公布全国第二批绿色社区表彰名单,同里镇鱼行社区成为吴江市首个国家级绿色社区。

6月26日　梅堰实验小学获全国"绿色学校"创建活动先进学校,梅堰实验小学周迎春获全国"绿色学校"创建活动优秀教师。

7月10日　苏州市环保演讲比赛结束,吴江市队总分列苏州县级市第一。

7月13日　国家环保总局自然生态司副司长李远率国家生态市技术核查组到吴江市检查。

7月14日　中共吴江市第十一届委员会第五次全体(扩大)会议召开,市委常委、常务副市长吴炜和副市长王永健分别作节能降耗和治污减排专题报告。

7月16日　吴江市成立第一次全国污染源普查领导小组,启动第一次全国工业污染源普查。次年7月15日,吴江市完成第一次全国污染源普查工作,共查明污染源16130个。

7月25日　市政府印发《关于进一步加强农业面源污染整治工作的意见》,这是市政府首次就农业面源污染问题印发规范性文件。

7月26日　省建设厅厅长周游率省太湖水源地保护检查组,到吴江市检查东太湖及松陵水厂情况。

7月29~30日　水利部规划计划司司长周学文率国家太湖流域水环境综合整治调研组,到吴江市调研治理太湖工程建设情况。

8月7日　省委常委、苏州市委书记王荣到吴江市就太湖环境保护和围网养殖调整等问题进行调研。

8月13日　吴江市太湖流域水污染防治工作会议召开。

8月18日　中国国际工程咨询公司社会事业部主任胡元明,率《太湖流域水环境综合治理总体方案》调研组到吴江市调研。

9月7日　市政府办公室印发《关于对沿太湖地区船餐、农家乐等餐饮业进行清理整顿的通知》,对沿太湖大堤以内1公里范围和太湖大堤以外所有的船餐、农家乐等餐饮业进行清理整顿。

9月11日　市委书记朱民就吴江市加强环境治理、发展循环经济等情况接受新华社江苏分社记者采访。

9月17日　省委常委、苏州市委书记王荣到吴江市视察调研新农村示范村建设情况。

9月27日　在山东省威海市举行的2006年度中国人居环境范例奖颁奖晚会上,同里镇获"中国人居环境范例奖"。

10月13日　《东太湖综合整治规划报告》通过专家评审。

10月30日　国家水利部部长陈雷到吴江市视察东太湖综合治理情况。

11月13日　市委、市政府印发《吴江市河(湖)水域实行河长责任制及考核办法》,规定:对全市18条主要河(湖)实行党政一把手和机关行政主管部门主要领导"各负其责,分段(点)包干"制。

11月　钱争旗任市环保局副局长。

12月18日　吴江市生活垃圾焚烧发电厂在平望镇奠基。

12月20日　省环保委批准平望镇梅堰社区、同里镇屯村社区、东溪社区、震泽镇石瑾社区、七都镇社区、松陵镇三村社区为2007年度省级"绿色社区";同里镇政府为2007年度"绿色社区"创建先进单位;平望镇副镇长陆爱英为2007年度"绿色社区"创建先进个人。

12月20日　国家环保总局华东督查中心对吴江市的污染物减排工作进行督查,其中重点抽查单位是苏盛热电有限公司、恒力化纤有限公司、盛泽水处理发展有限公司、吴江运东污水处理厂和吴江污水处理厂。

12月23日　国家环保总局生态自然司司长万本太到吴江市调研国家生态市创建工作。

12月24~26日　国家环保总局政研中心研究员冯东方率技术评估组对吴江市环保模范城市进行复查。

12月28日　省环保厅、教育厅联合印发《关于确认江苏省第七批"绿色学校(幼儿园)"的通知》,确认吴江市中学、屯村实验小学、八都中心幼儿园为省第七批"绿色学校(幼儿园)"。

是日　八都镇中心小学获省创建"绿色学校"活动先进单位,市教育局获省创建"绿色学校"活动优秀组织单位,市教育局普教科副科长沈鲁、八都镇中心小学副校长费惠珍获省创建"绿色学校"活动先进工作者。

2008年

1月9日　国家环保总局总量办副主任赵华林一行对吴江市污染物排放总量进行核查。

1月14日　吴江市环境科学研究学会成立。

1月22日　市政府印发《吴江市关于加强污染物减排工作的实施意见》,规定:到2010年,全市化学需氧量削减22.46%,控制在1.45万吨以内;二氧化硫削减16.84%,控制在2.37万吨以内。

1月23~24日　省爱卫会常务副主任戎火泉率考核组到吴江市,考核创建农村改厕先进市工作,吴江市通过现场考核评定,成为全省6个农村改厕先进市之一。

2月29日　2008年度全市环保工作会议召开,市政府与各镇、开发区政府、各相关职能部门签订年度环境保护目标责任书。

3月4日　苏州市副市长周玉龙率有关部门负责人到吴江市调研新农村建设情况。

3月5日　省委常委、苏州市委书记王荣到吴江市汾湖经济开发区调研新农村建设情况。

3月7日　市委副书记、市长徐明赴北京,向国家环保部副部长张力军汇报环保模范城市的创建工作和后继整改情况。

3月26日　"环保与和谐论坛峰会暨'大象'（涂料）新产品推介会"在吴江市举行。中华全国新闻工作者协会副主席翟惠生、中国石油和化学协会副理事长江磐、国内著名的化工涂料行业专家、教授和商界代表共200多人参加会议。

3月31日　国家环保部副部长吴晓青到吴江市调研国家生态市创建工作。

4月11日　吴江市城南污水处理厂开工。

4月21日　由吴江市盛泽水处理发展有限公司与新加坡盛康集团合作建设的"生物强化技术实现印染废水深度处理节能减排示范工程"举行试运行仪式。新加坡贸工部政务部长李奕贤，苏州市委常委、副市长周伟强，新加坡驻上海总领事叶伟杰，新加坡宝德集团执行总裁唐永梁，新加坡盛康集团总裁陈伟诚参加仪式。

4月27日　苏州市副市长周玉龙到吴江市检查太湖水源地蓝藻情况。

4月28日　国家环保总局批准平望镇、横扇镇、桃源镇为"全国环境优美乡镇"。

4月29日　苏州市政协副主席葛维玲率调研组，到吴江市调研生态城市建设情况。

4月29~30日　省环保厅在盛泽镇召开纺织染整工业废水提标技术现场会，省环保厅副厅长赵挺出席并讲话。

5月6日　苏州市委副书记徐建明、副市长周玉龙到吴江市调研同里农业科技示范园建设情况。

5月7日　市政府成立以副市长汤卫明为组长的喷水织机废水专项整治工作领导小组，决定"集中一批，整治一批，关闭一批"，进一步规范喷织企业的管理。

5月14日　市政府召开全市城乡环境整治工作现场会。

5月15日　苏州市委副书记、市长阎立等到吴江市调研东太湖综合整治项目进展情况。

5月19日　市政府责成市发改委和市环保局委托省环境工程咨询中心编制的《吴江市水污染防治规划》通过专家论证，8月，开始实施。

5月31日　省委常委、常务副省长赵克志到吴江市调研太湖蓝藻防控工作。

6月3日　苏州市委副书记、市长阎立等到吴江市调研现代农业建设情况。

6月5日　市环保局制定并印发《吴江市集中式饮用水源环境突发安全事件环保专项应急预案》，以应对太湖蓝藻的突发威胁。

6月8日　省委副书记、省长罗志军到吴江市调研东太湖综合整治情况。

6月13日　中国城市建设与环境提升成果评估结果揭晓，同里镇是全国10个获"中国最佳规划城市"奖的单位中唯一的镇级单位。

6月18日　江苏省太湖流域农业面源污染防治工作督查组到吴江市督查农业面源污染防治工作。

7月1日　苏州市人大常委会副主任程惠明一行到吴江市调研现代农业建设情况。

7月3日　省环保厅厅长张敬华一行6人到吴江市检查太湖水污染防治工作。

7月16日　市政府召开第六次常务会议，同意《关于建立蓝藻打捞与处置长效管理工作机制的实施方案》《吴江市蓝藻打捞工作实施方案》和《沿太湖区域畜禽规模养殖场整治行动方案》。

7月23日　市委、市政府召开创建国家生态市暨农村环境综合整治推进会。

7月24日　市政府办公室印发《印发〈沿太湖区域畜禽规模养殖场整治行动方案〉的通知》,规定:沿太湖1公里范围内的5家畜禽规模养殖场立即关闭;沿太湖1~5公里区域内的75家畜禽规模养殖场立即进行整治,到期未能实现零排放者,立即取缔。

7月28日　位于吴江市八都镇的苏州市丹龙纺织有限公司获得国际环保纺织协会颁发的环境友好工厂认证证书,成为亚洲第一个通过环境友好工厂认证的企业。

8月6日　市政府办公室印发《转发〈市东太湖综合整治工程领导小组办公室关于东太湖综合整治及相关工作实施计划〉的通知》,要求各镇政府、各开发区管委会和各相关部门组织实施,吴江市东太湖整治工程启动。

8月15日　苏州市委副书记、市长阎立到吴江市调研环保工作。

8月20日　市政府召开第七次常务会议,同意《吴江市推进城镇生活污水处理工作的实施意见》和《吴江市应急备用水源地方案》。

是日　市环保局设行政服务科,原"综合计划科"在"行政服务科"挂牌。

8月29日　市十三届政协召开第九次主席(扩大)会议,讨论并通过《关于全市污水综合治理的几点建议(讨论稿)》。

9月1~3日　原建设部副部长、中国城镇供水协会会长李振东率国家节水型城市考核验收组一行7人,对吴江市创建国家级节水型城市进行考核。

9月24日　市十三届政协召开第十次主席(扩大)会议,形成《关于进一步加强全市城乡污水治理工作的建议案》。

10月13日　苏州市委副书记徐建明率苏州市现代农业示范区建设督查组,到吴江市督查现代农业示范区建设情况。

是日　苏州市副市长谭颖、嘉兴市副市长陈越强在吴江市召开苏州、嘉兴两地政府水污染防治第五次联席会议。

是日　市政府办公室印发《关于印发〈吴江市东太湖网围养殖整治实施办法〉的通知》,要求在2009年1月底之前,完成东太湖3900公顷网围整治任务,拆除所有的网围和看管棚舍。

10月15日　市委、市政府召开全市东太湖网围整治工作动员大会。代市长温祥华、市委副书记范建坤、副市长沈金明等就网围整治工作提出具体工作要求。

10月16日　上海市金山区区委副书记、区长赵福禧率区政府考察团一行35人,到同里科技农业示范园考察。

10月25日　中组部、农业部专题研究班一行27人到吴江市考察同里镇北联村农业示范区。

11月21日　第一届吴江市生态绿色农业展示会开幕。

11月24日　松陵镇云龙西路生活污水管网工程开始建设。

11月25~26日　吴江市通过省"农村发展散装水泥"和"城区禁止现场搅拌混凝土"达标市验收。

11月30日　由"台达电子"主办的"2008中国绿色经济论坛"在同里镇同里湖大饭店举行。

12月1日　苏州市副市长谭颖一行到震泽镇龙降桥村现场调研新农村建设情况。

12月3~4日　在2008诺维信全国印染行业节能环保年会上,盛虹集团有限公司被中国印染行业协会授予"节能减排优秀企业"称号,是全国获此称号的两家企业之一。

12月18~20日　国家环保部总工程师万本太、自然生态保护司司长庄国泰,率国家环保部考核验收组到吴江市,对创建国家生态市工作进行考核验收。

12月30日　省环保厅、教育厅联合印发《关于确认江苏省第八批绿色学校(幼儿园)的通知》,确认震泽中学、平望实验小学、吴江经济开发区长安花苑小学、天和小学、莼坪学校中心幼儿园为省第八批绿色学校(幼儿园)。

第一章 吴江地情

第一节 建置区划

吴江市自古有青草滩、松江、松陵、笠泽、枫江、鲈乡等别名。五代后梁开平三年(909年),置吴江县,隶属苏州,县治为松陵镇。元元贞二年(1296年)升为州。明洪武二年(1369年)仍改为县。清雍正四年(1726年),将吴江县西部划出,另设震泽县。民国元年(1912年),两县复合为吴江县。1992年5月,经国务院批准,吴江县改为吴江市(县级)。市政府设松陵镇。

1979年6月~1983年6月,全县设松陵、盛泽、黎里、芦墟、平望、同里、震泽7个镇,设湖滨、盛泽、黎里、芦墟、平望、同里、震泽、北厍、八坼、铜罗、梅堰、桃源、横扇、南麻、屯村、庙港、七都、八都、坛丘、莘塔、金家坝、青云、菀坪23个人民公社。1983年7月,人民公社改为乡。黎里乡、黎里镇合并为黎里镇。1985年8月,湖滨乡、松陵镇合并为松陵镇,同里乡、同里镇合并为同里镇,震泽乡、震泽镇合并为震泽镇,芦墟乡、芦墟镇合并为芦墟镇。1987年1月,北厍乡改为北厍镇。1988年8月,八坼乡改为八坼镇,铜罗乡改为铜罗镇,梅堰乡改为梅堰镇,桃源乡改为桃源镇。1988年11月,盛泽乡、盛泽镇合并为盛泽镇。1992年9月,横扇乡改为横扇镇,南麻乡改为南麻镇,屯村乡改为屯村镇,庙港乡改为庙港镇,七都乡改为七都镇,八都乡改为八都镇。1993年11月,吴江经济开发区成立,松陵镇划出花港、柳胥、吴新、三里桥、淞南、庞北、姚家庄、庞山、庞南、庞东、庞杨、白龙桥、凌益、西联、龙津、渔业(松陵捕捞)共16个行政村,由吴江经济开发区代管。1994年2月,坛丘乡改为坛丘镇,莘塔乡改为莘塔镇,金家坝乡改为金家坝镇,青云乡改为青云镇,菀坪乡改为菀坪镇。2000年7月,八坼镇、松陵镇合并为松陵镇,坛丘镇、盛泽镇合并为盛泽镇。2001年10月,屯村镇、同里镇合并为同里镇,莘塔镇、芦墟镇合并为芦墟镇,青云镇、桃源镇合并为桃源镇。2002年12月,同里镇划出厍浜、仪塔、栅桥、同兴、叶明、方尖港、叶泽共7个行政村,由吴江经济开发区代管。2003年12月,南麻镇、盛泽镇合并为盛泽镇,菀坪镇、横扇镇合并为横扇镇,庙港镇、七都镇合并为七都镇,八都镇、震泽镇合并为震泽镇,铜罗镇、桃源镇合并为桃源镇,金家坝镇、芦墟镇合并为芦墟镇,北厍镇、黎里镇合并为黎里镇,梅堰镇、平望镇合并为平望镇。2006年10月,芦墟镇、黎里镇合并为汾湖镇,同时,吴江汾湖经济开发区成立,区镇合一。至2008年底,全市设松陵、平望、同里、盛泽、横扇、七都、震泽、桃源、汾湖9个镇,设吴江经济开发区、吴江汾湖经济开发区2个开发区。

第二节　环境　资源　人口

吴江市位于太湖流域腹部,江苏省最南端,是长江三角洲的一部分。东临上海市青浦区,南连浙江省嘉善、嘉兴、桐乡、湖州等市县,西濒太湖,北与苏州市吴中区、昆山市相接。地理坐标为北纬 30°45′36″~31°13′41″,东经 120°21′4″~120°53′59″。全市总面积 1260.88平方公里(含东太湖水域 84.2 平方公里)。东西宽 52.67 公里,南北长 52.07 公里。

吴江全市无山,地势低平,自东北向西南缓慢倾斜,高差 2 米左右。全市水域面积 351.27平方公里,占总面积的 27.86%。有河道 2600 多条,其中流域性河道 3 条,县级河道 24 条,乡级河道 297 条,村庄河道 2298 条。河网密度每平方公里 2.04 公里。全市 50 亩以上的湖泊荡漾 351 个,其中,列入江苏省湖泊保护名录的有 56 个。湖泊全属浅水湖,多呈圆形或长圆形,湖底平坦硬直,平均水深一般不到 3 米,年内水位变幅一般介于 0.5~2.0 米之间。

吴江市地处中纬度,属亚热带湿润季风气候区,春、夏两季盛行东南风,秋、冬季节多偏北风。四季中,冬季稍长,夏季次之,春季第三,秋季最短。气候温和,雨水充沛,日照较充足。1986~2008 年,年平均气温 16.5℃,年平均降水量 1148.2 毫米,年平均日照时数 1922 小时,年平均无霜期 227 天。1986~2008 年这 23 年与 1959~1985 年这 27 年相比较,年平均气温上升 0.8℃,年平均降水量多 102.5 毫米,年平均日照时数少 164.4 小时,年平均无霜期多 1 天。

吴江市野生动物种类曾经比较丰富。50 年代有小灵猫、大灵猫、穿山甲、赤狐、狗獾、水獭、平胸龟、黄缘闭壳龟、苍鹰、白枕鹤、白鹳等野生动物,但随着人口的增加、工业的发展和自然条件的变化,湿地在减少,水质在下降,各种野生动物逐渐失去生存和繁殖的场所。原栖息于太湖的斑鳖难觅踪影,鸳鸯等种群数量锐减,身长 2 米以上的蛇难以见到。野生动物总体上呈现种类减少、个体变小的趋势。至 2008 年,境内野生动物的种类尚余百种左右。其中鱼类有中华细鲫、异育银鲫、团头鲂、三角鲂、长春鳊、大眼鳜、太湖银鱼、太湖梅鲚、沙鳢(塘鳢鱼)、胭脂鱼、胡子鲶、花鳅、红鳍鲌、弓斑东方鲀、细鳞斜颌鲴、青鳉等 40 余种。禽类有鸿雁(大雁)、家燕、凫(野鸭)、雉(野鸡)、麻雀、珠颈斑鸠(野鸽子)、大杜鹃(布谷鸟)、乌鸦、画眉、白头翁、鸬鹚、翠鸟(拖鱼鸟)、黄鹂(黄莺)、斑啄木鸟、雀鹰(鹞子)、长耳鸮(猫头鹰)、鸳鸯、喜鹊等 20 余种。哺乳类有黄鼬(黄鼠狼)、刺猬、野兔、水獭、老鼠、蝙蝠等,其中黄鼬(黄鼠狼)在农田、河道仍保留较大的种群优势。两栖类有大蟾蜍(癞团)、黑斑蛙(田鸡)、金线蛙、虎纹蛙等。爬行类有水蛇、乌梢蛇(青梢蛇)、短尾蝮蛇(灰链扁)、赤链蛇(火赤链、水赤链)、黄颔蛇、翠青蛇、黑眉锦蛇、蜥蜴(壁虎)等。昆虫类有野蚕、蜜蜂、胡蜂、天牛、蚱蜢、螳螂、苍蝇、蚊、牛虻、蟋蟀、蝼蛄、蝉、纺织娘、萤火虫、蝴蝶、蜻蜓、蟑螂、蚂蚁以及危害农作物的夜蛾、蚜虫、飞虱、瓢虫、象甲、叶蝉、螟虫、菜粉蝶、地老虎、小实蝇、红蜘蛛等。甲壳类有蟹、虾等,其中蟹为中华绒螯蟹,有太湖蟹、分湖蟹之分,虾有太湖青虾、太湖白虾、糠虾、白米虾等。蛛形类有壁线蛛、圆网蛛等。多足类有蜈蚣等。软体类有田螺、螺蛳、蜗牛、蚬蚰、河蚌等。环节类有蚯蚓、水蛭、蚂蟥等。

与野生动物相反,人工驯养动物的种类和数量却有所增加。其中鱼类有青鱼、草鱼、鲢(白鲢)、鳙(花鲢)、鲤、鳊等。禽类有鸡、珍珠鸡、火鸡、鸭、野鸭(养殖)、鹅、鸽子、鹌鹑、鸵鸟等。

哺乳类有水牛、奶牛、猪、野猪(养殖)、湖羊、山羊、毛兔、肉兔、荷兰兔、梅花鹿等。爬行类有龟(乌龟)、鳖(甲鱼)等。昆虫类有蚕、蜜蜂等。甲壳类有蟹、虾等。软体类有田螺、蜗牛、白蜗牛、河蚌、河蚬等。1990年起,有不少野生动物养殖成功,如鳜鱼、翘嘴红鲌(白鱼)、乌鳢(黑鱼)、黄颡鱼(昂刺鱼)、鲶鱼、鳗鱼(鳗鲡)、黄鳝、泥鳅、太湖银鱼、太湖梅鲚、沙鳢(塘鳢鱼)、鲂鲏、鳖(甲鱼)、野鸭、野猪、珍珠鸡等,还从国外引进一些动物品种,如火鸡、鸵鸟、美国青蛙、林蛙、巴西龟、美国小鳄龟、罗氏沼虾、南美白对虾、日本对虾、淡水澳洲龙虾、刀额新对虾(基围虾)等。

吴江市植物种类以人工栽培植物为主。其中陆生草本植物主要有水稻、小麦、油菜、芝麻、大白菜、青菜、萝卜、大头菜、小香葱、胡葱、西瓜、甜瓜、紫云英、苏丹草、薄荷、席草等近70种。水生草本植物主要有茭白、藕、芡实、莼菜等近20种。野生草本植物主要有马兰头、荠菜、香椿、野水芹、野菱、芦苇等近60种。木本植物多为人工栽培,一般用作行道树、园林绿化、防护林带、农田林网等,主要有银杏、雪松、罗汉松、水杉、池杉、垂柳、杨柳、白杨、意大利杨、香樟、冬青、梧桐、石楠、枸杞、无花果、南天竺、木芙蓉、夹竹桃、海棠、石榴、玫瑰、蔷薇等50余种,经济树种有桑、枇杷、柑橘、石榴、李、梨、桃、柿、葡萄等10余种。竹类原在农户旁小片栽培。80年代后引进外来竹作绿化造景用,主要有淡竹、紫竹、方竹、早园竹、湘妃竹、刚竹等。吴江野生木本植物很少。

1949年末,全县人口46.86万。1979年末,全县人口71.22万。2008年末,全市户籍人口79.53万,其中男性人口39.4万,女性人口40.13万。全市非农业人口27万。全年出生5499人,死亡5891人,与上年相比,人口自然增长率为-0.49%。此外,全市登记外来暂住人口65.22万。

第三节　经济概况

1949年5月1日,吴江县解放。是年,全县工农业总产值12550.27万元,其中工业总产值2932.31万元,农业总产值9617.96万元。1949~1965年,全县经济有较快发展。工业有纺织、碾米、榨油、砖瓦、石灰、农具、铁工、印刷等行业,农业以农作物生产、牲畜、水产、蚕茧为主。1965年,全县工农业总产值31544.99万元,其中工业总产值11791.6万元,农业总产值19753.39万元。1966~1976年,由于"文化大革命",经济惨遭冲击。1979年,全县开始经济体制改革,农村实现联产承包责任制,城镇逐步扩大企业经营自主权,开展横向经济联合。1980年,全县工农业总产值96250万元,其中工业总产值70308万元,农业总产值25942万元。

1981~1999年,随着吴江经济开发区和各乡镇民营工业区的建立,吴江经济由原来的乡镇经济转变为开发区的开放型经济和工业集中区的私营经济。1993年,全市国民生产总值为73.35亿元,其中第一产业9.4亿元,第二产业48.84亿元,第三产业15.1亿元。全市固定资产投资额18.49亿元,累计兴办"三资"企业862家,项目总投资1.12亿美元,合同外资5.86亿美元。外贸出口在江苏省连续12年名列第一。丝绸工业引进国外先进设备,总投资超过1亿美元。1986年10月,中国东方丝绸市场在盛泽镇挂牌,年销售额达26.2亿元。

2000年后,中共吴江市委、市政府开始实施城市化战略,以城市化拉动工业化,以工业化推动城市化,开创城市发展以及城市引领经济社会发展的新局面。2001~2006年,全市累计新批三资项目 1203 项,累计实际到账外资 29.96 亿美元,从业人员 16.1 万人。全市累计民营企业 14506 家,注册资金 276.5 亿元,资产总额近 803 亿元,提供就业岗位 60 万个。销售收入超亿元的民营企业 81 家,其中超 10 亿元的 7 家,4 家民营企业在 A 股上市。2006 年,吴江市在全国百强县(市)的评比中列第九位。

建设中的吴江(摄于 2008 年)

2008 年,全市初步形成以城市为主体的"三三八"产业集群体制:三大支柱产业分别为电子资讯产业、丝绸纺织产业和光电缆产业;三大特色产业分别为羊毛衫产业、缝纫机产业和彩钢板产业;八个成长型产业分别为电梯制造、汽车配件、新型建材、生物医药、有色金属、日用化工、服装、制鞋。是年,全市地区生产总值(GDP)750.1 亿元,比上年增长 14.5%,人均地区生产总值 9.4 万元。其中,第一产业 18.34 亿元,第二产业 469.21 亿元,第三产业 262.55 亿元。全年完成全口径财政收入 154.22 亿元,比上年增长 39.5%。城镇居民可支配收入 24869 元,农民人均纯收入 12415 元。至 2008 年末,全市累计三资企业开业 1255 家,外方实际到账 51.55 亿美元。累计注册民营企业 16346 家,注册资金 421.87 亿元。全市个体私营经济上缴税金总额 39.9 亿元,纳入统计的民营工业企业 9682 家,资产总额 1030.1 亿元,完成现价工业产值 1435.3 亿元,实现利税 64.2 亿元。

第二章　管理机构

第一节　吴江市(县)环境保护局

1979年8月,吴江县革命委员会环境保护办公室成立。1981年3月,以县环保办为基础,成立吴江县环境保护局。1984年2月,县环保局与县基本建设局合并为吴江县城乡建设环境保护局。1984年10月,县环保局恢复建制。1992年5月4日后,县环保局改称"市环保局",直至2008年12月。

表2-1　1979年9月~2008年12月吴江市(县)环保局(县环保办)领导任职情况表

职　务	姓　名	性别	任职时间	备　注
主　任	成国喜	男	1979年8月~1981年3月	时为县环保办
局　长	王佐英	男	1982年10月~1984年2月	
	王志清	男	1988年1月~1995年1月	1995年1月~1998年7月,主任科员
	张兴林	男	1995年1月~2001年10月	2001年10月~2005年12月,主任科员
	吴少荣	男	2001年10月~2005年9月	
	范新元	男	2005年9月~2008年12月	
副局长	陈高声	男	1981年3月~1984年2月	1981年3月~1982年8月,主持工作
	蒋正铭	男	1982年10月~1983年12月	
	张耀武	男	1983年10月~1984年2月	1984年2月~1988年12月,调研员
	王志清	男	1984年10月~1987年12月	主持工作
	蒋源隆	男	1987年2月~2001年10月	1997年11月~2001年10月,正科级干部 2001年10月~2005年1月,主任科员
	卢彩法	男	1990年5月~1994年9月	2002年12月~2005年10月,主任科员
	张兴林	男	1994年9月~1995年1月	
	严永琦	男	1992年11月~2005年12月	2005年12月~2008年12月,主任科员
	姚明华	男	1994年9月~2006年9月	
	周　民	男	1996年12月~2005年12月	
	沈云奎	男	2000年8月~2005年12月	
	王通池	男	2002年12月~2007年12月	2005年12月~2007年12月,正科级干部; 2007年12月~2008年12月,主任科员

（续表）

职 务	姓 名	性别	任职时间	备 注
副局长	沈卫芳	女	2004年6月~2008年12月	
	张荣虎	男	2005年12月~2008年12月	
	朱三其	男	2006年11月~2008年12月	2007年1月~2008年12月,副处级干部
	钱争旗	男	2007年11月~2008年12月	
纪检组组长	唐美芳	女	2006年2月~2008年12月	

第二节 内设机构

1981年3月,县环保局内设环保股。1984年2月,与吴江县基本建设局合并为吴江县城乡建设环境保护局,内设环保股。1984年10月,县环保局恢复建制。1989年6月,设综合股、管理股。1991年4月,设计划股。1992年5月,县环保局改为市环保局,内设各机构由"股"改为"科"。1998年1月,内设机构调整为办公室、环境管理科、综合计划科、法制宣教科。2005年4月,环境管理科增挂"固体废物管理科"（下简称"固废科"）牌子。2008年8月,设行政服务科,原"综合计划科"在"行政服务科"挂牌。

表2-2 1989年6月~1992年5月吴江县环保局科室负责人任职情况表

股 别	职 务	姓 名	性别	任职时间
管理股	股 长	赵根清	男	1989年6月~1992年5月
	副股长	邱金海	男	1989年6月~1992年5月
综合股	副股长	邓景芳	女	1989年6月~1992年5月
		许 吉	男	1989年6月~1991年12月
计划股	股 长	吕根生	男	1991年12月~1992年5月
	副股长	许 吉	男	1991年12月~1992年5月

表2-3 1992年5月~1998年1月吴江市环保局科室负责人任职情况表

科 别	职 务	姓 名	性别	任职时间
管理科	科 长	赵根清	男	1992年5月~1995年8月
		薛建国	男	1995年8月~1998年1月
	副科长	邱金海	男	1992年5月~1998年1月
		凌汝虞	女	1995年8月~1998年1月
综合科	副科长	邓景芳	女	1992年5月~1995年8月
		张荣虎	男	1995年8月~1998年1月
计划科	科 长	吕根生	男	1992年5月~1994年4月
	副科长	许 吉	男	1992年5月~1993年8月
		马明华	男	1995年8月~1998年1月

表2-4   1998年1月~2008年12月吴江市环保局科室负责人任职情况表

科 别	职 务	姓 名	性别	任职时间
办公室	主 任	张荣虎	男	1998年1月~2005年12月
	负责人	王 炜	男	2006年5月~2008年12月
	副主任	张育红	女	2002年3月~2008年12月
		强建英	女	2001年4月~2008年12月
		沈夏娟	女	2005年5月~2008年12月
环境管理科	科 长	凌汝虞	女	1999年3月~2002年4月
	负责人	马明华	男	2002年4月~2005年12月
	科 长	黄 娟	女	2006年5月~2008年12月
	副科长	凌汝虞	女	1998年1月~1999年3月
		邱金海	男	1998年1月~2001年6月
		马明华	男	1999年3月~2001年4月
		黄 娟	女	2001年8月~2006年5月
		陈志刚	男	2007年4月~2008年12月
		吴 昊	男	2007年4月~2008年3月
		朱逸冬	男	2008年3月~2008年12月
综合计划科 （2008年8月后， 在"行政服务科"挂牌）	负责人	薛建国	男	1998年1月~2002年4月
	科 长	凌汝虞	女	2002年4月~2008年8月
	副科长	钱晓燕	女	2002年8月~2008年8月
		丁 元	女	2004年7月~2005年12月
		陈明源	男	2007年4月~2008年8月
		顾明明	男	2007年4月~2008年8月
	副股级干部	沈小兵	男	2007年8月~2008年8月
法制宣教科	科 长	翁益民	男	1998年1月~2008年12月
	副科长	詹毕忠	男	2004年7月~2008年12月
固体废物管理科 （在"环境管理科"挂牌）	负责人	薛建国	男	2005年5月~2008年12月
	副股级干部	钟 澄	男	2007年8月~2008年12月
行政服务科	科 长	凌汝虞	女	2008年8月~2008年12月
	副科长	钱晓燕	女	2008年8月~2008年12月
		陈明源	男	2008年8月~2008年12月
		顾明明	男	2008年8月~2008年12月
	副股级干部	沈小兵	男	2008年8月~2008年12月

第三节   下属机构

一、吴江市环境监测站

1981年11月，县环保局环境监测组成立，次月，更名为环境监测室。1983年1月，吴江县环境监测站正式成立，工作人员3名。1984年2月，县环保局与县基本建设局合并为吴江县城乡建设环境保护局，县环境监测站随同并入。是年10月，县环保局恢复建制，县环境监测站回归县环保局。2005年6月，吴江市机构编制委员会明确市环境监测站为全民所有制社会公益性科学技术事业单位,参照行政管理类事业单位管理。2002 年 8 月,市环境监测站内设综合室、监测一室和监测二室。

表 2-5　1983~2008 年吴江市(县)环境监测站正、副站长任职情况表

职　务	姓　名	性别	任职时间
站　长	薛建国	男	1991 年 12 月~1995 年 8 月
	翁益民	男	1999 年 3 月~2001 年 4 月
	马明华	男	2001 年 4 月~2002 年 4 月
	薛建国	男	2002 年 4 月~2005 年 5 月
	宋雄英	女	2005 年 9 月~2008 年 12 月
副站长	赵根清	男	1983 年 3 月~1987 年 8 月
	钱　镇	男	1984 年 2 月~1987 年 8 月
	薛建国	男	1987 年 8 月~1991 年 12 月
	吕根生	男	1989 年 4 月~1991 年 12 月
	涂学根	男	1993 年 5 月~2002 年 4 月
	翁益民	男	1995 年 8 月~2001 年 4 月
	许竞竞	女	1995 年 8 月~1999 年 3 月
	马明华	男	1998 年 1 月~1999 年 3 月
	张育红	女	2001 年 4 月~2002 年 4 月
	宋雄英	女	2002 年 4 月~2005 年 9 月
	陈雪红	男	2002 年 4 月~2008 年 12 月
	管向荣	男	2005 年 9 月~2008 年 12 月

表 2-6　2002~2008 年吴江市环境监测站内设机构主任任职情况表

机构名称	职　务	姓　名	性别	任职时间
综合室	主　任	吴　昊	男	2002 年 8 月~2007 年 8 月
		钟　睿	男	2007 年 8 月~2008 年 12 月
监测一室		梅　冬	男	2002 年 8 月~2004 年 11 月
		施　荣	男	2004 年 11 月~2008 年 12 月
监测二室		钱明华	男	2002 年 8 月~2003 年 12 月
		钮玉龙	男	2003 年 12 月~2008 年 12 月

二、吴江市环境监察大队

1993 年 2 月,吴江市环境监理站成立,为市环保局下属股级全民事业单位。1997 年 12 月,吴江市环境监理站更名为吴江市环境监理大队。2000 年 12 月,吴江市环境监理大队升格为二级局(副科级)。2002 年 6 月,吴江市环境监理大队更名为吴江市环境监察大队。2005 年 9 月,吴江市机构编制委员会明确吴江市环境监察大队为参照国家公务员制度管理的全民事业单位。

1994 年 9 月,盛泽环境监理所成立,核定编制 4 人。1995 年 6 月,松陵环境监理所成立,核定编制 2 人。2000 年 6 月,盛泽环境监理所和松陵环境监理所,分别更名为吴江市环境监理大队盛泽环境监理中队和吴江市环境监理大队松陵环境监理中队。

2003年12月,松陵环境监理中队和盛泽环境监理中队撤销。吴江市环境监察大队下设5个环境监察中队,为股级全民事业单位。其中一中队管辖松陵镇、同里镇、吴江经济开发区;二中队管辖盛泽镇;三中队管辖芦墟镇、黎里镇;四中队管辖平望镇、横扇镇、七都镇;五中队管辖震泽镇、桃源镇。2005年6月,吴江市环境监察大队内设综合管理科(副股级)。2007年6月,吴江市环境监察大队增设夜查中队。

表2-7 1993年2月~2008年12月吴江市环境监察大队(监理站、监理大队)领导任职情况表

机构名称	职务	姓名	性别	任职时间
监理站 (1993年2月~1997年12月)	站长	钱争旗	男	1995年8月~1997年12月
	副站长	邱金海	男	1993年11月~1994年10月
		钱争旗	男	1994年4月~1995年8月
		张美萍	女	1995年8月~1997年12月
监理大队 (1997年12月~2002年6月)	大队长	钱争旗	男	1997年12月~2002年6月
	副大队长	张美萍	女	1997年12月~2001年10月
		沈琼	女	2001年3月~2002年6月
监察大队 (2002年6月~2008年12月)	大队长	钱争旗	男	2002年6月~2004年1月
		姚明华	男	2004年1月~2006年2月
		吴伯良	男	2006年2月~2006年9月
		许竞竞	女	2007年11月~2008年12月
	副大队长	沈琼	女	2002年6月~2002年12月
		许竞竞	女	2004年4月~2007年11月
		沈颉	男	2004年4月~2008年10月

表2-8 1995年6月~2003年12月松陵环境监理中队(监理所)负责人任职情况表

机构名称	职务	姓名	性别	任职时间
监理所 (1995年6月~2000年6月)	副所长	沈琼	女	1999年5月~2000年6月
监理中队 (2000年6月~2003年12月)	中队长	许竞竞	女	2002年8月~2003年12月
	副中队长	沈琼	女	2000年6月~2001年3月
		郭蕴芝	女	2001年4月~2002年3月
		许竞竞	女	2001年4月~2002年8月
		朱逸冬	男	2002年8月~2003年5月

表2-9 1994年9月~2003年12月盛泽环境监理中队(监理所)负责人任职情况表

机构名称	职务	姓名	性别	任职时间
监理所 (1994年9月~2000年6月)	所长	吴伯良	男	1995年6月~2000年6月
	副所长	吴伯良	男	1994年12月~1995年6月
		郭蕴芝	女	1995年6月~2000年6月

（续表）

机构名称	职　务	姓　名	性别	任职时间
监理中队 （2000年6月~2003年12月	中队长	吴伯良	男	2000年6月~2001年3月
		沈　颉	男	2002年8月~2003年12月
	副中队长	郭蕴芝	女	2000年6月~2001年4月
		沈　颉	男	2001年4月~2002年8月
		陈建荣	男	2002年8月~2003年12月

三、吴江市环保服务公司

1984年10月31日成立，隶属县环保局，人员4名。1996年5月20日，更名为吴江市环境保护工程公司，为经济独立核算、自负盈亏的集体所有制企业，人员7名。2000年11月1日，公司转制，与市环保局脱钩。

第四节　派出机构

市环保局盛泽分局是市环保局的派出机构，成立于2000年12月，时为全国首个镇级环保分局，建制为副科级单位。

表2-10　2000年12月~2008年12月吴江市环保局盛泽分局领导任职情况表

职　务	姓　名	性别	任职时间
局　长	蒋源隆	男	2000年12月~2001年10月
	姚明华	男	2002年4月~2004年12月
	吴伯良	男	2004年12月~2006年2月
	钱永高	男	2006年2月~2008年12月
副局长	吴伯良	男	2001年3月~2004年12月
	钱永高	男	2003年12月~2006年2月
	钱明华	男	2004年12月~2008年12月

第五节　乡镇环境保护办公室

1984年7月18日，县政府印发《关于加强乡镇环保工作组织领导的通知》，要求各乡镇设置环境保护办公室（下简称"环保办"）。1984年11月27日，县编制委员会印发《关于设置乡镇环保员的通知》，进一步解决各乡镇专职环保员的编制问题。至1985年6月，全县29个乡（镇）全部设置环保办。环保办主任由分管环保工作的副乡（镇）长担任，内设环保助理或环保员。之后，全市乡镇的数量和区划有很大变化，2004年3月2日，市机构编制委员会印发《关于镇区划调整后有关镇机关及其事业单位机构编制职能调整的意见》，全市9个镇均设置环保办，并配备专职的环保工作人员。

表 2-11   1990 年 1 月吴江县各乡镇环保助理一览表

乡 镇	姓 名	性别	出生年月	学历	乡 镇	姓 名	性别	出生年月	学历
黎 里	沈永健	男	1964 年 8 月	中专	盛 泽	张光权	男	1955 年 9 月	高中
八 都	蒋健南	男	1964 年 10 月	中专	坛 丘	陈君华	男	1963 年 10 月	高中
同 里	吴顺荣	男	1963 年 2 月	中专	横 扇	张劲松	男	1952 年 5 月	初中
震 泽	施 峥	男	1967 年 9 月	大专	七 都	李永华	男	1962 年 8 月	中专
盛 泽	吴伯良	男	1964 年 2 月	中专	庙 港	盛永观	男	1959 年 3 月	初中
南 麻	李建新	男	1967 年 7 月	中专	铜 罗	姚荣根	男	1963 年 6 月	高中
八 坼	袁雪荣	男	1956 年 3 月	高中	松 陵	俞泉南	男	1962 年 11 月	大专
菀 坪	卢顺水	男	1963 年 12 月	高中	北 厍	张寅生	男	1963 年 12 月	初中
屯 村	张玉龙	男	1964 年 1 月	高中	平 望	徐小佩	女	1960 年 12 月	高中
莘 塔	叶卫和	男	1964 年 5 月	高中	桃 源	金根林	男		
金家坝	朱小平	男	1955 年 10 月	初中	芦 墟	张 罡	男		
梅 堰	陈小荣	男	1960 年 10 月	高中	青 云	沈泉坤	男		

第六节   职工队伍

一、市(县)环保局机关

1979 年 8 月,吴江县环境保护办公室成立,人员编制 2 名。2008 年 12 月,吴江市环保局(含盛泽分局)工作人员达 18 名。

表 2-12   1981~2008 年吴江市(县)环保局(含盛泽分局)机关工作人员基本情况表

年度	人数	性别		政治面貌		文化程度						职 称										人员身份	
												高级	中级			初级							
		男	女	党员	群众	研究生	本科	大专	中专	高中	初中	高级政工师	政工师	工程师	会计师	助理工程师	助理会计师	政工员	会计员	技师	助理馆员	医士	干部	职工
1981	3	3	—	1	2	—	1	—	1	—	1	—	—	1	—	—	—	—	—	—	—	—	3	—
1982	9	7	2	4	5	—	1	1	1	1	5	—	—	1	—	—	—	—	—	—	—	1	7	2
1983	5	4	1	4	1	—	—	2	—	—	3	—	—	—	—	1	1	—	—	—	—	—	5	—
1984	5	4	1	4	1	—	—	2	—	—	2	—	—	1	—	2	—	—	—	—	—	—	5	—
1985	7	6	1	4	3	—	1	—	4	—	2	—	—	1	—	2	—	—	—	—	—	—	7	—
1986	7	5	2	5	2	—	2	—	4	—	2	—	—	1	—	2	—	—	1	—	—	—	7	—
1987	8	6	2	5	3	—	2	—	4	—	2	—	—	1	—	2	—	—	1	1	—	—	8	—
1989	9	6	3	6	3	—	3	1	4	—	1	—	—	4	—	—	—	—	1	—	—	—	9	—

（续表）

年度	人数	性别		政治面貌		文化程度						职称											人员身份	
												高级	中级			初级								
		男	女	党员	群众	研究生	本科	大专	中专	高中	初中	高级政工师	政工师	工程师	会计师	助理工程师	助理会计师	政工员	会计员	技师	助理馆员	医士	干部	职工
1990	10	7	3	7	3	—	3	2	4	1	—	—	—	1	—	4	—	—	1	1	—	—	10	—
1991	10	7	3	7	3	—	3	2	4	—	1	—	—	1	—	4	—	—	1	1	—	—	10	—
1992	12	9	3	9	3	—	3	3	5	—	—	—	—	1	—	2	—	—	—	1	—	—	12	—
1993	11	8	3	9	2	—	3	3	4	—	1	1	2	3	1	2	—	—	—	—	—	—	11	—
1994	10	8	2	9	1	—	2	5	2	—	1	1	2	3	—	1	—	1	—	—	1	—	10	—
1995	9	8	1	8	1	—	1	6	2	—	—	2	2	2	—	1	—	—	1	—	—	—	9	—
1996	8	7	1	8	—	—	1	5	2	—	—	2	1	2	—	2	—	—	—	—	—	—	8	—
1997	11	9	2	10	1	—	3	6	2	—	—	2	1	2	—	3	—	—	—	—	—	—	11	—
1998	10	9	1	9	1	—	2	7	1	—	—	2	2	1	—	2	—	—	—	—	—	—	10	—
1999	10	8	2	9	1	—	3	6	1	1	1	2	2	1	—	2	—	—	—	—	—	—	10	—
2000	11	9	2	10	1	—	3	7	1	—	—	2	2	1	—	2	—	—	—	—	—	—	11	—
2001	14	11	3	13	1	—	3	10	1	—	—	2	2	1	—	—	—	—	—	—	—	—	11	—
2002	17	12	5	14	3	—	6	10	—	—	1	—	—	2	2	1	—	—	—	—	—	—	16	1
2003	18	13	5	15	3	—	4	13	—	—	1	—	—	2	2	—	—	—	—	—	—	—	17	1
2004	18	12	6	14	4	—	7	10	—	—	1	—	—	2	1	—	—	—	—	—	—	—	17	1
2005	17	11	6	13	4	—	9	7	—	—	1	—	—	2	—	2	—	—	—	—	—	—	16	1
2006	15	9	6	12	3	—	9	5	—	—	1	—	—	1	—	2	—	—	—	—	—	—	14	1
2007	17	11	6	14	3	—	11	5	—	—	1	—	—	1	—	2	—	—	—	—	—	—	16	1
2008	18	11	7	14	4	1	11	5	—	—	1	1	—	1	1	2	—	—	—	—	—	—	16	2

注：1988 年编制报告缺失。

二、市（县）环境监测站

1981 年 11 月，吴江县环保局环境监测组成立，不久，更名为环境监测室。1983 年 1 月，吴江县环境监测站成立，工作人员 3 名。2008 年 12 月，全站工作人员 42 名。

表 2-13　1983~2008 年吴江市（县）环境监测站工作人员基本情况表

年度	人数	性别		政治面貌		文化程度					职称											人员身份	
											高级	中级		初级									
		男	女	党员	群众	本科	大专	中专	高中	初中	高级工程师	工程师	政工师	助理工程师	馆员	会计员	技术员	管理员	助理馆员	医士	高级工	干部	职工
1983	3	2	1	—	3	1	1	1	—	—	—	1	—	—	—	—	—	—	—	—	—	3	—
1984	17	9	8	—	17	1	2	3	7	4	—	—	—	1	—	—	—	—	—	1	—	2	15
1985	12	6	6	—	12	1	2	3	6	—	—	1	—	—	—	—	—	—	—	—	—	7	5
1986	16	8	8	1	15	1	2	3	7	3	—	1	—	—	—	—	—	—	—	—	—	7	8
1987	17	9	8	3	14	2	2	3	7	3	—	1	—	—	—	—	—	—	—	—	—	8	9
1989	16	9	7	3	13	—	3	4	6	3	—	1	—	3	—	1	1	1	—	—	—	8	8
1990	17	9	8	3	14	1	3	4	6	3	—	1	—	4	—	—	1	—	—	—	—	8	9
1992	19	9	10	3	16	2	5	4	5	3	—	1	—	5	—	1	1	1	—	—	—	11	8
1993	20	10	10	3	17	4	5	4	3	4	—	2	—	6	—	1	4	—	1	—	—	11	9
1994	20	10	10	3	17	4	5	4	3	4	—	2	—	7	—	1	3	—	1	—	—	12	8
1995	19	10	9	3	16	6	5	4	4	—	—	2	—	8	—	1	2	—	1	—	—	14	5
1996	19	9	10	4	15	6	5	4	3	1	—	2	—	9	—	1	1	—	1	—	—	14	5
1997	17	9	8	3	14	6	5	3	2	1	—	3	—	6	—	1	1	—	1	—	—	14	3
1998	17	10	7	2	15	5	7	3	1	1	—	5	—	6	—	1	1	—	—	—	—	12	5
1999	18	11	7	3	15	6	7	3	1	1	—	6	—	6	—	1	1	—	—	—	—	13	5
2000	24	17	7	4	20	12	8	2	1	1	—	8	—	6	—	1	1	—	—	—	1	18	6
2001	25	18	7	7	18	13	6	4	1	1	—	8	—	8	—	1	1	—	—	—	3	19	6
2002	28	21	7	8	20	14	5	6	2	1	—	5	—	11	—	1	1	—	—	—	3	18	10
2003	29	23	6	6	23	16	5	4	1	1	—	5	—	11	—	1	—	—	—	—	2	19	10
2004	35	29	6	6	29	22	7	4	1	1	—	5	—	12	—	—	—	—	—	—	2	25	10
2005	38	31	7	11	27	27	6	3	1	1	2	7	—	16	—	1	—	—	—	—	2	28	10
2006	41	33	8	13	28	30	6	3	1	1	2	8	—	15	—	1	—	—	—	—	—	31	10
2007	41	33	8	13	28	30	8	1	1	1	3	9	—	24	—	—	—	—	—	—	2	31	10
2008	42	33	9	19	23	33	7	—	2	—	3	13	1	20	—	—	—	—	—	—	2	32	10

注：1988 年、1991 年编制报告缺失。

三、市环境监察大队（监理站、监理大队）

1993 年 2 月，吴江市环境监理站成立，工作人员 3 名。2008 年 12 月，吴江市环境监察大队工作人员达 23 名。

表2-14 1993~2008年吴江市（含松陵镇、盛泽镇）环境监察大队（监理站、监理大队）工作人员基本情况表

年度	人数	性别		政治面貌		文化程度						职称							人员身份	
												中级			初级					
		男	女	党员	群众	研究生	本科	大专	中专	高中	初中	工程师	政工师	讲师	助理工程师	助理会计师	会计员	高级工	干部	职工
1993	3	3	—	1	2	—	2	1	—	—	—	—	—	—	—	—	—	—	3	—
1994	3	3	—	1	2	—	3	—	—	—	—	—	—	—	3	—	—	—	3	—
1995	7	6	1	1	6	—	5	—	—	—	2	—	—	1	3	—	—	—	5	2
1996	8	6	2	2	6	—	4	2	—	—	2	—	—	1	3	—	—	—	4	4
1997	6	4	2	2	4	—	4	—	1	1	—	3	—	—	3	—	—	—	6	—
1998	8	6	2	3	5	—	4	1	1	1	1	3	—	—	3	—	1	1	7	1
1999	9	5	4	4	5	—	4	2	1	1	1	5	1	—	1	1	—	1	8	1
2000	11	7	4	6	5	—	6	1	2	1	1	6	1	—	—	1	—	1	10	1
2001	16	12	4	6	10	—	9	2	3	1	1	6	1	—	3	1	—	1	13	3
2002	20	16	4	6	14	—	10	5	3	1	1	6	—	—	5	1	—	1	17	3
2003	21	16	5	7	14	—	9	6	3	2	1	5	—	—	5	1	—	2	17	4
2004	19	16	3	6	13	—	8	6	3	1	1	3	—	—	5	1	—	2	15	4
2005	20	17	3	6	14	—	8	8	2	1	1	4	—	—	10	1	—	—	17	3
2006	19	17	2	6	13	—	8	9	1	—	1	3	—	—	10	1	—	—	19	—
2007	19	17	2	6	13	—	8	10	—	—	1	3	—	—	10	1	—	—	19	—
2008	23	20	3	19	17	1	13	8	—	—	1	3	—	—	8	2	—	—	23	—

第三章　环境管理

第一节　环境规划

1983年，吴江县开始制订环境保护规划。至2008年，全市（含镇、村）制订各类环境规划40余份，可分为综合性、区域性和专项性三种类型。

一、综合性规划

（一）吴江县环境保护"六五"规划

1983年5月编制，为吴江县第一份环境保护规划。首次把环境保护列为经济建设和社会发展的一项基本任务。明确要求"加强环境保护，制止环境污染的进一步发展，并使一些重点地区的环境状况有所改善"。具体目标：减少污染的排放量；严格防止产生新污染源；继续抓紧对老污染的治理；推广农作物病虫害的综合防治，控制化学农药用量；加强对自然环境和资源的保护；深入开展环境监测，搞好环境科研，加强环境统计工作。

（二）吴江县环境保护"七五"规划

1985年9月编制。规划任务：继续抓好工业污染的治理和新、改、扩建企业的"三同时"工作，同时把三个"保护"（保护环境、保护自然资源、保护生态平衡）、四个"领域"（管理由生产和生活活动引起的环境污染问题、管理由建设和开发引起的自然环境破坏问题、管理由经济活动引起的江湖污染、管理有特殊价值的自然环境）的工作都抓起来。在工作安排上，城镇以防治工业污染为主，农村以保护农业生态平衡为主。规划的要求是：工农业生产要持续稳定地上升，工业污染物的排放量和化学农药的使用量要逐步下降，生活污染物排放要得到控制，合理地开发使用自然资源，切实维护生态环境的平衡。

表3-1　1985年9月编制的吴江县环境保护"七五"规划主要指标体系表

类别	指标名称	指标值		
		1984年实际	1985年预计	1990年预测
基本情况	工农业总产值（亿元）	17.42	21	45
	工业总产值（亿元，不含村办）	10.45	12	24
	乡镇工业产值（亿元，不含村）	4.05	4.859	9.72

（续表）

类别	指标名称	指标值		
		1984 年实际	1985 年预计	1990 年预测
基本情况	村办工业产值(亿元)	2.70	3.375	8.4
	可耕地面积(万亩)	96.24	96	95
	城镇人口(万人)	8.58	8.596	9.27
	煤炭消耗量(万吨,实物)	21.70	22.65	28.1
	原料煤消耗量(万吨,实物)	11.00	11.44	43.4
	燃料油消耗量(万吨)	1.71	1.9	3.06
废水	废水排放总量(万吨)	2430.1	2542.2	3538.9
	城镇生活污水量(万吨)	309	309.5	333.6
	工业废水排放量(万吨)	2121.1	2232.7	3205.33
	需处理的工业废水量(万吨)	1701.1	1779.5	2477.3
	工业废水处理量(万吨,能力)	540	567	1486.4
	工业废水处理率(%)	27.9	28.2	60
	工业废水中化学需氧量产生量(吨)	7290.3	7626.6	10616.7
	工业废水中化学需氧量去除量(吨)	1423.8	1503	4261.2
	工业废水中化学需氧量排放量(吨)	5866.5	6123.6	2692.3
	化学需氧量去除率(%)	19.5	19.7	40.14
废气	废气排放总量(万标米每年)	294307.2	306810	373500
	燃料燃烧中废气量(万标米每年)	195307.2	203850	252900
	生产工艺中废气量(万标米每年)	99000	102960	120600
	废气处理量(万标米每年)	6750	7650	16200
	废气处理率(%)	15	17	36
	工业粉尘产生量(吨每年)	13764.7	14452.95	15452.95
	工业粉尘回收量(吨每年)	7985.5	8624.4	9824.4
	工业粉尘排放量(吨每年)	5779.2	5828.55	5628.55
	工业粉尘回收率(%)	58	59.7	64
废渣	工业废渣产生量(万吨每年)	6.554	6.58	6.71
	工业废渣处理利用量(万吨每年)	5.9215	6.004	6.38
	工业废渣处理利用率(%)	90.35	91.25	95
资金投入	工业污染防治(万元)	—	—	1536
	其中:治水(万元)	—	—	836
	治气(万元)	—	—	400
	其他(万元)	—	—	300
	城镇污染综合防治(万元)	—	—	240
	其他资金(万元)	—	—	75
	总计(万元)	—	—	1851

（三）吴江县环境保护"八五"规划

1988 年 10 月编制。规划任务：进一步贯彻防治结合、以防为主的方针,转变职能,强化管理,加强法制,开展全面的环境管理和综合治理,向经济、城乡、环境建设的协调发展和经济、社会、环境三者效果统一的目标努力;狠抓体现水乡特色的有重点的治水工作,使全县水体、大气污染状况都有所控制和略有好转,市镇噪声有所下降,环境污染得到控制,环境质量不再下降。具体指标:水质:工业废水处理率80%,废水达标率50%,医院污水处理率100%,化学需氧量削减率60%;松陵和同里古镇区的生活污水处理率70%,其他镇生活污水处理率30%;运河和太浦河要保持原水质标准(二级水标准);全县自来水厂进水口处上、下游1000米处要保持二级水标准,养鱼区不低于二级水标准。大气:各镇要达到国家大气质量标准中的二级标准,废气处理率40%。噪声:居民文教区、风景旅游区,昼间50分贝,夜间40分贝;其他地区昼间60分贝,夜间50分贝;交通干线昼间70分贝,夜间55分贝;工业区昼间65分贝,夜间55分贝。废渣:工业废渣的综合利用率达到94%。对自然环境保护:推广农作物病虫害综合防治,控制化学农药用量,合理使用化肥,减少化肥流失,大力发展养鱼、养蚕、养家禽、养牲畜等,增施有机肥和扩大绿肥种植面积,保护青蛙。抓好植树造林,做到见缝插针;开展爱鸟活动,严禁围湖造田,使农村环境逐步达到农、副、工业经济协调发展,保持生态的良性循环。

(四)吴江市环境保护"九五"计划和2010年长远规划

1996年1月编制。规划任务:控制广大水域的水质不再继续恶化,重点保持控制现有四大主干河流(段),主要湖泊以及集中式饮用水水源地的水质保持在"八五"末期水质质量;在全市二十三个城镇的建成区内全面建成"烟尘"达标区和基本建成"噪声"达标两个目标,实现全省统一标准的双控区;提高"三同时"的执行率、污染治理设施运转率、工业废水处理率三个率的百分点。城镇下水道普及率达95%,生活污水处理率达40%。2010年的环境保护目标是:贯彻可持续发展战略,使环境与发展进一步在高层次上相协调,全面建成环境功能区,城市生态趋于良性循环,建设人与自然较为和谐的生态环境。环境保护的任务和主要措施是改造城区内和人口较为密集地区的工业街坊,撤点、搬迁有污染的生产厂点,以达到城市环境质量的优化;大力发展以高新技术为主导的少污染、高附加值的工业支柱产业,加快技术改造步伐,采取清洁生产,加大污染防治的力度,大幅度削减污染物的排放;增大环境保护资金投入的比例,加快环境建设和城市基础设施建设,提高饮用水水质,改善大气环境质量,降低城市环境噪声,改变能源结构,增加城市绿化面积,增强废水、废气和固体废物污染的防治能力;加强和完善环境法制建设,强化环境管理等措施。

(五)吴江市环境保护"十五"规划

2000年1月编制。规划要求:全市工业污染源达标排放;吴江段太湖水体变清;大气环境质量全部达到二级标准,部分地区达到一级标准;声环境质量全面达标,市区、城镇全部建成噪声达标区。具体指标:地面水质达标率98%,饮用水源水质达标率100%;工业污水的化学耗氧量控制在6500万吨以下,处理率100%,达标排放率100%。工业废气排放达标率100%,大气悬浮微粒年日均值0.10毫克每升,大气二氧化硫0.02毫克每升,大气氮氧化物0.05毫克每升;二氧化硫排放总量100万吨,烟尘排放总量2.0万吨;烟尘控制区覆盖率100%,汽车尾气排放达标率95%。城区区域环境噪声平均值54分贝,城区交通干线噪声平均值65分贝,噪声达标区覆盖率100%。工业固体废弃物综合利用率95%,危险废物处理率100%;城镇生活垃圾无害化处理率100%,城镇粪便无害化处理率100%。单位GDP(国内生产总值)能耗0.25吨标准煤每万元,单位GDP水耗50吨每万元。

（六）吴江市环境保护"十一五"规划和 2020 年远景目标

2005 年 12 月编制。规划以 2010 年为界，2010 年之前的任务和目标是：重点区域和重点行业的环境污染得到有效控制，市镇环境质量达到功能要求，建成一批生态建设和环境保护重点工程，市域环境全面改善，形成安全生态格局，完善执法环境建设，加强环保监管能力建设，建成结构合理、功能齐全、经济良性循环、环境优美、社会文明的生态市。2020 年的远景展望是：工业污染得到全面控制，市、镇、村环境全面改善，全市区域环境质量良好；全市河道、湖泊水环境质量、大气环境、声环境质量全面达标；城乡人居环境清洁优美；实现自然、人文景观与城市文明交相辉映的现代水乡园林生态市。

表 3-2　2005 年 12 月编制的吴江市环境保护"十一五"规划主要指标体系表

指标类别		指标名称	2004 年	规划指标值		
				2005 年	2010 年	2020 年
环境质量指标	水环境质量	城市集中式饮用水源水质达标率（%）	基本达标	基本达标	100	100
		区域主要河道水质达标率（%）	40	60	80	100
	大气环境质量	城市全年空气环境质量达二级标准的天数（天）	340	345	大于等于 345	350
		酸雨频率（%）	55.6	50	小于 30	小于 30
	声环境质量	城市区域环境噪声（分贝）	55.8	55	小于 55	小于 55
		城市道路交通噪声（分贝）	67.2	67	小于 67	小于 67
污染防治指标	水环境污染物	化学需氧量年排放量（万吨）	1.01	0.98	控制在上级下达指标内	
		氨氮年排放量（吨）	210	256	控制在上级下达指标内	
	大气环境污染物	二氧化硫排放量（万吨）	2.593	2.623	控制在上级下达指标内	
		颗粒物排放量（万吨）	1.2725	1.2855	控制在上级下达指标内	
	环境污染治理	危险及医疗废物安全处置率（%）	100	100	100	100
		城镇污水处理率（%）	50	60	大于等于 80	90
		工业固体废物综合利用及处置率（%）	100	100	100	100
		城镇生活垃圾无害化处置率（%）	92.3	93	大于等于 94	100
	环境经济指标	单位 GDP 二氧化硫排放量（千克每万元）	6.72	6.70	小于 4.85	2.43
		单位 GDP 化学需氧量排放量（千克每万元）	3.17	3.15	小于 2.5	2.5
		单位 GDP 能耗（吨标煤每万元）	1.12	1.12	小于等于 0.9	0.8
		单位 GDP 水耗（立方米每万元）	166	165	小于等于 150	120
		工业用水重复利用率（%）	66.3	65	大于等于 70	75
生态环境建设指标		城市绿化覆盖率（%）	39	40	42	45

二、区域性规划

（一）吴江市城市环境综合整治规划

1996 年 8 月，依照国家环保总局《关于编制和完善城市环境综合整治规划的通知》，吴江市政府委托苏州市城建环保学院编制。规划分为近期（1995～2000 年）、远期（2000～2010 年）和远景（21 世纪中叶）。近期目标：市区水污染总量控制在 1995 年的水平上，饮用水源一级保护区水质达到地表水二类标准;大气环境质量达到二级标准;声环境质量达到相应功能区标准。远期目标是:饮用水源保护区内水质达到地表水二类标准;城区地表水达到地表水四类标准;大气环境质量优于二级标准,局部达到一级标准;声环境质量达到相应功能区标准,扰民噪声得到根本解决,城市环境质量与国民经济和社会发展相适应。

表3-3　1996年8月编制的吴江市城市环境综合整治规划主要指标体系表

指标类别	指标名称	基准年1995年指标值	近期2000年指标值	远期2010年指标值
环境质量指标	大气悬浮微粒年日平均值(毫克每立方米)	0.19	0.20	0.15
	二氧化硫年日平均值(毫克每立方米)	0.019	0.020	0.015
	饮用水源水质达标率(%)	97.0	98.0	100
	地表水高锰酸盐指数平均值(毫克每升)	5.7	5.7	5.7
	区域环境噪声平均值(分贝)	56.6	56	55
	城市交通干线噪声平均值(分贝)	65.0	65	65
污染控制指标	烟尘控制区覆盖率(%)	100	100	100
	民用型煤普及率(%)	92.3	100	100
	汽车尾气达标率(%)	81.8	85	90
	万元产值工业废水排放量(吨)	13.4	12	10
	工业废水处理率(%)	91.2	95	98
	城市污水处理率(%)	0.06	40	80
	工业固体废物综合利用率(%)	99.9	99.9	99.9
	城镇绿化覆盖率(%)	25.1	30	35
	生活垃圾清运率(%)	—	100	100
	生活垃圾、粪便无害化处理率(%)	100	100	100
	城市气化率(%)	85	100	100

(二)东太湖(吴江市)环境综合整治规划方案

2006年12月,市环保局委托江苏省环境工程咨询中心编制。规划根据东太湖独特的地理位置、生态环境特征和社会经济发展状况,把东太湖综合治理的目标定位分为湖泊生态安全、生态健康、生态产业、生态景观和生态文化等五大层次,实现"人与湖和谐共生"的理念。规划确定,用3年时间实现以下目标:有效控制湖泊外源和内源污染,减小东太湖养殖面积至2.5万亩以内,控制湖泊富营养化水平,改善东太湖水质,满足水环境功能要求。确保吴江市饮用水源保护区和流域性水源保护区平水期稳定达到地表水二级标准;湖泊和下游骨干河流水质逐步改善,达到划定的生态功能区水质目标,富营养化指标稳定在中富营养水平。初步恢复东太湖湖泊生态系统,水生生物群落构成基本合理,生态平衡初步建立,湖泊自净能力得到一定程度的恢复;湖面景观得到改善。调整土地用途,修复和重建环湖大堤及内外湿地,初步形成由景观生态湿地、具生态旅游休闲服务功能的生态节点和畅通性生态走廊等构成的生态功能区。增加人的亲水区域。沿湖区域结合环境功能区要求,调整产业结构,发展生态养殖、生态旅游、生态农业等生态产业;加强城镇和农村生活污染控制,城镇污水处理率达到80%以上,其中直接入湖区域达到100%,垃圾无害化处置率达到100%;农村卫生厕所普及率达到100%,人畜粪便实现无害化处理和综合利用,农村生活垃圾得到妥善处理。

（三）吴江市农村环境综合整治规划（2006~2010年）

2007年11月,吴江市人民政府编制。规划目标:到"十一五"期末,工业污水处理率达100%;城镇生活污水处理率达90%,太湖一级保护区农村生活污水处理率达70%,沿太湖农村生活污水处理率达40%,生活污水处理全部达到一级A排放标准;城乡生活垃圾无害化处置率100%;规模养殖畜禽粪便综合利用率100%,污水排放达标率100%;绿色、有机农产品达25%以上;秸秆综合利用率100%;农田化肥折纯用量低于200千克每公顷;全市省级卫生村达75%以上。围绕目标任务,规划制定了8项大工程和25项子工程。8项大工程是:水环境治理工程;污染治理工程;农田治理工程;村庄整治工程;农村绿化工程;基础设施建设工程;农村干道环境整治工程和农村畜禽养殖场整治工程。此外,在组织、宣传、建设、督促和检查上,规划也作出明确的规定。

（四）吴江经济开发区环境规划大纲

1993年11月,市政府委托苏州城建环保学院环保系编制。规划提出:开发区地面水,以吴家港水厂取水口上、下游各100米为集中水源地,河段两侧1000米范围内为集中水源一级保护区。吴家港水厂取水口南100米外至太湖的河道为备用水源地,两侧为集中水源二级保护区。京杭大运河与吴淞江(含瓜泾口)为过境河道,主要功能为农灌、航运、工业用水。大气环境目标为《大气环境质量标准》(GB3095—1982)中的二级标准,日平均总尘量控制在0.30毫克每立方米,年日平均二氧化硫总控制量0.06毫克每立方米。噪声按《城市区域环境噪声标准》(GB3096—1993)执行,平均噪声为56分贝,交通干道平均噪声为70分贝。

（五）吴江市汾湖旅游度假区环境规划大纲

1993年11月,市政府委托苏州城建环保学院环保系编制。规划以2010年为界,分为近期和远期。环境功能分区:元荡以旅游度假为主,三白荡为集中水源地。大气环境按省级旅游度假区的要求确定。水环境规划目标:元荡的景观娱乐用水水质为GB12941—1991的一类标准,总磷0.10毫克每升,总氮2.0毫克每升,其余指标参照三类标准。三白荡地面水质量按GB3838—1988的三类标准,集中水源地取水口周围1000米的区域内执行二类标准,总磷0.10毫克每升,总氮2.0毫克每升。大气环境规划目标:大气环境质量执行GBH2.1—1982的二级标准。噪声规划目标:旅游度假区平均噪声不超过55分贝。固体废弃物清运率100%,无害化处理率100%。规划规定:排水系统按雨污分流设计;雨水管采用明渠,就近排入内河或内荡,但不能直接排入元荡。污水干管沿公路布置,流向污水处理厂。污水处理厂最终规模为4万吨每日。在规划区西北部,建生活与旅游垃圾无害化处理场,规模近期为60吨每日,远期为120吨每日。

（六）镇环境保护规划

1996年6月20日,省环保局印发《关于印发〈编制乡镇环境规划技术纲要〉的通知》。同年7月5日,市环保局将此通知转发各镇。同年8月,盛泽镇政府率先委托苏州城建环保学院编制《吴江市盛泽镇环境规划》。规划依据盛泽镇目前的环境现状、具体的产业情况以及将来发展的方向,对盛泽镇的环境功能区和环境目标进行科学的区划和定位,为盛泽镇的开发建设和环境管理提供科学的依据。1997年7月,平望镇政府委托苏州城建环保学院编制《吴江市平望镇环境规划》,并通过专家评审。2004年8月~2005年12月,同里镇、黎里镇、七都镇、震泽镇、芦墟镇先后制订本镇的环境保护规划,并在市政府的批准后予以实施。

(七)村环境保护规划

2006年10月17日,市政府印发《关于同意杨文头村等新农村建设示范村村庄建设规划的批复》。同年11月13日,市政府印发《关于同意双浜村等新农村村庄建设规划的批复》。至此,全市有杨文头村、城司村、南厍村、友谊村、龙降桥村、群幸村、太浦闸村、广福村、戴家浜村、圣塘村、人福村、坛丘村、双浜村、莺湖村、菀南村、同芯村、新乐村、新城花园、长安花苑共19个村的村庄建设规划(含环境保护)获得市政府的批准并予以实施。

三、专项性规划

(一)吴江市太湖水防治"九五"计划和2010年长远规划

1996年9月,市环保局编制。规划目的在于保护和改善太湖水质,促进全市环境、经济、社会的协调发展。根据太湖吴江市水域水质状况及吴江市污染物的排放情况、吴江市水域的水质污染主要原因,规划提出,应从环太湖的环境综合整治着手,减少人为污染物的排入。具体从以下4个方面来实现:优化产业结构,切实加强太湖水系的污染物总量控制;合理、平衡开发区域水资源;加大执法力度,加强周边区域的环境保护工作,加强对工业、农业及生活污染源的防治;运用科技进步的力量来进行污染源治理、积极推广清洁生产;充分运用水利工程,进行优化调度、增加水体自净能力,改善湖体水质。

表3-4 2000年、2010年太湖水污染防治水质目标数据表

年份	水质目标(单位:毫克每升)			
	高锰酸盐指数	总氮	总磷	综合营养度
2000	4.5	1.4	0.08	65
2010	4.0	1.0	0.05	60

(二)吴江市生态示范区建设规划

2001年6月,苏州市被国家环保总局批准为第六批全国生态示范区建设试点地区,并要求各区县同步创建。根据国家环保总局《关于开展2001年度全国生态示范区建设试点考核工作的通知》的要求,市环保局委托南京大学环境科学研究所编制《吴江市生态示范区建设规划》,并于2002年12月22日通过省环保厅主持的专家评审。规划总体目标:要用20年左右的时间,发挥吴江市"鱼米之乡"和"旧时江南"旅游胜地的现代化城市的优势,通过技术创新、体制改革、观念转换和能力建设去促进人和环境和谐、高效的集生态型工业、生态农业、生态产业、生态城镇于一体的新型生态城市的创建,建立起结构合理、功能齐全、经济良性循环、环境优美、生活小康、社会文明的生态、经济、社会复合大系统;建设布局合理、生态景观和谐优美的自然环境和人居环境;孵化出发达的生态产业体系;倡导繁荣的生态文化和全民强烈的

生态环境保护意识；创建物质文明、精神文明和生态文明发达，民风淳朴、社会和谐、全球知名度高的国际型都市，使经济综合竞争力进入国际先进行列，环境质量保持全国领先水平，把吴江市建设成生态型经济比较发达、人居环境舒适优美、自然资源永续利用、生态环境全面优化、人与环境和谐相处的生态城市，把吴江市建成地更绿、水更清、天更蓝、城更美的"人居天堂"和"创业天堂"。2003年4月，市政府批准该方案并印发各镇政府、吴江经济开发区、汾湖旅游度假区以及市各有关单位，开始组织实施。

（三）吴江生态市建设规划

2004年12月，市政府和同济大学共同编制。规划总体目标：以科学发展观为指导，可持续发展为主线，循环经济建设为驱动，构建产业生态化和生态产业化布局，国民经济稳步发展；优化生态系统结构与功能，资源持续利用和生态平衡，生态效益明显；生态文化与吴文化兼收并蓄，人居环境舒适优美，生态社会成型。凸显"江南水乡""丝绸之府""电子之城"和"旅游胜地"四大特色，将吴江市建成具有健康的生态系统、和谐的社会体系、高效的城乡经济和安全的生态格局，经济、社会和生态环境协调发展，人与自然和谐的现代水乡园林生态市。规划分为近期、中期和远期三个阶段。近期（至2007年）：解决当前生态环境中存在的突出问题和经济发展制约瓶颈，为经济健康发展拓展承载空间，重点建成一批特色鲜明的生态工程和环境与经济协调发展的区域，基本指标达到国家环保总局生态市（县）的建设标准，建成生态市雏形。中期（至2010年）：全面达到国家环保总局的生态市（县）建设标准。推进新型工业化和调整优化经济结构进一步取得成效，生态经济初具规模；生态环境全面改善，安全的生态格局

《吴江市生态示范区建设规划》文本

《吴江生态市建设规划》文本

基本形成；生态文化框架形成，生态社会初步成型，基本建成结构合理、功能齐全、经济良性循环、环境优美、社会文明的生态市。远期（至2020年）：实现城镇现代化、产业生态化、生态产业化，社会经济环境综合能力跃居国内领先水平。全民形成强烈的生态环境保护意识，物质文明、精神文明和生态文明高度发达，建成"田园、水网、湖荡"，"小桥、流水、人家"，自然人文景观与城市文明交相辉映的现代水乡园林生态市。2005年1月，《吴江生态市建设规划》通过江苏省环保厅组织的专家评审。2005年3月11日，吴江市第十三届人大常委会第十七次会议作出《关于同意〈吴江生态市建设规划〉的决定》。2005年3月23日，市政府印发《关于印发〈吴江生态市建设规划〉的通知》，将该规划印发给各镇政府、吴江经济开发区、汾湖旅游度假区以及市各有关单位。2005年3月28日，市政府进一步制定《关于吴江市创建全国生态市的实施意见》，并印发给各镇政府、吴江经济开发区、汾湖旅游度假区以及市各有关单位，开始实施。

（四）吴江市循环经济建设规划

2004年12月，市政府和同济大学共同编制。规划总体目标：努力开展企业生态化建设，实现丝绸纺织、化工等传统型企业焕发新的活力，继续为吴江市的社会经济发展发挥重要作用；努力用循环经济原则发展电子资讯、通信电缆等新兴产业，着重预防对生态环境的负面影响，实现新兴产业在环境友好的状态下，成为吴江市经济发展新的增长点；努力建设生态产业园、循环型服务业，最大程度地实现资源循环利用，实现区域范围内资源的最佳配置和高效利用；努力建设循环经济保障体系，建设生态社区、生态学校等生态区域，把循环经济的理念和实践深入到社会的各个部门，实现整个社会向资源循环化、环境生态化发展；努力建设循环型社会，构建整体循环的废弃物回收与再利用模式，最大限度地降低自然资源的消耗，实现消费过程与消费过程后物质和能量的循环使用；努力推进经济结构调整，全面提升城市整体竞争力，实现吴江市社会效益、经济效益和生态效益相协调的可持续发展，高起点、高质量地进入一个新的经济增长期。规划分为近期、中期和远期三个阶段。近期（启动阶段，2003~2007年）目标：探索吴江市发展循环经济的机遇和潜力，找准主要切入点，全面实施循环经济的方案，建设示范工程；在已有示范工程的基础上扩大范围，特别是在传统的"污染型企业"中建设示范点，注重循环型农业、循环型服务业及其他领域的启动与建设示范点；初步建立吴江市循环经济指标体系和保障体系，全面提高公众的生态意识和建设循环经济的积极性。中期（发展阶段，2008~2010年）目标：在规模企业、工业园区、农业和服务业全面推行循环经济建设，形成特色鲜明、循环良好的经济发展模式以及充满

《吴江市循环经济建设规划》文本

活力的循环经济产业体系与空间格局；建立和完善市场经济条件下循环经济的政策法规保障体系，健全行政执法程序立法（法制化），完善执法监督、检查手段，设施完善的环境与发展综合决策机制，促进循环经济建设向纵深发展；进一步完善有吴江市地方特色的循环经济指标体系。远期（完善提高阶段，2011～2020年）目标：形成以发达的循环经济为核心，以生态文化为支撑的生态经济形态，全面支撑吴江生态市建设与发展；经济良性循环发展，人民生活富足，生态环境良好，社会、经济与环境和谐统一。

（五）吴江市水污染防治规划

2008年5月，根据省政府统一部署，市政府责成市发改委、市环保局委托江苏省环境工程咨询中心编制《吴江市水污染防治规划》。规划指导思想：饮水为重，依法治污；突出重点，明确责任；标本兼顾，综合治理；点面并重，依靠公众。规划目标分为近期和远期。近期目标（2010年）：城区、城镇及农村水污染恶化的趋势得到有效控制；饮用水源保护措施得到有效落实；东太湖湖区养殖面积控制在1666.67公顷以内；全市主要河湖水系水质功能区达标率达到80%；东太湖湖体保护区水质稳定达到二类标准；太浦河苏浙沪保护区水质稳定达到三类标准；全面完成"十一五"主要污染物减排计划。远期目标（2020年）：东太湖水体富营养化水平降至中营养～轻度富营养程度；全市主要河湖水系水质功能区达标率达到100%；东太湖湖体保护区水质稳定保持二类标准；太浦河苏浙沪保护区水质稳定达到二类标准；城区、城镇及农村水环境得到明显改善。规划根据吴江市水污染防治的工作基础与水环境质量的基本现状，设计饮用水安全、点源污染治理、城镇污水和垃圾处理处置、面源污染治理、生态修复、河网综合整治、节水建设、水环境监测预警体系建设等8大类工程、78个项目，工程总投资226.72亿元，其中近期175.67亿元，远期51.14亿元。

2008年9月，《吴江市水污染防治规划（草案）》论证会在汉唐国际大酒店召开

表 3-5　2005~2020 年吴江市水污染防治指标体系与目标数值表

指标类别	指标名称		现状	近期	远期
			2005	2010	2020
约束性指标	饮用水源地水质达标率		基本达标	100%	100%
	地表水环境功能区达标率		60%	80%	100%
	污染物排放总量	化学需氧量（万吨）	1.87	1.45	1.31
		氨氮（吨）	256	410	370
		总磷	—	在 2005 年基础上均削减 20%	在 2010 年基础上有所削减
		总氮	—		
	生活污水集中处理率	城区	60%（城镇）	95%	98%
		省级及以上开发区		100%	100%
		镇区		85%	95%
		农村		40%	75%
	重点污染源废水排放达标率		100%	100%	100%
	单位 GDP 水耗（立方米每万元）		165	150	小于 120
	工业用水重复利用率		41%	70%	75% 以上
	化肥施用强度（折纯）（千克每公顷）		243.2	240	230
	受保护地区占国土面积比重		13%	15%	15% 以上
参考性指标	集中式畜禽养殖区污水排放达标率		75%	80%	90%
	测土配方施肥技术推广率		45%	90%	95% 以上
	农林病虫害综合防治率		95%	90%	95% 以上
	秸秆综合利用率		93.1%	95%	95%
	农用薄膜回收率		90%	92%	92% 以上
	绿色、有机、无公害农产品生产基地占农田面积比例		62.1%	65%	70% 以上
	生活垃圾无害化处理率	城区、镇区	93%	100%	100%
		农村	—	90% 以上	90% 以上
	森林覆盖率		15%	16%	18%

第二节　环境规范性文件

1980 年 4 月 28 日，县革命委员会印发《吴江县关于〈奖励综合利用和收取排污费的暂行规定〉的通知》（吴革〔80〕字第 45 号），这是吴江历史上第一个环境规范性文件。至 2008 年底，吴江市（县）委、市（县）政府以及环保局等行政机关，先后制定环境规范性文件 288 个。其中：建设项目"三同时"管理 9 个、建设项目审批管理 8 个、环境监测 10 个、污染防治 22 个、噪声防治 4 个、消烟除尘 5 个、水源保护 8 个、行业管理 49 个、野生动物保护 1 个、排污收费 14 个、工业"三废"治理 30 个、城乡污水治理 13 个、水环境管理 26 个、环保目标责任制 6 个、环保制度建设 9 个、城镇环境 19 个、农村环境 20 个、创建工作 11 个、应急预警机制 9 个、清洁生产和循环经济 4 个、其他 11 个。（详见第十二章第一节"政府规范性文件题录"）

第三节　环境制度

一、建设项目管理制度

建设项目管理包括建设项目环境影响评价审批制度和建设项目"三同时"管理制度[1]。

（一）建设项目环境影响评价审批制度

1979年10月，县环保办成立之初，便根据《中华人民共和国环境保护法（试行）》第六条，开始执行建设项目环境影响评价审批制度。是月8日，县环保办印发《对震泽建立染厂的意见》，要求震泽染厂在1979年底前建好污水处理池，否则，即使开工也只能停产处理。这是县环保办第一次执行建设项目环境影响评价审批制度。是月16日，县环保办印发《对同里镇建立同里化工厂的意见》和《对庙港公社建立化工厂的意见》；是年11月19日，印发《对芦墟公社建立电镀厂的函》。1979年后，执行建设项目环境影响评价审批制度，成为县环保机构的常规工作之一。

1985年12月28日，县环保局和县工商局针对有些企业，尤其是村办企业，未按规定到县环保部门办理审批手续，擅自投产，造成环境污染的现象，共同转发苏州市环保局、苏州市工商行政管理局《关于工商企业和个体经营户申请登记中有关环境保护管理审批手续的通知》，要求各乡镇的环保办公室、工业公司和工商所（组），在项目审批的过程中，必须严格按照环境保护管理审批手续的规定，把好审批关、选址关和"三同时"关。

1987年6月26日，县政府转发《江苏省乡镇、街道企业环境管理办法》，规定：凡新建、改建、扩建或转产的企业，都必须填报《乡镇、街道企业环境影响报告表》，由企业所在地的县（区）环境保护部门会同企业主管部门审批，中外合资、合作的企业还必须报上一级环境保护部门批准，未经环境保护部门批准的，有关部门不得建设，银行不得开户。还规定：乡镇、街道企业在建设阶段，必须持企业所在地的县（区）级以上环境保护部门批准的《环境影响报告书（表）》申请临时营业执照；工程竣工后必须持县（区）以上环境保护部门签发的验收合格证领取正式营业执照。

1987年12月15日，县政府转发县环保局《关于我县实行厂长任期目标责任制中制定环境责任的要求和考核标准的报告》，规定：凡新建、改建、扩建对环境有污染的生产项目，必须执行环境影响报告表（书）的审批制度，并严格执行"三同时"规定。

1993年8月3日，市政府印发《关于严格控制重污染项目建设的通知》，再次强调：凡新建、改建、扩建的重污染项目都必须按照规定填写《环境影响报告表》，由市环保局会同主管部门审批。未经审批的重污染项目，市计委等有关部门不得批准建设，银行不予贷款，供电部门不得供电，工商行政部门不得发给营业执照。

1　《中华人民共和国环境保护法》第二十六条规定："建设项目中防治污染的措施，必须与主体工程同时设计、同时施工、同时投产使用。防治污染的设施必须经原审批环境影响报告书的环保部门验收合格后，该建设项目方可投入生产或者使用。"这一规定在我国环保工作中通称为"三同时"管理制度。

1995年4月12日,市政府印发《关于进一步严格控制重污染项目及盲目发展小火电项目的通知》,强调"电厂、热电站等电力建设项目(包括企业自备电厂)必须根据全市经济发展的总体需求,由市计委统一规划,市政府审批,各地、各企业不准擅自兴办小火电和热电站。未经批准的电力建设项目,设计部门不予设计,银行不得给予贷款,供电部门不予并网,工商部门不得发给营业执照"。

2001年8月13日,市环保局印发《关于印发〈吴江市环境保护局建设项目审批管理办法(试行)〉的通知》,对全市范围内建设项目审批管理的全过程,作出更为明确细致的规定。

2002年3月29日,副市长王永健专门召集环保和工商部门的有关领导研究环保审批工作,会后发出《关于进一步加强环保审批制度的函》,要求各镇政府必须实行环境保护第一审批制度,特别是印染、化工、电镀、制革等重污染行业的新办、搬迁、扩建及新增经营项目,必须首先经当地环保部门的审核。未经环保部门审核,工商部门不予办理有关手续。

2005年4月23日,市环保局印发《关于设立三产建设项目审批审查小组的决定》,决定成立由市环保局分管局长和相关科室负责人组成的三产建设项目审批审查小组,规定:对于油烟、噪声较为严重,位置又较为敏感的三产项目的审批,必须由该小组集体研究决定。

2005年7月21日,市环保局印发《关于对建设项目环境保护管理情况进行调查的通知》,要求对2001年以来各镇审批和在建的环境影响报告书(表)和环保"三同时"执行情况进行调查。

2005年11月25日,市环保局印发《关于成立吴江市环境保护局建设项目环境保护审查小组的通知》,决定成立建设项目审查小组。凡涉及化工、印染、电镀、造纸、酿造、水泥、线路板、冶金等可能对环境造成重大影响的建设项目的环境影响评价文件,由环保局建设项目审查小组集体审查决定。审查小组由市环保局局长任组长,各位副局长任副组长,各相关科室负责人任组员。

2006年5月30日,市环保局印发《关于加强三产建设项目审批管理的函》,要求各镇和各开发区的环保办公室在预审三产项目环境影响申报表时,注意落实《江苏省环境噪声污染防治条例》有关居住区新建产生环境噪声污染的生活、消费、娱乐等三产项目与相邻居民住宅边界的直线距离不得小于30米的规定,要现场核查油烟、废水是否按环评要求落实,对于不符合《条例》规定的,应予以劝阻说明。

2007年8月27日,市环保局转发省环保厅《2007年全省开发建设环境管理工作要点》,规定:对项目受理、批复文件、验收意见等管理全过程实行公开,做好公众参与。还规定:对查实的"未批先建"或"三同时"不到位项目,一律先处罚后审批,并根据情节向媒体、投资主管部门和银行通报。

(二)建设项目"三同时"管理制度

1980年8月,县环保办开始执行建设项目"三同时"管理制度。是时,吴江县屯村公社严舍大队和平望公社化工厂等单位接受苏州颜料厂邻氯苯胺、邻甲苯胺和对氨基二代苯等脱壳产品,这些名为"脱壳"的产品在生产过程中都要排放有毒有害物质。8月25日,县环保办印发《关于接受苏州颜料厂脱壳产品必须严格执行"三同时"的通知》,要求有关单位"必须严格执行'三同时',凡不具备切实有效治理设施的,不准试车,不准投产,对已投产的应立即停产,待治理设施补上后验收合格才能生产。如擅自投产造成污染环境者，坚决按《中华人民共和国环境保护法(试行)》第三十二条严肃处理"。

1983 年 11 月 12 日，县计委、县经委、县环保局共同转发苏州市计划委员会、苏州市经济委员会、苏州市环保局《关于统一执行苏州市小型基建和技施项目"三同时"管理办法的通知》，要求县各工业主管部门、县属各厂和各乡镇工业公司，必须切实地贯彻和执行上级的规定，以此来防止新

2006 年 9 月 7 日，市长徐明(左三)、副市长王永健(左一)，在震泽镇检查企业"三同时"执行情况

污染源的产生，改善城乡环境，促进生产发展。

1985 年 4 月 11 日，县环保局针对乡镇工业中发展很快但污染又十分严重的印染企业，印发《关于认真执行"三同时"规定的通知》，要求各印染企业，必须根据《中华人民共和国环境保护法》，在新建、改建和扩建工程时，防止污染的设施必须与主体工程同时设计、同时施工、同时投产。规定：项目竣工后，应通知环保部门验收，不得擅自投产，已投产的应补办验收手续；未建治理装置已擅自投产的，应立即停产，待建立治理装置并经验收合格后才能继续生产；对未建治理装置，又拒不停产的企业，将按照《苏州市环境保护管理暂行条例》第三十一条的规定，除追究主管部门和建设单位的责任外，并课以 2 万元以下的罚款，同时应限期补上污染治理设施，否则不得投产。

1985 年 12 月 28 日，县环保局、县工商局共同转发苏州市环保局、苏州市工商局《关于工商企业和个体经营户申请登记中有关环境保护管理审批手续的通知》，再次要求各乡镇的环保办公室、工业公司和工商所(组)，在项目审批的过程中，必须严格按照环境保护管理审批手续的规定，把好审批关、选址关和"三同时"关。

1987 年 6 月 26 日，县政府转发《江苏省乡镇、街道企业环境管理办法》，规定：新建、改建、扩建的项目，凡排放工业"三废"及噪声等污染环境的，必须严格执行"三同时"的规定，并经所在县(区)或市环境保护部门验收发给合格证后，方可运行，没有验收合格证的项目，供电部门不得供给生产用电。

1987 年 12 月 15 日，县政府转发县环保局《关于我县实行厂长任期目标责任制中制定环境责任的要求和考核标准的报告》，其中由县环保局制定的厂长的环境责任的第一条"控制新污染"中，明确地规定：凡新建、改建、扩建对环境有污染的生产项目，必须执行环境影响报告表(书)的审批制度，并严格执行"三同时"规定。

1992 年 8 月 28 日，为加强建设项目"三同时"的监督管理，提高监管的效率，市政府办公室转发市环保局《实行建设项目环境保护"三同时"保证金的暂行办法》。同年 9 月 16 日，市环保局印发《关于〈实行建设项目环境保护"三同时"保证金的暂行办法〉的几点说明》，对"三同时"保证金的计算、缴纳和返还，作出明确的说明。

1993年8月3日,市政府印发《关于严格控制重污染项目建设的通知》,再次强调:严格执行防治污染设施与主体工程同时设计、同时施工、同时投产的"三同时"规定,否则不准建设和投产;已经批准的在建印染、染料化工等重污染项目,污染治理设施必须严格执行"三同时"规定,否则不准投入生(试)产;已经投产的新建重污染项目,如污染治理设施未执行"三同时"的应抓紧补上,在年底前未能建成投运的,应停产治理。

1995年4月12日,市政府印发《关于进一步严格控制重污染项目及盲目发展小火电项目的通知》,再次重申:任何地区、任何单位不得新办印染厂,不得发展重污染的化工厂。现有印染、化工企业不得擅自扩产,确需要进行技术改造的,一定要落实好污染治理措施,严格执行治理措施与主体工程同时设计、同时施工、同时投产的"三同时"规定,否则不准建设和投产。

2002年3月1日,市环保局对局内相关的职能部门印发《关于吴江市在建项目"三同时"情况的通报》,要求监理部门加强对"三同时"项目的现场督查,各位局长及各部门在平时的分片督查和环境管理中也要加强对建设项目"三同时"的监督管理;要求综合计划科及时组织对"三同时"项目的验收,验收合格后,监理部门应及时列入正常检查范畴。

2003年2月8日,市环保局印发《关于对近年来建设项目环保执行情况进行全面检查的通知》,决定对1999年以来的建设项目进行全面检查,以确保"三同时"措施落实到位,促进经济建设和环境保护协调发展。

2004年2月2日,市环保局印发《关于对建设项目"三同时"进展情况实行月报制度的通知》,要求各镇环保办和吴江经济开发区环保办,从2004年2月起,对建设项目"三同时"进展情况实行月报制度。

2005年3月8日,市环保局印发《关于核对建设项目"三同时"执行情况的通知》,要求各镇(开发区)环保办将近年来审批的各镇建设项目进行清理,对已完成验收的项目将验收材料及时上报,对项目已投产但至今仍未进行验收的企业,应及时安排验收,并在每个月5日之前将建设项目"三同时"执行情况及时上报市环保局计划科。

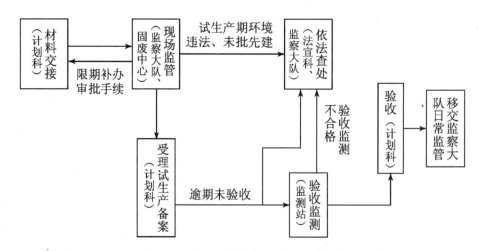

图3-1　2005年12月市环保局制定的"三同时"管理工作流程图

2005年12月,市环保局制定"三同时"管理工作流程。对于流程中的各个环节,如材料交接、现场监管、受理试生产备案、依法查处、验收监测、验收等,市环保局都作出具体的规定。2006年7月31日,市环保局印发《吴江市环保局建设项目"三同时"监督验收工作规程》,对监管和验收的范围、方法以及工作的流程,作出更为严格细致的规定。

二、环境保护目标责任制

1987 年 12 月~2008 年 12 月,吴江市(县)先后实行过领导任期环境保护目标责任制、河长责任制、污染物减排工作目标责任制、创建责任制等多种责任制形式。

(一)厂长任期环境保护目标责任制

1987 年 12 月 15 日,县政府印发《转发县环保局〈关于我县实行厂长任期目标责任制中制定环境责任的要求和考核标准的报告〉的通知》,指出:为了在经济体制改革中促进我县的环境保护工作,环境保护应列入厂长(经理)任期目标责任制及其他形式的经营承包责任制,实施经济和环保的同步考核、同步奖罚。根据县政府的指示,1988 年 1 月 19 日,县城所在的松陵镇政府印发《关于松陵地区实行厂长任期目标责任制中制定环境责任的要求和考核指标的通知》,开始在松陵地区推行厂长任期目标责任制。

吴江县的做法得到苏州市环保局的肯定。1987 年 12 月 31 日,苏州市环保局印发《关于转发吴江县将环境保护目标纳入厂长任期目标责任制的通知》;1988 年 3 月 3 日,苏州市环保局向各县(市)、区环保局印发《关于转发吴江县松陵地区企业制定环保责任和考核指标的通知》,要求苏州各县(市)、区参照吴江县的做法推行厂长任期目标责任制。

(二)市(县)、镇(乡)两级环境保护目标责任制

1989 年 3 月,苏州市政府印发《批转市环保局〈关于推行县(市)、区长任期环境保护目标责任制意见的报告〉的通知》,决定:从 1989 年开始,苏州市实行县(市)长、区长环境保护目标责任制。1989 年 4 月 6 日,县政府印发《批转县环保局〈关于推行乡(镇)长、县工业主管部门领导环境保护目标责任制意见的报告〉的通知》,决定:在实行县(市)长、区长环境保护目标责任制的同时,建立乡(镇)长、县工业主管部门领导环境保护目标责任制。

1989 年 4 月 12 日吴江县举行首次县、乡(镇)两级环保责任书签字仪式。苏州市副市长黄铭杰、吴江县县长于广洲分别代表市政府和县政府在责任书上签字。副县长汝留根、各乡(镇)长分别代表县政府和乡(镇)政府在责任书上签字。

1989 年 后,吴 江 市(县)、镇(乡)两级环境保护目标责任制运作常规是:1~3 月,吴江市(县)政府制定本年度环保指标初步方案,并上报苏州市政府;然后,召开本年度环保目标责任制预备会议,把责任目标分解至各乡(镇)和各工业主管部门。4 月,苏州市

1998 年 3 月 24 日,市政府与各乡(镇)政府签订环保责任书

市长或分管副市长,与吴江市(县)长签订本年度的环境保护责任书;再由吴江市(县)长或分管副市(县)长,与各乡(镇)长和各工业主管部门负责人签订本年度的环境保护责任书。7~9月,吴江市(县)政府择日召开上半年各责任单位汇报会;会后,吴江市(县)政府办公室将上半年的实施情况,汇报至苏州市政府办公室。12月,吴江市(县)政府发出通知,要求各责任单位自查;然后,吴江市政府组织考核小组,进行实地检查。检查完毕,吴江市(县)政府上报苏州市政府,请求验收。次年1月,苏州市政府进行验收。验收完毕,吴江市(县)政府择日召开表彰大会,并对各责任单位予以相应的奖罚。

表3-6　2005年度震泽、黎里、桃源三镇环境目标责任制年终考核情况表

镇	环保目标内容	考核对象	完成情况	奖罚金额(元)	
				奖	罚
震泽	污染控制目标	建设项目执行"三同时"	金震、宏阳染厂未批先建	—	300
		废水处理设施正常运转	完成	600	—
	环保实事项目	集中治污工程	完成	1200	—
		建成省级生态村不少于1个	资料已上报	500	—
		创建全国环境优美乡镇	实施中	600	—
		建成吴江市级绿色社区1个	资料已上报	300	—
		完成化工整治有关任务	完成	1000	—
黎里	污染控制目标	建设项目执行"三同时"	"东大铁业"未批先建	—	300
		废水处理设施正常运转	完成	600	—
	环保实事项目	集中治污工程:完成3000吨每天生活污水管网建设	部分完成	600	—
		建成省级生态村不少于1个	资料已上报	500	—
		创建全国环境优美乡镇	未通过验收	—	600
		建成吴江市级绿色社区1个	资料已上报	300	—
		完成化工整治有关任务	基本完成	1500	—
桃源	污染控制目标	建设项目执行"三同时"	基本完成	600	—
		废水处理设施正常运转	完成	600	—
	环保实事项目	集中治污工程	完成	1200	—
		建成省级生态村不少于1个	资料已上报	500	—
		创建全国环境优美乡镇	未完成	—	600
		建成吴江市级绿色社区1个	资料已上报	300	—
		完成化工整治有关任务	完成	2000	—

(三)河长责任制

2007年11月13日,吴江市委、市政府印发《吴江市河(湖)水域实行河长责任制及考核办法》,规定:按照属地负责的原则,对全市18条主要河(湖)按照企业分布、污染物排放浓度和污染物种类,实行党政一把手和机关行政主管部门主要领导"各负其责,分段(点)包干"制。还规定:考核断面按照上级规定的水质目标数据实行月通报制度;每月由市环保局上报市政府,并通报各责任单位;断面河道水质监测结果作为各责任单位及河长的政绩考核内容。

表3-7 2007年11月吴江市委、市政府制定的"河长责任制"责任分解表

河(湖、库、荡)名称	断面名称	河长	职务	考核项目	水质类别
大江河	大江桥	倪福明	副市长	pH值、溶解氧、高锰酸盐指数、五日生化需氧量、氨氮、汞、铅、石油类、挥发酚	四类
吴淞江	瓜泾口西	濮建庭	市委常委、吴江经济开发区党工委副书记、管委会副主任	pH值、溶解氧、高锰酸盐指数、五日生化需氧量、氨氮、汞、铅、石油类、挥发酚、总磷	四类
太浦河	界标	沈金明	副市长	pH值、溶解氧、高锰酸盐指数、五日生化需氧量、氨氮、汞、铅、石油类、挥发酚、总磷	三类
太浦河	平望大桥	吴炜	市委常委、常务副市长	pH值、溶解氧、高锰酸盐指数、五日生化需氧量、氨氮、汞、铅、石油类、挥发酚	四类
太浦河	太浦闸			pH值、溶解氧、高锰酸盐指数、五日生化需氧量、氨氮、汞、铅、石油类、挥发酚、总磷	三类
京杭运河	三里桥	孙悦良	市委副书记	pH值、溶解氧、高锰酸盐指数、五日生化需氧量、氨氮、汞、铅、石油类、挥发酚	四类
后市河	太平桥	鲍玉荣	市委副书记、市纪委书记	pH值、溶解氧、高锰酸盐指数、五日生化需氧量、氨氮、汞、铅、石油类、挥发酚	四类
盛家库河	太平桥	温祥华	市委副书记、市长	pH值、溶解氧、高锰酸盐指数、五日生化需氧量、氨氮、汞、铅、石油类、挥发酚	四类
京杭运河	王江泾	汤卫明	副市长	pH值、溶解氧、高锰酸盐指数、五日生化需氧量、氨氮、汞、铅、石油类、挥发酚、总磷	四类
烂溪塘	乌镇北	沈荣泉	市委常委、市委政法委书记	pH值、溶解氧、高锰酸盐指数、五日生化需氧量、氨氮、汞、铅、石油类、挥发酚	四类
西塘河	西塘桥	周志芳	副市长	pH值、溶解氧、高锰酸盐指数、五日生化需氧量、氨氮、汞、铅、石油类、挥发酚	四类
顿塘河	浔溪大桥	徐晓枫	副市长	pH值、溶解氧、高锰酸盐指数、五日生化需氧量、氨氮、汞、铅、石油类、挥发酚	四类
顿塘河	莺湖桥	范建坤	市委副书记	pH值、溶解氧、高锰酸盐指数、五日生化需氧量、氨氮、汞、铅、石油类、挥发酚	三类

（四）污染物减排工作目标责任制

2007年3月16日，苏州市政府与吴江市政府签订《吴江市2007年度主要污染物总量控制目标责任书》。具体目标：到2007年底，完成污水处理厂扩建等项目13个，化学需氧量削减量大于2091吨，排放总量控制在1.69万吨以内。热电厂生产规模缩小项目1个，二氧化硫削减量大于1500吨，排放总量控制在2.65万吨以内，其中火电行业二氧化硫削减量大于1500吨，排放总量控制在1.75万吨以内。责任书还规定：2007年底，苏州市人民政府组织有关部门对责任书确定的目标和削减项目的实施及完成情况进行考核。

2008年1月22日，市政府印发《吴江市关于加强污染物减排工作的实施意见》，其中意见之一，就是完善减排工作目标责任制。规定：市政府每年同各镇（区）和相关部门签订污染物减排工作目标责任书，对减排工作目标任务进行分解，并纳入对各地和各有关单位目标责任制和干部考核体系，作为领导班子和领导干部任期内贯彻落实科学发展观的重要考核内容。各镇（区）和有关单位要建立健全污染物减排工作责任制和问责制，严格对照要求，切实把减排

各项工作目标和任务分解落实,加强指导、督促和检查,并于每年年底前向市政府报告减排目标责任制的履行和完成情况。

2008年12月4日,市政府印发《吴江市主要污染物总量减排考核办法》,规定:"十一五"总量减排的责任主体是各级政府,各镇(区)政府(管委会)要把主要污染物排放总量控制指标分解落实到辖区内各责任单位、企业,加强组织领导,落实项目和资金,严格监督管理,确保实现总量减排目标。还规定:对通过考核的镇(区)政府(管委会)及市有关部门给予表彰,对表现突出的个人给予表彰、奖励;对完成总量减排任务的企业,按照总量减排项目及减排量,给予一定的专项资金奖励。还规定:未完成考核期总量减排任务的政府(管委会)、有关单位一把手和其他直接责任人员,当年不得评为先进个人、劳动模范,不得授予荣誉称号。对未通过考核且整改不到位或因工作不力,导致吴江市完不成上级下达的年度减排任务,从而影响吴江市项目审批,对全市经济社会发展造成负面后果的,任免机关或监察机关按照《环境保护违法违纪行为处分暂行规定》,追究该地区有关责任人员的责任。

(五)创建责任制

详见第八章"创建活动"。

三、环保工作一把手问责制

2005年8月12日,吴江市委、市政府印发《关于进一步加强环境保护工作的意见》,规定:各镇人民政府要对本镇的环境保护负总责,实行环境质量行政"一把手"问责制。各镇要建立以镇长为组长、分管领导为副组长,环保、城管、经管等相关部门为成员的环境保护监督管理小组,负责对本镇排污企业的监督和管理。各村委会要明确一名兼职环保协管员,对本村出现的环境问题及时报告,协助镇政府做好环保工作。对由于监管不力导致污染事故的发生,造成严重后果、影响较大的,镇长要主动引咎辞职,并追究相关责任人的责任。要将环境工作列入对各镇党委、政府年终考核的重要内容,并与经济考核和干部任用挂钩。

四、排污收费制度

详见第五章第二节"排污收费"。

五、污染源监督管理制度

污染源的监督管理涉及排污申报登记、污染物排放许可证管理、排污口规范整治、污染源监控等多项内容。

(一)排污申报登记

1995年12月13日,为实行污染物排放总量控制并逐步削减,市环保局印发《吴江市全面实施排污申报登记制度工作方案》,规定:全市所有直接或间接向环境排放废水、废气、固体废弃物(不包括建筑垃圾)或产生噪声、振动、放射性、电磁波等公害的单位和个人(含个体工商户)都必须按规定进行申报登记。同时,吴江市环境保护局成立排污申报登记领导小组和工作小组。领导小组由局长任组长,分管副局长任副组长;工作小组由管理科、监察大队、监测站的相关人员组成。方案公布的同时,市环保局举办首期排污申报登记培训班,参加对象为各镇的环保助理、经委五大工业主管公司、相关局以及重点污染企业的负责人。

2003年7月14日,市环保局印发《关于开展全市固体废弃物申报登记的通知》。2005年3月8日,市环保局印发《关于对我市工业企业固体废物申报登记的通知》。规定:申报范围是所有有危险废物产生的单位和除仅产生粉煤灰、锅炉渣、废纸类和废木材以外的固体废物产生单位,重点行业是有色金属矿采选业、非金属矿采选业、纺织业、皮革毛皮羽绒及其制品业、造纸及纸制品业、化学原料及化学制品制造业、医药制造业、化学纤维制造业、橡胶制品业、非金属矿物制品业、黑色金属冶炼及压延加工业、有色金属冶炼及压延加工业、金属制品业、普通机械制造业、专用设备制造业、交通运输设备制造业、电气机械及器材制造业、电子及通信设备制造业、仪器仪表及文化、办公用机械制造业、电力、蒸汽、热水的生产和供应业、卫生等行业。

(二)污染物排放许可证管理

80年代初,吴江县开始实行电镀许可证制度,对电镀厂点逐个进行整顿、改造。通过颁发许可证,促使工厂采取治理措施。1985年11月29日,县环保局转发苏州市环保局制订的《电镀许可证环保条件(征求意见稿)》,要求各电镀厂必须逐条对照,落实环保措施。

1992年12月,市环保局在运河沿岸和松陵镇地区进行排放水污染物许可证的试点工作,并举办专门的培训班,对相关企业的分管领导和负责排污申报的工作人员以及各乡(镇)的环保员进行业务培训。

2000年,市环保局根据《江苏省排污许可证暂行管理办法(试行)》,首先在盛泽地区开展排污许可证的试点工作,根据总量分配指标最终确定各污染物的允许排放量,经苏州市环保局同意后,由市环保局发放排污许可证。

2002年8月28日,市环保局转发《苏州市污染物排放许可证管理实施细则》,并成立吴江市排污许可证领导小组和工作小组。领导小组由局长任组长,分管副局长任副组长;工作小组由分管副局长任组长,管理科、监察大队、监测站的相关人员为组员,具体负责全市排污许可证的日常管理。

2003年3月19日,市环保局印发《关于我市全面实行污染物排放许可证管理制度的通知》,决定自2003年3月20日起,全面实行污染物排放许可证管理制度。凡向环境或城镇污染物集中处理设施或工业污染物集中处理设施排放污染物的单位、个体工商户和其他组织,必须于规定期限内申领排放污染物许可证。《通知》对申领的时间、范围、资格以及申领时必须提交的材料,作出明确的规定。

2005年7月26日,市环保局印发《关于第二批排污企业换领排污许可证的通知》,决定对全市第二批排污企业开展年审换证及新证申领工作。

2008年6月17日,市环保局印发《吴江市关于统一换发排污许可证的通知》,决定对所有向外环境排放污染物的工业企业(由苏州市局发放许可证的企业除外)开展年审换证及新证申领工作。

至2008年底,吴江市共发放许可证493份,其中由苏州市环保局发放的53份,吴江市环保局发放的440份。在发放的许可证中,直接向环境排放污染物的蓝证48份,排入污染物集中处理设施的绿证445份。

（三）排污口规范整治

1998年5月29日，市环保局印发《吴江市排污口规范化整治工作方案》，规定：整治范围为市境内一切向环境排放污染物的企事业单位；整治对象为废水排放口、废气排气筒、固定噪声污染源扰民处和固体废物贮存（处置）场所。《方案》制定具体的技术原则和实施步骤，要求各单位必须按照《方案》的要求，在年底之前建立排污口规范化整治档案，竖立标志

2000年秋，市环保局环境监测人员采集排污口水样

牌，迎接验收。为指导各单位做好这项工作，10月12日，市环保局在平望镇召开排污口整治工作现场会，参加者为市经委、市属五大公司、供销总社的环保干部以及各乡（镇）的环保助理。

1999年6月9日，市环保局印发《关于99年度全市排污口规范化整治工作的通知》，重申：排污口规范化整治是实施污染物排放总量控制和工业污染源达标排放要求，对污染源实施法制化、定量化管理的一项重要的基础工作。要求各单位必须在10月底之前完成整治。

（四）污染源监控

1998年12月28日，市环保局印发《关于对我市污染企业开展监督性监测的通知》，要求市环境监测站对全市101家污染企业进行监督性监测，监测频次为每年4~5次。2000年12月29日，由于乡镇企业的迅速发展，情况发生变化，市环保局再次印发《关于对我市污染企业开展监督性监测的通知》，对1998年规定的101家污染企业进行调整。

2000年后，为加强对污染企业的监控，全市重点污染企业开始安装化学需氧量自动在线检测仪，对污染进行24小时的自动化监控。2002年8月26日，市环保局印发《关于我市工业污染自动监控装置由吴江市环保局统一管理的通知》，规定"自动监控装置的安装必须符合《江苏省排放污染物总量监测规范》，安装在规定的排污口处"；"排污单位的自动监控装置经市环保行政主管部门组织验收合格后，移交市环保局统一管理，由市环保局负责其日常运行维护及年检"；"排污单位未经市环保局许可，不得擅自进入自动监控房，更不得对自动监控装置的工作状态随意进行调整改变"。

2007年，市环保局四楼的全市污染源监控中心

2007年6月6日，市环保局印发《关于要求安装污染源在线

监测仪并实现联网的通知》,要求各有关企业在 9 月 30 日之前完成在线监测仪的安装,并与吴江市环保局实现联网。

六、危险废物管理制度

危险废物管理制度包括危险废物经营许可证制度、危险废物行政代处置制度和危险废物交换、转移审批制度。

(一)危险废物经营许可证制度

2001 年 5 月 21 日,市环保局转发省环保厅《关于在全省试行〈危险废物经营许可证制度〉的通知》和《关于印发〈危险废物经营许可证制度〉审批条件和程序的函》,规定:凡从事收集、贮存、处置危险废物经营活动的单位,必须向危险废物经营设施所在地的省辖市环保局提出申请,经预审后报省环保厅审批。符合条件的单位,由省环保厅颁发《危险废物经营许可证》。文件还对申领的条件、报批的程序及申领的材料,作出严格的规定。

(二)危险废物行政代处置制度

2001 年 5 月 21 日,市环保局转发省环保厅《关于在全省试行〈危险废物行政代处置制度〉的通知》,规定:产生危险废物的单位,必须按照国家和省的有关规定处置和利用废物;对不按规定处置或不利用的,由所在地县级以上地方人民政府环境保护行政主管部门责令其限期改正;对逾期不改正的,县级以上地方人民政府环境保护行政主管部门应当做出危险废物行政代处置决定,并报省环保厅备案。文件还对代处置的程序、代处置单位的确定、代处置的费用、危险废物的转移等相关的问题,作出严格的规定。

(三)危险废物交换、转移审批制度

1997 年 11 月 24 日,市环保局转发省环保局《关于加强危险废物交换和转移管理工作的通知》,规定:实行危险废物交换、转移申报和审批制度,任何单位和个人不得私自交换和转移危险废物,严禁擅自倒卖或销售危险废物。《通知》对审批的权限、申报的程序以及在危险废物交换和转移过程中的各个环节,作出严格的规定。

1998 年 8 月 18 日,市环保局印发《关于加强工业固体废弃物管理的通知》,对危险废物的贮存、转移和处置作出详尽的要求,规定:产生危险废物的企业要有专门的危险废物贮存场所,做好防止污染的措施。在危险废物的转移过程中严格执行国家危险废物转移联单制度,建立危险废物转移审批制度。

1998 年 11 月 16 日,市环保局转发省环保局《关于开展危险废物交换和转移的实施意见》,再次重申审批的权限,同时,对申报的材料和程序,作出更为明确的规定。

七、企业环境行为信息公开化制度

2001 年 7 月 20 日,市环保局印发《关于试行企业环境行为信息公开化制度的通知》和《吴江市企业环境行为信息公开化制度实施方案》,规定:工业企业的环境行为分为五个级别,用五种不同的标志色(绿、蓝、黄、红、黑)进行区分。政府将依照企业环境行为评级标准,对工业企业的环境行为进行评价和分级,并将评级结果通过新闻媒体定期向社会公布,公布周期为每年 1 次。为推动此项制度,市环保局成立试行企业环境行为信息公开化制度领导小组和技术

小组。领导小组由市环保局局长任组长,分管副局长任副组长,其余副局长为组员;技术小组由分管副局长任组长,相关科室的负责人为组员。

表3-8　2001年7月制定的吴江市企业环境行为分级标准表

级别	分级颜色	环境行为标准
未达标	黑	污染物排放屡次不达标或主要污染因子严重超标,对环境造成较严重污染或发生特大污染事故。
	红	作出控制污染的努力,但污染物排放仍未达到国家污染控制标准或发生重大污染事故。达标率大于50%、小于80%。
警告	黄	污染物排放达到国家标准,但超过总量控制指标或有其他违法行为。
达标	蓝	企业的环境行为优于有关污染控制要求,并且达到企业管理的较高要求。
	绿	通过ISO 14000认证或应用清洁生产技术,企业的环境行为达到国际水平或国内先进水平。

注:ISO 14000是国际标准化组织(ISO)制定的环境管理体系国际标准。

表3-9　2001年7月制定的吴江市企业环境行为评判分级指标说明表

项目	指标说明
达标排放	每个排放口主控因子达标率大于或等于80%或平均浓度达到相应的排放标准,危险废弃物综合处置处理率达到目的100%。
屡次不达标	监督检查和监督监测不达标率大于或等于50%。
总量控制	凡持有污染物排放许可证者,按许可量要求排放;未发许可证者,要求达标排放。
环境违法行为	以现场监理记录为依据,出现一次或一次以止为环境违法行为。
环境污染事故	一般环境污染事故(以下情况之一者):发生一次或一次以上直接经济损失在千元以上、万元以下的环境污染事故。 较大环境污染事故(以下情况之一者):由于污染或破坏行为造成直接经济损失在万元以上、5万元以下的环境污染事故(不含5万元);人员发生中毒症状;因环境污染引起厂群冲突;对环境造成危害。 重大环境污染事故(以下情况之一者):由于污染或破坏行为造成直接经济损失在5万元以上、10万元以下的环境污染事故(不含10万元);人员发生明显中毒症状,辐射伤害或可能导致伤残后果;人群发生中毒症状;因环境污染使社会安定受到影响;对环境造成较大危害。 特大环境污染事故:由于污染或破坏行为造成直接经济损失在10万元以上。
按期缴纳排污费	一年中有75%的季度排污费在规定的时间内缴纳,其余季度的排污费在两个月内缴纳。
按期进行排污申报	按时完成年度排污申报登记工作,凡持有排污许可证的企业按时上报总量控制月报表。
排污口整治规范化	排污口符合规范标准,并做到"一明显、二合理、三便于",以通过验收为准。
实行"三同时"和建设项目规定程序	立项阶段按时完成环保预审;按照国家《建设项目管理条例》的规定执行。
环保机构、人员、制度	有专职或兼管的环保机构;有专职或兼管的环保人员;有满足企业环境管理需要的相应制度,如环保岗位责任制、环保设施运行管理制度、环境行为报告制度、环保档案管理制度等。
固体废弃物综合利用率达80%	综合利用率大于或等于80%。
群众多次投诉	有过三次以上群众有效投诉,并造成一定环境影响和危害。
群众投诉	有过一次群众有效投诉,并造成一定环境影响。
清洁生产	通过清洁生产审计,达到国内领先或国际水平。
ISO 14000认证	通过ISO 14000认证,并获得认证证书。

八、110 联动体系 24 小时值班制度

2002 年 7 月 8 日,市环保局印发《关于建立我局 110 联动体系开展 24 小时值班制度的通知》,规定:根据市政府办公室《关于转发市公安局制定的〈吴江市 110 社会联动服务工作实施意见〉的通知》,建立吴江市环境保护局 110 联动体系,开展 24 小时值班制度。制度规定:值班员接警后,先向联动办公室主任汇报情况,再根据指令决定值班驾驶员、监理小分队、监测小分队是否行动。为落实该项制度,市环保局成立 110 联动工作领导小组,由局长任组长,分管副局长任副组长,相关科室的负责人为组员。

表 3-10　2002 年 7 月制定的吴江市 110 联动环境污染投诉分工表

相关单位	分 管 内 容
市环保局	生产经营活动中产生的废水、废气、废渣、恶臭气体、放射性物质以及噪声、振动等对环境的污染问题;危险废物转移。
市交通局（航政机关）	机动船舶的油污及噪声污染、船舶污染事故、机动船舶废气。
渔政部门	渔业污染事故。
农业部门	化肥、农药污染。
城建部门	建筑施工噪声及建筑施工造成的扬尘污染、城市排污管网的疏通维护、城市生活污水处理。
卫生部门	城市生活垃圾的清扫、收集、储存、运输、处置;公共厕所的粪便处置;垃圾无害处理;生活饮用水污染及食品污染。
文广部门	文化娱乐场所的噪声污染。
工商部门	绿色消费、一次性发泡餐具。
市公安局	社会生活噪声;高音广播喇叭;街道、广场、公园等公共场所组织娱乐、集会等活动时使用音响器材、产生干扰周围生活环境的过大音量;从家庭室内发出的严重干扰周围居民生活的环境噪声;商业经营活动中使用音响器材或者采用其他发出高噪声的方法招揽顾客而引起的扰民活动;机动车噪声及尾气污染。

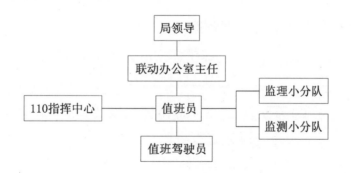

图 3-2　2002 年 7 月制定的市环保局 110 联动体系 24 小时值班制度运行程序图

九、统计报表制度

（一）太湖流域污染源达标排放进度月报制度

1998 年 3 月 22 日,市环保局印发《关于建立太湖流域污染源达标排放进度月报制度的通知》,规定:各工业主管部门、各镇环保办从 1998 年 3 月起,每月 25 日前,将本月治理进度情

况报送市环保局管理科。

（二）排污总量监测月报制度

2000年4月28日，市环保局印发《关于建立排污总量监测月报制度的通知》，规定：各排污单位于每月5日前将上月排污总量的监测结果报市环境监测站。

（三）排污许可证月报、年报制度

2002年8月2日，苏州市环保局印发《苏州市污染物排放许可证管理实施细则》，规定：累计排放化学需氧量和二氧化硫分别占本地区（市区、市（县））该项污染物总量65%以上的排污者列为重点排污者，重点排污者须实行排污许可证月报制度；累计排放化学需氧量和二氧化硫分别占本地区（市区、市（县））该项污染物总量85%以上的排污者，持证单位实行年报制度。

（四）太湖水污染防治工作双月报制度

2003年5月22日，苏州市太湖水污染防治工作领导小组办公室印发《关于建立太湖水污染防治工作双月报制度的通知》，规定：将太湖水污染防治工作的进展情况于每双月5日前报太湖水污染防治工作领导小组办公室。

（五）"三同时"月报制度

2004年2月2日，市环保局印发《关于对建设项目"三同时"进展情况实行月报制度的通知》，规定：对建设项目"三同时"进展情况实行月报制度，要求各乡镇环保办公室对辖区内的建设项目"三同时"进展情况于每月5日前上报至市环保局计划科。

十、环境监测报告制度

详见第四章第五节"监测报告制度"。

第四节　环境预警与应急机制

一、吴江市特大安全事故应急处理预案

2002年12月31日，市政府印发《吴江市特大安全事故应急处理预案》。

该《预案》为吴江市境内发生的一次死亡10人以上（含10人）或重伤（急性中毒）30人以上（含30人）或经济损失100万元以上（含100万元），以及其他性质特别严重、产生重大影响的事故应急处理方案。事故包括：特大火灾事故；特大交通安全事故；特大建筑工程安全事故；民用爆炸物品特大安全事故；化学危险品特大安全事故；锅炉、压力容器、压力管道和特种设备特大安全事故及其他特大安全事故。

根据《预案》，吴江市成立特大事故应急处理总指挥部，由市长任总指挥，分管副市长任副总指挥，成员由安委会、经贸、安全监督、公安、交通、建设、质监、供电、电信、卫生、环保、发展计划、劳动、民政、总工会等相关部门和各镇人民政府以及驻吴江市部队、武警部队负责人组成。特大事故应急处理总指挥部下设警戒保卫指挥部、应急救援指挥部、医疗救护指挥部、物资供应指挥部和善后处理指挥部。其中应急救援指挥部按发生特大安全事故的类别分别由相关部门牵头负责,市环保局为特大环保事故的牵头单位。《预案》对各个分指挥部的职责,对进入应急状态后各个部门的行动措施以及事故的善后等,均作出具体的规定。

二、吴江市安全生产事故快速反应机制方案

2004年2月16日,市政府印发《吴江市安全生产事故快速反应机制方案》。

《方案》规定:吴江市境内发生一起工伤死亡2人或重伤5人以上;或道路交通事故死亡3人以上;或火灾死亡3人以上;或职业卫生中毒10人以上及其他重特大安全生产事故,即启动本方案。根据《方案》,吴江市成立应急救援指挥部,下设安全保卫救护组、事故调查组、善后处理组、宣传报道组。应急救援指挥部由市长任总指挥,分管副市长任常务副总指挥,其余各相关副市长担任副总指挥。市环保局局长任指挥部成员之一,分管副局长任工作人员。此外,市环境监测站站长、副站长,担任吴江市重特大事故专家组成员,负责环保检测工作。《方案》要求各职能部门根据本部门的职责,制订部门应急救援预案。事故接报后,各部门按预先制订的、并经政府批准备案的预案实施救援;有关领导和部门人员须在第一时间内赶赴现场组织指挥救治,并根据需要由有关部门联动开展工作;事故中发现有人员伤亡一律送医院抢救,同时保护现场,以保证事故发生原因的调查分析。

三、江浙交界断面水质控制预警方案

2005年3月24日,市政府印发《批转市环保局〈关于2005年度江浙交界断面水质控制预警方案〉的通知》。

《方案》目标:通过建立断面水质控制预警机制,及时掌握断面水质变化情况,切实提高快速反应能力,加大区域污染防治力度,提高盛泽地区整体环境质量。根据《方案》,吴江市成立预警系统领导小组,由市长任组长,盛泽镇党委书记和分管副市长任副组长,市环保局局长、分管副局长、市环保局盛泽分局局长以及盛泽镇镇长和分管副镇长为组员。领导小组下设督查工作小组和现场落实工作小组。督查工作小组由市环保局局长任组长,分管副局长和市环保局盛泽分局局长、副局长任副组长,下设监测组、检查组、应急组和资料组。现场落实工作小组由盛泽镇镇长任组长,市环保局盛泽分局局长、盛泽镇分管副镇长任副组长。《方案》对各个工作小组的分工和职责作了明确的规定。

《方案》以江、浙交界断面王江泾(北虹大桥)为目标断面,制定5项控制措施:加快盛泽镇区的水体流动,镇东闸全年不间断换水,每天24小时保持6个流量;目标断面高锰酸盐指数在9毫克每升以下,盛泽镇所有排污企业均可正常生产,检查组负责日常监督检查,确保达标排放;目标断面高锰酸盐指数在9~10

2005年5月,市环保局监测人员在检查江浙交界断面水质

毫克每升范围内连续出现超过一周,监测组应及时逐级报告,领导小组采取应急措施。盛泽镇所有排放污水的企业实行每周"开五停二"(即生产5天,停产2天)措施。现场落实小组组织实施相关轮产措施;目标断面高锰酸盐指数在10~15毫克每升范围内连续超过三天,盛泽镇所有排放污水的企业实行每周"开四停三"措施。现场落实小组负责落实相关轮产措施;目标断面高锰酸盐指数超过15毫克每升,盛泽镇所有排放污水的企业全线停产,由现场落实小组落实相应停产措施。

四、吴江市突发公共事件总体应急预案

2006年3月2日,市政府印发《吴江市突发公共事件总体应急预案》。

《预案》规定:所谓突发公共事件,是指突然发生的,造成或可能造成重大人员伤亡、财产损失、生态环境破坏和严重社会危害,危及公共安全的紧急事件。主要有:自然灾害:主要包括水旱灾害,气象灾害,地震灾害,地质灾害,生物灾害等;事故灾难:主要包括工矿商贸等企业的各类安全生产事故,交通运输事故,危险化学品事故,公共设施和设备事故,环境污染和生态破坏事件等;公共卫生事件:主要包括传染病疫情,群体性不明原因疾病,食品安全和职业危害,动物疫情,以及其他严重影响公众健康和生命安全的事件;社会安全事件:主要包括恐怖袭击事件,民族宗教事件,涉外突发事件和群体性事件等;经济安全事件:主要包括金融安全、物价异常波动、因突发事件造成的能源(煤电油)以及生活必需品供应严重短缺事件等。突发公共事件根据事件的可控性、严重程度和影响范围,分为特别重大(一级)、重大(二级)、较大(三级)和一般(四级)。

根据《预案》,市政府成立市突发公共事件应急委员会,市长任主任,副市长、市人武部部长任副主任,市政府秘书长、副秘书长以及市环保局等36个行政机关的主要负责人为应急委员会成员。应急委员会下设22个专项突发公共事件应急指挥部,具体负责指挥各类单一重大和特大突发公共事件应急工作。市环保局为气象灾害应急指挥部、安全生产事故应急指挥部、爆炸事故应急指挥部、环境污染事故应急指挥部,生态破坏事故应急指挥部、重大动物疫情应急指挥部的成员单位,并牵头制定和组织实施环境污染事故应急预案和生态破坏事故应急预案。《预案》还对各个机构的职责以及突发公共事件的预测、预警、响应、处置和保障等,作出详尽的规定。

五、危险废物意外事故应急预案

2006年6月12日,市环保局印发《关于要求有关单位编制〈危险废物意外事故应急预案〉的通知》,规定:为了防止危险废物引发的特发性污染事件对环境的危害,提高应对特发性污染事件的能力,及时有效地实施应急救援工作,危险废物的产生及利用单位应制定建立健全相应的应急机制,并编制《危险废物意外事故应急预案》。《通知》要求各有关单位,在2006年7月31日前将本单位《危险废物意外事故应急预案》报吴江市环境保护局及苏州市环境保护局备案。

六、吴江市突发性环境污染事故应急预案

2006年6月30日,市环保局制定《吴江市突发环境污染和生态破坏事件应急预案》。

《预案》规定:吴江市范围内可能发生的造成严重危害环境安全,以及其他性质特别严重、产生重大影响的环境污染和破坏事故,均适用本预案。具体包括:危险化学品及其他有毒有害物品的环境污染和破坏事故;生产过程中因意外事故造成的其他突发性环境污染事故;重、特大生态破坏事故和农业环境污染事故;因自然灾害影响而造成的危及人体健康的环境污染事故;影响饮用水源地的污染事故及其他污染事故;火灾、交通事故引起的环境污染和破坏事故。

根据《预案》,市环保局设立突发性环境污染事故应急指挥部。由局长任总指挥,分管监察、监测的副局长任副总指挥。指挥部负责全面工作,包括制定应急工作计划;组织人员培训;接到污染事故报告后组织队伍,赶赴现场实施处置;联络其他相关部门;向上级部门汇报污染事故具体情况以及事故调查报告的审核工作等。指挥部下设现场指挥组、现场监察组、现场监测组和后勤保障组,各个小组的职责和人员构成,有明确的规定。《预案》还对事故的响应、处置的程序及应急的保障等,作出周密的规定和说明。

七、吴江市饮用水源地环境安全事故应急预案

2007年6月7日,市政府办公室印发《吴江市饮用水源地环境安全事故应急预案》。

《预案》规定:凡饮用水源地发生以下4种情况,可能造成严重后果,影响较大供水区域正常供水12~24小时或影响较小供水区域正常供水超过48小时,或造成人员受伤,经市饮用水源地环境安全事故应急救援领导小组同意,宣布启动本应急预案。这4种情况是:由于自然因素,造成饮用水源地水质发生异常,影响取水安全的;取水口上下游企业发生重特大环境污染事故,对饮用水源地水质可能造成影响的;危险化学品运输船只出现航运交通事故或倾倒化工残液、压舱水、洗舱水,导致饮用水源地水质异常的;其他情况影响饮用水源地水质安全的。

根据《预案》,吴江市成立饮用水源地环境安全事故应急救援领导小组,由分管副市长任组长,市政府分管副秘书长、市环保局局长、市监察局局长任副组长,市环保局分管副局长和其他相关机构的分管领导为成员。《预案》对各成员单位的职责作出具体的规定,市环保局的职责是:负责对水污染企业和化工生产、仓储企业的监督管理,防范环境污染事故的发生;发生环境事故后及时采取应急措施,控制污染物排放,并负责监测事故发生后饮用水源地水质情况,向市应急救援领导小组提出应急处置建议。《预案》对应急处置的程序、应急的储备、应急的培训和演练等,均作出明确的规定。

八、吴江市主要污染物减排工作应急预案

2008年4月29日,市环保局制定《吴江市主要污染物减排工作应急预案》。

根据《预案》,污染减排工作应急处置组织系统由应急指挥部和日常监管部两个机构组成。其中应急指挥部由市长任总指挥,分管副市长任指挥,市政府办公室分管副秘书长、市监察局局长和市环保局局长任副指挥,成员由市委宣传部、市发改委、市经贸委、市建设局、市安

监局、市公安局、市供电局、市农林局、市工商局、市司法局、市法制办、市统计局、市环保局等单位的相关负责人组成。日常监管部由污染治理减排工作小组办公室代为执行。《预案》对应急指挥部和日常监管部的职责、对应急指挥部各组成单位的职责、对应急的准备、响应、处置和中止,均作出明确的规定。

九、吴江市集中式饮用水源环境突发安全事件环保专项应急预案

2008年6月5日,为应对太湖蓝藻的突发威胁,市环保局制定并印发《吴江市集中式饮用水源环境突发安全事件环保专项应急预案》。

根据《预案》,市环保局成立集中式饮用水源突发安全事件应急处置指挥部,主要负责环保系统的应急指挥和预案的组织实施以及市应急指挥部交办的其他工作。市环保局应急指挥部由市环保局中层以上干部组成。指挥、副指挥分别由局长、副局长担任,办公地点设在局远程监控系统室。局指挥部下设预警监测小组、应急处置小组和后勤保障小组。小组人员由局中层以上干部和专业技术骨干组成。各组组长由各分管副局长担任。各小组的职责为:预警监测小组负责日常蓝藻的巡检和水源地水质监测工作,做好相关信息收集汇总、上报等工作;应急处置小组负责启动市应急预案后,保持对集中式饮用水源及周边污染源的高密度监测,及时掌握水质动态,杜绝违法排污;后勤保障小组负责与本部门职责相关的应急处置所需的人力、财力、物力、交通、通信等保障工作。

《预案》规定:根据水的流向在水源地上下游20公里范围内布设10个监测点位,每天租用船只进行现场感观描述、拍照及采样分析,主要分析藻密度、叶绿素a、pH值、水温、透明度、溶解氧、高锰酸盐指数、氨氮、总磷、总氮等10项指标;在饮用水源地安装一套自动监控系统,对水源地实施24小时监控,监控指标有藻密度、pH值、水温、透明度、溶解氧、电导率、高锰酸盐指数、氨氮、总磷、总氮等10项指标;加强环太湖周边污染源的监督监测,对一般污染源每月抽查1~2次,对重点污染源每周1~2次;市应急预案启动后,对太湖周边污染源采取高密度的现场监测频次,对重点污染源每天抽查1次,一般污染源3天抽查1次。

《预案》制定的蓝藻爆发的响应等级是:临界状态(三级　黄色):水体达到富营养化,水中可观测到明显的蓝藻颗粒物,出现零星的片、丝或带状藻类分布,藻密度在1000~3000万个每升之间,叶绿素a含量大于10毫克每立方米。初步爆发(二级　橙色):水体出现大片蓝藻分布,溶解氧数值大幅上升,明显高于历史同期水平,水体有臭味,藻密度在3000~5000万个每升之间,叶绿素a含量大于40毫克每立方米。严重爆发(一级　红色):水体出现蓝藻大量堆积,叶绿素a含量大于60毫克每立方米,溶解氧数值明显下降,甚至达到零,水体有明显臭味,藻密度大于5000万个每升,叶绿素a含量大于60毫克每立方米。

十、吴江市突发环境污染和生态破坏事件应急预案

2008年9月16日,市环保局制定《吴江市突发环境污染和生态破坏事件应急预案》。

《预案》规定:吴江市管辖范围内发生的严重危害环境安全和其他性质特别严重、产生重大影响的环境污染和生态破坏事件,均适用本《预案》。《预案》按照突发事件的严重性和紧急程度,突发环境污染和生态破坏事件分为特别重大事件、重大事件、较大事件和一般事件四级。

根据《预案》,市政府成立吴江市突发环境污染和生态破坏事件应急指挥部,由市政府分管环保工作副市长任总指挥,市政府分管环保工作副秘书长和市环保局局长任副总指挥,市环保局、市农林局、市安监局、市公安局、市工商局、市卫生局、市财政局、市建设局、市交通局、市供电局、市水利局、市气象局和事件所在镇(区)的分管领导为成员。市突发环境污染和生态破坏事件应急指挥部下设办公室,由市环保局局长任主任,市环保局各分管副局长、市农林局分管副局长任副主任,市环保局办公室、法制宣教科、综合计划科、环境管理科、环境监察大队、环境监测站、固体废物管理科负责人为成员。《预案》对市突发环境污染和生态破坏事件应急指挥部及其办公室以及各成员单位的职责、对应急的响应和处置程序等,均作出明确的规定。

十一、吴江市辐射事故应急预案

2008年11月5日,市环保局印发《吴江市辐射事故应急预案》。

该《预案》适用于吴江市行政区域内放射性同位素与射线装置生产、销售、使用、活动中引发的放射源丢失、被盗、失控,或者放射性同位素和射线装置失控导致人员受到意外的异常照射。根据事故的性质、严重程度、可控性和影响范围等因素,辐射事故分为特别重大辐射事故、重大辐射事故、较大辐射事故和一般辐射事故四个等级。

根据《预案》,市政府成立市辐射事故应急指挥部,统一指挥协调辐射事故的应急响应行动。由分管副市长任总指挥;市政府分管副秘书长和市环保局局长任副总指挥;市环保局、市公安局、市卫生局、市财政局分管副局长任成员。市环保局的职责是:负责市辐射事故应急指挥部的日常工作;负责组织协调一般辐射事故的辐射环境监测和事故处置情况的实时报告,配合苏州市对辐射事故进行定性定级和调查处理;对事故产生的放射性废水、废气和固体废弃物等提出处理建议;协助公安部门监控追缴丢失、被盗的放射源;负责制订或修订本预案;定期组织全市进行辐射事故应急演习;负责建立应急专家咨询组并组织专家组成员开展应急救援咨询服务工作。

《预案》规定:市辐射事故应急指挥部下设办公室,为日常办事机构,设在市环保局;由分管副局长任办公室主任,市环保局、公安局、卫生局、财政局相关部门负责人为成员;日常工作由市环保局核与辐射监督管理和固体废物管理中心负责处理。市辐射事故应急办公室的职责是:组织贯彻落实国家、省和市辐射事故应急响应工作的方针、政策;负责处理市辐射事故应急指挥部的日常工作,传达市辐射事故应急指挥部决定的事项,并检查、督促落实;建立和完善辐射事故应急预警机制,制订(修订)和管理本预案;指导各级政府及有关部门做好辐射事故应急准备工作;负责制定应急人员的培训计划、编写培训教材,组织应急演习,组织对公众的宣传和教育工作;及时收集、分析辐射事故相关信息,向市辐射事故应急指挥部提出应急处置建议;及时向市辐射事故应急指挥部提出启动本预案的建议;建立辐射事故应急值班制度,公开值班电话。

《预案》规定:辐射事故的预警级别依次为红色(特别重大)、橙色(重大)、黄色(较大)和蓝色(一般);响应级别依次为一级响应(特别重大)、二级响应(重大)、三级响应(较大)和四级响应(一般);其中,一级和二级应急响应由省辐射事故应急指挥部组织实施;三级响应由市辐射事故应急指挥部组织实施;四级响应由县级辐射事故应急指挥部组织实施。《预案》对进入响应状态和响应终止后的程序、措施和行动以及事故的后期处置、平时的应急措施等,均作出详细的规定。

第五节　环境调查

一、工业污染源调查

1985 年 5 月 11 日,县环保局印发《关于开展污染源调查的通知》,这是吴江县首次开展全县工业污染源调查。1986 年 3 月 12 日,县环保局印发《关于加强污染源调查的通知》。是月,县政府成立县工业污染源调查领导小组和工作小组。领导小组由县经委副主任沈阿木任组长,县环保局副局长王志清任副组长,相关单位的负责人任组员。工作小组由县环保局工作人员赵根清和相关单位的工作人员组成。1985 年 5 月~1986 年 12 月,县环保局和县工业污染源调查工作小组对全县 24 个乡镇 2372 个企业污染源进行调查,占全县工业企业总数的95.6%,其中全民企业 46 家,县属集体企业 90 家,乡镇办企业 376 家,村办企业 1860 家;完成工业污染源调查表 29 份、工业污染源调查卡 808 份,汇总表 4 套,村办企业基本情况登记表 1564 份,污染源分布图 12 份,技术总结 1 份,并建立全县污染源档案。通过这次调查,初步摸清 1985 年度全县工业污染情况:全县工业废水排放量 8.5 万吨每天,其中应处理的污水为5.7 万吨每天,已处理的污水为 1.35 万吨每天,处理率为 23.7%;废水排放重点污染源为吴江化工厂、东风化工厂、震泽染化厂等 23 家企业;全县工业废气排放量为 823 万标立方米每天,其中主要污染物为氟化氢、二氧化硫和烟尘,废气排放重点污染源为吴江水泥厂等 87 家企业;全县工业废渣量 10 万吨每年,综合利用量 7 万吨每年。

1989 年 2 月~1990 年 4 月,县环保局再次对全县的乡镇工业污染源进行调查。共建立1608 个一类(无污染、轻污染)企业、485 个二类(有污染)企业和 103 个三类(重污染)企业的环境档案,绘制乡镇工业污染源状况分布图集,初步摸清 1988 年度全县乡镇企业污染源的分布情况、排放情况、各种污染物的负荷量及污染治理情况。1988 年全县乡镇工业废水排放总量为 1132.34 万吨,其中经过处理后外排的 247.27 万吨,达标排放的 178.58 万吨;全县乡镇工业废气排放总量为 18.7278亿标立方米;固体废弃物产生量为 8.2961 万吨,综合利用为 8.0594 万吨,综合利用率达97.15%。废水中主要污染物为化学耗氧量、苯胺和挥发酚;主要水污染源为震泽染化厂、震泽染化助剂厂、平望染化厂和平望新联化工厂;废水主要污染区域

1985 年秋,工业污染源调查人员在复核数据

为震泽镇和平望镇；主要污染行业为化学工业；主要纳污水系为京杭运河；主要纳污河流是顿塘河和太浦河。废气中排放的主要污染物依次是氟化氢、二氧化硫和工业粉尘。

1990 年后，市（县）环保局对印染行业、浆料行业、炼油行业、工业固体废弃物等进行过专门的调查。

表 3-11　1985~2006 年市（县）环保局关于工业污染源调查发文一览表

发文日期	发文标题
1985 年 5 月 11 日	关于开展污染源调查的通知
1986 年 3 月 12 日	关于加强工业污染源调查工作的通知
1989 年 9 月 12 日	关于乡镇工业污染源调查汇总要求的通知
1990 年 4 月 23 日	关于要求善始善终做好乡镇工业污染源调查工作的通知
1991 年 6 月 27 日	关于对全县工业炼油企业进行调查摸底的通知
1993 年 9 月 29 日	关于报送乡镇印染行业基本情况调查表的通知
1996 年 2 月 29 日	关于对全市重污染企业进行调查的通知
2000 年 3 月 30 日	关于对全市印染行业进行摸底整顿调查的通知
2002 年 4 月 25 日	关于我市开展工业固体废弃物情况调查的通知
2003 年 1 月 6 日	关于对全市浆料企业进行调查摸底的通知
2005 年 4 月 8 日	关于开展环境保护及相关产业基本情况调查的通知
2005 年 7 月 21 日	关于对建设项目环境保护管理情况进行调查的通知
2006 年 3 月 14 日	关于吴江市 2006 年组织开展工业污染源调查建档工作方案的通知

二、第一次全国工业污染源普查

2006 年 10 月 12 日，国务院印发《关于开展第一次全国污染源普查的通知》。根据此通知，2007 年 7 月 16 日，吴江市成立第一次全国污染源普查领导小组，由分管副市长汤卫明任组长，市委宣传部、市发改委、市经贸委、市财政局、市统计局、市建设局、市农林局、市工商局和市环保局等相关部门负责人为成员。同时，在市环保局设立领导小组办公室，由市环保局副局长王通池任主任，市环保局副局长朱三其、张荣虎任副主任，相关科室的负责人为成员。2007 年 10 月，吴江市第一次全国污染源普查领导小组先后制定《吴江市第一次全国污染源普查工作计划》《吴江市第一次全国污染源普查实施方案》《吴江市第一次全国污染源普查宣传工作方案》和《吴江市第一次全国污染源普查经费预算表》。根据《吴江市第一次全国污染源普查实施方案》，普查进程分为准备阶段（2007 年 12 月 31 日以前）、全面普查阶段（2008 年 1 月 1 日~2008 月 12 月 31 日）和总结发布阶段（2009 年 1 月~2009 年 6 月）。

是月，吴江市专门抽调普查人员，开始全市工业污染源普查工作，与此同时，还对农业污染源、生活污染源和集中式污染治理设施进行前期普查摸底工作。2008 年 2 月，市污染源普查领导小组发出"致全市污染源普查对象的一封公开信"，要求全市"各镇（区）有关单位和个体经营户""接受调查，主动提供资料，按照要求如实填报污染源普查数据"。信中承诺："污染源普查机构和普查人员将严格执行《中华人民共和国保密法》，对普查对象的商业秘密自觉履行保密义务。普查取得的单个普查对象的资料将严格限用于污染源普查目的，不作为考核普查对象是否完成污染物总量削减计划的依据，也不作为对普查对象实施行政处罚和征收排污费的依据。"信中还对拒绝普查的违法行为作出处罚的规定。

2008 年 3 月 18 日,市污染源普查办公室下发《关于开展全市污染源全面普查工作的通知》,标志着全市污染源全面普查阶段正式开始。至 2008 年底,全市按计划完成 16137 家污染源的入户调查、数据填报、录入汇总以及建立数据库等工作,普查第二阶段的任务基本完成。

三、水质专项调查

1987 年,县环保局首次开展同里湖、南星湖水质本底调查。1997 年,再次对同里湖水域以及吴江市西南部部分水域的污染情况进行专题调查,调查数据表明,同里湖水质已受污染,污染的主要原因是镇区的生活垃圾填埋入湖,垃圾腐烂,使得湖床底泥丰厚;湖周边污染企业排放废水。

2001~2002 年,市环保局对江浙交界水域盛泽地区水质进行专项调查。调查结果表明,全镇 27 家印染企业,全年染整织物约 15 亿米,平均每天排放 10 万吨印染废水,有印染废水处理设施 7 套,日处理能力总计为 17.5 万吨,经生化、物化两级处理后,化学耗氧量(CODcr)低于或等于 180 毫克每升,地表水的高锰酸盐指数(CODmn)基本稳定在四类。

2005 年 10 月,市环境监测站对吴江市 10 个乡镇和开发区的镇级河流(湖泊)、主要村级交界河流(湖泊)进行农村地表水水质调查,共设监测断面 297 个,监测指标为化学需氧量(CODcr)。调查结果表明,农村能够作为生活饮用水、直接可用水的河流(湖泊)很少,而大部分的河流(湖泊)的水质只能满足一般工业用水、农业用水的要求,并且部分河流出现水质恶化的现象,水质型缺水在农村比较严重。

四、城市环境满意程度调查

2000~2002 年,根据创建国家环保模范城市的考核要求,市环保局先后 3 次,在松陵镇进行公众对城市环境满意程度的问卷调查。被调查者,有本市居民,也有外埠居民,职业涵盖工人、干部、军人、公务员、教师、科技人员和学生。

表 3-12   2000~2002 年吴江市松陵镇公众对城市环境满意程度调查结果表

调查时间	2000 年 11 月 5 日	2002 年 1 月 8 日	2002 年 12 月 5 日
调查地点	城中广场、鲈乡二村	城中广场、鲈乡二村、鲈乡三村	城中广场、水乡花园
被调查人数	100	101	100
满意率	96%	98%	99%

五、其他调查

2001 年 2 月 3 日,根据省环保厅和苏州市环保局的要求,市环保局印发《关于开展消耗臭氧层物质(ODS)现状调查的通知》,调查对象是消耗臭氧层物质(ODS)中用作制冷剂的全氯氟烃(CFC)和部分取代的氯氟烃(又称含氢氯氟烃HCFC)等物质;调查以 2000 年为基准年;调查范围是制冷剂的消费单位,包括:生产制冷设备(冰箱柜、汽车空调、冷水机组及工业商业制冷设施等)的企业;使用制冷设施的工业、商业、企业;使用中央空调的办公场所、公共场所;制冷设备维修点及制冷剂灌装点。2月下旬,调查结束。

2003 年 6 月 10 日,根据苏州市政府和苏州市环保局的要求,市环保局印发《关于进行农村乡镇生活污水处理调查的通知》。调查以 2003 年 5 月 31 日为统计基准日。以村为单位,逐户调查生活污水的排放量和处理处置现状,进而摸清全市农村乡镇生活污水处理现状。7 月底,调查结束。

2003 年夏,环境调查人员在汇总数据

2008 年 9 月 28 日,根据苏州市环保局、苏州市畜牧兽医局《关于层转环境保护部办公厅〈关于开展规模化畜禽养殖场专项执法检查的通知〉的通知》,市环保局印发《关于开展规模化畜禽养殖场基础调查的通知》,要求对常年存栏量为猪 500 头以上、鸡 3 万羽以上、牛 100 头以上和达到规模标准的其他类型的畜牧养殖场进行调查;调查项目有污水、粪便的数量、去向、处置以及养殖场的位置、设施、环评情况等。10 月下旬,调查结束。

第六节 建议和提案的办理

1981 年 3 月,在"文化大革命"结束后恢复的吴江县人大七届一次会议和吴江县政协六届一次会议上,人大代表和政协委员提出的与环保相关的议案 24 件,其中人大代表建议 15 件,政协委员提案 9 件。

1993 年 4 月 1 日,市政府印发《关于办理人大代表建议和政协委员提案的暂行办法》;2002 年 2 月 28 日,市政府再次印发《关于重印〈吴江市人民政府关于办理人大代表建议和政协委员提案的暂行办法〉的通知》。根据市政府、市人大、市政协的具体要求,市环保局历任领导都将建议和提案的办理工作作为一项重要工作纳入议事日程。

2006 年 7 月,市环保局制定《限时办结制度》,规定:人大代表的建议和政协委员的提案,必须在当年六月底之前办理完毕,并上报办理结果。

1981～2008 年,市(县)政协委员环境类提案 171 件。其中"三废"治理 12 件,占 7.0%;水污染 66 件,占 38.6%;大气污染 26 件,占 15.2%;噪声 8 件,占 4.7%;固体废物处理 7 件,占 4.1%;野生动物保护 7 件,占 4.1%;节能减排 3 件,占 1.8%;其他 42 件,占 24.6%。1987～2008 年,市(县)人大代表环境类建

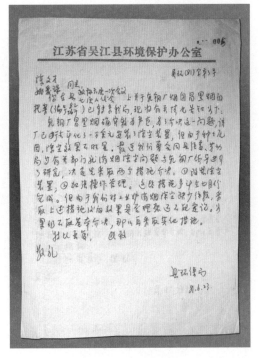

1981 年 6 月 23 日,县环保局答复县政协委员陈文才、姚爱珠的原稿

议 69 件。其中"三废"治理 8 件,占 11.6％;水污染 26 件,占 37.7％;大气污染 16 件,占 23.2％;环境纠纷 6 件,占 8.7％;其他 13 件,占 18.9％。

1981~2008 年,市(县)环保局对所有的建议和提案都作出答复和办理,无一遗漏。

表 3-13　1981~2008 年吴江市(县)政协委员提案汇总表

时间	届	次	提案者	提案主要内容
1981 年 3 月 17~23 日		一	石志明等 7 人	要求重视"三废"处理,尽早作出意见,保障人民身体健康
			叶启荣	加强环保法规,宣传吃自来水、井水,严格处理好"三废"
			蔡正礼	要求有关部门重视"三废"处理并立法,以保障人民身体健康
			蒋开庚	建议制订条例,防止环境、河流污染,确保人民健康
			陈文才等 2 人	轧钢厂烟尘污染空气,影响医院病员健康,要求尽早解决
			金康成等 2 人	松陵三小附近的化工厂、有机玻璃厂废气要做好回收处理
1982 年 9 月 16~21 日	六	二	周泉观	加强"三废"治理,改善空气、水源污染
			刘化南	吴江印染厂燃烧沥青严重污染环境,应采取措施保护环境
			徐子瞻	环境污染必须改善
			徐子瞻	清除河中杂物,确保水源清洁
			宋锦涛	对盛泽公社食堂烟囱污染群众有意见
			钱荣生	建议改善环境卫生和空气污染
			傅楚尧	盛泽镇公害污染严重
1983 年 3 月 15~19 日		三	周泉观	保证江河水流清洁,确保人民身体健康
			袁自复	建议环保局对污染环境卫生的单位采取限期措施
			金智信	空气环境的污染必须引起足够重视
			王伯荣	及时处理公害以防影响人民身体健康
1984 年 5 月 22~27 日		一	刘盛明	在平望的吴江合成化工厂,合成车间废水下河污染水源
			周泉观	加强"三废"治理
			沈昌华	从速解决芦墟第二窑厂造成的空气污染问题
			陈丽英	基建项目应注意"三废"处理,要统一审批,检查验收
1985 年 4 月 8~12 日		二	蒋家瑞	大力提倡精神文明,加强环境保护
			陈达力	抓紧抓好烟尘治理,保障人民健康
			李天峰	切实解决吴江轧钢厂烟尘污染
			侯继亭	切实解决盛泽新民丝织厂环境污染
1986 年 5 月 19~23 日	七	三	孙关林	保护青蛙
			陈丽英	合理地布局有污染的工业生产
			李天峰	保卫生物链,严禁私人捕杀、出售蛇、鸟、蛙等有益动物
			李天峰	美化吴江城,净化水源
			吴昌平	疏通市内河道,变臭水河为清水河
			毛君山	市河污浊,影响人民身体健康
			石志明	紧急处理芦墟镇"三废"污染的意见
			周明荣	切实加强督促对有关企业的"三废"治理,以利人民身体健康
			徐奎宏	新民丝织厂烟囱排污,影响居民生活,环保部门应干预

（续表）

时间	届	次	提案者	提案主要内容
1986 年 5 月 19~23 日	七	三	毛君山	夏天将到,各镇市河要保持水源卫生
			潘占梅	县锡剧团音乐厅和北新路个体饭店的高音喇叭应加强管理
			陈吉生	新生丝织厂化纤分厂噪音及水雾影响周围环境
1987 年 4 月 9~14 日		一	彭昌玉	环境保护应重视对噪音处理
			施炳泉	切实解决盛泽乡新建印染厂污染问题
			周　雷	为解决盛泽全镇人民吃水严防水质污染
			陈丽英	加强新建企业单位的审批,严格防止扩大污染区
			章炳发	关于盼望解决平望繁华区的交通噪音问题
1988 年 4 月 17~21 日	八	一	杨彩伟	解决松陵镇市河治理,保障人民群众健康
			张新华	加强镇区车辆管理,减少环境污染
			周明荣	兴办乡镇企业要加强环境保护,"三废"要督促限期处理
			汤　珩	吴江电厂风灰污染环境,急需解决
			蔡勤皋	从速治理国营吴江砖瓦厂大气污染问题
			倪莺莺	关于震泽镇徐家浜四家化工厂污染严重的问题
1989 年 4 月 2~6 日		三	张新华	关于县城区灰尘处理的意见
			蒋家瑞	县医院的污水治理须治本
			吴丽荪	污染水源急需解决
			张耀峥	迅速解决同里吴江助剂厂环境污染问题
			宋菊娥	关于上游化工厂的污水影响我厂生丝质量的问题
			章丽娟	清除环境污染,保障人民健康
1990 年 3 月 24~28 日		一	梅堰政协组	抓好环境保护,消除工业污染
			沈文浩	芦墟国营水泥厂灰尘污染
			蒋家瑞	加强对生活污染物的管理,列入环保工作序列
			许　吉	解决各乡镇环保助理的职称问题
			洪志成	顿塘水质严重污染
			黄　燮	关于震泽镇环境生态保护问题
1991 年 3 月 26~29 日	九	二	李天峰	保持生态平衡,保护人类卫士——鸟、蛙
			费原子	加强粪便管理,改善河港水质
			张志坤	应重视平望染料化工厂的三污处理
			姚蕴华	关于彻底解决吴江水泥厂粉尘污染问题
			梅堰政协组	关于解决梅堰卫生院污水处理问题
			吴志英	关于制止废液化气造成公害的建议
			陈丽英	加强环保管理,保障人民健康
1992 年 3 月 15~20 日		三	陈振林	在生活富裕的同时,更应注意环境保护
			吕锦华	对松陵镇目前环境卫生问题的意见
			沈宝铺	蚕种场、制革厂应加强排污治理
			顾昌杰	建议在农村推行"无害化"化粪池
			盛泽政协组	盛泽镇饮用水源的污染问题应予以重视并实施治理
			徐忠锡	加强居民饮用水水质管理,保障人民身体健康
			王伟敏	加强城镇排水网络建设和污水治理

（续表）

时间	届	次	提案者	提案主要内容
1992年3月15~20日	九	三	徐子瞻	水污染防治的几点建议
			秦淇	严格控制村办小型化工企业的发展
			王寿祥	对于解决松陵水厂水源污染问题的建议
			叶启荣	防污治水，保护人民健康
			金山	尽快解决松陵镇内死水塘和河水污染
			陈文才等3人	松陵镇自来水水质污染亟待解决
			陆华原	从速解决平望自来水水源被严重污染的问题
			吴昌平	加强环保管理，减少噪音污染
			吴昌平	改善饮用水质，保障人民身体健康
			郑荣祥	关于处理好吴江化工厂、东亚涂料厂排污的意见
			陈丽英	加强环保监察管理，实行综合整治，防患于未然
			黄起华	要加强对污染环境严重的厂家的管理
			李明孚	关于污水影响养鱼
			梅堰政协组	颉塘河上游废水排放日趋严重，治理工作刻不容缓
1993年2月19~24日		一	徐容深	尽快解决自来水污染及水质问题
			陈丽英	加强环保管理，确保环境质量，保障人民健康和经济发展
			徐子瞻	保护好盛泽蚬子土斗水源
			庄景荣	加强环境保护，切实做好"三废"治理
			王玉英	为了保护生态平衡，严禁乱捕吃鼠的蛇
1994年3月15~19日		二	许维益	吴江水泥厂的污染理应彻底根治
			沈兆熊	为减少水流污染，抽水马桶一定要配套化粪池
			王菊生	关于农村改水改厕的建议
			震泽政协组	震泽镇市河的污染亟待解决
			梅堰政协组	颉塘运河水严重污染
1995年3月7~10日	十	三	李浩生	建议对青蛙进行保护和管理
			李浩生	建议重视污水处理
			震泽政协组	震泽镇市河河水污染何时才能解决
			王伟敏	乡镇小区的环境污染应该重视
			徐子瞻	卫生间的排污应纳入工程管理
			舒亚丁等2人	创建卫生城市，及时处理饮食业烟灰飞扬
			沈宝铺	蚕种场的排污必须引起重视
1996年1月23~26日		四	王长官	颉塘河水污染治理刻不容缓
			徐春元	建议规划疏浚芦墟镇市河水道，确保河水质量
			李祖仁	合理开发东太湖资源，防止水质污染
			吴正标	发展经济的同时要加强环保工作的力度
			梅堰政协组	加强颉塘沿河水上加油站管理，防止油品污染运河水
1997年2月24~27日		五	李浩生	重提保护青蛙
			沈平	协调各镇，综合治理南麻麻溪污水
			汪名刚	市河水质污染的治理应列入创建国家卫生城市实施规划
			盛红明等3人	关于解决坛丘水质的意见

（续表）

时间	届	次	提案者	提案主要内容
1997 年 2 月 24～27 日	十	五	王伟敏	盛泽船舶管理站处理废品垃圾燃烧污染大气
			李美荣	加强环境管理,增强全民体质
			沈荣庆	村庄垃圾污染亟待解决
			王伟民	环境保护工作一刻也不能马虎
			沈宏福	消除环境白色污染隐患
			王伟敏	保护野生动物,维护生态平衡
1998 年 1 月 4～7 日		一	冯子材	保护水质,防止污染,确保人民群众的身体健康
			沈明华	对盛泽桥北荡应分期进行整治、利用
			易晓红	建议治理盛泽桥北荡水源
			周建萌	关于在盛泽建立联合污水处理站的建议
1999 年 1 月 20～22 日		二	严森根	加强环境治理,规划环境建设,为人民提供良好生存环境
			李伟根等 3 人	拆迁一招锅炉间及烟囱,改善市中心环境面貌和质量
			于建华	强化长效监督机制,巩固太湖治污成果
2000 年 1 月 19～22 日		三	王斐	关于回收废旧电池以保护环境的建议
			沈兆熊	白色污染使土壤、河流及整个生态环境恶化,应彻底治理
			潘根福	松陵镇三联化工厂周围地区空气污染问题亟需解决
2001 年 3 月 4～8 日	十一	四	张其林	强烈要求尽快解决芦墟镇施浜的严重污染问题
			曹雪娟	关于加强全民生态、环保宣传和教育的若干建议
			杨桂芳等 3 人	加强环保执法,造福子孙后代
			王健南	关于加快改善农村环境的建议
			张庆祺	杜绝焚烧秸秆,减少空气污染
			李龙英	分类投放垃圾,保护我市环境
			凌秋南等 3 人	让天更蓝,水更清,留一个环境优美的大自然给后代
			沈兆熊	在全市开展回收废旧电池的建议
			李则敏等 3 人	彻底治理芦墟水泥厂粉尘污染
			施德芳	关于盛泽地区要加强大气污染治理的建议
			杨桂芳	加大对废电池危害的宣传以及废电池的回收
			曹雪娟	关于尽快加强白色污染治理措施的建议
2002 年 1 月 23～25 日		五	七都政协组	加强环境保护,提高生活质量
			徐子瞻	关于改善环境污染的一点建议
			张庆祺等 3 人	关于环境污染治理的几点建议
			李根华	关于加强我市环境保护方面的一点建议
			陈月娟	吴江人民医院的污水污染河水
			顾美琴	关于吴江辽吴化纤厂方园公司机器噪音和空气污染问题
2003 年 1 月 5～8 日	十二	一	倪明	在城市建设中要防止和减少光污染
			倪菊葆	关于加强水质管理
			周建萌等 4 人	关于吴江宏达工业线绳有限公司环境污染问题
			施德芳	重视和加强水葫芦的综合治理
			张阅明	关于改善空气质量问题的一点建议

（续表）

时间	届	次	提案者	提案主要内容
2004 年 1 月 7~9 日	十 二	二	吴美华	应加强商业性污水的收集和处理
			马明华	生态立市,创建全国生态示范区
			乔　钧	盛泽镇自来水有异味
			倪　明	永久保护太湖水质,并在区域供水源头竖立告示牌的建议
2005 年 1 月 5~7 日		三	吴志明	加大环境保护宣教力度,促进地方经济发展
			薛治华等 2 人	加大环境保护的查治力度
			杨建卫	关于建立水质质量报告体制的建议
2006 年 1 月 3~5 日		四	范振涯	重视农村局部性的水污染
			沈胜利	关于加快引进国外先进污水处理设施的建议
2007 年 1 月 8~10 日		五	民进吴江总支	关注临水楼盘开发的环境保护
			张幸亏等 3 人	加大盛泽地区环境整治力度
			沈小平	加强环保监察力度
2007 年 12 月 25~28 日	十 三	一	王恒武	应建立盛泽地区空气质量预报机制
			民革吴江总支	关于加强我市印染行业节能减排工作的几点建议
			程　洁	加强节能减排,造福吴江百姓
			市工商联	关于加快我市印染行业的技术改造的建议
			杨建卫	松陵镇振泰小区饭店油烟噪音污染环境严重

表 3-14　1987~2008 年吴江市(县)人大代表环境类建议汇总表

时间	届	次	建议者	建议主要内容
1987 年 4 月 10~15 日	九	一	张绍忠	要求解决砖瓦厂的烟灰问题
			陈锦明	要求治理吴江化工厂的三废污染问题
			张巧英	要求解决吴江化工厂的污染问题
			陈士良等 11 人	要求进一步治理水泥厂的粉尘污染问题
			张巧英等 15 人	关于吴江化工厂的水气污染问题
1987 年 12 月 2~3 日		二	—	(该年人大会议代表未提环保类建议)
1988 年 4 月 18~21 日		三	陆森荣	要求解决吴江发电厂的烟尘污染问题
			周　民	要求尽快解决电厂的烟尘污染问题
			沈勇明	要求解决庙港农具厂锻工车间的噪音问题
			邱顶祥	要求政府进一步重视环境保护问题(县政府要有分管领导,要有切实可行的硬措施)
			张森永等 12 人	切实解决吴江砖瓦厂环境污染问题
1989 年 4 月 4~7 日		四	肖建春等 2 人	尽早解决吴江砖瓦厂空气污染的问题
			秦阿英等 2 人	尽快查处红旗化工厂水污染问题
			徐国强	采取有效措施,解决环境污染问题
			俞绍荣等 15 人	加强农村水质检测,保障人民身体健康
			张运鸿等 19 人	加快吴江发电厂的粉尘治理
			沈勇明	要求减轻庙港农具厂大气锤的噪声

（续表）

时间	届	次	建议者	建议主要内容
1990 年 3 月 24~29 日		一	张绍忠	尽快解决吴江砖瓦厂的烟尘污染问题
			陈爱华	要求解决吴江化工厂的污染问题
			金玉林	解决水质污染，保障人口健康
			叶小妹	要求县政府采取措施，防止邻巷（尹山）新建化工厂对吴江水质的污染
1991 年 3 月 26~30 日	十	二	杨振鹏等 4 人	关于吴江水泥厂粉尘排放问题
			宋红梅	吴江化工厂的污水严重危害人民的身体健康和渔业生产的发展
			沈勇明	庙港乡农机厂的噪声污染问题
			陈美珠等 12 人	切实加强环境保护，统一抓好污水处理
			张之昌	印铁制罐厂的烟囱污染问题。
			俞绍荣等 2 人	发展工业要重视环保工作
1992 年 1 月 16~18 日		三	吴香芬	严格小型化工厂的管理，保证环境不受污染
			周继昌	采取措施，确保人民饮水卫生
			马阿传	要求政府对现有染厂进行整顿，促使进行污水治理
			徐子瞻	要求解决新生新村居民区的烟尘问题
1993 年 2 月 20~25 日		一	费炳元	制订保护水质，防止水污染的地方性专门法规
			陈山南等 3 人	落实环保措施
1994 年 3 月 16~19 日		一	朱玉官等 3 人	再次提出关于协调市属企业污染问题的建议
			吴福英	加强环保管理，提高人民身体健康
1995 年 3 月 7~10 日		三	王杏观	改善印染行业热油锅炉烟尘的排放
			吴林根	建议处理南麻沈家村上游震泽村办企业污染问题
			陈文尧	建议解决新江钢铁厂排放煤灰污染环境问题
1996 年 1 月 23~27 日	十一	四	宗才正等 13 人	继续加强环境保护，改善投资环境，促进经济腾飞
			赵端英	受水源污染，人民深受其害，建议市政府设法解决
			陆金生	环境污染问题
			蔡正礼	管好污水污气处理工程的建议
			陈文尧	吴江新江钢铁厂污染问题
			胡庆云	消除污染源，确保环境美
			周万春	解决震泽东风化工厂污染事宜
			潘金林	工业废水对河道的污染问题
1997 年 2 月 24~27 日		五	潘金林	麻溪上游水质严重污染
1998 年 1 月 4~9 日		一	沈云奎等 2 人	加大污水查处力度，适当补助自来水厂远距离取水工程
			金火英	加强梅堰镇顿塘河上游有关企业排放污水管理的建议
			吕士麟	对水质进行定期监测报告
			朱福英	进一步加强环境保护
			孙兴官	要求加强环保监测，切实改善水资源
1999 年 1 月 20~23 日	十二	二	施惠琪	对松陵经济开发区的生产和生活污水进行集中处理
2000 年 1 月 19~22 日		三	沈云奎	加强对个体私营企业外河取水及污水外排的管理
			蔡敏生	建议政府采取切实有效措施，加强环境保护

（续表）

时间	届	次	建议者	建议主要内容
2001 年 3 月 3～9 日	十二	四	徐阿学等 2 人	妥善解决麻漾北上游污水排放
			吕林江	规范养殖户粪便排放、城镇污水排放,强化农村改厕标准
			金火英	造成梅堰镇顿荡河水污染并危及自来水厂取水口的问题
			袁建国等 2 人	应加强对吴江恒立水泥有限公司粉尘排放的监督和管理
			陈永明	平望镇北片八村联办水厂取水口水质逐年恶化问题
			王雨方	加强水资源保护,提高饮用水质量
2002 年 1 月 23～26 日		五	王雨方	要求在排污费和水资源政策上有所倾斜
			徐子瞻	关于改善环境污染的一点建议
2003 年 1 月 6～9 日	十三	一	杨剑虹	吴江富达工业线绳有限公司排放有害废气影响居民生活
			朱良德	加强空气污染物的控制排放
2004 年 1 月 8～10 日		二	朱小平	把好企业选址关,防止企业与民宅的纠纷及污染事故
2005 年 1 月 6～9 日		三	钱月根	增加环保投入,加大环保监督力度
			王连芳	切实加强盛泽地区的环境保护
			蔡正礼	采取有力措施,保护绿色环境
2006 年 1 月 4～6 日		四	—	（该年人大代表未提环保类建议）
2007 年 1 月 9～11 日		五	—	（该年人大代表未提环保类建议）
2007 年 12 月 26～29 日	十四	一	顾觉明	汾湖经济开发区黎星村企业污水排放引起村民纠纷

第七节　人大代表评议

1996 年 9 月 13 日,吴江市委印发《关于批转市人大常委会党组〈关于对市人大常委会任命干部进行述职评议和组织市人大代表评议国税局、地税局、环保局工作意见的请示〉的通知》,这是市人大代表首次对环保工作进行评议。9 月 27 日,市环保局成立"迎接人大评议环保领导小组",由局长张兴林任组长,副局长蒋源隆、严永琦、姚明华任副组长,相关科室负责人薛建国、张荣虎、马明华、钱争旗、翁益民、郭蕴芝任组员。9 月 27 日,市环保局致信人大代表,希望人大代表对环保工作提出批评和建议。10 月 4 日,在市人大常委会召开评议大会上,市环保局局长张兴林首先作"接受人大代表评议,促进环境保护工作"的发言,会后,收集到书面的意见和建议 41 份。10 月 22 日,市环保局全体工作人员赴人大听取代表们的评议。10 月 29 日,市环保局局长张兴林在市人大作《接受人大代表评议,自查自纠情况汇报》。11 月 5 日,市环保局制定"接受人大评议整改计划"。12 月 12 日,市环保局向市人大呈交《关于对人民代表评议意见落实整改措施的情况汇报》,对整改的方向、重点和措施作出阐述。此轮人大代表的评议工作至此结束。

第八节 群众来信来电来访

1979 年 6 月 7 日,吴江低压电器厂、芦墟公社医院、芦墟冷冻机械厂和芦墟钮扣厂的部分职工(共 36 人),联名写信,向《新华日报》反映芦墟镇水源污染情况。这是"文化大革命"后,吴江县第一封反映环境问题的群众来信。

之后,来信来电来访的数量不断增加,1979 年为 6 次,1980 年达到 23 次。2001 年,吴江市环保局开通 12369 环保热线电话。2002 年,吴江市环保局建立

1979 年 6 月,吴江县第一封反映环境问题的群众来信的原稿和信封

110 联动体系 24 小时值班制度;是年,还建立局长接待日制度,规定每月的第一周和第三周的星期五为局长接待日,正副局长轮流值班,接待群众来访。2003 年,随着互联网的普及,开始有群众通过网络进行投诉。

1998 年 12 月 10 日,市环保局印发《关于转发省环保局〈关于认真查处群众举报的环境污染问题的紧急通知〉》,要求各镇政府、环保办必须按照通知的精神,认真对待群众举报的环境污染问题,做好工作,化解矛盾。1999 年 7 月,吴江市环保局召开各镇环保助理参加的环境信访专题会议,对环境信访问题进行专门的分析和研究,会后,向市委、市政府和市信访局作专题汇报。

2006 年 3 月,市环保局制定《吴江市环保局信访工作处理程序》;7 月,制定《首问责任制度》和《限时办结制度》。《首问责任制度》规定:当群众来办事时,首问责任人应当态度和蔼,弄清事项。属于本人或本科室负责的事,及时办理;不属于自己工作职责的事应当引导到有关科室办理。对暂不能办理的,要实行承诺制度;按政策规定不能办理的,要予以耐心解释,说明理由,并做好思想工作。办理事项若不属于本局职能范围的,首问责任人要耐心给予解释。当群众来电时,第一个接电话的工作人员应当弄清来电目的、姓名、有何事。如果要了解的事可以当时答复,应立即说明;如不能及时说清、说明的,应耐心倾听,做好记录,留下联系电话,及时向领导汇报并给予来电方回复电话。当群众来访时,第一个被询问的工作人员应当热情接待,问明事由,认真倾听,给予解释,答复或引导到有关科室办理。《限时办结制度》规定:一般环境信访事项 1 周内办结;较大环境污染问题 2 周内办结并将结果答复信访人;个别疑难问题的结案不超过 1 个月。一般污染事故,接到举报后,48 小时内赶赴现场调查处理。较大污染事故或污染纠纷,接到举报后,12 小时内赶赴现场调查处理。重大污染事故或污染纠纷,

接到举报后,2 小时内赶赴现场调查处理。

2006 年 7 月 31 日,市环保局制定《吴江市环保局进一步加强效能建设的十条措施》,其中第三条"切实转变职能,强化服务理念"规定:在环境信访中,强化处理,主动回访,积极与举报人沟通,减少重复信访,解决好群众关心的环境问题,提高群众满意率。此外,在环保系统开展的与作风建设相关的主题活动中,如 2007 年开展的"请群众监督,向社会承诺,让人民满意"活动,2007~2008 年开展的"三为三解"(为环保解忧、为群众解难、为企业解惑)活动等,都对信访工作提出具体的要求。

表 3-15　1979~2008 年吴江市(县)群众来信来电来访数量统计表

单位:次

年份	数量	年份	数量	年份	数量
1979	6	1989	97	1999	235
1980	23	1990	103	2000	322
1981	19	1991	105	2001	330
1982	70	1992	110	2002	551
1983	73	1993	113	2003	672
1984	78	1994	118	2004	1064
1985	81	1995	123	2005	1555
1986	87	1996	125	2006	1406
1987	89	1997	147	2007	1201
1988	94	1998	186	2008	1705

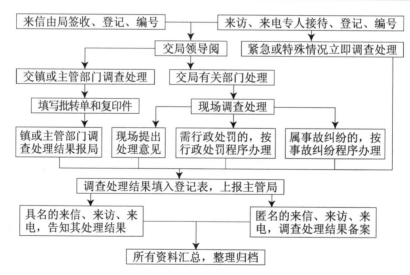

图 3-3　2006 年 3 月吴江市环保局制定的信访办理程序示意图

第九节　环境纠纷及事故

改革开放后,随着乡镇工业的发展,环境纠纷和环境事故时有发生。2002 年 7 月,市环保局制订《环境污染纠纷调查处理程序》和《环境污染与破坏事故调查和处理程序》。2008 年 3 月 10 日,市环保局成立吴江市环境保护矛盾纠纷调解工作小组,局长范新元为组长,分管副局长张荣虎为副组长,环境监察大队、盛泽环保分局以及相关科室负责人为组员。是年 10 月 27 日,市环保局成立"吴江市环境保护局社会矛盾调处委员会",局长为范新元为主任,副局长王通池、沈卫芳、张荣虎、朱三其、钱争旗和局纪检组组长唐美芳为副主任,环境监察大队、盛泽环保分局以及相关科室负责人为成员。

一、环境纠纷选介

（一）吴江东方红印染厂污水纠纷

1979 年,吴江东方红印染厂的污水对盛泽镇造成严重污染,居民饮用水长期带色,居民意见很大。1979 年 11 月 6 日,县环保办印发《对国营吴江东方红印染厂由于历年来对盛泽镇严重污染,要赔偿损失的通知》,要求东方红印染厂"拿出人民币壹拾玖万元给盛泽镇建造自来水,作为赔偿损失,以解决居民吃水问题"。

（二）吴江印染厂废水污染纠纷

1981 年,吴江印染厂废水未经处理,污染了盛泽镇水源,居民意见强烈。7 月 16 日,县环保局印发《关于吴江印染厂污染盛泽镇吃水赔偿损失的通知》,要求吴江印染厂"拿出人民币捌万元整,分七、八、九三个月交盛泽水厂,作为赔偿损失,以解决居民吃水问题"。

（三）平望公社副业办与渔业大队联办有机玻璃生产车间引发纠纷

1981 年,平望公社副业办公室与渔业大队联办一个有机玻璃生产车间,遭到群众反对。12 月 31 日,县环保局印发《关于停止有机玻璃生产项目的通知》,指出"有机玻璃系甲基丙烯酸甲酯聚合而成,其蒸气对人、畜均有害",要求平望公社副业办公室停止该项目。

（四）吴江印染厂污水纠纷

1982 年,吴江印染厂污水造成附近生产队鱼、蚌死亡,形成纠纷。1983 年 1 月 28 日,县环保局印发《关于对吴江印染厂污水造成附近生产队死亡水产的处理意见》,要求吴江印染厂"赔偿损失费叁万肆千柒百元给盛泽公社新农大队"。

（五）吴江印染厂污水纠纷

1984 年初,吴江印染厂排放污水,造成鱼虾死亡。盛泽乡政府调查后,上报县环保局。县环保局于 1984 年 2 月 29 日印发《对吴江印染厂排放污水造成阳扇、前庄、兴桥三个大队养鱼承包户受损赔款的批复》,要求吴江印染厂"赔偿损失费壹万肆仟玖佰伍拾肆元给盛泽乡阳扇、前庄、兴桥三个大队的养鱼承包户",并责令该厂"抓紧污水处理,及早运转,避免类似事故发生"。

1984 年底,吴江印染厂排放的污水,再次造成盛泽乡阳扇、前庄两个大队鱼虾死亡。盛泽乡政府调查后,上报县环保局。12 月 24 日,县环保局印发《关于排放污水造成养鱼承包户受损赔款报告的批复》,要求吴江印染厂"一次性赔款给盛泽乡政府人民币 12229.7 元"。同时责令该厂"今后认真处理污水,抓紧二期工程施工,避免污染事故的再次发生"。

（六）吴江水泥厂粉尘污染纠纷

1985 年,吴江水泥厂排放粉尘,致使附近的粮食、油菜减产,芦墟乡经济联合会将情况上报县环保局。1985 年 3 月 26 日,县环保局印发《关于吴江水泥厂粉尘污染造成农业减产要求赔款的批复》,要求吴江水泥厂"赔偿给乡经联会壹万伍仟元,请乡联会根据具体情况赔给各受害农户"。

（七）南麻、八都三家企业擅自经营洗桶业务引发纠纷

1985年，吴江县南麻七庄修配厂、八都勤丰白铁作油桶厂和八都机电站涵管厂，在未经批准的情况下，擅自在上海嘉定县长征乡横港村第六生产队进行洗桶业务，严重污染当地环境，造成鱼、禽中毒死亡。嘉定县环保办调查后，作出《关于对长征乡横港村第六生产队等四单位擅自经营洗桶业务，污染环境的处理决定》，并转发吴江县环保局。吴江县环保局接报后，立即转发此决定，要求各乡镇环保办公室：如有外出进行洗桶业务的单位和个人，立即召回；从事洗桶的单位，禁止购入未经消毒的旧桶，而且清洗污水应处理后排放；不准新办洗桶企业；对现有的洗桶企业，作好关、停、并、转的规划。

（八）八都乡南港村遭含氟烟尘污染纠纷

1990年6月，八都乡南港村二队、三队，由于受周围企业排放的含氟烟尘的影响，蚕茧减产。县环保局调查后，印发《关于八都乡南港村受污染补偿损失费的通知》，要求周围企业"赔偿损失费11000元，其中震泽镇轮窑厂5000元，八都乡南港炼铁厂4400元，震泽外贸站16000元"。同时责令相关企业"加强治理，保护环境，避免类似事故再次发生"。

（九）吴江工艺织造厂印染分厂烟尘污染纠纷

1989年，吴江工艺织造厂印染分厂由于生产规模的扩大，烟尘污染影响周围居民，尤其是新生丝织厂职工的生活。1990年4月，矛盾激化，但在县人大、县环保局以及盛泽镇党委、政府、工业公司的调解和督促之下，矛盾有所缓和。1991年上半年，厂方又新增一台蒸汽锅炉和一台链条炉排油锅炉，而老式锅炉仅搬迁一台，使得新生丝织厂三百多户群众联名上诉法院，要求解决烟尘污染问题。1991年8月8日，县人大、县环保局召集盛泽镇政府、农工商总公司、工艺织造厂、织造厂印染分厂的主要领导进行座谈，最后达成盛泽镇政府提出的解决矛盾的三条原则：控制生产，不再扩大老厂区；加强治理，减少摩擦；定期搬迁，逐年安排，三年完成。

（十）金家池水质污染纠纷

1996年5月28日晚上和29日早上，平望镇小圩村1组村民因饮用水源（金家池）受到影响，同盛泽镇胜天村发生纠纷。29日上午，市环保局对金家池的水质和胜天工艺印花厂的排污情况进行调查，并对胜天工艺印花厂提出三条整改意见：立即停止将污水排入金家池；所有污水必须经过有效处理后才能排放；尽快增建一污水集水池和泵房，处理后的污水全部排入嘉兴塘。

6月7日，市环保局召集盛泽、平望两镇的分管副镇长和环保助理、小圩村支部书记和小圩1组组长，在盛泽镇政府召开协调会。会上，盛泽镇政府承诺，在小圩1组的改水问题上给予适当补偿，具体金额在小圩村做出预算后一星期再次协商。但之后在预算邮寄的过程中发生误会，双方于6月17日上午又起争执。在争执的过程中，有推拉的过激行为。当天下午，小圩村1组部分村民来到市政府集体上访。

6月19日下午，市政府召集盛泽镇政府、平望镇政府以及市环保局、市信访局等相关部门召开协调会。会上，根据市政府提出的"团结为重、大局为重、友好协商、妥善解决"的原则，达成如下协议：胜天工艺印花厂所有污水必须全部处理后排入嘉兴塘，不准排入金家池及附近水域和农田；胜天村在小圩村的给水工程中，补偿人民币3.5万元。会后，盛泽镇政府和平望镇政府根据市政府的要求,分别做好双方群众的解释和疏导工作,使纠纷得以解决。

（十一）吴赣化工有限公司废水废气污染纠纷

2001年2月上旬,屯村镇谢巷村部分村民上访,要求吴赣化工有限公司赔偿村民人体损害营养费。2月14日上午,市环保局先往现场调查。16日上午,又与苏州市信访局、苏州市环保局以及吴江市信访局再次检查该公司的生产及"三废"处理情况,察看厂区周围河道水质、农田作物生长情况,走访附近农户。认为:吴赣化工有限责任公司废水、废气都能达到现行排放标准,但对周围环境肯定有一定影响;由于氮氧化物等废气用水吸收后生成的稀硝酸腐蚀性较强,设施常因腐蚀而故障,再加上管理不善等因素,仍有可能造成超标排放,甚至直排现象;氮氧化物吸收装置本身不够完善,仅用水喷淋吸收,吸收率较低,不能达标排放。所以,市环保局要求该公司:立即对污染治理设施进行整改和完善,氮氧化物改用氨水吸收,提高吸收效率,确保氮氧化物达标排放;增加1个80平方米的冷凝器,使氨气温度在30℃以下,提高氨气吸收率。上述两条整改措施限在2月底之前完成。此外,要求该公司成立专门的环保管理班子,配备专门的操作人员,制订相应的管理制度,加强污染治理设施的日常管理,确保污染物达标排放。与此同时,市环保局向群众承诺,加强该公司的日常检查力度,增加监理频次,如有违法行为,立即依法查处,此外,还向群众公开市环保局和屯村镇政府的举报电话,让群众一同参与监督。

（十二）苏震热电厂噪声污染纠纷

震泽镇众安桥村3组、4组居民房屋位于苏震热电厂西侧(扁家浜)。2004年2月,根据苏州环境科学研究所《环境影响评估报告》"噪声卫生防护距离为距厂界50米"的要求,需拆迁39户,但苏震热电厂一直未向镇政府报告,只拆迁9户因电厂建设需占用的农户,因此多次发生纠纷。2004年11月2日,苏震热电厂迫于群众的压力,向镇政府通报50米噪声防护控制范围,第二批30户农户才得以拆迁。但是,第二批30户农户的拆迁评估款的50%未付给农户,这些农户便到热电厂催讨。同时,未纳入50米控制范围的38户农户,也反应受热电厂的灰尘、噪声、气味等影响,要求得到拆迁和赔偿。2005年4月13～15日,40多名村民围堵苏震热电厂大门。当时经震泽镇领导、众安桥村干部以及热电厂领导一起做工作,事态未进一步激化。但由于农户的拆迁赔偿要求未落实,4月18日上午,又有30多名村民到热电厂厂长办公室吵闹不休,反复做工作仍不离开。

事件发生后,市环保局分管副局长率环境监察人员前往调处,处理结果是:对于未纳入50米控制范围的38户农户,由该项目的审批机关——苏州市环保局对热电厂的噪声、灰尘、气味等排放标准进行检测;如果检测结果超标,首先要求热电厂限期改正;如无法改正,则按照《环评法》对该项目进行项目后评价,调整防护距离。要求热电厂在4月25日前,把第二批拆迁户的房屋评估款付清。要求众安桥村的干部积极配合镇政府做好劝说、调解工作,维持企业的正常生产,遏制部分群众的越轨行为,防止事态扩大。

（十三）盛泽镇坝里村水污染事故

2005年6月21日,盛泽镇开发区坝里村12组、18组的50多个村民,围堵吴江福华世家纺织科技园的车间大门。22日,又有坝里村4组的50多个村民,围堵盛虹化纤厂的厂门。经调查,两起纠纷的原因是:吴江福华世家纺织有限公司喷水织机废水未经处理而直接外排;盛虹三分厂碱减量废水处理设施故障,该厂驾驶员图省事,把盛虹一分厂的碱减量废水随意倒入盛虹化纤厂厂区沟内;此外,还有吴江金苏华织造有限公司喷水织机废水未接入镇污水管网,直接流入开发区下水道。上述3厂的违法排污行为,导致坝里村北的一条内河(泥水浜)的水质恶化。原因查实后,市环保局对这3家企业作出如下处理:停产整治;依法进行经济处罚;今后加大执法检查的力度,防止类似事故的发生。

(十四)屯溪村农作物遭污染纠纷

2005年7月6日,由于电压偏底,苏州吴赣化工有限责任公司硫酸二甲酯车间风机和泵机不同步跳闸,致使硫氧化物未经吸收而出现排放事故。7月14日傍晚,该公司工业磺胺车间所用的原料氯磺酸储罐液位管垫圈老化,氯磺酸滴状流出,与空气中水分相遇产生白雾,出现第二次废气事故性排放。二次事故性排放对处于公司北侧的屯溪村(库头自然村7、8二组)部分农作物造成一定损害,导致13户村民集体赴省上访。9月22日,省环保厅派人赴吴江市进行调查处理,提出三点处理意见,苏州市副市长谭颖也作出批示,要求平息纠纷。

10月17日下午,吴江市副市长王永健召集市环保局、安监局、同里镇政府、吴赣化工有限责任公司有关领导,就吴赣化工有限责任公司环境污染问题进行专题研究,形成如下处理意见,并通告上访群众:吴赣化工有限责任公司在三年内(至2008年底)逐步淘汰现有重污染产品,转产对环境污染较小的产品;三年内不完成转产的,至2010年完成搬迁;搬迁困难的,由市政府责令关闭。硝基甲烷因氮氧化物处理不到位,责令停止生产,拆除生产车间及生产设备,以腾出环境容量开发环保型化工产品。硫酸二甲酯虽然采用清洁生产工艺,但按环保法律法规规定,也应重新审批,目前暂停生产。经环保行政主管部门审批同意,落实"三同时"措施并经环保行政主管部门验收合格后,方可恢复生产。安监部门加强对该公司压力容器的检查;环保部门环保监管执法每周不少于2次。同时,责成该公司加大投入,更新设施,推行清洁生产,并进一步加强内部管理,严格对化工设施的检查,确保不出事故。对于上访村民要求对农作物受损进行赔偿的问题,同里镇责成镇农业公司、环保办、屯溪村村委会进行评估,吴赣化工有限责任公司根据评估,对上访村民进行赔偿。

(十五)华新锻造有限公司振动、噪声和烟尘污染纠纷

2006年7月,吴江市赛旺达精密电子有限公司上书市政府,反映相邻的吴江市明兴机械厂因振动、噪声和烟尘排放,影响本厂的生产和生活。市环保局接到市政府转来的投诉后,立即进行调查,发现赛旺达精密电子有限公司反映的问题,是由租用吴江市明兴机械厂厂房的吴江市华新锻造有限公司造成的。华新锻造有限公司有0.4吨~1吨的空气锤4台,大型空压泵一台,在生产过程中,空气锤和空压泵便产生振动和噪声。此外,华新锻造有限公司有一水煤发生炉,虽然属于环保节能型炉子,但在停炉和开炉时,有半水煤气排放,另外有少量的硫化氢和氮氧化气体,对人体有一定危害,所以,纠纷在所难免。

为化解纠纷,市环保局要求华新锻造有限公司立即对振动、噪声和烟尘问题进行整治,限期完成;如到时仍然不符合国家标准,将责令停产,直至达标后,才能恢复生产。与此同时,市环保局会同松陵镇政府,做好双方、尤其是赛旺达精密电子有限公司的劝解工作,使纠纷得以平息。

（十六）兴业纺织有限公司污染纠纷

2007年6月10日，国家环保总局检查组对盛泽镇进行检查时，群众拦车上访，反映吴江市兴业纺织有限公司环保问题以及由于建厂打桩引发的厂群纠纷。市环保局调查后发现：兴业纺织有限公司包括兴业喷织厂均属未批先建项目。早在2006年8月23日，市环保局就责令停止化纤纺织棉项目的生产，并进行经济处罚；同时要求该企业补办环境影响审批手续。兴业纺织有限公司在补报环评的过程中，没有停止生产，产生的污水虽排入盛泽水处理公司镇东污水处理厂，但因管道损坏，未能有效接入，部分污水直排厂区北侧内河。兴业纺织有限公司在被责令停止生产补办环保手续后，不仅不停止，还在新建成品检验车间。所以，市环保局责令兴业纺织有限公司在建项目立即停止建设，并立即停止喷水织机生产，对其污水超标排放违规建设等违法行为，按照环保法律法规严肃处理。至于打桩引发的厂群纠纷，则由盛泽镇政府聘请房屋安全鉴定部门鉴定，根据鉴定报告，再协商补偿事宜。

二、环境事故选介

（一）八都公社冶炼厂多名职工砷（砒霜）中毒事故

1983年6月下旬，八都公社冶炼厂未经有关部门批准，擅自从浙江绍兴县华舍公社胜利五金厂购进锡灰泥12吨，企图从中提炼白银以及锡、铅、碱、铜等。9月22日，开始用开水对这批锡灰泥脱碱。当时，厂部采取一些临时措施，规定脱碱废水要倒入烟道，但9月29日、30日，工人韩建林、杨阿水上夜班时，却将5缸（2吨）脱碱废水就地倾倒。废水沿下水道排入厂外西侧桑地里的机井，10月4日全厂职工上班，喝下含砷量超标2250倍的井水，造成严重的砷（砒霜）中毒事故：全厂职工56人，42人不同程度中毒，其中1人死亡，15人严重中毒。这是吴江县历史上第一起多人中毒事故。

1983年11月1日，县社队企业管理局、县劳动局、县环保局联合印发《关于八都公社冶炼厂一起严重中毒事故的通报》，要求各乡、镇、工业公司、企业，吸取教训，采取措施，防止类似的事故发生。

（二）浙江省富阳县何家活性炭厂货车倾覆造成的污染事故

1989年3月30日下午，浙江省富阳县何家活性炭厂装运氯化母液废水的跃进牌货车，由于行车不慎，在吴江县梅堰镇倾覆，车上3吨多氯化母液废水中约有1.8吨流入路旁农田鱼池，造成污染。县环保局调查后，作出罚款1000元的决定。

（三）頔塘河水污染事故

1990年初，震泽徐家埭村的东风工业用油厂未向环保部门申报，擅自从上海金山县金卫保温材料厂先后购进"废油"1000余吨，同时，把购进废油搭进来的200余吨废油渣存放在横足荡滩。是年10月，该厂又擅把厂房搬至頔塘河边，进行土法炼油。由于没有相应的管理措施和必要的防污设备，致使厂区内外的地面和水沟到处都是废油。1991年6月初，由于连降大雨，该厂工人又把通往获塘河的暗沟挖通，使得大量未经处理的含毒废水排入河中，造成頔塘河水严重污染，并波及沿河震泽、梅堰、平望三镇和一些村。6月14日中午，震泽镇永乐村2组、3组、4组和11组，90多人因饮用河水，出现腹痛和腹泻，1人住镇医院治疗，5人在村医疗站观察，村民不敢饮用河水，改饮雨水。位于下游的平望自来水厂取水口，由于受到污染，被迫

3次(合计90小时)停止取水,严重影响平望镇数万居民的生活。颓塘河及其附近水域中的鱼虾有异味,不能食用。

县环保局经过调查后,处理如下:责令该厂停止生产,堵塞所有污水排放口,并建议工商行政部门,立即吊销该厂的营业执照;根据污染的程度,对徐家棣村主要负责人和东风工业用油厂的法人代表进行处罚;责令徐家棣村立即组织人力,对存放在横足荡滩的二百余吨废油渣的围堤筑高加固,并派专人日夜守护,严防废油渣泄入北麻漾;责令震泽、南麻、梅堰所有的炼油厂停产整顿。

6月16日,县环保局将此次事故的处理经过和上报县委、县政府,并抄报县人大、县政协。7月24日,根据县人大、县政府领导的批示,县环保局印发《关于震泽东风工业用油厂排放废水造成严重水污染事故的通报》,要求:各乡镇对所有企业的干部和职工进行一次环境保护的基本国策教育;各乡镇和工业主管部门,对本地区、本系统的炼油厂进行一次全面的整顿;任何单位和个人,未经审批,不得开办明文规定的禁办项目,不得以任何借口从外地购进有毒有害废物。

(四)青云乡大德制桶厂废甲醇污染事故

1991年1月初,青云乡大德制桶厂擅自委托铜罗镇罗北村村民杨林生、钱雪明用2艘挂机船,去上海南汇县航头化工厂装运378只空桶和111桶废甲醇(约10数吨,在途中倒掉一部分)。9日上午10时左右,船抵大德制桶厂码头。船主杨林生、钱雪明和杨林江、杨二江、钱志明、钱阿明从船上往岸上搬桶时,为图省力,将桶内大量甲醇倒入大德塘河内,污染了下游1000米处铜罗自来水厂取水口,影响全镇5000余人的饮水和用水。

1991年2月4日,县环保局处理如下:大德制桶厂在不具有处理废甲醇的基本设施和技术能力的情况下,未向环保部门申报,擅自运进外地大量废甲醇,而且,在委托他人运输的过程中,又没有监督的措施,所以,在本次污染事故中负主要责任,处以补偿性罚款1万元,企业法人代表罚款200元;船主杨林生、钱雪明人,负直接责任,各罚200元,船员杨林江等4人,各罚100元。

1991年2月22日,县环保局印发《关于青云大德制桶厂往水体倾倒废甲醇造成水污染事故的通报》,要求各乡镇:对所有企业的所有干部职工,进行一次环境保护基本国策的教育;青云、铜罗、震泽、桃源、南麻、八都、横扇、庙港、金家等乡镇的环保办,对本乡镇的桶厂进行一次全面检查,对各桶厂领导进行环保法法规教育;各乡镇交管站要加强对运输船只的环保监督工作,对参与运输的人员进行环保法规教育。

(五)松陵自来水厂水源污染事故

1992年3月12日,松陵自来水厂取水口遭到污染,水色浑浊,有异味,水面漂着死鱼死虾。县环保局令水厂立即停止取水,然后赴现场调查,原因是:吴江化工厂酚废水回收装置和其他治理设施停止运转,致使生产过程中产生的大量含酚废水未经处理直接排放,污染运河和附近水域;当时正是枯水期,运河水倒流,迫使吴江化工厂排放的高浓度含酚废水从三江桥经内河、市河和新开河、行船路两条支流流向自来水厂取水口。是日上午11时,吴江化工厂排放的废水中挥发酚含量达61.7毫克每升,超过国家标准60倍。次日中午12时,水质更为恶化。取水口和取水口南500米处,水中挥发酚含量分别超标620倍和10倍;此外,在化工厂的总排放口、行船路、内河等水域,检出苯胺类致癌物。

由于应急措施及时,污染有所控制,但为杜绝类似的事故,县环保局向县委、县政府建议,吴江化工厂必须:继续停止生产;转产;搬迁;如短期内不能达到上述目的,应采取进一步行之有效的措施,确保水厂的水源不受污染。

（六）震丰缫丝厂、新民缫丝厂生产用水被污染事故

1992年8月下旬,震丰缫丝厂和新民缫丝厂的生产用水呈淡红色,已缫好的白厂丝分别呈微红和浅红,正在生产中的茧丝也呈浅红色。市环保局接到举报后,立即赶赴现场,发现污染源是处于震丰缫丝厂上游约300米处的吴江经编染织厂和下游的东风化工厂以及吴江染化总厂。这3家企业将工业废水排入顿塘河,迫使震丰和新民两家缫丝厂停产,而且,污染的范围扩大到八都,影响居民的饮用水。

是月31日上午,市人大主任于孟达在听取市环保局的汇报并察看顿塘河水色后,在震丰缫丝厂召开现场办公会,决定:3家重污染企业立即停产,停止排污;震泽镇政府召开紧急会议,所有镇办企业,必有采取有力措施,不准外排废水。会后,吴江经编染织厂仍在排放污水,下午3时左右,市经委领导来到现场,再次责令该厂停止生产。

9月1日,市环保局将事故上报市政府,并建议:3家污染企业继续停止生产,何时恢复,视顿塘河水情;吴江经编染织厂必须进行整顿,限期治理;对于这次污染事故造成的损失,请市政府召集市经委和主管公司以及震泽镇政府协商解决。

（七）松陵自来水厂水源再遭污染事故

1992年9月1日,松陵镇长安村村民委员会举报:位于长安村的吴家港安惠港等河流被吴江化工厂的废水污染。9月3日,市环保局派员调查,发现从长安村上游的三联村6组、吴家港（松陵自来水厂取水口上游300米处）,经安惠港、行船路、新开河至三江桥出口处的吴江化工厂的排放口,河水均呈黄色,浑浊,有异味。经分段取水样化验,水中含有挥发酚、硝基苯和苯胺,由此可见,吴江化工厂的废水再次污染松陵自来水厂的水源,并进而威胁全镇人民的安全与健康。市环保局立即上报市政府,建议:针对吴江化工厂主要领导环境意识差、法制观念淡薄和管理工作中存在的问题进行整顿;吴江化工厂停止生产污染重的产品,最好搬迁;另建自来水厂。

（八）漳水圩生活垃圾污染事故

1993年,莘塔乡农工商总公司和上海市徐汇区环卫局签订协议,利用漳水圩560亩围垦荡共同进行房地产开发,建设别墅及度假区。为保护生态环境,莘塔乡农工商总公司和上海市徐汇区环卫局以及吴江市土地管理局三方签订"只准用建筑垃圾作为回填土材料"的补充协议,但从3月29日至4月10日,却从上海运入8千吨左右的生活垃圾,倾倒在漳水圩,霉臭味刺鼻,范围很广,邻近地区反应强烈。市环保局查实后,立即印发《关于禁止在漳水圩回填生活垃圾的通知》,要求莘塔乡农工商总公司:迅速通知上海方,立即停止将生活垃圾运来漳水圩;已堆放的生活垃圾,应在10天内用建筑垃圾覆盖完毕,以免继续散发霉臭味;今后应严格执行三方协议规定,只准用建筑垃圾作回填材料,严禁倾倒生活垃圾。

（九）江浙交界烂溪塘思古桥下游污染事故

2003年6月13日上午7时左右,吴江市铜罗镇与嘉兴市秀洲区新塍镇交界的烂溪塘思

古桥下游 100 米处的开阳酒厂出现污染带,上午 10 时,市环保局获知后,立即向市政府汇报,并由局领导率环境监察人员到达现场,会同嘉兴市秀洲区环保局,共同察看情况。此时污染带位于思古桥下游 3 公里处,约有 1 公里长,显暗红色,并分流到新塍塘,影响到新塍自来水厂,水厂关闭。

6 月 13 日下午,苏州市市长杨卫泽、副市长谭颖就此事作出批示,苏州市环保局领导率环境监察人员,会同嘉兴市环保局领导到现场察看,分析查找原因,并采取有关处理措施。6 月 14 日夜里污染带自动消失,污染带最远流至新塍塘 7~8 公里处,没有影响到嘉兴自来水厂取水口。14 日早上,新塍自来水厂恢复供水,但只用不吃,15 日全面恢复正常供水。

事后,吴江市环保局派出监察人员对污染带附近的两家企业进行排查,并对附近的船民、居民进行详细的询问,排除了位于思古桥上游 500 米处的铜罗染化厂和思古桥下游 600 米处的铜罗第六化工厂排污所致。由于污染带出现地点是苏南运河段主要航道,出现时间是 6 月 12 日夜间,而且一下子形成 1 公里的污染带,所以,结论是异地化工企业,将化工废水(物)用船只运到到此处后,偷偷倾倒所致。

(十)苏申外港线白蚬湖等渔业水域受工业废水污染发生大面积鱼类死亡事故

2004 年 4 月下旬开始,吴江市东北部苏申外港线一带的阳溢湖、虹桥港、十字港、南星港、季家荡、沐庄荡、白蚬湖等渔业养殖户遭上游污水侵袭,造成大量鱼类死亡。经市渔政管理站调查,阳溢湖、虹桥港、十字港和白蚬湖西入口处受污严重,鱼类死亡占放养量的 80%。沐庄荡、季家荡、黄泥斗、小南星湖死亡鱼类占放养量的 40%~60%。死亡鱼类仔口花白鲢鱼占 70%,老口花白鲢和其他品种鱼类占 30%。据沿湖的屯渔社区、富渔社区、金渔小区反映,到 5 月中旬,受污染区域已达万余亩,涉及养殖户 100 余户,死亡鱼类超过 100 万公斤,直接经济损失 500 余万元,而且,污染面仍有扩大之势。

根据事故现场鱼类中毒症状分析,导致鱼类死亡的污染源主要来自上游,对照农业部《渔业水域污染事故调查处理程序规定》第五条、第十一条规定,属重大跨行政区域的渔业污染事故。5 月 10 日,吴江市水产局报请苏州市渔政管理站进行调查。5 月 24 日,吴江市政府向苏州市政府呈送《关于苏申外港线白蚬湖等渔业水域受工业废水污染发生大面积鱼类死亡事故的汇报》,恳请上级政府和有关部门进行调查和处理。

(十一)盛泽水处理发展有限公司第三分公司直排污水事故

2004 年 5 月 4 日,盛泽水处理发展有限公司第三分公司未经处理,将国营吴江绸缎炼染一厂冯宝裕染色车间所排放的部分印染废水直接排放,形成污染。5 月 12 日,市环保局印发《关于对"5·4 污水排放事件"相关责任人给予行政处分的建议》,建议盛泽水处理发展有限公司对此事件的相关责任人,给予必要的行政处分。

(十二)王张余收受、倾倒危险废物污染事故

2004 年 5 月下旬,启东市石松固废处置有限公司将其他单位委托其处置的 380 桶(约 70 吨)危险废物以回收旧桶的名义,非法转手给吴江市震泽镇新幸村八组村民王张余。王张余系一个体旧桶回收、加工经营户,既无工商营业执照,也未经环保审批,更不具备危险废物处置资质。王张余收受这批危险废物后,将其运回震泽镇新幸村九组旁"牛舌头"处加工点内,将其中 80 余桶直接倾倒在一废弃鱼塘内,然后把铁桶拆解成铁皮,准备出售。对于倾倒在废弃鱼

塘内的固体废物,王张余未采取任何有效的防护措施,只是用水泵抽取河水加以冲散和稀释。这一过程严重污染周边地区的空气环境,尤其是铁桶内散发的大量刺激性异味,对当时正在进行的高考,也造成严重的影响。

事故发生后,市环保局在市委、市政府和上级环保部门的关注和支持下,采取如下措施:对王张余加工点剩余的危险废物设置隔离带和警示标志、派专人24小时严密看管,采取防雨、防渗、防挥发、防自燃等措施;对王张余采取必要的防范手段,防止其继续实施违法行为或逃逸;报请公安机关及时介入,对事故展开侦查,查明危险废物的来源;与南通市、启东市有关方面进行沟通协调,落实处理方案;协同国土资源、农林、水利等部门对该事故所造成的损失情况进行调查取证。

6月28日傍晚,剩余的危险废物由启东市石松固废处置有限公司运回本公司,在南通市和启东市有关方面的监督下,进行有效处置。之后,吴江市环保局监察大队于7月22日、26日、30日以及8月2日对王张余的旧桶加工现场进行检查,并建议震泽镇政府:将王张余交司法机关依法处置;对王张余的旧桶加工场所,要采取断电、断水等强制性措施,并拆除其违章建筑,恢复环境原貌;对残存的废液,要尽快采取有效措施,予以妥善处置;在残存的废液未得到妥善处置之前,要采取有效的防挥发、防渗漏等防护措施,以避免对环境造成进一步的危害。

(十三)吴江恒祥酒精制造有限公司因突发事故直排污水导致污染事故

2005年6月21日上午11:30点左右,江浙交界的吴江恒祥酒精制造有限公司的1个沼气厌氧罐爆裂,罐内30~40吨的高浓度废液喷出。事故发生后,该公司没有采取减产措施,继续生产。由于缺少1个厌氧罐,导致污水处理设施负荷过大,序列间歇式活性污泥法(SBR)系统产生大量污泥,公司不得不用清水直接冲入下水道,再用泵排入澜溪塘。27日,澜溪塘铜罗段水质变黑变臭,浙江省嘉兴市秀洲区新塍镇的地表水厂被迫停止供水,影响3万人的饮水、用水以及下游的农业、养殖业。

27日上午10:30左右,吴江市政府接到浙江省嘉兴市秀洲区环保局电话通报,马上责令沿线所有可能形成这次污染的企业停产待查;同时,市政府分管领导以及环保部门领导率有关人员赶赴现场,查找污染源。事故引起国务院的重视,总理温家宝、副总理曾培炎分别作出批示,国家环保总局局长解振华、副局长汪纪戎指示立即查处。

事故平息后,市环保局聘请有关专家,深入恒祥酒精制造有限公司,对该公司酒精废水的回用、污水处理设施和澜溪塘水利情况进行分析和论证,进一步地分析原因,制定整改措施。与此同时,在国家环保总局的组织下,江浙双方省、市、县三级环保部门和吴江市政府、秀洲区政府,先后三次召开协调会议,分析原因,吸取教训,化解矛盾,消除隐患。

最后,按照国家环保总局的要求,市委、市政府对相关人员进行责任追究:市环保局局长吴少荣对此项目越权审批没有把住关,负有责任,决定给予行政记过处分一次;市环保局副局长严永琦,分管项目审批工作,对此项目越权审批负有责任,决定给予行政警告处分一次,并免去市环保局副局长职务;桃源镇分管环保工作的人武部部长蒋雪林,对该企业监管不力,决定给予党内严重警告处分一次;吴江市恒祥酒精制造有限公司董事长严坤祥,对本次污染事故负有领导责任,建议罢免其人大代表资格;吴江市恒祥酒精制造有限公司副厂长高贵元,对本次污染事故负有重要责任,建议司法部门追究其刑事责任;吴江市恒祥酒精制造有限公司办公室主任朱永根,分管该厂码头和污水泵站工作,事故发生后,将高浓度污水排入河道,对造成污染事故负有主要责任,建议司法部门追究其刑事责任。

(十四)原吴江市东岳化工有限公司污染事故

2005年8月,原处七都镇庙港社区开明村的吴江市东岳化工有限公司该公司搬迁至外地,但原厂区内存留一直径80公分,高120公分铁质储罐,内残留近20公升的发烟硫酸。2006年5月24日16时许,由于底阀破损造成发烟硫酸泄漏,形成几十米的酸雾带。17时许,市环保局领导率有关人员到达现场,通过询问及勘察,立即会同消防部门采取应急措施。18时,抢救过程结束,未造成任何人员和财产的伤亡和损失。事后,市环保局一方面督促七都镇政府将混合处理过的干石灰粉及废弃的发烟硫酸罐按规定妥善处置;同时,协助安监及其他职能部门以及七都镇政府,对所有已搬迁的化工厂进行清查,排除污染隐患,确保再无污染事故发生。

(十五)吴伊染厂污染事故

2006年11月26日16时许,盛泽镇吴伊染厂为清洗管道增加污水流量,未经允许擅自在管道中加入大量酸液(20多吨),由于加入的酸液过多过快,造成对污水管的破坏。17时许,厂方接群众反映,在江闽加油站有刺鼻的气味产生。该厂停止加入酸液,并开启污水泵,想把管道中的酸液直接打到南草圩污水调节池;但由于污水管已破坏,使得污水和酸液大量流到管外;而且,流出管外的污水和酸液离江闽加油站仅几十米,很可能危及加油站的安全。

市环保局获知后,局领导立即率相关人员赶赴现场,并采取如下措施:加油站停止营业;外溢的酸液请盛泽消防中队冲水稀释,同时,在离加油站较远的安全地方挖一个池,将稀释后的酸液引流到池内,加入石灰和液碱中和;停止污水管排水,减少压力,使管内污水不再外溢。事后,市环保局又采取以下措施:责令吴伊染厂停产,并在管道破损处,挖开路面修理管道,以后经环保部门验收合格后,方可恢复生产;对挖开路面后的积水和管道内的酸液,用槽罐车运到污水处理厂处理;加强周边水体的监测,及时掌握水质变化;对吴伊染厂进行相应的行政处罚。

第十节　江浙边界水污染纠纷

改革开放后,江苏、浙江两省交界处的乡镇工业、尤其是丝绸印染行业迅猛发展,人口剧增,导致吴江市的盛泽镇与浙江嘉兴市的秀洲区,多次因水污染而引发纠纷。

1993年6月24日,浙江省嘉兴市委、市政府信访办公室第15期《信访反映》以"江苏省盛泽镇工业污水侵害我市"为题,向中共中央办公厅、国办信访局、江苏省信访局、吴江市信访局反映情况。1994年11月3~4日,国家环保局副局长王扬祖到浙江嘉兴市和吴江市盛泽镇调查、处理江浙水污染纠纷,并提出具体的处理意见。1995年4月,浙江省嘉兴市部分县、区发生死鱼现象,当地部分群众以盛泽水污染为由,通过多种渠道和形式,向上"告状",还多次到盛泽镇政府"抗议",并提出赔偿要求。后经国家环保总局协调,盛泽镇补偿浙江省嘉兴市郊区200万元人民币,以求平息纠纷。

2001年上半年,盛泽镇与嘉兴秀洲区再次发生纠纷,5月14日,经国家环保总局再次协调,形成9条协调意见。为落实9条协调意见,7月3日,吴江市环保局和盛泽镇政府制订《关于盛泽地区印染废水全部处理达标排放实施意见》，并上报吴江市政府，两天后，市政府印发"吴政发〔2001〕67号"文，要求"认真组织实施，切实加强盛泽地区的环境保护工作"。

2001年9月3日，吴江市委成立盛泽地区纺织印染行业环保综合整治指挥部，指挥部由市委督导员毕阿四任总指挥，市委常委、盛泽镇党委书记姚林荣为副总指挥，盛泽镇镇长、盛泽镇农工商总公司总经理、吴江丝绸集团公司董事长以及市财政局、市环保局、市公安局等17个政府部门的领导为成员。9月7日，吴江市委印发《中共吴江市委、吴江市人民政府关于加强盛泽地区环境保护工作的意见》；是日，市政府办公室成立盛泽地区纺织印染行业综合整治执法办公室，由盛泽镇镇长盛红明任主任，市环保局副局长蒋源隆、市法制局副局长张明德为副主任，市建委、水利局、工商局、技监局等8个政府部门的分管领导为办公室成员。

2001年11月22日凌晨，浙江省嘉兴市秀洲区部分民众在清溪塘沉船筑坝，封堵航道，爆发江浙边界由水污染引起的最严重的纠纷。是日，吴江市委印发《关于做好"11·22清溪塘违法封堵事件"发生后盛泽地区社会稳定工作的决定》，对盛泽镇党委、政府提出4项要求："从大局出发，保持冷静克制的态度"；"做好各方面的思想稳定工作，尤其是做好清溪塘盛泽地区群众的思想稳定工作，防止发生偏激行为"；"全力做好封堵违法事件后的航道秩序维护工作和社会稳定工作，决不让不法分子乘机破坏捣乱"；"保持全镇正常的生产生活秩序，保持盛泽地区良好的经济社会发展势头，努力使这起违法封堵河道事件带来的影响和损失降低到最小程度"。

事件发生以后，国务院总理朱镕基、副总理温家宝、政治局常委尉健行、国家环保总局局长解振华和江苏省委省政府、苏州市委市政府作出一系列重要批示和指示。国家环保总局立即派出由三位司长分别担任组长的前方督查组常驻吴江市，原副局长宋瑞祥、副局长汪纪戎以及水利部有关领导奉国务院之命赶赴吴江市和嘉兴市，深入一线调研指导，并先后两次分别会见江、浙两省市有关领导，进行协调、磋商和督查。苏州市委书记陈德铭、市长杨卫泽也就此事召开一系列会议。

11月24日，国家环保总局、水利部和江、浙两省政府在认真磋商的基础上，签订《关于江苏苏州与浙江嘉兴边界水污染和水事矛盾的协调意见》（下简称《协调意见》）。是日，江苏省副省长王炳荣主持召开《协调意见》贯彻落实会议。会后，吴江市委开会，通报情况，统一思想，决心按照中央、国务院和省、市各级领导的指示精神，做好贯彻落实工作。

25日，吴江市委成立吴江市落实"江浙两省边界水事矛盾协调意见"领导小组，由市委副书记范建坤任组长，市委常委、副市长沈荣泉、市委常委、盛泽镇党委书记姚林荣、副市长金玉林、王永健任副组长，市环保局、市水利局、市水产局等6个政府部门的领导以及盛泽镇的镇长为小组成员。26日，苏州市副市长姜人杰、吴江市市长马明龙在盛泽召开各印染厂厂长、污水处理厂厂长会议，传达《协调意见》精神，并与各厂厂长签定限期整治达标排放责任状。27日，市政府制订《关于吴江市盛泽地区近期治污整改方案》，并上报苏州市政府。12月8日，市政府印发《关于盛泽地区印染企业污水治理长效管理的实施意见》，成立盛泽地区印染企业污水治理长效管理领导小组，由副市长王永健为组长，市环保局局长吴少荣和盛泽镇镇长张国强为副组长，市环保局和盛泽镇的分管领导为组员。

与此同时，吴江市委、市政府、盛泽镇党委、政府以及吴江市环保局立即采取6条措施：①

轮产限产。从 11 月 27 日起，盛泽镇 28 家印染企业分两组进行单日、双日轮产。与此同时，通过控制企业用水的办法来限制产量。废水排放总量在原有 12.5 万吨每日处理能力的基础上减排 50%，实际排放量控制在 6 万吨左右。②强化督查。吴江市委、市政府、盛泽镇党委、镇政府把水环境整治作为一项中心工作，全力以赴。市环保局更是把 80% 以上的

2002 年 5 月，市环保局的监测快艇正在检查江浙交界断面水质

人力集中在盛泽镇，派出 4 个督查小组，分厂包干，日监夜查。环境监测人员对水质天天采样，夜夜监测，监测情况及时上报。11 月 26 日，对查出的 7 家超标排放企业，责令停产，依法进行整治；此外，还撤换工作不力的镇联合污水处理厂厂长。③落实企业法人治污责任承诺制。市政府专门召集全镇 28 家印染企业法人代表开会，会上，企业法人与政府签订责任书，规定：第一次排放超标，每万吨处以 1 万元罚款，停产 7 天；第二次排放超标，每万吨处以 2 万元罚款，停产 14 天；第三次排放超标，每万吨处以 3 万元罚款，停业关闭；如有偷排、漏排等行为，处以一次性罚款 10 万元，并责令停产、停业或关闭。④整治管网。针对部分印染厂历史较长，排污管网年久失修，出现污水跑冒滴漏的现象，由吴江市分管副市长负责，市环保局督查组、盛泽镇检查组具体督办，不分昼夜，对盛泽地区所有企业污水管网进行全面普查、登记；对于暗管暗道以及管网老化等问题，当场落实整改措施；在这期间，盛泽镇企业为整治管网投入 1000 多万元，杜绝渗排、混排现象；整治以后，在 7 个排污口设立排污公示牌，以加强社会监督。⑤加强污泥管理。全镇投资 400 多万元，新增 14 台污泥压滤机，加上原先 8 台，共有 22 台压滤机在运转。对于污水处理过程中产生的污泥实施干化处理，集中地点堆放，严禁直接排入河道。一旦发现污泥直排，视同污水直排，严加处罚。⑥开展河道清淤。全镇投入资金 250 万元，动用绞吸式挖泥船 2 条、扒口工挖泥船 5 条、泥浆泵 3 台，对镇区内的 5 条内河和镇区外的主河道进行清淤和疏浚，切实减轻底泥污染。

　　经上述努力，盛泽镇水环境质量明显好转，达到《协调意见》提出的水质分阶段控制的目标。2001 年 12 月 30 日，国家环保总局副局长汪纪戎、江苏省副省长张连珍到盛泽监督检查，认为盛泽的环境综合整治已取得明显的阶段性成果。2002 年 4 月 10~11 日，国家环保总局局长解振华到盛泽视察，认为水质得到改善，群众情绪稳定，两市之间团结治污，团结治水的局面已初步形成。

　　在突击整治的基础上，吴江市委、市政府、盛泽镇党委、镇政府以及市环保局，开始把工作的着力点转向长效管理，进一步巩固和扩大突击整治的成果（详见第七章第五节"盛泽和江浙边界环境整治"）。

第四章　环境监测

1983年,县环境监测站开始在环境事故的处理中开展应急监测工作。1985年,开始对城区的水环境、大气环境和声环境进行常规监测,对可能产生污染的重点企业进行监督监测。1990年~2008年,常规监测(尤其是水环境的监测)逐步覆盖全境,监督监测逐步覆盖所有向环境排放污水、废水、烟尘、废气和噪声的企、事业

吴江市环境监测站(摄于2008年)

单位及个体工商户。与此同时,监测的点位和频次在增加,监测的手段和技术在更新,监测数据的数量和质量不断提高。

第一节　应急监测

1983年1月,县环境监测站成立不久,就开始环境事故应急监测。2001年3月,市环境监测站制定《吴江市环境监测站突发性环境污染事故应急监测实施方案》。根据《方案》,市环境监测站成立以站长为组长的应急监测领导小组,下设3个应急监测小组,并制定应急监测工作流程与应急监测值班制度。1996~2008年,全市应急监测有效数据总量为3350个。2002~2008年,市(县)政府和市(县)环保局先后制定各种环境事故应急预案11个(详见第三章第四节"预警和应急机制"),其中每一个预案都对应急监测作出明确的部署。

表 4-1　2001 年市环境监测站各应急监测小组职责表

组　别	职　责
监测一组	负责并承担市内固定源和流动源所造成的突发性水污染事故、水环境污染事故的调查和应急监测,以及相关数据的汇总和上报。
监测二组	负责并承担市内固定源和流动源所造成的突发性大气污染事故的调查和应急监测,以及相关数据的汇总和上报。
监测三组	负责并承担市内应急监测系统的质量保证与污染事故有关的情报资料收集,对污染事故监测数据进行分析和评价,形成文字报告上报主管部门。

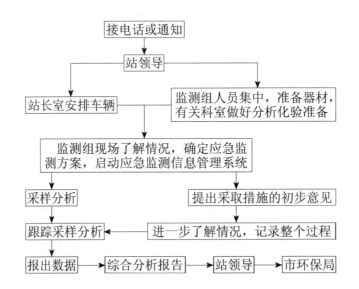

图 4-1　2001 年 3 月吴江市环境监测站制定的应急监测工作流程图

表 4-2　1996~2008 年环境事故应急监测数据总量汇总表

单位:个

年度	数量	年度	数量	年度	数量	年度	数量
1996	171	2000	342	2003	132	2006	292
1997	233	2001	486	2004	42	2007	223
1998	259	2002	26	2005	429	2008	258
1999	457						

第二节　常规监测

一、水环境监测

1985 年,县环境监测站开始全县水环境常规监测。监测水体有运河吴江段、颀塘河、太浦河及松陵城河,监测断面 17 个。2008 年,监测水体增至 11 个,监测断面增至 29 个。此外,全市各乡镇还分散设置 297 个农村地表水水质监测点。

80 年代中后期,监测频次为 3~4 次每年。2000 年后,按照《地表水监测技术规范》,由 2 个月监测 1 次逐步增加到每月监测 1 次,在特殊时期(如环境事故发生之后),对部分断面实行加密监测,每周 1 次或 2 天 1 次,甚至每天 1 次。监测项目和测定方法按《地表水和污水监测技术规范》《江苏省地表水环境监测技术规范》及《水和废水监测分析方法》操作。1996~2008 年,全市水环境常规监测有效数据总量为 102560 个。

1985 年,环境监测人员正在取水样

表 4-3　2008 年吴江市地表水监测断面一览表

水体名称	断面名称	说明
运河吴江段	瓜泾口北、三里桥、吴同桥、八坼桥、王江泾	其中,瓜泾口北、王江泾、浔溪大桥、芦墟大桥、元荡、太平桥、乌镇北、瓜泾口西 8 个断面,同属苏州市控断面;瓜泾口北、王江泾、浔溪大桥、莺湖桥、太浦闸、芦墟大桥、上海界标、太平桥、乌镇北、瓜泾口西、吴淞港闸、雅湘桥、横扇节制闸、庙港出湖口、七都出湖口、吴江净水厂、西塘桥 17 个断面,同属江苏省控断面;瓜泾口北、王江泾、浔溪大桥、太浦闸、上海界标、乌镇北、太平桥、瓜泾口西 8 个断面,同属国控断面。王江泾、浔溪大桥、太平桥、乌镇北为苏浙交界断面,上海界标为苏沪交界断面。吴江净水厂是饮用水源地水质监测断面。
頔塘河	浔溪大桥、八都砖瓦厂、双阳桥、梅堰桥、莺湖桥	
太浦河	横扇大桥、太浦闸、平望大桥、黎里大桥、芦墟大桥、元荡、上海界标	
后市河	太平桥	
烂溪塘	乌镇北	
吴淞江	瓜泾口西	
吴淞港	吴淞港闸	
军运港	雅湘桥	
东太湖	横扇节制闸、庙港出湖口、七都出湖口	
庙港	吴江净水厂	
松陵城河	太平桥、西塘桥、大江桥	

表 4-4　2005 年吴江市农村地表水水质监测点统计表

单位:个

镇(区)	松陵	吴江经济开发区	同里	芦墟	黎里	平望	横扇	震泽	七都	桃源	盛泽
数量	21	14	22	33	26	34	26	26	20	35	40

表 4-5　2005 年吴江市水质监测项目和测定方法一览表

监测项目	测定方法	监测项目	测定方法
水温	温度计或颠倒温度计测定法	石油类(动植物油)	非分散红外光度法
			红外分光光度法
氢离子浓度指数(pH 值)	玻璃电极法		重量法
浊度	便携式浊度计法	砷	二乙基二硫代氨基甲酸银分光光度法
总硬度	EDTA 滴定法		原子荧光法

（续表）

监测项目	测定方法	监测项目	测定方法
电导率	实验室电导率仪法	铜	阳极溶出伏安法
悬浮物	重量法		石墨炉原子吸收法
溶解氧	便携式溶解氧仪法		火焰原子吸收法
高锰酸盐指数	酸性高锰酸钾法	铅	阳极溶出伏安法
生化需氧量	稀释与接种法		石墨炉原子吸收法
氨氮	纳氏试剂光度法	镉	阳极溶出伏案法
亚硝酸盐氮	N–（1–萘基）–乙二胺光度法		石墨炉原子吸收法
		硫酸盐	铬酸钡光度法
硝酸盐氮	酚二磺酸分光光度法	透明度	塞氏盘法
总磷	钼锑抗分光光度法	化学需氧量	重铬酸盐法
总氮	过硫酸钾氧化紫外分光光度法	苯胺类	N–（1–萘基）乙二胺偶氮光度法
氟化物	离子选择电极法	硝基苯类	还原—偶氮光度法
总氰化物	异烟酸吡唑啉酮比色法	镍	火焰原子吸收光度法
		总铬	火焰原子吸收光度法
	硝酸盐滴定法	锌	原子吸收分光光度法
六价铬	二苯碳酰二肼分光光度法	氯化物	硝酸盐滴定法
		凯氏氮	纳氏试剂光度法
挥发酚	蒸馏后4–氨基安替比林萃取光度法	溶解性正磷酸盐	钼锑抗分光光度法
		色度	稀释倍数法
	蒸馏后4–氨基安替比林直接分光光度法	阴离子表面活性剂	亚甲蓝分光光度法
		挥发性卤代烃	顶空气相色谱法
汞	冷原子吸收法	有机氯农药(六六六、DDT)	毛细管气相色谱法
	原子荧光法		

表 4−6　1996~2008 年吴江市水环境常规监测有效数据总量汇总表

单位：个

年度	数量	年度	数量	年度	数量	年度	数量
1996	2620	2000	7290	2003	6750	2006	7650
1997	3790	2001	12320	2004	9050	2007	9850
1998	4090	2002	11520	2005	9610	2008	8580
1999	9470						

二、大气环境监测

1985 年,县环境监测站开始在吴江县城区进行大气环境常规监测。1997 年 6 月之前,大气环境测点设在市环境监测站、松陵饭店和生命信息中心。1997 年 6 月~2001 年 7 月,测点设在市环境监测站、市环保局和教师进修学校。2001 年 7 月之后,测点设在市环保局、教师进修学校和海关直通关。此外,设降尘测点 1 个,降水(酸雨)测点 1 个,均在市环境监测站内。

2001 年 7 月之前,大气环境监测采用每季一次连续 5 天的手工采样监测。2001 年 7 月,大气自动监测系统正式投入运行之后,停止原来的五日法监测,采用大气自动监测。降尘,每月监测 1 次;降雨,逢雨必测。监测项目和测定方法按《江苏省大气例行监测实施细则》操作。此外,降尘的监测项目是降尘和可燃物,测定方法为重量法。降水(酸雨)的监测项目是 pH 值,测定方法为玻璃电极法。1996~2008 年全市大气环境常规监测有效数据总量为40080 个。

表 4-7 2005 年吴江市大气环境监测项目和测定方法一览表

监测项目	测定方法
二氧化硫	甲醛吸收－副玫瑰苯胺分光光度法
	定电位电解法
	紫外荧光法
氮氧化物	盐酸萘乙二胺比色法
总悬浮颗粒物	重量法

表 4-8 1996~2008 年吴江市大气环境常规监测有效数据总量汇总表

单位:个

年度	数量	年度	数量	年度	数量	年度	数量
1996	1750	2000	1310	2003	6270	2006	2920
1997	1750	2001	3270	2004	2760	2007	4050
1998	2100	2002	4900	2005	3070	2008	3890
1999	2040						

三、声环境监测

1985 年,县环境监测站开始在吴江县城区进行声环境常规监测,主要是区域环境噪声和道路交通噪声;1999 年下半年,增加功能区环境噪声。

2005 年,吴江市区设区域环境噪声监测点位 107 个,道路交通噪声监测点位 21 个,功能区环境噪声监测点位 5 个。监测的项目、频次和测定方法,均按《环境监测技术规范(噪声部分)》操作。1997~2008 年,全市声环境常规监测有效数据总量为 13672 个。

表4-9　2005年吴江市区区域环境噪声监测点位一览表

编号		测点名称	编号		测点名称	编号		测点名称
1	A	梅里五组	5	A	吴江电大	9	D	吴江市江南针织厂
	B	水乡花园		B	吴江市体委		E	渡江小区
	C	世纪大厦		C	中国银行		F	吴江振华精毛纺厂
	D	南环水厂		D	中心商场		G	华利针线有限公司
	E	新体育馆		E	红旗影剧院		H	物流中心西
	F	水机厂		F	汽车客运公司		I	中达北
	G	变压器南		G	交通学校		J	朱家港
	H	松陵粮库西南		H	松陵建材市场	10	D	市舒乐舍公司
	I	松陵粮库东南	6	A	松陵一中		E	高级中学
2	A	上海静安区卫生干部培训中心		B	满坡绿食府		F	晋吴纺织厂
	B	吴江市建设委员会		C	吴江市实验小学		G	吴新村
	C	吴江海关		D	新华书店		H	三联化工厂
	D	亨通饭店		E	吴都大酒店		I	三里桥七队
	E	人事局		F	工人文化馆	11	D	吴江市舒乐舍新型建材公司
	F	垂虹小区三弄四号		G	城郊丝织厂		E	吴新村十一组
	G	航道管理处		H	红光布厂		F	吴新小学
	H	精诚汽贸		I	红卫二队		G	通源
	I	精诚汽贸后居民区		J	红卫二队东		H	苏州万向节厂
3	A	吴江公园西	7	A	吴江第一人民医院鲈乡门诊部		I	三里桥十五队
	B	吴江宾馆		B	鲈乡二村		J	全友
	C	福临门酒店		C	西门农贸市场	12	G	立扬
	D	社会保障局		D	红枫火锅		H	苏州星铭橡塑有限公司
	E	西沟滨别墅区		E	北门农贸市场	13	G	科德二厂
	F	原大象涂料厂废墟		F	工农路137号		H	兰妮比加利
	G	吴江中学		G	煤库	14	G	科德一厂
	H	华美电子		H	三里桥东塊		H	高创电子有限公司
	I	明耀玻璃有限公司		I	三里桥九队		I	华渊
4	A	双板桥小区	8	A	江兴小区	15	G	柳胥村二组
	B	人民医院宿舍楼		B	鲈乡三村26幢		H	松山电子
	C	南门菜场		C	吴江市供电局		I	柳胥村六组
	D	邮电局		D	油车小区		J	佳格食品有限公司
	E	吴江市政府		E	垂虹丝织厂	16	G	美齐西
	F	卫生局		F	技术监督局		H	美齐东
	G	交警大队		G	送变电工程公司		I	金育
	H	公路管理处		H	航运实业总公司		J	松陵变电站
				I	物流中心			
				J	中达南			

表 4-10　2005 年吴江市区道路交通噪声监测点位一览表

路段名称	测点名称	路长（千米）	路宽（米）
江陵北路	亚高达净化设备厂	1.28	60
江陵北路	苏州万向节厂	0.95	60
江兴路	振华精毛纺厂	2.85	20
流虹路	丰华饭店	1.25	10
北新路	小天鹅电影院	0.54	20
江陵南路	市环保局	1.02	30
江陵南路	人事局	1.87	30
仲英大道	鲈乡小学	0.94	40
仲英大道	吴江公园	1.41	40
鲈乡北路	供电局	1.36	30
鲈乡北路	石油公司	0.60	30
鲈乡南路	明月楼	0.27	30
鲈乡南路	吴江宾馆	0.53	30
中山北路	环球广播视像公司	2.29	20
中山南路	银杏饭店	0.91	20
交通北路	大朋电子有限公司	2.66	60
交通北路	吴江变电站	1.15	60
交通南路	吴江客运公司	0.48	60
交通南路	吴江中学	1.65	60
江陵东路	直通关	1.02	60
江陵东路	运东商住楼	1.06	60

表 4-11　2005 年吴江市区功能区环境噪声监测点位一览表

监测点位	适用区域
梅里弄 7 号	1 类标准适用区域
西元圩 28 号	2 类标准适用区域
城市污水处理厂	3 类标准适用区域
流虹路 11 号	4 类标准适用区域
江陵南路 102 号	

表 4-12　2005 年吴江市区环境噪声的监测项目和测定方法一览表

监测项目	测定方法	检测范围（分贝）
城市区域环境噪声	声级计法	35~130
环境噪声		
工厂企业厂界噪声		
建筑施工场界噪声		

表4-13   2005年吴江市区环境噪声监测频次表

类　别	监测频次	备　注
功能区环境噪声	每季度监测1次	
道路交通噪声	每年监测1次	测量同时记录车流量
区域环境噪声	每年监测1次	

表4-14   1997~2008年吴江市声环境常规监测有效数据总量汇总表

单位：个

年度	数量	年度	数量	年度	数量	年度	数量
1996	280	2000	876	2003	674	2006	1190
1997	280	2001	1314	2004	1252	2007	740
1998	100	2002	1830	2005	280	2008	950
1999	100						

第三节　监督监测

1985年2月27日,县环保局印发《关于实行污水送样检验制度的通知》,要求"印染、化工、轻工等有污水排放的企业,按月送样检验"。至年底,有83家企业送水样293份,到县环境监测站进行检验,取得数据884个。

1998年12月28日,市环保局印发《关于对我市污染企业开展监督性监测的通知》,要求市环境监测站对全市101家污染企业进行监督性监测,监测频次为每年4~5次。2000年12月29日,市环保局再次印发《关于对我市污染企业开展监督性监测的通知》,要求市环境监测站对全市100家污染企业进行监督性监测,监测频次为每年4~5次。

2002年8月29日,市环保局印发《关于我市工业污染自动监控装置由吴江市环保局统一管理的通知》,规定:排污单位的自动监控装置经市环保行政主管部门组织验收合格后,移交吴江市环保局统一管理,并由市环保局负责其日常运行维护及年检(包括定期更换载流液及COD标准液)。

2007年6月6日,为加大污染源自动监控力度,及时掌握各重点企业废水和废气的排放情况,实现全天候监控,市环保局印发《关于要求安装污染源在线监测仪并实现联网的通知》,要求各重点企业在9月30号之前完成在线监测仪的安装,并与市环境监测站联网。

至2008年,覆盖全市重点污染源的自动监控网络基本形成。

2002年夏,环境监测人员
对地表水进行监测

一、废水监测

1985 年 2 月,县环境监测站开始对全县所有向环境排放废水的企、事业单位及个体工商户进行监测。监测项目和测定方法,按《地表水和污水监测技术规范》《环境监测技术规范》和《水和废水监测分析方法》操作。监测形式分为例行性监测和抽查性监测。例行性监测的频次,重点排放单位每年监测 2~4 次,一般排放单位每年监测 1~2 次;2001 年之后,逐步实现污染源在线自动监测。抽查性监测,主要是配合环境监察大队对污染源的排放情况和治理设施的运行情况进行不定期监测。1996~2008 年,全市废水监督监测有效数据总量为 144202 个。

表 4-15　2005 年吴江市废水监测项目和测定方法一览表

单位: 毫克每升

监测项目	测定方法	检测范围
氢离子浓度指数(pH 值)	玻璃电极法	0~14 pH
悬浮物	重量法	大于 5
六价铬	二苯碳酰二肼分光光度法	0.004~1.0
总铬	原子吸收法	—
氨氮	纳氏试剂比色法	大于 0.025~2
溶解性正磷酸盐	钼锑抗分光光度法	—
化学需氧量	重铬酸钾法	10~800
生化需氧量	稀释与接种法	大于 3
矿物铀	重量法	—
挥发酚	4-氨基安替比林直接比色法	大于 0.1
苯胺类	萘乙二胺偶氮光度法	0.03~1.6
硝基苯类	还原-偶氮光度法	大于 0.2
总氮	过硫酸钾氧化-紫外分光光度法	0.05~4
高锰酸盐指数	酸性高锰酸钾法	0.5~5.0
铜	原子吸收法	大于 0.02
镍	原子吸收法	大于 0.04
色度	稀释倍数法	—
电导率	电导率仪测定法	大于 1 μS/cm(25℃)
总砷	二乙基二硫代氨基甲酸银分光光度法	0.007~0.5
总硬度	EDTA 滴定法	—
氟化物	离子选择电极法	0.05~1900
总锌	原子吸收分光光度法	0.05~1
总氰化物	硝酸银滴定法	—

表 4-16   1996~2008 年吴江市废水监督监测有效数据总量汇总表

单位：个

年度	数量	年度	数量	年度	数量	年度	数量
1996	1800	2000	5000	2003	10600	2006	14676
1997	2600	2001	19342	2004	14206	2007	17118
1998	2810	2002	18079	2005	15080	2008	16391
1999	6500						

二、废气和烟尘监测

1985 年 2 月，县环境监测站开始对全县所有向环境排放废气和烟尘的企、事业单位及个体工商户进行监测。监测的项目和测定方法按《空气和废气监测分析方法》操作。监测形式分为例行性监测和抽查性监测。例行性监测的频次，炉、窑废气排放每年监测 1 次，炉灶废气排放每年监测 2 次。抽查性监测，主要是配合环境监察大队对污染源排放和治理设施运行情况检查而进行的不定期监测。1996~2008 年，全市废气和烟尘监督监测有效数据总量为57321 个。

表 4-17   2005 年吴江市工业废气和烟尘监测项目与测定方法一览表

单位：毫克每立方米

监测项目	测定方法	检测范围
二氧化硫	甲醛吸收-副玫瑰苯胺分光光度法	（1）10ml 吸收液采样 30L，大于 0.007；（2）50ml 吸收液连续 24h 采样 300L，大于 0.003
	定电位电解法	2.86~5720
	紫外荧光法	0.002~0.5ppm
氮氧化物	Saltzman 法	大于 0.01
总悬浮颗粒物	重量法	大于 0.001
降尘	重量法	≤ 0.2t/（km2·30d）
氢离子浓度指数（pH 值）	玻璃电极法	0~14pH
锅炉烟尘	重量法	—
工业炉窑烟尘	重量法	—
烟气黑度	测烟望远镜	0~5 级
颗粒物	重量法	—
可吸入颗粒物 PM 10	TEOM 微量天平法	—
二氧化氮	Saltzman 法	大于 0.01
	化学发光法	0.002~0.5ppm
饮食业油烟	检气管法	—
铅	火焰原子吸收分光光度法	—
甲醛	乙酰丙酮分光光度法	—
甲醇	气相色谱法	—
丙酮	气相色谱法	—

（续表）

单位：毫克每立方米

监测项目	测定方法	检测范围
锡	石墨炉原子吸收分光光度法	—
氨	纳氏试剂比色法	—
硫化氢	亚甲基蓝光度法	—
二异丁基酮	气相色谱法	—
异丁醇	气相色谱法	—
总烃	气相色谱法	—
苯系物	气相色谱法	—

表 4–18　1996~2008 年吴江市废气和烟尘监督监测有效数据总量汇总表

单位：个

年度	数量	年度	数量	年度	数量	年度	数量
1996	1200	2000	900	2003	9846	2006	5126
1997	1200	2001	5128	2004	4338	2007	6920
1998	1440	2002	7686	2005	4820	2008	7317
1999	1400						

三、噪声监测

1985 年 2 月，县环境监测站开始对全县所有向环境排放噪声（含振动）的企、事业单位及个体工商户进行监测。监测的项目和测定方法按《环境监测技术规范（噪声部分）》操作。监测形式分为例行性监测和抽查性监测。例行性监测的频次，固定噪声源每年监测 1 次；抽查性监测，主要是配合环境监察大队进行的不定期监测。

表 4–19　2005 年吴江市噪声的监测项目和测定方法一览表

单位：分贝

监测项目	测定方法	检测范围
区域环境噪声	声级计法	35~130
设备噪声		
交通噪声		
功能区噪声		
工厂边界噪声		
建筑施工场界噪声		
江河岸区域噪声		

四、其他污染源监测

其他污染源监测始于 90 年代初，主要有生活污染源监测、流动污染源监测和农业污染源监测。生活污染源监测的主要项目是生活污水污染物排放浓度。流动污染源监测的主要项目是机动车尾气，包括汽油车怠速一氧化碳、碳氢化合物、汽车排气中氮氧化物以及柴油车自由加速烟度等。农业污染源监测的主要项目是全市各种农药使用量、各种农用化肥（氮肥、磷肥、钾肥、复合肥）使用量等。此外,90年代初,为控制大气氟污染,对七都、八都、桃源等蚕桑业比较发达的乡镇进行过桑叶含氟量的监测。

第四节　其他监测

90年代中期开始,其他监测项目相继开展。主要有:环境影响评价监测、环境影响评价后的评估监测、污染治理设施竣工后的验收监测、排污申报复核监测、排污许可证年审监测、机动车尾气检测、环保产品的环保指标检测、环境污染纠纷仲裁监测、达标验收监测、环境背景调查监测、委托样品检测等。1996~2008年,全市其他各类监测数据总量为58530个。

环境监测人员正在检测数据（摄于2004年）

表4-20　1996~2005年吴江市其他各类监测数据总量汇总表

单位:个

年度	数量	年度	数量	年度	数量	年度	数量
1996	1029	2000	2058	2003	4840	2006	4075
1997	1399	2001	2047	2004	6864	2007	6007
1998	1554	2002	1528	2005	16690	2008	7695
1999	2744						

第五节　监测报告制度

1983年1月,市(县)环境监测站从成立之初,便开始收集、整理和储存各类环境监测数据和资料,对全市(县)环境质量和污染状况进行综合分析,编制各类环境质量报告,为政府环境决策提供环境质量信息资料。

一、常规报告

（一）年报

1987年9月,国家环保局印发《全国环境监测报告制度（征求意见稿）》,要求各地(市)级环境监测站在每年的4月底之前,将上年度的《环境监测年报》报送同级环境保护主管部门和上一级环境监测站。1987年底,县环境监测站编写《环境监测年报》,开始执行这一制度。

（二）季报

1991年2月,国家环保局印发《全国环境监测报告制度（暂行）》,要求参加城市环境综合整治定量考核的城市环境监测站,在每个季度的第一个月底前,将上季度的《环境监测季报》报送同级环境保护主管部门和上一级环境监测站。1997年起,吴江市参加江苏省县级市城市环境综合整治定量考核工作,开始《环境监测季报》的编写。

（三）月报

1983年1月,国家城乡建设环境保护部印发《关于建立环境监测月报制度的通知》,1986年6月,省环保局印发《关于贯彻执行〈环境监测月报制度〉的通知》,要求各市、县环境监测站在每月10日前,将上月的月报报送当地环境保护主管部门并抄报省环保局监测处和省环境监测站。1985年1月,县环境监测站编写《环境监测月报》,开始执行这一制度。

（四）周报、日报

2001年7月,市环境监测站大气自动监测系统投入运行后,开始在《吴江日报》上公布每周的城市空气质量。2001年12月20日起,周报改为日报。

二、非常规报告

（一）例行监测中异常情况的报告

如在例行监测中发现异常的情况,由监测站领导安排相关科室与人员,立即写出报告,报送上级部门。

（二）突发性污染事故报告

在突发性污染事故的发生和处置过程中,环境监测人员根据处置的进程,及时地发出应急监测快报,内容包括监测的地点和时间、污染物的种类和浓度、污染的程度和范围、对环境的影响等。

（三）盛泽水质短信报告

2001年,江浙水污染纠纷平息后,为加速盛泽地区水环境治理,环境监测人员每天将盛泽、桃源等20多个监控点的水质化验情况通过手机短信形式连线市委书记、市长、市环保局领导、盛泽镇领导、盛泽印染协会领导和各印染企业业主,一旦水质发生异常,市政府、镇政府、环保部门、企业四方联合治水,确保盛泽地区的水环境安全。

三、环境质量报告书

2001年4月,市环保局在市统计局、公安局、农业局协助下,以市环境监测站为主要编写力量,编写《1996~2000年吴江市环境质量报告书》,上报吴江市政府、苏州市环保局和苏州市环境监测站。

2006年1月,市环保局在市统计局、市公安局、市农林局、市气象局、市建设局协助下,仍以市环境监测站为主要编写力量,编写《2001~2005年吴江市环境质量报告书》,再次上报吴江市政府、苏州市环保局和苏州市环境监测站。

第六节　质量管理

一、《质量手册》

1994年7月，市环境监测站编制《质量管理手册》（即《质量手册》），供站内工作人员对照使用。《质量手册》对监测流程、监测质量管理体系、仪器设备使用及维护、人员、环境、现场监测、样品管理、样品分析、数据处理等作出严格的规定，以确保站内监测数据的准确可靠。1999年7月，编制《质量手册》第二版；2003年4月，编制《质量手册》第三版；2006年6月，编制《质量手册》第四版和《程序文件》；2007年5月，编制《质量手册》第五版。

市环境监测站不同版本的《质量手册》（摄于2007年）

二、标准化规范化建设

1992年，市环境监测站获苏州市"优质实验室"称号。1994年，同时获苏州市和江苏省环境监测"优质实验室"称号；是年9月，通过省级计量认证，获得计量认证合格证书，样品质控率从30%提高到40%，样品合格率保持在95%以上。1999年和2004年，分别通过5年1次的省级计量认证复查。

2001年，市环境监测站通过省环保厅组织的标准化监测站验收，获得"标准化监测站"称号。2003年12月，通过国家实验室认可。2004年3月，获得国家实验室认可证书。2005年3月，通过国家实验室认可的监督评审。2007年9月，再次通过国家实验室监督评审。

2003~2008年，市环境监测站参加中国实验室国家认可委员会和中国合格评定国家认可委员会组织的实验室能力验证活动6次21个项目的检测；参加中国环境监测总站、江苏省环保厅、江苏省质量技术监督局和苏州市环境监测中心站组织的实验室比对活动12次31个项目的检测，均获得满意的结果。2008年，通过计量认证换证工作，获得省级实验室资质认定计量认证证书。

表 4-21　2004~2008 年吴江市环境监测站参加能力验证活动一览表

组织方	参加日期	能力验证名称	参加项目名称	试验人员	结果
中国实验室国家认可委员会	2004 年 4 月	水中微量挥发卤代烃检测	氯仿	钮玉龙	满意
			四氯化碳	钮玉龙	满意
			三氯乙烯	钮玉龙	满意
			四氯乙烯	钮玉龙	满意
	2005 年 7 月	水中化学需氧量、总磷、总氮等的检测	化学需氧量	施荣、蔡伟伟	满意
			总磷	王建滨、钟睿	满意
			总氮	王建滨、钟睿	满意
中国合格评定国家认可委员会	2006 年 4 月	空气中二氧化硫检测	二氧化硫	钮玉龙	满意
	2006 年 4 月	水质总硬度检测	总硬度	沈云峰	满意
	2008 年 4 月	水中重金属元素检测	铜、铅、锌、镉	沈吕芹	满意
			镍	沈吕芹	满意
			铁、锰	沈吕芹	满意
			硅	沈吕芹	满意
	2008 年 4 月	水中 5 种无机盐检测	氟化物、氯化物、硝酸盐、硫酸盐	陈一弘	满意

表 4-22　2003~2008 年吴江市环境监测站参加实验室比对活动一览表

组织方	参加日期	参加项目名称	结果
苏州市环境监测中心站	2003 年 4 月	总氮、生化需氧量、二氧化硫、pH	满意
江苏省质量技术监督局认证处	2003 年 4 月	高锰酸钾指数、氨氮、总氰化物、铜	满意
江苏省质量技术监督局认证处	2004 年 5 月	水质中 pH、化学耗氧量、总磷的测试	合格
苏州市环境监测中心站	2004 年 7 月	水中六六六、DDT 的比对测定和水中挥发酚的比对测定	满意
中国环境监测总站	2004 年 11 月	2004 年度酸雨考核(pH、电导率)	满意
江苏省质量技术监督局、江苏省环境保护厅	2005 年 8 月	石油类、生化需氧量、二氧化硫(水剂)	满意
苏州市环境监测中心站	2005 年 10 月	总磷、氨氮、化学需氧量	满意
江苏省质量技术监督局、江苏省环境保护厅	2006 年 8 月	砷、空气中氨(水剂)	合格
苏州市环境监测中心站	2006 年 11 月	高锰酸盐指数、总氮	合格
江苏省环境监测中心	2007 年 5 月	水质中汞、硫化物的测试	合格
江苏省环境监测中心	2008 年 6 月	水质中挥发酚、总氮的测试	合格
苏州市环境监测中心站	2008 年 10 月	水质中氨氮	合格

三、业务能力建设

1983 年 1 月,市(县)环境监测站成立后,不断加大人员培训和内部业务考核的力度,监测人员的业务水平和监测质量逐年提高。1992 年 5 月,在苏州市环保局组织的监测站环保知识竞赛中,获得团体第 1 名。2006 年,在苏州市环保局组织的环境监测技术大比武活动中,获得团体和个人第 3 名。2008 年 9 月,在苏州市环保局组织的环境监测技能比赛中,获得团体第 3 名和 1 个单项第 3 名、1 个单项第 5 名。

表4-23　2004~2008年市环境监测站培训情况统计表

年份	各类培训班(班次)	参加培训人数(人次)	全站持证人数
2004	6	40	15
2005	11	36	15
2006	6	10	16
2007	8	12	16
2008	—	204	18

表4-24　2004~2008年市环境监测站内部业务考核情况统计表

年份	标准样品考核	操作技能考试	基础理论考试	上岗理论考核
2004	27项	10人次	45人次	—
2005	26项	—	52人次	—
2006	43项	—	51人次	—
2007	100项	—	30人次	30人次
2008	210项	3人次	—	20人次

四、仪器设备

1983~2008年,吴江市(县)环境监测站不断加大先进仪器设备的引进,监测的能力和精度不断提高。

表4-25　1996~2008年市环境监测站仪器设备总价值一览表

单位:万元

年份	设备总价值	年度	设备总价值	年度	设备总价值
1996	40	2001	298.5	2006	512.6
1997	47	2002	341.4	2007	748.2
1998	49.5	2003	368.9	2008	757.1
1999	84.5	2004	378.5		
2000	148.5	2005	485.3		

表4-26　2008年市环境监测站主要仪器设备一览表

单位:元

设备名称	购置日期	型号规格	数量	购置金额
溶解氧测定仪	1997年2月	YSI-58	1	25700
紫外可见分光光度计	1999年9月	TU-1800	1	38925
溶解氧测定仪	1999年11月	YSI-58	1	14250
紫外可见分光光度计	2000年8月	UV-1601	1	12696
电子天平	2000年8月	AE 200	1	18500
空气质量监测系统1#	2000年12月	AQMS 9000	1	620000
空气质量监测系统2#	2001年1月	AQMS 9000	2	620000×2

（续表）

设备名称	购置日期	型号规格	数量	购置金额
空气质量监测系统备用	2001 年 3 月	AQMS 9000	1	150000
气相色谱仪	2001 年 10 月	4890 D	1	160000
电热鼓风干燥箱	2002 年 4 月	CS 101 – 1 EB	1	4970
酸度计	2003 年 10 月	PHS– 3 CT	1	2820
生化培养箱	2003 年 11 月	SPX– 150 B–Z	1	5990
智能降水采样器	2004 年 4 月	ZJC– 1	1	10500
林格曼测烟望远镜	2004 年 4 月	QT 201	3	3840
电热鼓风干燥箱	2004 年 4 月	CS 101 – 1 EB	1	4970
噪声统计分析仪	2004 年 5 月	AWA 6218 B	2	15000
化学需氧量（COD）测定仪	2004 年 8 月	DR 2500	1	46000
烟尘采样测试仪	2004 年 11 月	3012	1	60000
酸度计	2005 年 4 月	PHS– 3 CT	1	2800
电子天平	2005 年 4 月	CP 224 S	1	19990
电热鼓风干燥箱	2005 年 4 月	CS 101 – 1 EB	1	4970
红外分光测油仪	2005 年 5 月	JDS– 109 A	1	69920
大气综合采样器	2005 年 6 月	KC– 6120	2	20000
原子吸收光谱仪（石墨炉））	2005 年 7 月	AA 600	1	587800
原子吸收分光光度计	2005 年 8 月	TAS– 990 F	1	120000
双道原子荧光光度计	2005 年 9 月	AFS– 3100	1	133600
大气综合采样器	2005 年 9 月	KC– 6120	2	20000
噪声统计分析仪	2006 年 9 月	AWA 6218 B	2	12328
手持式烟气分析仪	2006 年 10 月	KM– 940	2	75600
超纯水器	2006 年 11 月	NEW Human Power	1	39346
土壤消解器	2006 年 12 月	Ethos 1	1	256600
便携式傅立叶红外多组分气体分析仪	2006 年 12 月	DX– 4020	1	946000
气相色谱仪（含工作站）	2006 年 12 月	6890 N	1	542000
紫外可见分光光度计	2006 年 12 月	756 mc	1	23800
电导率仪	2006 年 12 月	DDSJ– 308 A	1	3500
浊度仪	2006 年 12 月	2100 N	1	23000
烟尘测试仪	2007 年 11 月	WJ– 60 B	2	36900 × 2
大气采样器	2007 年 11 月	BX– 2400 B	6	12500 × 6
智能中流采样器	2007 年 11 月	TSPPW 0 KC– 120 H	5	7950 × 5
紫外分光光度计	2007 年 11 月	TU– 1901	1	58000
智能水样采样器	2007 年 12 月	ZJC–III	1	12600
紫外可见分光光度计	2008 年 1 月	TU– 1901	1	67800
YSI 多参数水质测量仪	2008 年 5 月	6600 V 2	1	294000
声级器	2008 年 11 月	6228	2	28160
合计				5984525

第五章　环境监察

1979年,县环保办开始常规的执法检查。90年代初,县环保局开始对"旧桶复制"等重污染行业开展专项执法行动。90年代中期,在市委、市政府的统一指挥下,市环保局和其他执法部门互相配合国,多次开展联合执法行动。在加强执法的同时,80年代初,县环保局开始征收排污费,以加强环境的管理和治理。

第一节　环境执法

一、执法制度

1993~2000年,为规范执法行为,市环保局制订的环境执法制度有:《行政执法公示制度》《现场环境监察制度》《现场巡视监察制度》《环境监察稽查制度》《行政执法考评制度》《行政执法错案责任追究制度》《重大行政处罚决定和行政赔偿备案审查制度》《行政执法证件管理制度》《行政执法内部监督制度》《环境监察档案管理制度》《环境监察票据使用制度》《执法文书使用管理制度》和《环境监察报告制度》等。环境执法纪律有:《吴江市环境监察人员行为规范》《吴江市环保执法人员"十不准"》和《吴江市环境保护局"六条禁令"》。环境执法程序有:《污染源监察工作程序》《污染治理设施监察工作程序》《建设项目"三同时"监察工作程序》《限期治理项目监察工作程序》《排污许可证监察工作程序》《现场处罚工作程序》《环境保护行政处罚基本程序》《环境保护行政处罚听证程序》和《环境监察稽查工作程序》。

二、常规执法

1979年8月,县环保办成立之初,就开始常规的执法检查。是年10月16日,县环保办下发《对同里镇建立同里化工厂的意见》,指出:"对塑料增白剂的意见……要求不排放污水,如有向河中排放的现象出现,立即停产,并追究责任。"次年10月16日,县环保办下发《关于对黎里公社南星电镀厂排污超标实行罚款的通知》,指出"黎里公社南星大队电镀厂铬排放超标达30倍之多",决定"罚款1千元",如"仍有类似情况发现,要加倍罚款和停产治理"。1981年,县环保局先后对同里公社群益电镀厂、吴江县石棉制品厂等7家企业作出罚款、责令停产和责令限期治理的处理。

1986 年 5 月 23 日,县政府印发《批转县多管局、环保局〈关于保障蚕桑生产的紧急报告〉的通知》,责令"蚕桑生产地区(铜罗、青云、桃源、庙港、七都、八都、坛丘、盛泽、平望、横扇、梅堰、震泽、南麻)所有的砖瓦、水泥、炼铁、玻璃等生产企业以及生产中使用氟石(白云石)的铸件厂,从即日起至五月底,停止生产,不再排放含氟气体"。这是县政府首次发文,对违法违规企业采取环境执法行动。

2003 年夏,吴江市环境监察人员在执法检查

1993 年 2 月,吴江市环境监理站成立,环境执法工作逐步地走上轨道。1996 年 8 月 14 日,市政府印发《市政府关于授权市环保局对造成环境污染的单位作出限期治理决定的通知》,授权市环保局对本市范围内造成严重污染的企、事业单位作出限期治理决定。1998 年 1 月 4 日,市环保局签发《吴江市环境保护局行政执法委托书》,将环境监督检查和行政执法事项委托市环境监理大队办理。2001 年 7 月 1 日,市环保局签发《吴江市环境保护局行政执法委托书》,将盛泽镇范围内的环境管理、污染源监督、污染事故和环境纠纷事件调查等行政执法中查处违法行为的现场处罚事项,委托给盛泽分局办理。

常规的环境执法以现场监察为主,对于重点污染源及其污染防治设施每月不少于 1 次;一般污染源及其污染治理设施每季度不少于 1 次;生态示范区、综合治理工程、烟尘控制区、噪声达标区每季度不少于 1 次;对于群众举报的污染源,则及时进行现场监察。现场监察的项目有污染物排放情况、污染防治设施运转情况、建设项目"三同时"执行情况、限期治理项目的完成情况等。对于违法违规行为,一经发现,则下达行政命令,责令其改正;对于其中情节较为严重者,则予以必要的行政处罚。行政命令有:责令停止建设;责令停止试生产;责令停止生产或者使用;责令限期建设配套设施;责令重新安装使用;责令限期拆除;责令停止违法行为;责令限期治理、限期整改、限期办理环评审批手续以及法律法规设定的其他行政命令种类。行政处罚有:警告;罚款;责令停产整顿责令停产、停业、关闭;暂扣、吊销许可证或者其他具有许可性质的证件以及法律法规设定的其他行政处罚种类。

1996~2008 年,市政府先后发文 96 次,责令 208 家企业(或车间)关闭,责令停产整治的企业达 441 厂次,责令限期整改的企业达 80 厂次。

表 5-1　2001~2008 年吴江市环境保护局环境执法数据汇总表

单位:厂次

年份	2001	2002	2003	2004	2005	2006	2007	2008
现场监察	4000	2575	9500	—	7890	5500	6375	5680
行政命令	121	184	130	176	297	331	175	27

（续表）

单位：厂次

年份	2001	2002	2003	2004	2005	2006	2007	2008
行政处罚	111	179	97	78	143	164	136	82
报市政府	16	38	98	270	110	24	16	133

表5-2　1996~2008年吴江市政府执法统计表

年份	发文次数	责令关闭的企业（或车间）	责令停产整治的企业（厂次）	责令限期整改的企业（厂次）
1996	12	24	4	—
1997	—	—	—	—
1998	—	—	—	—
1999	1	—	1	—
2000	—	—	—	—
2001	4	—	8	—
2002	15	1	34	—
2003	10	98	18	—
2004	13	13	242	—
2005	15	58	29	—
2006	13	14	94	—
2007	12	—	11	20
2008	1	—	—	60

三、专项执法

专项执法行动始于80年代末，整治对象由最初的"旧桶复制"行业逐步覆盖所有的污染行业和所有的违法违规行为。

（一）旧桶复制

1990年2月16日，县环保局、县工商局联合印发《关于在全县开展清理整顿旧桶复制行业的通知》，首先在青云乡开展旧桶复制行业的清理、整顿试点，取得经验后在全县11个乡镇全面铺开。至年底，旧桶复制企业总数从191家削减到98家。

2001年3月23日，青云镇政府印发《关于对旧桶加工业治理整顿的通知》，规定：各制桶企业不得购进有毒、有害的旧桶进行加工或经营；不得用焚烧的办法，对旧桶进行加工；旧桶残液及洗桶水不得直排。

2003年2月18日和4月24日，市环保局先后印发《关于开展旧桶复制企业专项整治的

2002年5月，在旧桶复制行业专项整治行动
发起之前，副市长王永健正在作行动部署

通知》和《关于重申旧桶复制企业禁止用水清洗旧桶的紧急通知》,在随后开展的专项整治行动中,整治旧桶复制企业 112 个,责令关闭 64 家,限期治理 48 家,允许存在的旧桶复制企业,均采用溶剂洗桶的新工艺,杜绝洗桶废水的排放。

2005 年 5 月,市政府召集各镇的分管领导和环保助理、60 多家旧桶复制企业的法人代表,召开专题动员大会,提出整治要求。6 月 29 日,市政府印发《关于责令全市各旧桶复制企业停产整治的通知》。7 月 14 日,市政府印发《关于责令全市各旧桶复制企业关闭的通知》,工商行政部门立即取缔旧桶交易市场,吊销所有旧桶复制企业的营业执照。8 月 1 日,市环保局印发《关于落实旧桶复制企业关闭措施的通知》。8 月 30 日,市政府发出通告,责令各旧桶复制企业必须在 9 月 10 日前清理完库存的旧桶。9 月 16 日,市环保专项行动领导小组组织联合执法检查,对企业内尚未处理的旧桶统一收缴。至此,全市 101 家旧桶复制企业(含挂靠)全部被取缔。2006 年 9 月 26 日,市环保局印发《关于取缔有关非法旧桶复制生产窝点的通知》,巩固治理的成果。

（二）炼油

1991 年 7~12 月,县环保局首次对全县小炼油企业进行清理整顿,全县 34 个小炼油厂压缩为 23 个,每个炼油厂都建起隔油池,使炼油废水经初级处理后排放。

1998 年 8 月,由市政府牵头,市环保局、市公安局、市法院、市技监局、市工商局、市监察局、市土地局等部门共同参与,对擅自建设的小炼油企业进行专项检查,取缔小炼油点 18 个,拆除土法炼油装置 75 套。1999 年,市环保局与市工商局、市技监局联合,再次对小炼油企业的进行专项执法检查,

2001 年 6 月,市环保局、市技监局、市公安局、市水产局组成联合执法组,对芦墟三白荡一带的水上小炼油点进行执法检查,取缔小炼油点 2 个,扣押运输船 2 艘,拆除土法炼油炉 4 座。

（三）电镀

2000 年,市环保局对小电镀业进行专项执法检查。2003 年 3 月 11 日,市环保局在同里镇政府会议室召开电镀行业专项整治动员会,在随后开展的专项整治行动中,所有的电镀企业集中搬迁到同里的运东金属表面处理加工区,污水集中处理。

（四）化工

2000 年,市环保局首次对铜罗镇、平望镇的小化工业进行专项执法检查。

2003 年 7 月 14 日,市环保局印发《吴江市浆料化工行业污染专项整治长效管理办法》;23 日,市环保局在北库镇政府召开浆料化工行业污染专项整治长效管理工作会议;在随后开展的专项整治行动中,全市 36 家有造粒项目的浆料化工企业,29 家完成治理设施,7

2003 年 4 月,吴江市环境监察人员检查盛泽星火化学织造厂

家自行或被责令停止造粒生产工艺。9月2日,市环保局印发《关于公布浆料化工行业已完成污染专项整治工作企业名单的通知》,公布29家基本达到整治要求的化工浆料生产单位。

2005年5月13日,市政府召集各镇的分管领导和环保助理、150多家化工企业的法人代表,召开吴江市化工行业专项整治工作会议,提出"规范一批、整治一批、关闭一批"的整治要求;6月15日,市政府印发《关于责令莺湖浆料厂等53家化工企业和化工车间关闭的通知》;8月1日,市政府发出强制执行的通告;8月11日,强制执行小组对拒绝关闭的企业实施停电、拆除设备等强制性措施;12月中旬,黎里、北厍有8家浆料造粒车间死灰复燃,执行小组再次采取强制性措施,予以关闭。

2006年6月27日,市政府办公室印发《关于进一步加强对小化工、废旧塑料回收和喷水织机企业清理整顿的通知》,在整治行动中,盛泽的两家化工企业被关闭。10月13日,市政府印发《关于成立吴江市化工行业专项整治工作领导小组的通知》,决定成立化工行业专项整治工作领导小组,由市长徐明任领导小组组长,分管副市长姚林荣任常务副组长,市政府分管副秘书长朱金兆、市经贸委主任王剑云、市安监局局长葛金才、市环保局局长范新元等任副组长,市政府相关机构的负责人任组员;10月30日,市政府办公室印发《关于印发吴江市化工生产企业专项整治方案的通知》,决定对全市所有的化工企业,尤其是技术含量低、环境污染重、安全保障差的小型企业和危险化学品企业以及化工企业相对集中的地区,通过逐个排查和集中整治,提高生产经营标准、行业准入门槛和从业资质要求,将分散的化工生产企业向化工集中区域集中,以求有效地控制和治理污染,推进化工行业科学、健康、有序地发展。

（五）喷水织造

2004年3月15日,市政府办公室印发《转发市环保局〈关于加强全市纺织行业污染防治工作的意见〉的通知》,并专门召开喷水织机专项整治动员大会。在随后开展整治工作中,全市总投资7000多万元,整治喷水织机企业1494家,织机90415台,基本建成治理设施或接通管网的企业1425家,织机81643台;与此同时,对于无动于衷的98家企业则拉闸停电,责令其限期整改。同年8月11日,市环保局印发《关于对6月底完成治理设施建设的喷水织机企业进行奖励的通知》,给通过验收的180家企业,每台织机100元奖励;同年12月1日,市环保局印发《关于51套喷水织机废水治理设施通过验收的通知》,公布经验收达标的喷水织机废水治理设施名单。2005年7月7日,市环保局印发《关于第二批喷水织机废水治理设施通过验收的通知》,公布经验收达标的40套喷水织机废水治理设施名单。

2006年6月27日,市政府办公室印发《关于进一步加强对

2004年3月,吴江市政府召开全市喷水织机专项整治动员大会

小化工、废旧塑料回收和喷水织机企业清理整顿的通知》。是年,市环保局先后三次开展喷水织机专项整治行动,对50多家喷织企业的违法行为进行经济处罚,并对不能达标排放企业予以关闭;使得全市约80%以上喷水织机的生产废水通过企业自建或联建设施、接入污水处理厂进行处理,设施运转率明显提高。

2007年8月20日,市政府办公室印发《关于加强全市喷水织机管理的意见》,进一步开展全市范围喷水织机行业整治,对尚未完成治理工作的喷织企业、尤其是对喷织废水直排的企业予以更严厉的打击。

2008年5月7日,市政府印发《关于成立吴江市喷水织机废水专项整治工作领导小组的通知》,决定成立喷水织机废水专项整治工作领导小组,由市政府分管副市长汤卫明为组长、市政府分管副秘书长张建国和市环保局局长范新元为副组长,市政府相关部门的负责人为组员。5月19日,市政府转发市环保局《关于加强全市喷水织机废水专项整治工作的实施意见》,根据"抓大不放小、治理全覆盖"的原则,做到"集中一批,整治一批,关闭一批",进一步规范对喷织企业的管理。

（六）烟尘

2000年9月,市环保局首次开展大气污染防治的专项检查。2003年2月12日,市环保局印发《关于开展烟尘专项整治的通知》,在随后的专项整治行动中,整治烟尘企业783家、烟囱1000多个,全部安装水膜除尘设备或使用清洁能源。2003年8月7日,市环保局印发《关于公布完成烟尘专项整治任务的企业的通知》,公布首批完成整治任务的企业350家。2004年1月16日,市环保局印发《关于公布第二批完成烟尘专项整治任务的企业的通知》,公布第二批完成整治任务的企业77家。

（七）饮用水源

2005年4月30日,市环保局印发《关于印发〈吴江市开展集中式水源地环保专项整治行动方案〉的通知》,在随后开展的集中式饮用水源地专项整治行动中,对现有分属各镇的备用饮用水源地周围约1000米范围内进行检查,重点检查有无工业污染源及污染物排放情况以及1998年来建设项目审批管理情况。2007年5月24日,市政府办公室印发《关于继续开展集中式饮用水源地专项整治的通知》,要求在前二年的基础上,进一步采取有效措施,打击违法行为,确保饮用水源安全。(详见第七章第四节第二目第二子目"专项整治行动")

（八）畜禽养殖

2008年7月24日,市政府办公室印发《印发〈沿太湖区域畜禽规模养殖场整治行动方案〉的通知》,规定:沿太湖1公里范围内的5家畜禽规模养殖场立即关闭;沿太湖1~5公里区域内的75家畜禽规模养殖场立即进行整治,到期未

2008年秋,经过整治的东太湖湖面

能实现零排放者,立即取缔。其中,松陵镇 32 家,横扇镇 23 家,七都镇 19 家,吴江经济开发区1 家(详见第七章第四节第四目"畜禽养殖业整治")。

（九）网围养殖

2008 年 10 月 13 日,市政府办公室印发《关于印发〈吴江市东太湖网围养殖整治实施办法〉的通知》,要求在 2009 年 1 月底之前,完成东太湖 5.8 万亩网围整治任务,拆除所有的网围和看管棚舍(详见第七章第四节第五目"水产养殖业整治")。

四、联合执法

凡稍具规模的环境执法行动,都是在市委、市政府的统一指挥下,由市环保局和其他执法部门互相配合协同完成。

（一）联合执法大检查

1995～1998 年,由市政府牵头,市人大、市政协参与,市环保局、市法制局、市工商局、市技监局、市监察局等部门协同配合,每年组织一次环保执法大检查。在检查中,市、镇两级联动,先由各镇自查,再由市联合执法检查组进行地毯式检查。对于检查中发现的违法违规行为和现象,则依法予以处理。

（二）"环境执法年"全市环保联合执法统一行动

1999 年是江苏省"环境执法年",苏州市开展统一的执法大检查。5 月 27 日,市环保局印发《关于组织全市环保联合执法统一行动的通知》,6 月,在市人大常委会参与下,与工商、技监、监察、法制等部门协同配合,组成 3 个环境执法检查组,对全市的污染企业,尤其是"太湖限期治理"达标单位以及"15 小"企业、近期群众投诉较多的单位,进行现场执法检查。

（三）五大专项整治行动

2002 年 12 月,市环保局开始筹划"五大专项整治"行动,即浆料化工、旧桶复制、电镀、绢纺和烟尘的治理。2003 年 1 月 3 日,在市环保局呈送的《关于开展专项整治的情况汇报》中,市委书记朱建胜作出批示:"实行五大专项整治,方向正确,重点突出,应予以充分肯定"。之后,市政府召开专项整治动员会,分管环保的副市长王永健到会发言,统一整治要求。在行动实施的过程中,市人大、市政协的领导参与指导,尤其是验收阶段,更是全程参与。各镇政府也加强本地专项整治的检查督促。通过半年的整治,全市 36 家有造粒项目的浆料化工企业,29家完成治理工作,2 家被取缔,5 家自行停止"造粒"生产工艺;112 家旧桶复制企业,被责令关闭 64 家,治理 48 家,全部采用溶剂洗桶的新工艺,杜绝洗桶废水排放;电镀企业全部集中搬迁到运东金属表面加工区,实行污水集中处理;绢纺企业主要集中在八都镇,污水处理统一纳入八都镇集中污水处理工程,进行集中处理;烟尘整治涉及 783 家企业的 1000 多根烟囱,全部安装水膜除尘设备或使用清洁能源。

（四）整治违法排污企业保障群众健康环保专项行动

2003 年 6 月 23 日,国家环保总局、发展改革委、监察部、司法部、工商总局和安全监管局联合印发《关于开展清理整顿不法排污企业保障群众健康环保行动的通知》,之后,每年的5、6 月至年底,集中半年左右,在全国范围内开展"整治违法排污企业保障群众健康环保专项行动"。2005 年 6 月 8 日,国务院办公厅印发《关于深入开展整治违法排污企业保障群众健康环保专项行动的通知》,最初发起的六个部委,也相继联合发文,行动的规模和力度进一步加大。

2005 年 8 月 19 日,市政府办公室印发《转发市发改委等部门关于〈吴江市 2005 年整治违法排污企业保障群众健康环保专项行动工作方案〉的通知》;2006 年 7 月 20 日,市政府办公室印发《转发市环保局等部门关于〈吴江市 2006 年整治违法排污企业保障群众健康环保专项行动工作方案〉的通知》;2007 年 7 月 2 日,市政府办公室印发《印发关于〈吴江市 2007 年整治违法排污企业保障群众健康环保专项行动工作方案〉的通知》;2008 年 7 月 21 日,市政府办公室印发《转发市环保局关于〈吴江市 2008 年度整治违法排污企业保障群众健康环保专项行动工作方案〉的通知》。

在历年的"整治违法排污企业保障群众健康环保专项行动"中,市政府成立专门的领导小组,统一组织协调环保专项整治行动。领导小组由市政府分管环保的副市长任组长,市政府分管环保的副秘书长和市环保局局长任副组长,市发改委、市经贸委、市环保局、市工商局、市供电局、市公安局、市监察局、市安监局、市司法局、市法制办的分管领导为组员,2008 年,组员中增加市中小企业局的分管领导和银监委吴江市办事处主任。

2005 年的主要工作是:解决群众反复投诉的环境污染问题;清理并纠正各级政府违反国家环保法律法规的政策措施;开展集中式饮用水源地环保专项整治行动;开展全市化工行业专项整治;开展城市噪声污染综合整治;对连续 2 年环保专项行动以来查处的环境违法企业整治情况进行全面复查;对钢铁、水泥、纺织、印染等行业违反建设项目环境保护法律法规违法建设的问题进行全面清理;加强太湖流域地区重点污染源的整治;解决不如实进行排污申报核定、不依法足额征收解缴排污费问题。

2006 年的主要工作是:集中整治威胁饮用水源安全的污染和隐患;集中整治工业企业集中区的环境违法问题;集中整治建设项目环境违法问题;集中整治喷水织机行业的环境违法问题;集中整治群众反响强烈及市政府已发文关闭企业的环境问题。

2007 年的主要工作是:深入开展集中式饮用水源地保护区整治;深入开展工业园区(工业集中区)环境违法问题整治;开展影响群众健康和可持续发展的重点行业整治;着力解决群众反映突出的环境信访问题。

2008 年的主要工作是:持续开展集中式饮用水源地整治;开展涉水行政整治;解决群众反映突出的环境信访问题。

2003～2008 年,每年都会将一批群众反映强烈、影响社会稳定的重大环境问题作为重点查处事项,由吴江市整治违法排污企业保障群

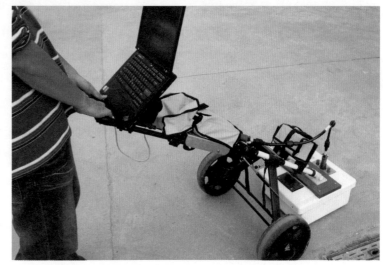

专门针对地下暗管排放的雷达探地仪(摄于 2008 年)

众健康环保专项行动领导小组发文公布,挂牌督办,限时解决。到时,领导小组邀请市人大、市政协领导和新闻媒体记者共同参与督查,对挂牌督办的环境问题逐一验收。凡是逾期未完成的,对企业,则断电断水断信贷;对责任人,则依法依规依纪,严肃追究。经过不断的努力,各级政府的环保意识和环保工作的力度得到增强,一批群众反映强烈的环境问题得到解决,产业结构的调整得到加速,环境质量得到改善。

2006年7月,吴江市政府召开"整治排污企业、保障群众健康"专项行动工作会议

第二节　排污收费

一、征收

1980年4月28日,县革委会印发《吴江县关于〈奖励综合利用和收取排污费的暂行规定〉的通知》,开始在县属企业中(包括外地驻吴江县的单位)征收排污费。1985年6月19日,县环保局印发《关于对乡(村)镇企业征收排污费的通知》,排污费征收范围扩大到乡镇企业和村办企业。1989年1月27日,县政府印发《关于印发〈吴江县排污水费征收管理使用暂行办法〉的通知》,排污费征收范围扩大到所有向环境水体排放工业污水和生活污水的企、事业单位和个体经营户,包括各类宾馆、招待所、食堂、饭店、浴室等,而且,对于排放超过国家或地方排放标准的污水,则按国家规定交纳超标排污费。

1991年9月25日,县环保局、县物价局、县财政局共同转发国家环境保护局、物价局、财政部所发的《关于调整超标污水和统一超标噪声排污费征收标准的通知》,根据此文件,吴江县按国家统一的新标准收费。1997年5月19日,针对第三产业的迅速发展,市环保局、市物价局、市财政局共同印发《关于我市饮食、娱乐、服务行业超标污水排污费实行简易收费标准的通知》,对数量众多的饮食、娱乐、服务行业(含个体工商户)的征收程序进行简化。2006年12月11日,市建设局、市环保局、市水利局、市财政局、市物价局共同制定《关于加强自备水源用户排污处理费用征收的实施意见(试行)》,规定自备水源用户均须缴纳污水处理费或排污费,其中超标排污的,还须缴纳超标排污费;此外,对于征收的范围、数量、方式以及处罚的标准等,《意见》均作出明确的规定。

为收齐、收足排污费,1989年6月10日和8月4日,县环保局以同样的标题连续印发《关于在全县征收排污费实行"委托收款(劳务)"结算的通知》,规定乡镇企业的排污费统由农业银行托收;全民、大集体企(事)单位的排污费统由工商银行托收。1989年7月4日,县环保局印发《关于核定乡镇排污费征收额的通知》,规定每年年初,县环保局核定本年度各乡镇排污费数额,然后发文,以增强排污收费工作的透明度。1996年7月5日,市环保局在转发国家环保局《关于进一步加强排污收费和环保补助资金管理的通知》时强调:对于不及时上缴或拖延、截留排污费的单位,一经查实,除收回其排污收费委托权外,还将按有关财经纪律追究有关人员的责任。1997年2月19日,市政府印发《关于加强排污收费工作的通知》,再次强调"依法、全面、足额"地征收排污费,对征收的标准和办法以及排污费的管理和使用等,作出具体的说明和规定。2003年6月18日,市环保局印发《关于我市贯彻〈排污费征收使用管理条例〉实施方案》,宣布从7月1日起,开始实行国务院《排污费征收使用管理条例》。此前,市环保局分五批,对全市18个镇170个企业共300余人进行培训;对污染严重的盛泽镇,则单独进行重点培训。

1995年2月9日,市环保局开始实施《吴江市排污收费奖惩考核暂行办法》,规定:排污收费工作设立基数奖,每镇全年800元。还规定:除基数奖外,再根据各镇实收超标排污费的总额,按1.5‰的比例提取奖金给予奖励。2002年3月1日,市环保局开始实施《吴江市排污收费奖惩考核办法》,规定:收费总额的30%返还给镇环保办,用于该镇环保事业,收费总额的10%作为排污收费奖励基金。

自执行排污收费制度起,每年4月,市(县)环保局印发《第一季度乡镇排污费征收情况通报》;7月,印发《上半年乡镇排污费征收情况通报》;10月,印发《1~9月乡镇排污费征收情况通报》;12月,召开排污收费工作会议。每年年中,印发《关于清理统计欠缴排污费的通知》,然后,择日分片召开清理拖欠排污费的会议。对于拖欠甚至拒交排污收费的单位,则印发《限期缴清拖欠排污费的通知》或《加倍征收排污费的决定》,用以催缴拖欠的排污费。

表5-3　1986~2008年吴江市(县)排污收费总额一览表

单位:万元

年度	总额	年度	总额	年度	总额	年度	总额	年度	总额
1986	154.32	1991	426.00	1996	535.00	2001	1200.00	2006	1875.80
1987	100.80	1992	497.00	1997	450.00	2002	1300.00	2007	3173.00
1988	223.60	1993	500.00	1998	480.00	2003	1304.40	2008	2513.00
1989	285.00	1994	501.00	1999	587.00	2004	1350.87		
1990	350.00	1995	544.00	2000	790.00	2005	1512.51		

二、管理和使用

1980年4月28日,县革委会颁布《奖励综合利用和收取排污费的暂行规定》,规定:各单位的排污费必须缴入县财政局专户存储,由县环保办会同县计委、县财政局统一安排,主要用于环境保护、"三废"治理工程、环境监测、购置环境监测仪器和在环境保护工作中取得显著成绩的单位。还规定:农村社队企业所交的排污费,由公社工业办公室设立专项,用于公社的环境保护、"三废"治理工程,使用时,由工业办公室统一安排,县环保办、主管局批准使用。

1985年6月19日,县环保局印发《关于对乡(村)镇企业征收排污费的通知》,规定:排污费必须缴入指定的收费专户,主要用于交费单位治理污染源。1989年1月27日,县政府制定《吴江县排污水费征收管理使用暂行办法》,规定:征收的排污水费,存入当地环保办公室开设的银行账户。所收款额的百分之八十作为本乡镇环境保护综合治理的专项资金,由乡镇提出治理方案,经县环保局审定使用,不准挪作他用。

2006年12月11日,市建设局、市环保局、市水利局、市财政局、市物价局共同制定《关于加强自备水源用户排污处理费用征收的实施意见(试行)》,规定:污水处理费实行财政"收支两条线"管理,收到的金额上缴市财政预算外财政专户,然后由市财政按规定返回给各镇,其支出应当用于城市排污管网和污水集中处理设施的运行、维护、更新改造和补充建设费用,专款专用;排污费应当列入环境保护专项资金进行管理,主要用于重点污染源防治,区域性污染防治,污染防治新技术、新工艺的开发、示范和应用及国务院规定的其他污染防治项目。还规定:市财政、物价、审计、建设、水利、环保部门要加强污水处理费征缴、管理、使用的监督检查,确保征缴资金及时到位、专户储存、专项使用,不拖欠截留,不转移挪用。

第六章　环境质量

新中国成立至"文化大革命"结束,吴江县工业薄弱,农业生产以传统方式为主,环境污染甚少。改革开放后,全县乡镇工业迅猛发展、农业生产方式快速转变,城镇的规模和外来暂住人口的不断增长,污染日趋严重。90年代,随着管理和治理力度的不断加强,全市环境质量开始好转。2000年后,污染逐步得到控制,环境质量总体保持稳定。

第一节　水环境质量

吴江市(县)地处长江三角洲太湖下游,属苏南水网地区,西承太湖来水,南纳浙北来水,地面水资源丰富。除太湖外,元荡、北麻漾、长漾等50多个千亩以上河荡,京杭大运河、太浦河、澜溪塘、頔塘、吴淞江等20多条主要河道,不仅供给城乡生活、生产用水,承担航运交通,还成为生活污水和工业废水的排泄通道。改革开放之前,吴江县水质良好,有鱼有虾。改革开放之后,水质开始下降,鱼虾渐渐绝迹。经连年整治,90年代起,吴江市水质逐步改善。

一、市区饮用水源取水口水质

1996~2000年,监测项目为表6-1中的21项,根据《地表水环境质量标准(GB3838—88)》,各项指标的五年平均值,高锰酸盐指数、石油类为三类,其余为二类。

2001~2005年,监测项目为表6-2中的30项,根据《地表水环境质量标准(GB3838—2002)》,各项指标的五年平均值均为三类。

2006~2008年,监测项目为表6-3中的29项,根据《地表水环境质量标准(GB3838—2002)》,各项指标的三年平均值均为三类,略优于2001~2005年的年均值。

表6-1　1996~2000年吴江市区饮用水源水质监测年均值汇总表

项目＼年份	1996年	1997年	1998年	1999年	2000年	年均值
水温(摄氏度)	19.0	18.8	20.7	19.3	19.1	19.4
pH值(无量纲)	7.10~7.55	6.87~7.72	7.20~7.74	7.23~7.75	7.35~7.98	—
浊度(度)	11	12	9	10	9	10

（续表）

项目 ＼ 年份	1996 年	1997 年	1998 年	1999 年	2000 年	年均值
总硬度（毫克每升）	105.9	110.2	90.55	96.60	106.2	102.43
溶解氧（毫克每升）	6.0	6.8	7.4	6.8	6.6	6.7
高锰酸盐指数（毫克每升）	5.2	5.4	5.0	4.6	5.9	5.2
生化需氧量（毫克每升）	2.0	2.2	1.7	2.3	2.9	2.2
亚硝酸盐（毫克每升）	0.32	0.15	0.15	0.30	0.27	0.24
挥发酚（毫克每升）	0.001	0.001	0.001	0.002	0.001	0.001
总氰化物（毫克每升）	0.002	0.002	0.002	0.002	0.002	0.002
总砷（毫克每升）	未检出	未检出	未检出	未检出	未检出	未检出
总汞（毫克每升）	未检出	未检出	未检出	未检出	未检出	未检出
六价铬（毫克每升）	0.002	0.002	0.002	0.002	0.002	0.002
总铅（毫克每升）	0.002	0.002	0.002	0.002	0.002	0.002
石油类（毫克每升）	0.29	0.03	0.05	0.03	0.02	0.08
非离子氨（毫克每升）	0.002	0.005	0.002	0.01	0.02	0.01
总镉（毫克每升）	0.002	0.002	0.002	0.002	0.002	0.002
氟化物（毫克每升）	0.48	0.55	0.48	0.49	0.57	0.51
细菌总数（个每毫升）	350	412	746	397	2155	812
总大肠菌（个每升）	7100	3700	6700	2490	4533	4905
氨氮（毫克每升）	0.48	1.40	0.12	0.38	0.43	0.56

表 6-2　2001~2005 年吴江市区饮用水源水质监测年均值汇总表

项目 ＼ 年份	2001 年	2002 年	2003 年	2004 年	2005 年	年均值
水温（摄氏度）	22.2	19.1	19.9	20.0	17.5	19.7
pH 值（无量纲）	7.31~8.48	6.80~7.70	6.75~8.83	6.95~7.79	7.35~8.31	—
浊度（度）	5	14	22	12	11	13
总硬度（毫克每升）	108	106	106	121	135	115
溶解氧（毫克每升）	7.3	6.9	7.7	6.4	7.6	7.2
高锰酸盐指数（毫克每升）	4.6	5.7	5.2	5.6	4.4	5.1
生化需氧量（毫克每升）	1.6	2.4	2.2	3.3	3.1	2.5
亚硝酸盐（毫克每升）	0.024	0.049	0.047	0.060	0.014	0.039
硝酸盐氮（毫克每升）	0.23	0.25	0.30	0.26	0.29	0.27
挥发酚（毫克每升）	0.001	0.002	0.002	0.002	0.001	0.002
总氰化物（毫克每升）	0.002	0.002	0.002	0.003	0.002	0.002
总砷（毫克每升）	未检出	未检出	未检出	未检出	未检出	未检出
石油类（毫克每升）	0.04	0.02	0.03	0.03	0.02	0.03
总汞（毫克每升）	未检出	未检出	未检出	未检出	未检出	未检出
六价铬（毫克每升）	0.006	0.006	0.006	0.006	0.005	0.006
总铅（毫克每升）	0.002	0.002	0.002	0.003	0.002	0.002
总镉（毫克每升）	0.002	0.002	0.002	0.002	0.002	0.002

（续表）

项目＼年份	2001 年	2002 年	2003 年	2004 年	2005 年	年均值
氟化物（毫克每升）	0.61	0.62	0.56	0.76	0.62	0.63
细菌总数（个每毫升）	640	1205	1091	1329	125	878
总大肠菌（个每升）	2088	2495	2617	3478	635	2263
粪大肠菌（个每升）	—	1388	1725	1547	333	1248
硫化物（毫克每升）	0.002	0.002	0.002	0.003	0.005	0.003
总铜（毫克每升）	0.003	0.002	0.002	0.003	0.002	0.002
电导率（西门子每米）	34.4	39.9	43.5	54.4	55.3	45.5
悬浮物（毫克每升）	31	32	19	12	9	21
化学需氧量（毫克每升）	22.3	22.1	21.7	18	14	20
氯化物（毫克每升）	46.3	44.8	44.8	57.0	60.9	50.8
硫酸盐（毫克每升）	38.2	34.3	44.4	48.5	59.2	44.9
总磷（毫克每升）	0.102	0.081	0.140	0.118	0.076	0.103
氨氮（毫克每升）	0.58	0.35	0.33	0.51	0.35	0.42

表 6-3　2006~2008 年吴江市区饮用水源水质监测年均值汇总表

项目＼年份	2006 年	2007 年	2008 年	年均值
水温（摄氏度）	18.4	17.6	17.0	17.7
pH（无量纲）	7.67~8.31	7.36~8.17	7.31~7.89	—
浊度（度）	6	9	12	9
总硬度（毫克每升）	141	134	116	130
溶解氧（毫克每升）	8.4	8.2	9.0	8.5
高锰酸盐指数（毫克每升）	4.3	3.8	2.9	3.7
生化需氧量（毫克每升）	3.2	2.5	1.0	2.2
亚硝酸盐（毫克每升）	0.016	0.022	0.041	0.026
硝酸盐（毫克每升）	0.412	0.439	0.407	0.419
挥发酚（毫克每升）	0.001	0.002	0.002	0.002
总氰化物（毫克每升）	0.002	0.002	0.002	0.002
总砷（毫克每升）	0.004	0.004	0.004	0.004
石油类（毫克每升）	0.03	0.02	0.02	0.023
总汞（毫克每升）	0.00005	0.00005	0.00005	0.00005
六价铬（毫克每升）	0.007	0.003	0.003	0.004
总铅（毫克每升）	0.002	0.002	0.002	0.002
总镉（毫克每升）	0.002	0.002	0.002	0.002
氟化物（毫克每升）	0.61	0.72	0.69	0.67
细菌总数（个每毫升）	131	185	127	148
总大肠菌（个每升）	253	523	269	348
粪大肠菌（个每升）	145	336	73	185
硫化物（毫克每升）	0.005	0.005	0.004	0.005

（续表）

年份项目	2006 年	2007 年	2008 年	年均值
总铜（毫克每升）	0.003	0.002	0.003	0.003
电导率（西门子每米）	59.0	54.7	47.2	53.6
化学需氧量（毫克每升）	15	14	12	14
氯化物（毫克每升）	57.1	58.9	49.1	55.0
硫酸盐（毫克每升）	65.2	60.6	66.9	64.2
总磷（毫克每升）	0.105	0.088	0.050	0.081
氨氮（毫克每升）	0.31	0.19	0.19	0.23

二、太湖出湖河流水环境质量

1996~2000 年，监测项目为表 6-4 中的 16 项，单月监测 1 次。根据《地表水环境质量标准（GB 3838—88）》，各项指标的五年平均值，总磷、总氮为四类，其余为三类。

2001~2005 年，吴江市太湖出湖河流设 3 个监测断面（横扇节制闸、庙港出湖口、七都出湖口），监测项目为表 6-5 中的 26 项，单月监测 1 次。根据《地表水环境质量标准（GB 3838—2002）》，各项指标的五年平均值，总氮为四类，其余为三类。

2008 年夏，经过整治的东太湖

2006~2008 年，吴江市太湖出湖河流仍设 3 个监测断面，监测项目为表 6-6 中的 25 项，每月监测 1 次。根据《地表水环境质量标准（GB 3838—2002）》，各项指标的三年平均值，总氮为四类，其余为三类，而且优于 2001~2005 年的年均值。

表 6-4   1996~2000 年吴江市太湖出湖河流水质监测年均值汇总表

单位：毫克每升

年份项目	1996 年	1997 年	1998 年	1999 年	2000 年	年均值
悬浮物	74	52	68	57.4	26.7	55.6
总硬度	101.8	91.43	81.67	81.54	107.8	92.85
溶解氧	6.5	9.2	9.2	7.6	8.2	8.1
高锰酸盐指数	4.8	4.7	4.0	3.9	4.4	4.4
生化需氧量	0.8	1.3	1.3	1.4	2.2	1.4
挥发酚	0.001	0.003	0.001	0.002	0.002	0.002
总磷	0.09	0.06	0.04	0.05	0.03	0.05
总氮	1.76	0.84	1.49	0.80	0.34	1.05

（续表）

总氰化物	0.002	0.002	0.002	0.002	0.002	0.002
总砷	未检出	未检出	未检出	未检出	未检出	未检出
总汞	未检出	未检出	未检出	未检出	未检出	未检出
六价铬	0.002	0.002	0.002	0.002	0.002	0.002
总铅	0.002	0.002	0.002	0.002	0.002	0.002
非离子氨	0.00	0.005	0.01	0.001	0.01	0.00
总镉	0.002	0.002	0.002	0.002	0.002	0.002
氨氮	0.14	0.08	0.12	0.10	0.21	0.13

表6-5　2001~2005年吴江市太湖出湖河流水质监测年均值汇总表

年份　项目	2001年	2002年	2003年	2004年	2005年	年均值
水温（摄氏度）	18.2	17.2	17.7	17.9	17.6	17.7
pH值（无量纲）	7.78~8.41	6.83~8.00	6.89~7.95	7.16~7.92	7.14~8.37	—
浊度（度）	24	19	50	14	17	25
悬浮物（毫克每升）	37	28	63	25	18	34
总硬度（毫克每升）	120	108	96.2	118	135	115
溶解氧（毫克每升）	7.8	8.6	8.8	6.3	7.5	7.8
高锰酸盐指数（毫克每升）	4.5	3.7	3.8	4.4	4.2	4.1
生化需氧量（毫克每升）	0.6	2.0	1.3	3.5	3.3	2.1
挥发酚（毫克每升）	0.002	0.002	0.002	0.001	0.001	0.002
总磷（毫克每升）	0.090	0.075	0.129	0.104	0.112	0.102
总氮（毫克每升）	0.78	1.19	1.24	0.80	1.40	1.08
总汞（毫克每升）	未检出	未检出	未检出	未检出	未检出	未检出
总氰化物（毫克每升）	0.002	0.002	0.002	0.002	0.002	0.002
总砷（毫克每升）	未检出	未检出	未检出	未检出	未检出	未检出
电导率（西门子每米）	35.2	36.5	40.5	50.5	53.7	43.3
氟化物（毫克每升）	0.51	0.53	0.44	0.60	0.61	0.54
六价铬（毫克每升）	0.005	0.005	0.013	0.004	0.005	0.006
总铅（毫克每升）	0.003	0.002	0.002	0.002	0.002	0.002
硫化物（毫克每升）	0.002	0.002	0.002	0.005	0.005	0.003
总镉（毫克每升）	0.002	0.002	0.002	0.002	0.002	0.002
石油类（毫克每升）	0.02	0.05	0.02	0.02	0.03	0.03
化学需氧量（毫克每升）	26.6	15.2	13.3	14	12	16
亚硝酸盐（毫克每升）	0.027	0.030	0.035	0.010	0.019	0.024
硝酸盐氮（毫克每升）	0.33	0.39	0.55	0.20	0.28	0.35
叶绿素a（毫克每升）	0.00627	0.00180	0.00190	0.00196	0.00240	0.0029
氨氮（毫克每升）	0.41	0.35	0.21	0.16	0.28	0.28

表 6-6　2006～2008 年吴江市太湖出湖河流水质监测年均值汇总表

年份 项目	2006 年	2007 年	2008 年	年均值
水温(摄氏度)	18.4	18.3	17.5	18.1
pH(无量纲)	7.30～8.41	6.75～8.21	7.12～8.25	—
浊度(度)	21	38	10	23
悬浮物(毫克每升)	·22	54	20	32
总硬度(毫克每升)	143	139	121	134
溶解氧(毫克每升)	7.4	7.6	8.5	7.8
高锰酸盐指数(毫克每升)	5.0	4.6	4.1	4.6
生化需氧量(毫克每升)	3.7	2.9	2.1	2.9
挥发酚(毫克每升)	0.002	0.002	0.002	0.002
总磷(毫克每升)	0.139	0.132	0.094	0.122
总氮(毫克每升)	2.16	1.76	1.15	1.69
总汞(毫克每升)	0.00005	0.00005	0.00005	0.00005
总氰化物(毫克每升)	0.002	0.002	0.002	0.002
总砷(毫克每升)	0.004	0.004	0.004	0.004
电导率(西门子每米)	64.8	57.8	51.1	57.9
氟化物(毫克每升)	0.61	0.71	0.74	0.69
六价铬(毫克每升)	0.007	0.003	0.003	0.004
总铅(毫克每升)	0.002	0.003	0.002	0.002
硫化物(毫克每升)	0.005	0.005	0.005	0.005
总镉(毫克每升)	0.002	0.002	0.002	0.002
石油类(毫克每升)	0.03	0.02	0.02	0.02
化学需氧量(毫克每升)	16	18	16	16.7
亚硝酸盐(毫克每升)	0.028	0.029	0.039	0.032
硝酸盐(毫克每升)	0.372	0.392	0.478	0.414
氨氮(毫克每升)	0.56	0.50	0.38	0.48

三、吴江市主要河流水环境质量

(一)运河吴江段

1996～2005 年,京杭大运河吴江段设 5 个监测断面(瓜泾口北、三里桥、吴同桥、八坼桥和王江泾),监测项目为表 6-7 中的 17 项,单月监测 1 次。根据《地表水环境质量标准(GB 3838—88)》,各项指标的五年平均值,高锰酸盐、石油类为四类,其余为三类。

2001～2005 年,京杭大运河吴江段仍设 5 个监测断面,监测项目为表 6-8 中的 23 项,单月监测 1 次。根据《地表水环境

穿城而过的京杭大运河(摄于 2008 年)

质量标准（GB 3838—2002）》，各项指标的五年平均值，氨氮略低于五类，高锰酸盐指数、生化需氧量、挥发酚和化学需氧量为四类，其余为三类。

2006～2008 年，京杭大运河吴江段仍设 5 个监测断面，监测项目为表 6-9 中的 23 项，每月监测 1 次。根据《地表水环境质量标准（GB 3838—2002）》，各项指标的三年平均值，化学需氧量、氨氮为五类，高锰酸盐指数、生化需氧量为四类，其余为三类。

表 6-7　1996～2000 年运河吴江段水质监测年均值汇总表

单位：毫克每升

项目＼年份	1996 年	1997 年	1998 年	1999 年	2000 年	年均值
悬浮物	116	69	50	48	46	65
总硬度	122.8	103.1	105.5	115.9	137.1	116.9
溶解氧	4.5	4.8	5.0	4.9	5.5	4.9
高锰酸盐指数	7.4	8.5	6.1	5.7	6.7	6.9
生化需氧量	3.1	4.2	3.7	3.5	3.7	3.6
亚硝酸盐	0.109	0.118	0.075	0.079	0.104	0.097
硝酸盐	0.73	0.41	0.34	0.56	0.56	0.52
挥发酚	0.003	0.007	0.004	0.004	0.004	0.004
总氰化物	0.002	0.006	0.002	0.002	0.002	0.002
总砷	未检出	未检出	未检出	未检出	未检出	未检出
总汞	未检出	未检出	未检出	未检出	未检出	未检出
六价铬	0.002	0.002	0.002	0.002	0.002	0.002
总铅	0.002	0.002	0.002	0.002	0.002	0.002
石油类	0.75	0.57	0.05	0.04	0.02	0.29
非离子氨	0.01	0.03	0.02	0.02	0.02	0.03
总镉	0.002	0.002	0.002	0.002	0.002	0.002
氨氮	1.85	3.34	1.38	2.28	0.47	1.864

表 6-8　2001～2005 年运河吴江段水质监测年均值汇总表

项目＼年份	2001 年	2002 年	2003 年	2004 年	2005 年	年均值
水温（摄氏度）	16.5	18.3	19.3	20.0	19.4	18.7
pH 值（无量纲）	7.09～7.61	6.39～7.84	6.71～7.85	6.95～7.58	7.10～7.93	—
悬浮物（毫克每升）	58	53	71	70	47	58
总硬度（毫克每升）	152	125	124	158	160	141
溶解氧（毫克每升）	4.6	6.1	6.0	4.8	3.9	5.1
高锰酸盐指数（毫克每升）	6.4	5.7	6.9	7.6	7.9	6.9
生化需氧量（毫克每升）	4.4	4.1	3.7	5.6	6.2	4.8
亚硝酸盐（毫克每升）	0.115	0.094	0.155	0.197	0.133	0.139
硝酸盐（毫克每升）	0.47	0.66	0.74	0.51	0.46	0.57
挥发酚（毫克每升）	0.004	0.010	0.006	0.005	0.006	0.006
总氰化物（毫克每升）	0.002	0.002	0.002	0.002	0.002	0.002
总砷（毫克每升）	未检出	未检出	未检出	未检出	未检出	未检出

（续表）

项目 ＼ 年份	2001 年	2002 年	2003 年	2004 年	2005 年	年均值
总汞(毫克每升)	未检出	未检出	未检出	未检出	未检出	未检出
六价铬(毫克每升)	0.004	0.009	0.011	0.008	0.006	0.008
总镉(毫克每升)	0.002	0.002	0.002	0.002	0.002	0.002
总铅(毫克每升)	0.002	0.002	0.002	0.002	0.002	0.002
石油类(毫克每升)	0.05	0.03	0.04	0.03	0.05	0.04
硫化物(毫克每升)	0.004	0.002	0.002	0.003	0.007	0.004
氟化物(毫克每升)	0.57	0.60	0.56	0.63	0.79	0.63
总铜(毫克每升)	0.003	0.004	0.002	0.002	0.004	0.003
电导率(西门子每米)	45.1	52.5	63.3	81.2	79.6	64.3
化学需氧量(毫克每升)	38.7	26.6	27.9	28	30	30
氨氮(毫克每升)	1.63	1.88	3.04	2.84	1.35	2.15

表 6-9　2006~2008 年运河吴江段水质监测年均值汇总表

项目 ＼ 年份	2006 年	2007 年	2008 年	年均值
水温(摄氏度)	20.6	19.8	19.0	19.8
pH（无量纲）	6.87~8.04	6.39~7.84	7.06~7.66	—
悬浮物(毫克每升)	42	54	31	42
总硬度(毫克每升)	165	164	152	160
溶解氧(毫克每升)	3.8	4.7	5.7	4.7
高锰酸盐指数(毫克每升)	8.7	8.2	6.4	7.8
生化需氧量(毫克每升)	5.3	5.6	5.5	5.5
亚硝酸盐(毫克每升)	0.186	0.203	0.206	0.198
硝酸盐(毫克每升)	0.675	0.506	0.967	0.716
挥发酚(毫克每升)	0.007	0.004	0.004	0.005
总氰化物(毫克每升)	0.002	0.002	0.002	0.002
总砷(毫克每升)	0.004	0.004	0.004	0.004
总汞(毫克每升)	0.00005	0.00005	0.00005	0.00005
六价铬(毫克每升)	0.008	0.003	0.003	0.005
总镉(毫克每升)	0.002	0.002	0.002	0.002
总铅(毫克每升)	0.002	0.002	0.002	0.002
石油类(毫克每升)	0.06	0.05	0.04	0.05
硫化物(毫克每升)	0.005	0.005	0.005	0.005
氟化物(毫克每升)	0.71	0.73	0.74	0.73
总铜(毫克每升)	0.015	0.009	0.005	0.010
电导率(西门子每米)	88.0	78.2	68.4	78.2
化学需氧量(毫克每升)	37	35	25	32
氨氮(毫克每升)	2.13	1.46	1.55	1.71

（二）颐塘河

1996~2000 年，颐塘河设 4 个监测断面，单月监测 1 次，监测项目为表 6-10 中的 17 项。根据《地表水环境质量标准（GB 3838—88）》，各项指标的五年平均值，石油类为四类，其余为三类。

2001~2005 年，颐塘河设 5 个监测断面（浔溪大桥、八都砖瓦厂、双阳桥、梅堰桥、莺湖桥），单月监测 1 次，监测项目为表 6-11 中的 23 项。根据《地表水环境质量标准（GB 3838—2002）》，各项指标的五年平均值，挥发酚、化学需氧量为四类，其余为三类。

颐塘河畔，塔桥相映（摄于 2007 年）

2006~2008 年，颐塘河仍设 5 个监测断面，每月监测 1 次，监测项目为表 6-12 中的 23 项。根据《地表水环境质量标准（GB 3838—2002）》，各项指标的三年平均值，化学需氧量、生化需氧量为四类，其余为三类。

表 6-10　1996~2000 年颐塘河水质监测年均值汇总表

单位：毫克每升

年份 项目	1996 年	1997 年	1998 年	1999 年	2000 年	年均值
悬浮物	88	55	38	59	49	58
总硬度	109.3	110.7	81.73	86.98	115.2	100.8
溶解氧	6.4	6.5	7.8	6.5	6.8	6.8
高锰酸盐指数	5.0	5.8	5.2	4.9	5.1	5.2
生化需氧量	1.6	2.6	2.5	2.4	2.6	2.3
亚硝酸盐	0.065	0.065	0.041	0.052	0.074	0.059
硝酸盐	1.06	0.56	0.77	0.59	0.63	0.72
挥发酚	0.012	0.004	0.005	0.003	0.003	0.005
总氰化物	0.002	0.002	0.002	0.002	0.002	0.002
总砷	未检出	未检出	未检出	未检出	未检出	未检出
总汞	未检出	未检出	未检出	未检出	未检出	未检出
六价铬	0.002	0.002	0.002	0.002	0.002	0.002
总铅	0.002	0.002	0.002	0.002	0.002	0.002
石油类	0.72	0.28	0.04	0.04	0.04	0.22
非离子氨	0.01	0.01	0.01	0.01	0.01	0.01
总镉	0.002	0.002	0.002	0.002	0.002	0.002
氨氮	0.57	0.37	0.41	0.42	0.37	0.428

表 6-11　2001~2005 年颐塘河水质监测年均值汇总表

项目＼年份	2001 年	2002 年	2003 年	2004 年	2005 年	年均值
水温（摄氏度）	18.6	18.0	19.9	19.7	19.1	19.1
pH 值（无量纲）	6.95~7.74	6.58~7.82	6.65~7.83	6.96~7.82	7.18~7.78	—
悬浮物（毫克每升）	50	62	117	76	55	72
总硬度（毫克每升）	129	117	109	141	162	132
溶解氧（毫克每升）	5.8	6.6	7.3	5.8	5.8	6.3
高锰酸盐指数（毫克每升）	5.6	5.0	5.6	6.1	5.8	5.6
生化需氧量（毫克每升）	1.4	3.2	2.6	3.7	4.0	3.0
亚硝酸盐（毫克每升）	0.067	0.085	0.160	0.146	0.107	0.113
硝酸盐（毫克每升）	0.94	0.84	1.25	0.63	0.84	0.90
挥发酚（毫克每升）	0.003	0.018	0.010	0.004	0.004	0.008
总氰化物（毫克每升）	0.002	0.002	0.002	0.002	0.002	0.002
总砷（毫克每升）	未检出	未检出	未检出	未检出	未检出	未检出
总汞（毫克每升）	未检出	未检出	未检出	未检出	未检出	未检出
六价铬（毫克每升）	0.004	0.008	0.008	0.007	0.005	0.006
总铅（毫克每升）	0.002	0.002	0.002	0.002	0.002	0.002
总镉（毫克每升）	0.002	0.002	0.002	0.002	0.002	0.002
石油类（毫克每升）	0.05	0.03	0.03	0.02	0.05	0.04
硫化物（毫克每升）	0.002	0.002	0.002	0.003	0.006	0.003
氟化物（毫克每升）	0.50	0.60	0.52	0.74	0.72	0.62
总铜（毫克每升）	0.004	0.004	0.002	0.003	0.002	0.003
电导率（西门子每米）	38.5	41.0	46.1	68.3	63.5	51.5
化学需氧量（毫克每升）	26	21	26	22	20	23
氨氮（毫克每升）	0.75	0.84	0.68	0.80	0.80	0.77

表 6-12　2006~2008 年颐塘河水质监测年均值汇总表

项目＼年份	2006 年	2007 年	2008 年	年均值
水温（摄氏度）	20.4	19.6	18.3	19.4
pH（无量纲）	6.96~8.10	6.45~7.70	7.01~7.91	—
悬浮物（毫克每升）	50	82	49	60
总硬度（毫克每升）	153	147	149	150
溶解氧（毫克每升）	6.3	6.2	7.4	6.6
高锰酸盐指数（毫克每升）	6.2	5.9	5.6	5.9
生化需氧量（毫克每升）	4.1	4.2	4.2	4.2
亚硝酸盐（毫克每升）	0.160	0.209	0.187	0.185
硝酸盐（毫克每升）	0.754	0.723	1.25	0.909
挥发酚（毫克每升）	0.005	0.003	0.003	0.004
总氰化物（毫克每升）	0.002	0.002	0.002	0.002
总砷（毫克每升）	0.004	0.004	0.004	0.004

（续表）

项目 ＼ 年份	2006 年	2007 年	2008 年	年均值
总汞(毫克每升)	0.00005	0.00005	0.00005	0.00005
六价铬(毫克每升)	0.007	0.003	0.003	0.004
总铅(毫克每升)	0.002	0.002	0.002	0.002
总镉(毫克每升)	0.002	0.002	0.002	0.002
石油类(毫克每升)	0.05	0.04	0.03	0.04
硫化物(毫克每升)	0.005	0.005	0.005	0.005
氟化物(毫克每升)	0.67	0.74	0.73	0.71
总铜(毫克每升)	0.010	0.005	0.006	0.007
电导率(西门子每米)	66.5	63.7	55.0	61.7
化学需氧量(毫克每升)	22	26	21	23
氨氮(毫克每升)	0.78	0.71	0.75	0.75

（三）太浦河

1996~2000 年,太浦河设 5 个监测断面,单月监测 1 次,监测项目为表 6-13 中的 17 项。根据《地表水环境质量标准(GB 3838—88)》,各项指标的五年平均值,石油类为四类,其余为三类。

2001~2005 年,太浦河设 7 个监测断面(横扇大桥、太浦闸、平望大桥、黎里大桥、芦墟大桥、元荡、上海界标),单月监测 1 次,监测项目为表 6-14 中的 23 项。根据《地表水环境质量标准(GB 3838—2002)》,各项指标的五年平均值均为三类。

2005 年秋,环境监测人员在检测太浦河元荡断面水质

2001~2005 年,太浦河仍设 7 个监测断面,每月监测 1 次,监测项目为表 6-15 中的 23 项。根据《地表水环境质量标准(GB 3838—2002)》,各项指标的三年平均值均为三类。

表 6-13 1996~2000 年太浦河水质监测年均值汇总表

单位:毫克每升

项目 ＼ 年份	1996 年	1997 年	1998 年	1999 年	2000 年	年均值
悬浮物	90	57	74	33	30	57
总硬度	109	110.6	89.54	70.29	112.0	98.29
溶解氧	7.1	6.9	7.6	7.2	7.3	7.2
高锰酸盐指数	4.8	6.1	4.3	4.3	5.1	4.93
生化需氧量	2.1	2.0	1.4	1.6	2.4	1.9
亚硝酸盐	0.078	0.062	0.034	0.032	0.073	0.056

（续表）　　　　　　　　　　　　　　　　　　　　　　　　　　　　　单位：毫克每升

年份 项目	1996 年	1997 年	1998 年	1999 年	2000 年	年均值
硝酸盐	0.69	0.49	0.05	0.046	0.52	0.44
挥发酚	0.002	0.002	0.002	0.002	0.002	0.002
总氰化物	0.002	0.002	0.002	0.002	0.002	0.002
总砷	未检出	未检出	未检出	未检出	未检出	未检出
总汞	未检出	未检出	未检出	未检出	未检出	未检出
六价铬	0.002	0.002	0.002	0.002	0.002	0.002
总铅	0.002	0.002	0.002	0.002	0.002	0.002
石油类	0.39	0.20	0.02	0.02	0.04	0.13
非离子氨	0.01	0.01	0.01	0.003	0.02	0.01
总镉	0.002	0.002	0.002	0.002	0.002	0.002
氨氮	0.72	0.58	0.31	0.51	0.32	0.488

表 6-14　2001~2005 年太浦河水质监测年均值汇总表

年份 项目	2001 年	2002 年	2003 年	2004 年	2005 年	年均值
水温（摄氏度）	17.9	17.7	18.5	18.4	18.9	18.3
pH 值（无量纲）	6.85~8.16	6.33~8.00	6.74~7.95	7.18~7.92	7.14~8.37	—
悬浮物（毫克每升）	35	42	36	38	24	35
总硬度（毫克每升）	136	116	104	129	142	125
溶解氧（毫克每升）	7.1	7.8	8.6	6.9	6.3	7.3
高锰酸盐指数（毫克每升）	4.3	4.0	4.2	5.1	4.9	4.5
生化需氧量（毫克每升）	1.9	1.6	1.3	3.3	3.9	2.4
亚硝酸盐（毫克每升）	0.045	0.039	0.066	0.073	0.071	0.059
硝酸盐（毫克每升）	0.41	0.58	0.64	0.38	0.44	0.49
挥发酚（毫克每升）	0.002	0.003	0.002	0.002	0.002	0.002
总氰化物（毫克每升）	0.002	0.002	0.002	0.003	0.002	0.002
总砷（毫克每升）	未检出	未检出	未检出	未检出	未检出	未检出
总汞（毫克每升）	未检出	未检出	未检出	未检出	未检出	未检出
六价铬（毫克每升）	0.004	0.007	0.009	0.006	0.005	0.006
总铅（毫克每升）	0.002	0.002	0.002	0.003	0.002	0.002
总镉（毫克每升）	0.002	0.002	0.002	0.002	0.002	0.002
石油类（毫克每升）	0.03	0.03	0.03	0.03	0.03	0.03
硫化物（毫克每升）	0.002	0.002	0.002	0.003	0.005	0.003
氟化物（毫克每升）	0.53	0.57	0.50	0.67	0.67	0.59
总铜（毫克每升）	0.003	0.003	0.002	0.003	0.002	0.003
电导率（西门子每米	38.7	40.6	43.6	58.0	63.5	48.9
化学需氧量（毫克每升）	16.4	15.8	15.6	18	17	17
氨氮（毫克每升）	0.43	0.51	0.34	0.64	0.59	0.50

表 6-15　2006~2008 年太浦河水质监测年均值汇总表

项目 \ 年份	2006 年	2007 年	2008 年	年均值
水温（摄氏度）	19.5	19.0	18.2	18.9
pH（无量纲）	6.80~8.41	6.56~8.21	7.09~8.25	—
悬浮物（毫克每升）	33	45	36	38
总硬度（毫克每升）	147	142	128	139
溶解氧（毫克每升）	7.3	6.7	7.8	7.3
高锰酸盐指数（毫克每升）	4.9	5.0	4.4	4.8
生化需氧量（毫克每升）	3.5	3.2	2.7	3.1
亚硝酸盐（毫克每升）	0.103	0.038	0.052	0.064
硝酸盐（毫克每升）	0.742	0.575	0.901	0.739
挥发酚（毫克每升）	0.002	0.002	0.002	0.002
总氰化物（毫克每升）	0.002	0.002	0.002	0.002
总砷（毫克每升）	0.004	0.005	0.004	0.004
总汞（毫克每升）	0.00005	0.00005	0.00005	0.00005
六价铬（毫克每升）	0.007	0.003	0.003	0.004
总铅（毫克每升）	0.002	0.002	0.002	0.002
总镉（毫克每升）	0.002	0.002	0.002	0.002
石油类（毫克每升）	0.03	0.03	0.02	0.03
硫化物（毫克每升）	0.005	0.005	0.005	0.005
氟化物（毫克每升）	0.64	0.71	0.72	0.69
总铜（毫克每升）	0.009	0.003	0.003	0.005
电导率（西门子每米）	65.0	61.2	52.1	59.4
化学需氧量（毫克每升）	19	19	17	18
氨氮（毫克每升）	0.40	0.44	0.54	0.46

（四）松陵城河

1996~2008 年，松陵城河设 3 个监测断面（太平桥、西塘桥、大江桥）。监测项目为表 6-16 中所列的 5 项。1996~2005 年，单月监测 1 次；2006~2008 年，每月监测 1 次。监测结果显示：1996~2000 年，主要污染物是氨氮，其余指标的年均值达到《地表水环境质量标准（GB 3838—88）》四类标准。2001~2005 年、2006~2008 年，各项指标的年均值均达到《地表水环境质量标准（GB 3838—2002）》四类标准。

表 6-16　1996~2000 年松陵城河水质监测年均值汇总表

单位：毫克每升

项目 \ 年份	1996 年	1997 年	1998 年	1999 年	2000 年	年均值
氨氮	1.14	1.86	1.12	1.59	1.32	1.41
硫酸盐	—	28.5	28.7	38.6	38.1	33.5
石油类	0.36	0.05	0.07	0.06	0.09	0.13
高锰酸盐指数	5.9	5.8	6.0	6.0	7.5	6.2
化学需氧量	—	17	16	18	17	17

注：硫酸盐、化学需氧量根据上级部门要求，于 1997 年开始监测。

表 6-17   2001~2005 年松陵城河水质监测年均值汇总表

单位：毫克每升

项目＼年份	2001 年	2002 年	2003 年	2004 年	2005 年	年均值
氨氮	1.08	1.17	1.23	1.25	1.13	1.17
硫酸盐	41.2	37.8	46.6	55.5	66.8	49.6
石油类	0.08	0.03	0.02	0.03	0.04	0.04
高锰酸盐指数	—	9.6	9.1	7.6	7.7	8.5
化学需氧量	16.5	23.8	26	26	26	24

表 6-18   2006~2008 年松陵城河水质监测年均值汇总表

单位：毫克每升

项目＼年份	2006 年	2007 年	2008 年	年均值
氨氮	1.06	0.74	0.95	0.92
硫酸盐	66.6	37.8	96.2	66.9
石油类	0.05	0.03	0.03	0.04
高锰酸盐指数	7.8	6.0	5.7	6.5
化学需氧量	26	26	21	24

四、江浙交界水质

2000 年前后，吴江市盛泽镇与浙江省嘉兴市秀洲区，曾因水污染而引发纠纷，经大力整治，江浙交界水质已达到《地表水环境质量标准（GB 3838—2002）》四类标准。

表 6-19   2005 年江浙交界王江泾地表水环境功能区水质状况汇总表

单位：毫克每升

监测日期	氢离子浓度指数	溶解氧	高锰酸盐指数	氨氮	汞	挥发酚	石油类
1 月 6 日	7.48	4.8	9.4	1.06	未检出	0.005	0.05
2 月 1 日	7.35	3.9	9.1	1.45	未检出	0.007	0.05
3 月 1 日	7.93	4.3	8.5	1.46	未检出	0.008	0.02
4 月 5 日	7.43	3.2	8.3	1.42	未检出	0.005	0.05
5 月 5 日	7.10	1.7	10.4	1.36	未检出	0.005	0.06
6 月 6 日	7.34	3.4	9.8	1.30	未检出	0.001	0.11
7 月 5 日	7.28	1.6	13.0	1.39	未检出	0.006	0.10
8 月 2 日	7.70	4.5	9.6	1.17	未检出	0.005	0.02
9 月 6 日	7.46	2.2	5.2	1.80	未检出	0.003	0.12
10 月 8 日	7.41	0.8	7.2	1.22	未检出	0.001	0.11
11 月 2 日	7.29	0.6	7.4	1.24	未检出	0.004	0.07
12 月 5 日	7.69	4.8	6.6	1.09	未检出	0.002	0.05

五、农村水环境质量

2005 年 10 月，市环境监测站开展农村水质调查，调查范围为吴江市 10 个乡镇和开发区的镇级河流（湖泊）、主要村级交界河流（湖泊），共设监测断面 297个，监测指标为化学需氧量。根据《地表水环境质量标准（GB 3838—2002）》的分类标准限值，只有 23 个断面达到三类标准。监测数据显示：能够作为生活饮用水、直接可用水的河流（湖泊）很少，大部分的河流（湖泊）的水质只能满足一般工业用水和农业用水的要求，并且部分

2005 年秋，环境监测人员正在进行农村水质调查

河流出现水质恶化的现象，水质型缺水在农村比较严重。

表 6-20　2005 年吴江市农村水环境质量统计表

断面水质	断面数量（个）	占总断面数的百分比（%）
一类	23	7.7
三~四类之间	201	67.7
四~五类之间	68	22.8
劣于五类	5	1.8

第二节　大气环境质量

1980 年前后，全县大气环境质量基本良好。80 年代中期，大气环境质量逐步下降，尤其是工业、居民、交通及商业网点集中的区域，二氧化硫污染相当严重。经连年整治，2005 年后，吴江市区二氧化硫、二氧化氮和可吸入颗粒物指标均达到或优于《环境空气质量标准（GB 3095—1996）》中二级标准，其中二氧化氮指标达到 1 级标准。此外，降水的 pH 均值有所下降，但酸雨频率有所上升。

2008 年，矗立在吴江市区的空气质量监测仪

一、二氧化硫

1996~2000 年，吴江市区二氧化硫年平均值为0.017 毫克每立方米，低于国家《环境空气质量标准（GB 3095—1996）》二级标准浓度限值 0.06 毫克每立方米的要求。1996~2000 年二氧化硫年范围值为 0.002~0.059 毫克每立方米，超标率为零。

　　2001~2005 年,吴江市区二氧化硫年平均值为 0.027 毫克每立方米,低于国家《环境空气质量标准(GB 3095—1996)》二级标准浓度限值 0.06 毫克每立方米的要求。2001~2005 年二氧化硫日平均值范围为 0.001~0.172 毫克每立方米,超标率为 1.59%。

　　2006~2008 年,吴江市区二氧化硫年平均值为 0.025 毫克每立方米,低于国家《环境空气质量标准》(GB 3095—1996)二级标准浓度限值 0.06 毫克每立方米的要求,2006~2008 年二氧化硫日平均值范围为 0.001~0.172 毫克每立方米,达标率为 99.98%。

表 6-21　1996~2000 年吴江市区二氧化硫监测统计表

单位:毫克每立方米

年份	年平均值	年范围值	各年超标率(%)
1996	0.016	0.002~0.038	0
1997	0.017	0.002~0.031	0
1998	0.016	0.002~0.054	0
1999	0.018	0.002~0.059	0
2000	0.016	0.009~0.039	0
五年平均	0.017	0.002~0.059	0

表 6-22　2001~2005 年吴江市区二氧化硫监测统计表

单位:毫克每立方米

年份	年平均		日平均	
	年平均值	超标率(%)	日平均值范围	超标率(%)
2001	0.017	0	0.002~0.138	0
2002	0.031	0	0.001~0.172	4.11
2003	0.030	0	0.010~0.158	3.84
2004	0.034	0	0.001~0.120	0
2005	0.023	0	0.005~0.066	0
五年平均	0.027	0	0.001~0.172	1.59

表 6-23　2006~2008 年吴江市区二氧化硫监测统计表

单位:毫克每立方米

年份	年平均值	日平均值范围	各年达标率(%)
2006	0.024	0.007~0.036	100
2007	0.029	0.001~0.099	100
2008	0.022	0.001~0.172	99.91
三年平均	0.025	0.001~0.172	99.97

二、氮氧化物　二氧化氮

　　作为空气污染指标的"氮氧化物",常指一氧化氮和二氧化氮。1996~2000 年,吴江市区氮氧化物年平均值为 0.036 毫克每立方米,低于国家《环境空气质量标准(GB 3095—1996)》二级标准浓度限值 0.05 毫克每立方米的要求;在此期间,氮氧化物年范围值为 0.011~0.135

毫克每立方米,超标率为零。

2001~2005 年,吴江市区二氧化氮年平均值为 0.032 毫克每立方米,低于国家《环境空气质量标准(GB3095—1996)》二级标准浓度限值 0.04 毫克每立方米的要求;在此期间,日平均值范围为 0.001~0.162 毫克每立方米,超标率为 1.10%。

2006~2008 年,吴江市区二氧化氮年平均值为 0.025 毫克每立方米,低于国家《环境空气质量标准》(GB3095—1996)二级标准浓度限值 0.04 毫克每立方米的要求;在此期间,日平均值范围为 0.001~0.099 毫克每立方米,达标率为 98.8%。

表 6-24 1996~2000 年吴江市区氮氧化物监测统计表

单位:毫克每立方米

年份	年平均值	年范围值	各年超标率(%)
1996	0.025	0.13~0.052	0
1997	0.032	0.019~0.046	0
1998	0.045	0.016~0.135	0
1999	0.037	0.011~0.115	0
2000	0.043	0.032~0.061	0
五年平均	0.036	0.011~0.135	0

表 6-25 2001~2005 年吴江市区二氧化氮监测统计表

单位:毫克每立方米

年份	年平均		日平均	
	年平均值	超标率(%)	日平均值范围	超标率(%)
2001	0.053	0	0.013~0.162	5.48
2002	0.035	0	0.005~0.115	0
2003	0.033	0	0.001~0.106	0
2004	0.026	0	0.001~0.074	0
2005	0.015	0	0.003~0.058	0
五年平均	0.032	0	0.001~0.162	1.10

表 6-26 2006~2008 年吴江市区二氧化氮监测统计表

单位:毫克每立方米

年份	年平均值	日平均值范围	各年达标率(%)
2006	0.018	0.006~0.036	100
2007	0.028	0.001~0.093	100
2008	0.030	0.002~0.099	96.45
三年平均	0.025	0.001~0.099	98.8

三、总悬浮颗粒物 可吸入颗粒物

悬浮颗粒物,指能悬浮在空气中,直径 ≤ 100 微米的颗粒物。1996~2000 年,吴江市区总悬浮颗粒物年平均值为 0.085 毫克每立方米,低于国家《环境空气质量标准(GB3095—

1996）》二级标准浓度限值0.10毫克每立方米的要求；在此期间,总悬浮颗粒物年范围值为0.020~0.320毫克每立方米,超标率为1％。

可吸入颗粒物,大气中直径≤10微米,可通过呼吸道进入人体的颗粒物。2000年后,"可吸入颗粒物"取代"总悬浮颗粒物"。2001~2005年,吴江市区可吸入颗粒物年平均值为0.097毫克每立方米,低于国家《环境空气质量标准（GB3095—1996）》二级标准浓度限值0.10毫克每立方米的要求。在此期间,可吸入颗粒物日平均值范围为0.010~0.430毫克每立方米,超标率为15.4％。

2006~2008年,吴江市区可吸入颗粒物平均值为0.084毫克每立方米,低于国家《环境空气质量标准》（GB3095—1996）二级标准浓度限值0.10毫克每立方米的要求。在此期间,可吸入颗粒物日平均值范围为0.004~0.478毫克每立方米,达标率为97.86％。

表6-27　1996~2000年吴江市区总悬浮颗粒物监测统计表

单位：毫克每立方米

年份	年平均值	年范围值	各年超标率（％）
1996	0.090	0.020~0.0320	5
1997	0.080	0.050~0.140	0
1998	0.090	0.040~0.150	0
1999	0.082	0.050~0.150	0
2000	0.084	0.041~0.131	0
五年平均	0.085	0.020~0.320	1

表6-28　2001~2005年吴江市区可吸入颗粒物监测统计表

单位：毫克每立方米

年份	年平均		日平均	
	年平均值	超标率（％）	日平均值范围	超标率（％）
2001	0.109	0	0.020~0.386	14.0
2002	0.103	0	0.012~0.430	18.9
2003	0.096	0	0.015~0.113	24.3
2004	0.095	0	0.010~0.424	15.3
2005	0.083	0	0.028~0.186	4.66
五年平均	0.097	0	0.010~0.430	15.4

表6-29　2006~2008年吴江市区可吸入颗粒物监测统计表

单位：毫克每立方米

年份	年平均值	日平均值范围	各年达标率（％）
2006	0.082	0.042~0.197	97.26
2007	0.083	0.019~0.478	96.89
2008	0.086	0.007~0.188	97.45
三年平均	0.084	0.004~0.478	97.20

四、降尘

1996~2000 年,吴江市区降尘年平均值为 11.20 吨每平方公里·月,年范围值为 5.97~21.37 吨每平方公里·月,达标率为 85.02%;可燃物量年平均值为 3.04 吨每平方公里·月,年范围值为 0.56~8.29 吨每平方公里·月。

2001~2005 年,吴江市区降尘年平均值为 9.08 吨每平方公里·月,年范围值为 5.01~14.01 吨每平方千米·月,超标率为 3.3%;可燃物年平均值为 2.42 吨每平方千米·月,年范围值为 0.23~7.45 吨每平方千米·月。

2006~2008 年,吴江市区降尘年平均值为 8.38 吨每平方公里·月,年范围值为 7.10~11.25 吨每平方公里·月,达标率为 100%。

表 6-30 1996~2000 年吴江市区降尘及可燃物监测统计表

单位:吨每平方千米·月

年份	降尘总量			可燃物量	
	年平均值	年范围值	达标率(%)	年平均值	年范围值
1996	12.73	7.21~21.37	66.70	2.50	0.57~6.87
1997	10.79	7.01~12.33	91.70	1.79	0.78~5.01
1998	10.30	5.97~17.62	91.70	2.31	0.56~6.09
1999	11.21	9.71~12.46	75.00	5.20	1.33~8.29
2000	10.97	9.50~11.96	100.00	3.42	0.79~7.38
五年平均	11.20	5.97~21.37	85.02	3.04	0.56~8.29

表 6-31 2001~2005 年吴江市区降尘及可燃物监测统计表

单位:吨每平方千米·月

年份	降尘总量			可燃物总量	
	年平均值	年范围值	达标率(%)	年平均值	年范围值
2001	9.34	5.01~11.98	100.0	3.54	0.47~7.45
2002	11.20	9.59~14.01	83.3	3.40	1.32~6.10
2003	8.86	7.32~11.26	100.0	2.45	0.85~5.20
2004	7.98	5.75~9.38	100.0	1.68	0.69~2.52
2005	8.02	7.10~8.99	100.0	1.05	0.23~1.50
五年平均	9.08	5.01~14.01	96.7	2.42	0.23~7.45

表 6-32 2006~2008 年吴江市区降尘监测统计表

单位:吨每平方千米·月

年份	降尘总量		
	年平均值	年范围值	达标率(%)
2006	8.62	7.45~10.41	100
2007	9.14	8.02~11.25	100
2008	7.39	7.10~7.72	100
三年平均	8.38	7.10~11.25	100

五、降水(酸雨)

1996~2000年,全市市区降水量为6250.4毫米。降水酸度年平均值为6.26,酸度范围为4.89~7.39,酸雨出现率为8.8%。

2001~2005年,全市市区降水量为5198.6毫米。降水酸度年平均值为5.06,酸度范围为4.13~7.41,酸雨出现率为30.8%。

2006~2008年,全市市区降水量为3050.1毫米。降水酸度年平均值为5.51,酸度范围为4.44~7.65,酸雨出现率为20.3%。

表6-33   1996~2000年吴江市区降水(酸雨)监测统计表

年份	降水量 (毫米)	采集雨样 (只)	pH值			酸雨出现 次数	酸雨出现率 (%)
			平均值	最低值	最高值		
1996	1241.8	16	5.82	4.82	7.09	2	12.5
1997	1054.4	22	6.18	5.24	6.98	2	9.1
1998	1311.4	34	6.41	4.28	7.65	3	8.8
1999	1645.0	48	6.32	4.83	7.46	4	8.3
2000	997.8	28	6.59	5.28	7.76	2	7.1
合计	6250.4	148	6.26	4.89	7.39	13	8.8

表6-34   2001~2005年吴江市区降水(酸雨)监测统计表

年份	降水量 (毫米)	采集雨样 (只)	pH值			酸雨出现 次数	酸雨出现率 (%)
			平均值	最低值	最高值		
2001	1004.7	29	6.41	5.29	7.85	2	6.9
2002	1311.3	41	5.12	4.12	7.82	9	22.0
2003	816.3	33	5.07	4.14	7.42	10	30.3
2004	1052.5	27	4.44	3.70	6.64	15	55.6
2005	1013.8	29	4.26	3.38	7.30	13	44.8
合计	5198.6	159	5.06	4.13	7.41	49	30.8

表6-35   2006~2008年吴江市区降水(酸雨)监测统计表

年份	降水量 (毫米)	采集雨样 (只)	pH 值			酸雨出现 次数	酸雨出现率 (%)
			平均值	最低值	最高值		
2006	789.1	48	5.01	4.11	7.56	13	27.1
2007	1254.5	52	5.65	4.09	7.79	10	19.2
2008	1006.5	48	5.86	5.13	7.60	7	14.6
合计	3050.1	148	5.51	4.44	7.65	40	20.3

第三节   声环境质量

20世纪80年代,随着工业、商业、交通的蓬勃发展,各种噪声污染渐趋严重。经连年整治(详见第七章"环境治理"),至2005年,吴江市区的居住区、混合区、工业区及交通干线噪声年均值基本达到《城市区域环境噪声标准》(GB 3096—1993)相应的噪声标准,声环境质量较好。

一、区域环境噪声

1996~2000年,吴江市区区域环境噪声年均值呈逐年递减趋势。2001~2005年,吴江市区区域环境噪声年均值基本持平。2006~2008年,吴江城区区域环境噪声年均值略有好转。

表6-36　1996~2000年吴江市区区域环境噪声监测统计表

年份	网络大小		网络总数	统计声级(分贝)			
	长(米)	宽(米)		等效声级	L10	L50	L90
1996	200	200	101	56.2	58.5	53.5	48.9
1997	200	200	101	55.9	58.1	53.1	48.6
1998	200	200	101	55.5	57.5	52.5	48.0
1999	200	200	101	55.4	57.7	51.8	46.0
2000	200	200	101	52.6	54.5	46.7	42.0
年均值				55.1	57.3	51.5	46.7

说明:L10:在测量时间内有10%的时间A声级超过的值,相当于噪声的平均峰值。
　　　L50:在测量时间内有50%的时间A声级超过的值,相当于噪声的平均中值。
　　　L90:在测量时间内有90%的时间A声级超过的值,相当于噪声的平均本底值。

表6-37　2001~2005年吴江市区区域环境噪声监测统计表

年份	网络大小		网络总数	统计声级(分贝)			
	长(米)	宽(米)		等效声级	L10	L50	L90
2001	300	300	107	54.2	55.5	51.4	48.4
2002	300	300	107	54.1	55.4	51.6	48.7
2003	300	300	107	55.8	61.0	56.0	51.3
2004	300	300	107	55.8	53.3	52.8	49.2
2005	300	300	107	55.3	57.8	49.2	48.5
年均值				55.0	56.6	52.2	49.2

表6-38　2006~2008年吴江市区区域环境噪声监测统计表

年份	网络大小		网络总数	统计声级(分贝)			
	长(米)	宽(米)		等效声级	L10	L50	L90
2006	300	300	109	54.6	57.6	52.0	50.0
2007	300	300	109	52.5	55.5	49.6	44.9
2008	300	300	109	52.4	55.5	49.6	44.9
年均值				53.2	56.2	50.4	46.6

二、道路交通噪声

1996~2000年,吴江市区道路交通噪声的年均值为67.1分贝;2001~2005年,吴江市区道路交通噪声的年均值为66.4分贝;2006~2008年,吴江市区道路交通噪声的年均值为64.3分贝。均未超过国家《环境监测技术规范》推荐的70分贝的控制值。

表 6-39   1996~2000 年吴江市区道路交通噪声监测统计表

年份	监测点数	干道总长（千米）	干道平均宽度（米）	平均车流量（辆每小时）	LAeq（分贝）
1996	14	15.7	30	426	66.5
1997	14	15.7	29	567	67.0
1998	14	15.7	29	556	67.8
1999	14	15.7	29	570	67.6
2000	14	15.7	28.6	617	66.6
年均值					67.1

表 6-40   2001~2005 年吴江市区道路交通噪声监测统计表

年份	监测点数	干道总长（千米）	干道平均宽度（米）	平均车流量（辆每小时）	LAeq（分贝）
2001	21	26.1	39.5	984	65.5
2002	21	26.1	39.5	1004	65.8
2003	21	26.1	39.5	1088	67.9
2004	21	26.1	39.5	1086	67.2
2005	21	26.1	39.5	1611	65.4
年均值					66.4

表 6-41   2006~2008 年吴江市区道路交通噪声监测统计表

年份	监测点数	干道总长（公里）	干道平均宽度（米）	平均车流量（辆每小时）	LAeq（分贝）
2006	21	26.1	39.5	762	65.7
2007	21	26.1	39.5	837	63.6
2008	21	26.1	39.5	837	63.7
年均值					64.3

三、功能区环境噪声

1999 年下半年，吴江市环境监测站开始对城区功能区环境噪声进行监测。监测结果显示：1999~2000 年、2001~2005 年、2006~2008 年，吴江市区各类标准适用区昼间噪声和夜间噪声的年均值，均低于国家《城市区域环境噪声标准（GB 3096—1993）》中相应的各类标准限值。

表 6-42   1999~2000 年吴江市区功能区环境噪声监测统计表

单位：分贝

年份	一类区		二类区		三类区		四类区	
	昼间	夜间	昼间	夜间	昼间	夜间	昼间	夜间
1999	53.0	43.8	56.2	47.6	58.4	51.0	63.0	51.8
2000	49.9	42.3	53.6	45.8	57.6	49.2	59.9	52.0
均值	51.4	43.0	54.9	46.7	58.0	50.1	61.4	51.9

表6-43　2001~2005年吴江市区功能区环境噪声监测统计表

单位：分贝

年份	一类区		二类区		三类区		四类区	
	昼间	夜间	昼间	夜间	昼间	夜间	昼间	夜间
2001	51.8	43.4	55.7	48.6	58.4	51.5	61.0	52.9
2002	50.4	44.1	54.0	47.3	56.8	48.2	61.5	52.1
2003	53.0	45.0	55.6	47.4	60.7	50.6	63.6	52.0
2004	53.3	43.6	56.9	48.5	62.8	52.9	64.7	53.6
2005	53.0	43.9	56.0	47.2	58.7	51.1	63.4	53.0
年均值	52.3	44.0	55.6	47.8	59.5	50.9	62.8	52.7

表6-44　2006~2008年吴江市区功能区环境噪声监测统计表

单位：分贝

年份	一类区		二类区		三类区		四类区	
	昼间	夜间	昼间	夜间	昼间	夜间	昼间	夜间
2006	50.6	41.5	53.4	44.5	56.8	47.7	59.9	48.7
2007	50.5	43.5	52.8	45.9	55.6	48.6	58.5	50.3
2008	50.5	44.0	53.1	45.3	55.4	48.2	57.6	50.7
年均值	50.5	43.0	53.1	45.2	55.9	48.2	58.7	49.9

第七章 环境治理

第一节 工业污染治理

一、污染状况

(一)废水

1986~2008年,全市工业废水排放总量大幅增加,达标排放率也大幅提高。

表7-1 1986~2008年吴江市(县)工业废水排放情况一览表

年份	废水排放总量							达标排放量(万吨)	达标率(%)
	总量(万吨)	其中有害物质(吨)							
		化学需氧量	六价铬化合物	挥发酚	氰化物	氨氮	石油类		
1986	3048.59	—	0.84	71.02	0.33	—	—	562.88	18.5
1987	4525.38	—	0.69	4.45	0.33	—	—	639.36	14.1
1988	6473.90	—	0.64	25.50	0.23	—	—	801.90	12.4
1989	5382.00	—	2.04	23.80	0.80	—	—	526.71	9.8
1990	5301.19	—	2.01	24.45	0.05	—	—	641.50	12.1
1991	2496.27	—	2.003	34.78	0.023	—	—	566.82	22.7
1992	2560.88	—	1.827	307.4	0.503	—	—	708.83	27.7
1993	3177.67	4723	1.844	8.187	0.005	—	—	658.20	20.8
1994	2374.00	1147	0.034	1.577	1.282	—	—	708.01	29.8
1995	3840.02	1297	0.011	0.590	—	—	—	2765.00	72.0
1996	3932.29	1278.03	0.020	0.570	—	—	—	2552.88	64.9
1997	5427.05	6383.89	0.040	0.440	0.00	—	—	3447.50	63.5
1998	5879.46	7946.41	0.030	1.120	0.00	—	—	3799.89	64.6
1999	5327.00	4828.07	0.00	0.340	0.00	—	—	5011.17	94.1
2000	7023.45	5619.58	0.004	0.23	0.022	—	—	6793.47	96.3
2001	6839.45	10231.51	0.057	0.419	0.019	—	—	5823.25	85.1
2002	7116.43	6820.47	0.1953	0.4721	0.1938	—	—	7012.73	98.5
2003	6738.84	6659.58	0.100	0.1947	0.0197	—	—	6705.85	99.5

（续表）

年份	废水排放总量							达标排放量（万吨）	达标率（%）
	总量（万吨）	其中有害物质（吨）							
		化学需氧量	六价铬化合物	挥发酚	氰化物	氨氮	石油类		
2004	10805.31	11275.43	—	0.500	0.020	—	—	10785.32	99.8
2005	14263.14	11245.25	0.100	0.370	0.020	—	—	13232.04	92.8
2006	11947.61	10335.26	0.0673	0.2096	0.035	—	—	11934.66	99.9
2007	11188.38	9962.81	—	0.37	—	229.95	0.56	11081.37	99.0
2008	10565.01	9585.00	—	0.43	—	296.00	0.50	10554.00	99.9

（二）废气

1996~2008年，全市工业废气排放总量大幅增加，达标排放率基本稳定在100%。

表7-2　1996~2008年吴江市工业废气排放情况一览表

年份	废气排放总量				达标排放量（亿标立方米）	达标率（%）
	总量（亿标立方米）	其中有害物质（吨）				
		二氧化硫	烟尘	工业粉尘		
1996	28.25	5229.48	2879.47	2800.00	25.49	90.2
1997	77.30	20067.36	7439.72	6236.00	76.99	99.6
1998	93.33	20705.49	7299.24	5902.35	93.33	100
1999	83.57	17657.90	5121.86	5871.00	83.57	100
2000	101.31	19941.90	6000.98	5863.00	101.31	100
2001	119.2870	22663	12014	3864	119.2870	100
2002	149.0433	22341	10819	5963	149.0433	100
2003	146.8213	21417	6251	5995	146.8213	100
2004	214.3250	25909	7202	6278	214.3250	100
2005	195.2687	19492	5878	5350	195.2687	100
2006	224.34	26352	7575	4204	224.34	100
2007	252.75	21810	7490	4186	252.75	100
2008	229.75	19320	7677	3647	229.75	100

（三）固体废物

1986~2008年，全市工业废物总量大幅增加，综合利用率基本稳定在95%以上。

表7-3　1986~2008年吴江市（县）工业固体废物产生情况一览表

单位：万吨

年份	总量	综合利用量	综合利用率（%）	年份	总量	综合利用量	综合利用率（%）
1986	9.96	9.42	99.6	1992	10.91	10.84	99.4
1987	14.38	14.25	99.1	1993	13.15	13.08	99.5
1988	17.69	16.67	94.2	1994	15.11	15.07	99.7
1989	19.99	18.86	94.3	1995	10.8	10.5	97.2
1990	12.32	9.26	75.2	1996	14.97	14.64	97.8
1991	10.47	10.41	99.4	1997	22.45	22.45	100

（续表）

年份	总量	综合利用量	综合利用率（%）	年份	总量	综合利用量	综合利用率（%）
1998	31.76	31.76	100	2004	97.00	96.66	99.6
1999	29.75	29.75	100	2005	102.89	102.78	99.9
2000	39.23	39.23	100	2006	100.80	100.71	99.9
2001	50.00	48.71	97.4	2007	94.43	94.43	100
2002	68.79	65.72	95.5	2008	100.56	100.52	99.9
2003	56.72	56.43	99.5				

二、资金投入

1986~2008年,吴江市(县)在工业污染治理中共投入资金68596.29万元,完成治理项目552个。

表7-4　1986~2008年吴江市(县)工业污染治理资金和项目完成情况一览表

年份	治理资金（万元）	竣工项目（个）	年份	治理资金（万元）	竣工项目（个）	年份	治理资金（万元）	竣工项目（个）
1986	139.84	66	1994	80.00	1	2002	4282.00	14
1987	330.04	10	1995	100.00	3	2003	5200.00	57
1988	223.80	27	1996	65.00	1	2004	9427.00	22
1989	473.00	10	1997	1021.00	8	2005	4655.41	26
1990	234.00	7	1998	12235.50	25	2006	6202.50	37
1991	169.60	5	1999	450.00	7	2007	6296.00	57
1992	50.10	5	2000	60.00	1	2008	14492.00	143
1993	101.50	3	2001	2308.00	17	合计	68596.29	552

三、治理措施

（一）污染物排放总量控制

1988年3月22日,县政府印发《关于转发〈苏州市水污染物排放总量控制暂行规定〉的通知》,首次要求"各排污企业按《规定》要求查清本企业排放污染物的种类、数量和浓度,做好排污系统的整治,为实施《规定》作好思想准备、资料准备和物质准备"。

90年代中期开始,污染物排放总量控制成为环境治理最重要的举措之一。市政府、市环保局多次发文,布置和落实此项措施。

1999年5月22日,市政府批转市环保局《吴江市排污总量控制、工业污染源达标排放和城市环境功能区达标工作方案》,首次提出"一控双达标"的环境治理目标。"一控":完成苏州市政府下达的主要污染物排放总量的控制计划。"双达标":1999年底前,工业污染源排放的水、大气污染物以及噪声、固体废物等,达到国家制定的标准;空气环境质量、水环境质量达到国家制定的标准。为达目标,市政府成立"一控双达标"领导机构,并制定严格的工作要求、考核标准和保障措施。2000年1月,吴江市"一控双达标"工作通过苏州市政府的验收。

2000年4月28日,市环保局印发《关于建立排污总量监测月报制度的通知》,要求各有关企业必须在每月 5 日前将前一个月的排污总量报吴江市环境监测站,以便及时掌握实施总量控制排污单位的污染物排放情况。

2005 年 8 月 18 日,市政府批转市环保局《关于盛泽镇工业污水总量控制削减方案》,根据该方案,全镇工业废水排放量将从 10 万吨每日削减至 7.5 万吨每日,并能在处理能力的范围以内得到有效的处理。

2007 年 3 月 16 日,苏州市政府与吴江市政府签订《吴江市 2007 年度主要污染物总量控制目标责任书》,规定:到 2007 年底,完成污水处理厂扩建等项目 13 个,化学需氧量削减量大于 2091 吨,排放总量控制在 1.69 万吨以内;热电厂生产规模缩小项目 1 个,二氧化硫削减量大于 1500 吨,排放总量控制在 2.65 万吨以内,其中火电行业二氧化硫削减量大于 1500 吨,排放总量控制在 1.75 万吨以内。为完成任务,4 月,在市政府与各镇(区)政府签订的 2007 年度环境保护目标责任书中,对各镇(区)化学需氧量的削减量作出明确规定。6 月,市政府成立全市减排工作领导小组,市委副书记、市长徐明任组长,各相关职能机构的主要领导任组员。同时抽调专门人员,在市环保局成立减排办公室,由副局长王通池任主任,副局长朱三其任副主任,相关科室的负责人为成员。11 月,市环保局成立主要污染物减排工作领导小组,由局长范新元任组长,副局长王通池、沈卫芳、张荣虎、唐美芳、朱三其、钱争旗任副组长,相关科室的负责人以及盛泽环保分局的局长为组员。

表 7-5　2007 年度吴江市各乡镇化学需氧量(COD)排放总量削减目标一览表

单位:吨

镇(区)名	削减量	镇(区)名	削减量	镇(区)名	削减量
松陵镇	20	七都镇	10	同里镇	5
平望镇	50	震泽镇	30	汾湖经济开发区	50
盛泽镇	1000	桃源镇	20	吴江经济开发区	648
横扇镇	50				

2008 年 1 月 22 日,市政府印发《吴江市关于加强污染物减排工作的实施意见》,在《实施意见》中,市政府“十一五”期间的减排目标是:“在 2005 年的基础上,到 2010 年,全市化学需氧量削减 22.46%,控制在 1.45 万吨以内;二氧化硫削减 16.84%,控制在 2.37 万吨以内。”为达到目标,市财政设立减排治污专项资金,专门奖励完成减排任务的单位和企业,规定:削减 1 吨化学需氧量奖励 5000 元;削减 1 吨二氧化硫奖励 500 元;对实施中水回用的企业,每项 1000 吨每日工程奖励 20 万元。2 月 15 日,在全市新春经济表彰鼓劲动员会上,市政府根据全市各镇(区)和有关职能部门的具体情况,分别签订 19 套“量身定制”的《环保责任状》,进一步明确污染物减排等具体指标和完成时限,并将完成情况纳入年度党政领导政绩考核内容。12 月 4 日,市政府印发《关于印发〈吴江市主要污染物总量减排考核办法〉和〈吴江市主要污染物总量减排专项资金管理办法〉的通知》。其中,《考核办法》共 15 条,对考核的内容、对象、程序、方法等作了明确而细致的规定;《资金管理办法》共 11 条,对奖励的条件、额度、方法等,作出明确的规定。

(二)清洁生产

2000 年前后,吴江市开始引入“清洁生产”理念,并加以推行。2002 年 1 月 10 日,市政府在盛泽镇召开印染企业清洁生产审计动员大会,中国环境科学院副院长、国家清洁生产中心主任段宁,省环保厅科技处副处长鲍荣熙,苏州市环保局副局长王承武,盛泽镇副镇长陈菊生出席会议并讲话,28家印染企业厂长及分管清洁生产的人员、盛泽环保分局全体工作人员共100余人参加会议。3月,市环保局在盛泽镇选定盛虹印染有限公司和新民纺织科技股份有限公司进行清洁生产审计的试点。6月初,两家企业依照审计流程完成企

2008年5月,吴江市市长温祥华(左三)、市环保局局长范新元(右二)等,在苏州卓宝科技有限公司检查清洁生产

业清洁生产审计报告并通过国家清洁生产委员会的审计。

2002年7月5日,市政府召集盛泽镇所有印染企业的法人代表,召开印染企业清洁生产审计动员大会,总结盛虹和新民两家试点企业的经验,副市长王永健到会并讲话。会后,省环科院的专家举办培训班,对各企业清洁生产审计骨干人员进行为期3天的集中培训,并在盛泽镇其他25家印染企业中推广清洁生产审计。7月9日,市政府印发《关于盛泽地区印染行业鼓励技术进步限制淘汰落后设备的实施意见》,对于积极推行清洁生产技术,引进先进的印染设备和先进工艺、先进技术的企业,明确给予优先贷款、政府贴息等一系列优惠政策。10月中旬,25家印染企业完成清洁生产审核中期报告的编制工作。10月22日,市环保局召开"盛泽25家印染企业清洁生产审计中期交流会",省环保厅副厅长赵挺到会并讲话。

2003年,全市有20家企业开展清洁生产审计。2004年2月18日,市经贸委和市环保局联合印发《关于抓紧落实2003年度清洁生产审核工作的通知》,要求相关企业把清洁生产的方案落到实处。是年,又有14家重点污染企业列入清洁生产审计名单。

2005~2007年,吴江市桃源染料厂、苏州市吴赣化工有限责任公司等38家企业通过清洁生产的审核验收。2008年1~6月,江苏新民化纤有限公司、吴江市宝金钢材有限公司等27家企业通过清洁生产的审核验收。是年11~12月,吴江汉通纺织有限公司、苏州中意化纤有限公司等36家企业通过清洁生产的审核验收。

(三)循环经济建设

2000年前后,吴江市开始引入"循环经济"理念,并加以推行。

2004年12月,市政府和同济大学共同编制《吴江市循环经济建设规划》,并成立循环经济领导小组。与此同时,市环保局在盛泽地区的吴江市恒祥酒精制造有限公司、吴江市恒宇纺织染整有限公司、吴江市峥嵘化工厂、吴江市盛泽水处理发展有限公司和江苏新民纺织科技股份有限公司印染厂开展循环经济试点工作,开展"污水回用技术""污泥资源化处理"等科研项目,争取提高水资源利用率,减少企业污染排放总量。2005年,又增设6个试点项目,即:祥盛纺织有限公司的碱减量回收、吴赣化工厂的硫磺废盐酸回收、吴江市南华纺织整理厂的甲苯回收、吴江市顺和有限公司的畜禽粪便制有机肥、吴江市巨龙纺织有限公司喷水织机废水回用、

万宝铜业集团废电线综合利用等。

2006年10月23日，市政府办公室印发《转发市经贸委等五部门〈关于进一步加快发展民营企业规模经济品牌经济推进企业自主创新企业上市和节能降耗发展循环经济的工作计划〉的通知》，提出节能目标：到"十一五"末，万元GDP能耗下降20％，其中，通过产业结构调整带动能耗下降10％，通过技术进步、加强管理、实施重大节能工程带动能耗下降10％。发展循环经济目标：到"十一五"末，万元工业产值综合能耗下降20％，工业用水重复利用率达到50％，固体废物综合处置利用率大于97％，万元工业增加值废气主要污染物排放量和废水排放量分别下降20％，重点行业企业清洁生产审核完成率达100％。到2010年底，力争实现省级以上循环经济试点单位4家，苏州市级试点单位10家，吴江市级30家；通过清洁生产审核企业达120家以上。为达到上述目标，《工作计划》还制定一系列措施，来推动清洁生产和循环经济的发展。10月30日，市政府办公室印发《转发市经贸委环保局〈关于吴江市推进工业企业循环经济工作的意见〉的通知》，提出：到2010年，发展以资源节约型、清洁生产型、生态环保型为重要特征的循环经济取得明显成效，在工业重点行业中树立一批循环经济示范企业，各类工业集中区都编制循环经济发展规划或生态工业园区建设规划，使企业能源、水资源、重要原材料和工业废弃物的综合处置利用率有较大提高，万元产值综合能耗下降20％，工业用水重复利用率达到50％，固体废物综合处置利用率大于97％，重点行业企业清洁生产审核完成率达100％。为达到上述目标，《意见》把加快产业结构调整、全面推行清洁生产、大力推进资源综合利用、扎实开展节能降耗工作、建设循环型企业和工业集中区、积极发展环保产业作为今后工作的重点。12月7日，市环保局印发《关于2006年度循环经济补助的通知》，对吴江市太湖绝缘材料厂、吴江市巨龙金属带箔有限责任公司等7家积极推进循环经济的单位给予8~12万元的经济补助。

2007年3月，经江苏省环保厅和苏州市环保局审批同意，市政府在桃源镇铜罗社区严慕村设立印染企业循环经济试验区。试验区坚持等量搬迁、提升污水处理水平、中水回用的原则，由区内的吴江市罗森化工热电有限公司为印染企业供电、供气，印染企业的印染废水经污水处理厂深度处理后，再用作印染厂生产用水和热电厂的除尘用水。而且，入区企业实行统一规划、集中建设，最大限度地减少污水管道、蒸汽管道，形成低消耗、低排放、高效率、节约型的循环经济工业区。至2008年底，试验区内已建成企业4家，分别是：吴江市罗森化工有限公司自备电厂，发电设备容量18000千瓦，其中供热设备容量18000千瓦；吴江市科欧污水处理有限公司，环评批准处理能力1万吨每日，实际建设处理能力2万吨每日；苏州亿德纺织印染有限公司，共有染缸127台左右、退浆机2台，日产生

2007年12月，吴江新民纺织印染厂的碱液回收利用设施正在运转

污水 7000 吨左右每日；苏州诚康喷织有限公司，有喷气织机 200 台，已经投入生产。此外，在建企业 1 家，拟建企业 2 家，从盛泽搬迁过来的印染企业 3 家。

（四）区域集中治污

1992 年 12 月 26 日，市环保局在呈送市政府的《关于盛泽镇环境污染现状和治理方案设想的报告》中，首次提出建立盛泽印染废水联合处理厂的建议，并对厂址、规模、处理能力、资金来源以及建成之后的管理费

2003 年 5 月 18 日，日处理 5 万吨的污水处理厂在盛泽镇投入运行

用和收费标准，提出具体的设想。1993 年 2 月 11 日，市政府正式批转市环保局的此份报告，并要求盛泽镇建设印染废水联合处理厂。于是，盛泽 14 家印染企业出资，酝酿建设 1.5 万吨每日的联合污水处理厂；1994 年 8 月 2 日，该工程打下第一根桩；1995 年下半年，联合污水处理厂建成。建成后的联合污水处理厂作为一个独立法人，受 14 家印染企业的委托承担污水处理任务。1998 年 5 月，联合污水处理厂二期工程动工建设，次年，联合污水处理厂形成 4.5 万吨每日的处理能力，可同时解决盛泽西区和邻近地区的污水集中处理问题。但是到 2001 年，全镇具有一定规模的印染企业达 27 家，除原先 14 家企业之外，其余企业的污水都是各自分散处理。

2002 年 8 月 13 日，市政府印发《关于印发〈盛泽地区污水处理统一管理暂行办法〉的通知》，决定在盛泽地区组建水处理发展有限公司，并对"集中治污，市场运作"的具体操作，作出明确规定。是月 18 日，在盛泽镇政府的协调和参与下，盛泽镇集体资产经营公司和盛泽镇投资公司合股组建盛泽水处理发展有限公司。公司首先收购原先的联合污水处理厂和各印染企业的污水处理厂，在集中式污水处理工程的各个环节运行基本正常后，水处理发展有限公司与镇政府脱钩，成为独立的市场主体，对全镇的印染污水实行集中处理、统一管理、统一收费、统一达标排放。

2002 年 11 月 13 日，市委书记朱建胜在市环保局呈送的《关于推行集中治污的专题报告》后批示："集中治污、市场运作，确是当前解决经济发展与环境保护一对矛盾的有效途径之一，是走可持续发展道路的重要工作内容，应积极探索，加快推进。"

2003 年 5 月 18 日，总投资 1.8 亿元（含管网工程），占地 10 公顷，日处理 5 万吨污水的处理厂在盛泽投入

新建成的吴江市松陵污水处理厂 1.5 万吨每日的处理设施正在运转（摄于 2007 年 3 月）

运行,苏州市市长杨卫泽启动进水阀,吴江市领导朱建胜、马明龙、吴菊忠、沈恩德、鲍玉荣、姚林荣、张锦宏、王永健、姚进培出席进水仪式。是年,松陵运东污水处理厂、震泽污水处理厂、黎里污水处理厂、芦墟污水处理厂、平望污水处理厂、七都污水处理厂先后破土动工。

从2004年开始,集中治污作为实事工程之一,每年都写入市政府和相关镇政府签订的环保责任书中,而且,市政府规定:凡建成1万吨每日污水处理工程,奖励60万元。是年,盛泽水处理发展有限公司新建1个污水处理厂,同时,对原有的污水处理厂加以扩建。至2005年5月,全公司已形成17.5万吨每日的污水处理能力。

2005年12月,吴江市政府制订的《吴江市环境保护"十一五"规划和2020年远景目标》规定:全市范围内实行"污水两集中",一是工业、生活污水以镇为单位集中处理,杜绝工业、生活污水未经处理直接排放;二是经处理后的达标污水经排污口集中排放,缩减全市排污口数量,强化排污控制。

至2007年3月,盛泽镇又新建5万吨每日污水处理厂,此外,桃源镇铜罗社区1万吨每日、松陵镇1.5万吨每日、七都镇0.2万吨每日、黎里镇0.5万吨每日、芦墟镇0.2万吨每日、八都镇1万吨每日、震泽镇3万吨每日、平望镇3万吨每日以及吴江开发区运东1万吨每日污水处理厂先后建成运行。

(五)中水回用

"中水回用"是将工业废水回收处理,然后再循环利用。2005年,吴江市首先在盛泽镇联华染整有限公司和吴江市恒宇纺织染整有限公司进行试点。其中吴江市恒宇纺织染整有限公司早在企业建设初期,就投资1450万元,从欧洲引进污水处理设备及废水回用装置和技术,经试用和改进,实现60%的废水回用,且出水水质大大优于国家一级排放标准,全年节约用水70万吨,节省费用80余万元。

2006年1月,松陵镇吴江城市污水处理厂投资20万元,建设1.5万吨每日中水回用工程。4月建成并投入运行。该回用水处理设施每小时产生中水40吨,日回用量1000吨。回用水可满足厂内两台脱泥机同时工作的用水量和厂区绿化、景观、道路、池面的清洗用水,还可以向市政绿化浇水车辆供水。经过8个月的试运行,每月可节约自来水水费4000元,达到了节能、减污、增效的目的。与此同时,盛泽镇污水处理厂4万吨每日中水回用工程建成;吴江市永前污水处理厂和盛泽联合污水处理厂的中水回用工程动工。

2007年,吴江市进一步推广中水回用技术。

吴江市恒宇纺织染整有限公司的中水回用设施(摄于2007年夏)

至年底,全市有多家规模较大企业的中水回用工程取得成效。其中吴江新民纺织技术股份有限公司印染厂设计出碱液回收利用新技术,4次循环利用退浆残液,全年节约成本15万元。祥盛印染有限公司综合治理碱减量废水,提取可做化工原料的苯二甲酸,全年资源回收收入345万元。

2008年1月22日,市政府印发《印发〈吴江市关于加强污染物减排工作的实施意见〉的通知》,《实施意见》规定:对实施中水回用的企业,中水回用设施经环保部门验收合格后,每1000吨每日工程一次性奖励20万元。至2008年底,全市新建中水回用设施的企业95家,其中盛虹集团有限公司投资3600万元,引进厦门威士邦浸没式超滤膜分离深度处理中水回用技术,全年减排化学需氧量216吨;吴江三联印染有限公司采用华侨大学环境保护设计研究所的CASS技术,建设1.5万吨每日中水回用工程,全年减排化学需氧量66吨。此外,全市喷织行业中,凡是成规模的企业全部实施中水回用,实现污水零排放,其中汾湖喷水织机行业、江苏恒力化纤有限公司、吴江绸缎炼染一厂、新达印染厂的中水回用项目全年合计减排化学需氧量793.45吨。

表7-6　2006年吴江市工业用水重复率统计表

单位:万吨

企业名称	工业用水量	新鲜用水量	重复用水量
苏州市苏震热电有限公司	5040	920	4120
苏州市苏盛热电有限公司	2666	628	2038
吴江市中良热电有限公司	2562	530	2032
吴江市鹰翔化纤有限公司热电厂	2150	450	1700
盛虹集团有限公司热电厂	646	146	500
吴江市工艺织造厂	260	52	208
吴江市恒祥(永祥)酒精制造有限公司	840	100	740
吴江市新三联化工有限公司	176	20	156
苏州市东吴水泥有限公司	87	30	57
吴江市恒宇纺织染整有限公司	80	32	48
江苏亨通光纤科技有限公司	36	4	32
其他企业	18313.84	13878.01	4435.83

（六）淘汰落后产能

1993年2月11日,市政府印发《批转市环保局〈关于盛泽镇环境污染现状和治理方案设想的报告〉的通知》,在《报告》中,市环保局首次提出,"必须对现有的超标排放的老式燃煤油锅炉进行限期更新,并禁止各印染厂购买不符合排放标准的油锅炉"。该建议得到市政府的同意,并要求盛泽镇政府按照《报告》的要求,责令8家印染厂的29只燃煤油锅炉限期更新。之后,吴江市开始逐步淘汰对环境污染严重的老工艺、老设备。2001年7月19日,市委办公室、市政府办公室印发《吴江市创建国家环境保护模范城市工作方案》,规定:市区范围内彻底淘汰燃煤大灶及生活炉窑。全市1吨每小时以上原有的燃煤炉窑全部采用水膜除尘或更有效的除尘措施,彻底解决烟尘污染。市区一律不得新上散煤直接燃烧锅炉及炉窑。

2001年6~9月,市环保局盛泽分局给吴江市极地纺织有限公司、吴江市盛林丝织厂等22

家仍在使用燃煤手烧锅炉的单位印发《关于限期淘汰燃煤手烧锅炉的通知》,规定所有的手烧燃煤锅炉必须淘汰,改用燃油等清洁能源的锅炉,有条件的可接热电厂的热网蒸汽管道,否则将根据相关法律法规作出行政处罚决定。

2002年7月9日,市政府印发《关于盛泽地区印染行业鼓励技术进步限制淘汰落后设备的实施意见》,鼓励印染企业淘汰1992年前购买的、浴比在1∶10以上的印染设备,购置采用先进的染色工艺配方、低浴比、高效智能化染色设备。对于积极推行清洁生产技术,引进先进的印染设备和先进工艺、先进技术的企业,明确给予优先贷款、政府贴息等优惠政策。至2005年,全市印染行业中,向市环保局提出淘汰旧设备购置新设备申请的企业达70厂次,经市环保局批准后,共淘汰各种旧设备435台,购置各种新设备328台。

表7-7 2002~2005年吴江市印染行业淘汰旧设备购置新设备统计表

年份	向市环保局提出申请的厂次	淘汰旧设备(台)	购置新设备(台)
2002	26	82	102
2003	29	112	65
2004	8	226	152
2005	7	15	9

2007年3月1日,市环保局再次印发《关于淘汰我市印染企业落后产能设备的通知》,规定:从即日起对全市印染企业中污染严重的O型缸实施强制淘汰,以有效减少全市排污总量。至2008年,共淘汰各类染缸809台,废水排放量每天减少1.5万吨,化学需氧量排放浓度为100毫克每升,化学需氧量排放量每天削减1.5吨。

(七)企业搬迁

1.印染企业

2004年7月10日,市政府印发《关于成立盛泽地区印染企业搬迁领导小组和工作小组的通知》,成立以市长马明龙为组长的盛泽地区印染企业搬迁领导小组和以副市长王永健为组长的工作小组。2004年8月30日,市政府印发《关于盛泽镇区部分印染企业搬迁工作的意见》,决定用2年时间,分2期,将吴江市三联印染有限公司等7家印染企业迁出盛泽镇区。为确保搬迁工作的顺利进行,工作小组在南京大学环科所有关专家的指导下,首先制订详尽的搬迁计划,强调"搬迁选址工作要慎之又慎……做到没有专家论证不决策,没有多家比选方案不决策,没有集体讨论不决策"。此外,还制订7条政策,对搬迁企业进行补偿和奖励。2006年6月,这7家企业分别搬至平望镇、震泽镇、桃源镇和浙江省,盛泽镇区的污水排放量减少3.56万吨每日,控制在7.5万吨每日之内。2007年,又有两家印染企业从盛泽镇区搬至桃源镇铜锣社区的印染企业循环经济试验区,使得盛泽镇区的污水排放量进一步减少1.4万吨每日。

表7-8 2004~2007年盛泽镇迁出企业一览表

企业名称	迁至地点	企业名称	迁至地点
吴江市三联印染有限公司	平望	吴江市二染亚氏印染有限公司	平望
吴江市中盛印染有限公司	震泽	吴江市丝绸印花厂	震泽
吴江市三明印染有限公司	震泽	吴江市翔龙丝绸印染有限责任公司	桃源

（续表）

企业名称	迁至地点	企业名称	迁至地点
吴江市胜达印染有限公司	浙江	盛虹集团镇东分厂	桃源
吴江市绸缎炼染一厂	震泽		

2．电镀企业

2004年3月，经江苏省环保厅和苏州市环保局批准，吴江市运东金属表面处理加工区成立。是年，吴江市所有的电镀企业（8家）全部搬迁入区。入区后，所有的企业必须禁止含氰工艺和镀镉、镀铅项目；不得自建锅炉，由加工区集中供热；电镀废水由污水处理中心统一处理；由市环保局分别发放排污许可证，并据此从严考核。至2007年4月，加工区内的电镀企业增至13家，即：普瑞迅金属表面处理（苏州）有限公司、苏州市道蒙恩电子科技有限公司、吴江市屯村"五七"电镀厂、吴江市同里特种电镀厂、吴江市北库团结电镀厂、吴江市黎里明星电镀厂、吴江市华腾电镀有限公司、吴江市八一电镀厂（原横扇八一电镀厂）、吴江市泉华电镀有限公司、苏州市博莱科金属工艺有限公司、苏州市宝兴电子有限公司、吴江市东晓工具有限公司、苏州市博亚塑胶五金有限公司。

3．浆料企业

2004年，黎里镇和平望镇位于交通干道两侧的9家浆料生产企业，由于污染严重，引发群众不满。是年9月2日，市环保局印发《关于责令吴江纺织浆料二厂等9家浆料生产企业限期搬迁的通知》，责令黎里镇的吴江市北库丝绸助剂有限公司、吴江市美达织物涂层有限公司、吴江市新凤涂层涂料厂、吴江市华联化工厂、吴江市君达纺织浆料有限公司、吴江市中申化工有限公司、吴江市纺织浆料二厂和平望镇的吴江市平望莺湖浆料厂、吴江市平望运河纺织助剂厂搬迁。

4．化工企业

2007年3~6月，根据苏州市化工生产企业专项整治办公室《关于省级以上开发区再设立化工集中区的申报通知》，吴江市政府连续3次向苏州市政府提出申请，要求在吴江经济开发区运东分区设立精细化工集中区和在吴江汾湖经济开发区设立北库化工集中区。吴江汾湖经济开发区内有2300多家民资企业和360多家外资企业，其中化工企业106家，市政府拟用3年左右时间，将所有的化工企业迁入集中区，进行集中有效的管理。

（八）限产轮产

1998年12月25日，市环保局同时发出9份文件（吴环发〔1998〕48号~吴环发〔1998〕56号），分别责令富联羊毛衫厂、江苏东方集团、吴江丝绸印花厂、吴江绸缎炼染一厂、吴江绸缎炼染二厂、吴江三联印染厂、盛泽胜天工艺印花厂、盛泽染织厂、盛虹集团等9家企业限量生产，以确保污水达标排放。这是市环保局首次以文件形式对违规企业下达限产的行政命令。

2000年6月15日，市政府批转实施由盛泽镇政府和市环保局共同制订的《关于加强盛泽地区印染行业环境保护管理暂行办法》。《暂行办法》第二条第十款规定："在印染生产高峰或遇连续暴雨等特殊情况，经盛泽镇政府与市环保局会商并报市政府同意，可对印染生产企业实行临时轮产、限产措施，印染生产企业应无条件服从。"2000年9月22日，市政府印发《关于对盛虹印染有限公司限产的通知》，规定盛虹印染有限公司三分厂"仅允许4台定型机生产"，其他定型机一律停产。9月22~28日,市政府接连19次发文,向19家印染企业发出限产通知,责令这些企业限制生产量,确保所有污水经处理后达标排放。

2001年4月29日,市政府在盛泽镇政府召开各印染厂厂长会议,宣布:从5月1日起,对盛泽地区印染企业实施限产轮产措施。实行限产的企业有11家;实行轮产的企业有13家,分成2组,生产1天,停产1天,彼此轮换,不准提前和延迟。为严格执行限产轮产的规定,确保盛泽地区的印染废水每天控制在6万吨以下,市环境监察大队每天出动6组18人,昼夜轮班巡视督查;市环境监测站每天对各个排污口取样化验一次。

2001年7月5日,市政府印发《关于同意〈盛泽地区印染废水全部处理达标排放实施意见〉的批复》,根据《实施意见》,各印染企业必须严格按照污水治理能力组织生产,不得因超量生产而造成超量、超标排放。

2002年8月,市环保局为确保限量生产,对盛泽地区各印染厂的进水量作出严格控制,进水量一旦达到分配指标,立即关阀。

表7-9 2002年盛泽地区各印染企业限量生产表

单位:吨每日

企 业	污水处理能力	允许进水量
吴江市毕晟丝绸印染有限责任公司	3600	2880
吴江市新生针纺织有限责任公司	2400	1920
吴江市盛泽金涛染织有限公司	3000	2400
吴江市翔龙丝绸印染有限责任公司	9000	7200
吴江市祥盛纺织染整有限公司	4000	3200
吴江市颖晖丝光棉有限公司	400	320
吴江市盛泽盛利织物整理厂	600	480
吴江市三联印染有限公司	7500	6000
江苏盛虹印染有限公司	39000	31200
吴江市永前纺织印染有限公司	7200	5760
吴江市时代印染有限公司	3600	2880
吴江市中盛印染有限公司	3600	2880
吴江市三明印染有限公司	3400	2720
江苏新民纺织科技股份有限公司	4200	3360
吴江市胜达印染有限公司	4800	3840
苏州东宇印染有限公司	900	720
苏州宇泽纺织有限公司	600	480
吴江市吴伊时装面料有限公司	3990	3190
吴江市德伊时装面料有限公司	2400	1920
吴江市新江和服绸织造有限责任公司	600	160
国营吴江市绸缎炼染一厂	4800	3840
吴江市二练亚氏印染有限责任公司	6720	5370
国营吴江市丝绸印花厂	4480	3580
中国服装股份有限公司吴江市分公司	1480	1180
吴江市旺申纺织厂	100	80

（续表）

单位：吨每日

企　业	污水处理能力	允许进水量
江苏华佳缫丝厂（集团）	500	400
吴江市盛泽胜吴工艺印花有限公司	3500	3200

限产轮产执行力度，会随着水质的变化而变化。2003年9月，盛泽地区水位持续偏低，水质下降，市政府印发《关于要求盛泽镇各印染厂实行轮产的通知》，要求各印染厂加大轮产的力度。2005年6~7月，江浙交界王江泾断面水质呈下降趋势，市政府印发《关于对盛泽27家印染企业实行轮产的通知》，要求盛泽镇政府抓紧组织实施，"迅速降低污染负荷，尽快改善交界断面水质"。2006年6~8月，气温居高不下，雨水偏少，水流自净能力下降。8月26日，市环保局会同盛泽镇政府紧急召集28家印染企业的法人代表，落实7条应急措施，其中之一，是在限产限量的前提下，所有的印染企业生产4天，停产2天（简称"停二开四"），8月27日上午8时起开始实施，直到水质好转为止。2007年6月初，由于受上游来水影响，江浙交界的王江泾、瓜泾口北断面水质下降。市政府责令全市各印染企业从6月5日起，立即削减40%的生产能力，多余的生产设备由市环境监察大队贴上封条；此外，全市凡是废水未经有效处理的喷水织机企业，从6月6日起，断电断水，停止生产。

限产轮产作为控制排污总量的一项有效措施，逐步常规化，并从盛泽地区的印染行业扩展到全市其他行业。

表7-10　2007年吴江市部分地区限产限排、分时段停产企业一览表

限产限排和分时段停产企业	所属乡镇	行业类别	污水最终排放去向
吴江市天宏印染有限公司	松陵镇	印染	京杭运河、烂溪塘
吴江市联华染整有限公司	松陵镇	印染	
吴江市聚杰微纤染整有限公司	松陵镇	印染	
吴江市乾坤服饰漂染有限公司	松陵镇	印染	
吴江市长浜化工有限公司	平望镇	化工	
吴江市平望雪湖化工有限公司	平望镇	化工	
盛虹集团有限公司	盛泽镇	印染	
江苏新民纺织科技股份有限公司印染厂	盛泽镇	印染	
吴江市祥盛纺织染整有限公司	盛泽镇	印染	
吴江市新生针纺织有限责任公司	盛泽镇	印染	
吴江市盛泽金涛染织有限公司	盛泽镇	印染	
苏州欧倍德纺织印染有限公司	盛泽镇	印染	
吴江市绸缎炼染一厂有限公司	盛泽镇	印染	
吴江市吴伊时装面料有限公司	盛泽镇	印染	
吴江市时代印染有限公司	盛泽镇	印染	
苏州东宇印染有限公司	盛泽镇	印染	
吴江市中服工艺印花有限公司	盛泽镇	印染	
吴江市旺申纺织厂	盛泽镇	印染	
吴江市丝绸印花厂	盛泽镇	印染	

（续表）

限产限排和分时段停产企业	所属乡镇	行业类别	污水最终排放去向
吴江市三明印染有限公司	盛泽镇	印染	京杭运河、烂溪塘
吴江市永前纺织印染有限公司	盛泽镇	印染	
吴江市盛泽盛利织物整理厂	盛泽镇	印染	
吴江市颖晖丝光棉有限公司	盛泽镇	印染	
苏州宇泽纺织有限公司	盛泽镇	印染	
吴江市中盛印染有限公司	盛泽镇	印染	
吴江市港申纺织印染有限公司	盛泽镇	印染	
吴江市德伊时装面料有限公司	盛泽镇	印染	
吴江市毕晟丝绸印染有限公司	盛泽镇	印染	
吴江市桃源染料厂	桃源镇	印染	
盛泽水处理发展有限公司	盛泽镇	污水处理	
吴江市平望镇污水处理厂	平望镇	污水处理	
吴江市平望漂染厂	平望镇	印染	
吴江市三联印染有限公司	平望镇	印染	
吴江市二练亚氏印染有限公司	平望镇	印染	
吴江市天宏印染有限公司	震泽镇	化工	颐塘河
吴江市联华染整有限公司	震泽镇	化工	
吴江市聚杰微纤染整有限公司	震泽镇	化工	
吴江市乾坤服饰漂染有限公司	震泽镇	化工	
吴江市长浜化工有限公司	震泽镇	化工	
吴江市平望雪湖化工有限公司	震泽镇	印染	
盛虹集团有限公司	震泽镇	印染	
江苏新民纺织科技股份有限公司印染厂	震泽镇	印染	
吴江市祥盛纺织染整有限公司	震泽镇	印染	
吴江市新生针纺织有限责任公司	震泽镇	印染	
吴江市盛泽金涛染织有限公司	震泽镇	印染	
苏州欧倍德纺织印染有限公司	震泽镇	印染	
吴江市绸缎炼染一厂有限公司	平望镇	化工	
吴江市吴伊时装面料有限公司	平望镇	化工	
吴江市时代印染有限公司	桃源镇	污水处理	紫荇塘、大德塘、麻溪
苏州东宇印染有限公司	桃源镇	污水处理	
吴江市中服工艺印花有限公司	桃源镇	印染	
吴江市旺申纺织厂	桃源镇	印染	
吴江市丝绸印花厂	桃源镇	印染	
吴江市三明印染有限公司	桃源镇	印染	
吴江市永前纺织印染有限公司	桃源镇	印染	
吴江市盛泽盛利织物整理厂	桃源镇	印染	
吴江市颖晖丝光棉有限公司	桃源镇	化工	
苏州宇泽纺织有限公司	桃源镇	化工	
吴江市中盛印染有限公司	桃源镇	化工	

（续表）

限产限排和分时段停产企业	所属乡镇	行业类别	污水最终排放去向
吴江市港申纺织印染有限公司	桃源镇	化工	紫荇塘、大德塘、麻溪
吴江市德伊时装面料有限公司	桃源镇	酒精酿造	
吴江市毕晟丝绸印染有限公司	盛泽镇	印染	
吴江市桃源染料厂	盛泽镇	印染	
盛泽水处理发展有限公司	盛泽镇	印染	
吴江市平望镇污水处理厂	横扇镇	化工	太浦河
吴江市平望漂染厂	横扇镇	印染	
吴江市三联印染有限公司	平望镇	印染	
吴江市二练亚氏印染有限公司	平望镇	印染	
吴江市天宏印染有限公司	平望镇	印染	
吴江市联华染整有限公司	汾湖经济开发区	化工	
吴江市聚杰微纤染整有限公司	汾湖经济开发区	印染	
吴江市乾坤服饰漂染有限公司	汾湖经济开发区	印染	
吴江市长浜化工有限公司	汾湖经济开发区	印染	
吴江市平望雪湖化工有限公司	汾湖经济开发区	其他	
盛虹集团有限公司	汾湖经济开发区	印染	
江苏新民纺织科技股份有限公司印染厂	汾湖经济开发区	化工	
米歇尔有限公司	汾湖经济开发区	其他	
吴江市芦墟镇污水处理厂	汾湖经济开发区	污水处理	
吴江市黎里污水处理厂	汾湖经济开发区	污水处理	
吴江城市污水处理厂	松陵镇	污水处理	吴淞江、急水港
吴江市运东污水处理厂	吴江经济开发区	污水处理	
苏州市吴赣化工有限责任公司	同里镇	化工	
吴江市博霖实业有限公司	同里镇	化工	
吴江市运东金属表面处理区	同里镇	电镀	
吴江市宝元线业有限公司	七都镇	印染	环太湖
吴江市彩虹印染有限公司	七都镇	印染	
吴江市创新羊毛衫染厂	横扇镇	印染	
吴江市依林针织整型有限公司	横扇镇	印染	
吴江市横扇太湖化工厂	横扇镇	化工	
吴江市横扇漂染有限公司	横扇镇	印染	
吴江市华东毛纺织染有限公司	横扇镇	印染	
吴江市人和毛纺织染有限公司	横扇镇	印染	
苏州市龙英织染有限公司	横扇镇	印染	
苏州市嘉和印染有限公司	横扇镇	印染	

（九）企业ISO 14000 环境管理体系认证

1998 年,吴江市引入ISO 14000 环境管理体系,经过宣传和推广,得到全市众多企业的关注和响应。1998 年底,华渊电机(江苏)有限公司成为全市第一家通过ISO 14000 环境管理体系认证的外资企业。接着,又有江苏亨通光电股份有限公司、江苏永鼎股份有限公司等 35 家企业通过认证。由于通过ISO 14000环境管理体系认证,有利于扩大企业的影响,增强国内外市场的竞争力,2000年后,申请认证成为众多企业的自觉行为。至2007年底,全市有56家企业通过ISO 14000环境管理体系认证。至2008年底,全市有240家企业通过ISO 14000环境管理体系认证。

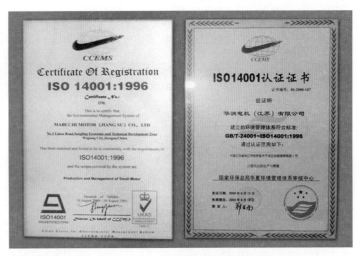

2000年8月,华渊电机(江苏)有限公司的ISO 14001证书

（十）提标工程

2007年7月8日,江苏省环保厅和江苏省质量技术监督局联合颁布《太湖地区城镇污水处理厂及重点工业行业主要水污染物排放限值》(DB/1072—2007),把化学耗氧量、氨氮、总氮、总磷等污染物的排放指标,从原来的《城镇污水处理厂污染物排放标准》(GB 18918—2002)提高到新的标准,与国外发达国家的排放限值基本持平。2008年1月1日,新标准在太湖流域正式实施后,吴江市立即启动"提标升级"工程。1月22日,市政府制定《吴江市关于加强污染物减排工作的实施意见》,要求各污水处理厂和187家重点企业引进推广先进的治污工艺和技术,安装除磷脱氮设施,完成深度处理,达到江苏省地方标准的新规定。为此,市政府成立以分管副市长汤卫明为组长、各相关职能部门领导为成员的污染物减排工作领导小组,制定专门的扶持政策,设立专门的奖励资金,对实施污染物减排工作并取得实际效果的区域和企业进行鼓励和奖励。此外,还建立减排工作目标责任制和减排工作进展情况通报制度,以强化对减排工作的监督考核。

在实施"提标工程"的过程中,盛泽镇盛虹集团投资3600万元,引进厦门威士邦浸没式超滤膜分离深度处理中水回用技术,全年减排化学耗氧量216吨;龙英织染有限公司投资1300万元,采用臭氧生物活性炭深度处理技术,改造5000吨每日污水处理设施,减排化学耗氧量19.2吨;三联印染有限公司采用华侨大学环境保护设计研究所的CASS技术,建设1.5万吨每日中水回用工程,减排化学耗氧量66吨;盛泽水处理公司提标工程全面完成,减排化学耗氧量1098.25吨。

2008年4月,江苏省染整工业废水提标治理现场会在盛泽镇召开,吴江市的提标治污工作受到省环保厅领导的充分肯定。与此同时,市政府专门发文,对"提标工程"实施不力的217家企业作出限期治理决定,以加快"提标工程"的进展。

2008年夏,吴江市苏州龙英织染有限公司经过提标改造的废水处理设施

第二节　城镇环境整治

一、烟尘治理

（一）烟尘控制区建设

80 年代，吴江县大气质量开始恶化。1985 年，全县烟尘排放 10792 吨，二氧化硫排放 7267 吨，氟化物排放 513 吨。1986 年 5 月 23 日，县政府印发《批转县多管局、环保局〈关于保障蚕桑生产的紧急报告〉的通知》，要求"蚕桑生产地区（铜罗、青云、桃源、庙港、七都、八都、坛丘、盛泽、平望、横扇、梅堰、震泽、南麻）所有的砖瓦、水泥、炼铁、玻璃等生产企业以及生产中使用氟石（白云石）的铸件厂，即日起至五月底，停止生产，不再排放含氟气体"。是年，全县因氟污染少收蚕茧 1024.5 吨，直接经济损失 470 万元。

1988 年 3 月 10 日，县政府办公室印发《关于广泛宣传认真贯彻〈中华人民共和国大气污染防治法〉的通知》，要求各镇"进一步搞好消烟除尘工作，逐步建成'无黑烟镇'"。1989 年，同里镇作为全县的先行试点，将镇区内吴江电机厂、吴江新型建材厂、吴江晶体管一厂、同里中学和镇政府食堂等单位的老式手烧锅炉、手烧茶水炉、老式灶头淘汰，换用新式炉、灶，率先建成"无黑烟镇"。

1990 年 3 月，在县政府与各乡镇签订的环保责任书中，开始列入烟尘控制区建设的内容。1994 年 12 月，松陵镇通过市政府组织的烟尘控制区建成验收。为加强烟尘控制区建成后的管理，1995 年 5 月 4 日，市政府印发《吴江市区烟尘控制区管理办法》，根据《管理办法》，吴江市开始实行烟尘排放申报登记制度和排污许可证制度，并对烟尘控制区的管理作出明确的规定。

1995 年 7 月，松陵镇作为吴江市区的烟尘控制区，通过苏州市政府组织的检查验收；1996～2001 年，吴江市区烟尘控制区及其扩大部分又先后 4 次通过苏州市政府和苏州市环保局组织的复查。

1996 年 10 月 14 日，市政府办公室印发《吴江市城镇烟尘控制区建成验收办法》，《办法》共 10 条，对各镇镇区烟尘控制区的验收标准、验收程序等作出明确规定。至 2002 年 2 月，全市有 17 个镇区通过烟尘控制区建成验收，获得市政府颁发的烟尘控制区证书。

2001 年 11 月 15 日，市政府办公室转发市环保局、市工商局和市质监局共同制订的《关于加强烟尘控制管理的意见》，就烟尘控制区建设和全市锅炉、炉窑的管理等，提出 6 条意见。

表 7-11　1994～2002 年吴江市镇区烟尘控制区建成验收一览表

镇　名	验收日期	批准文号
松陵镇	1994 年 12 月 21 日	吴政发〔1994〕161 号
芦墟镇	1995 年 11 月 1 日	吴环发〔1995〕68 号
八坼镇	1996 年 12 月 25 日	吴政发〔1996〕184 号
七都镇	1997 年 1 月 8 日	吴政发〔1997〕15 号

（续表）

镇　名	验收日期	批准文号
北厍镇	1997 年 3 月 6 日	吴政发〔1997〕37 号
屯村镇	1997 年 9 月 21 日	吴政发〔1997〕139 号
八都镇	1997 年 10 月 16 日	吴政发〔1997〕146 号
横扇镇	1997 年 12 月 1 日	吴政发〔1998〕2 号
黎里镇		
盛泽镇		
桃源镇		
南麻镇	1999 年 12 月 6 日~2000 年 1 月 27 日	吴政发〔2000〕24 号
莘塔镇		
菀坪镇		
同里镇	2001 年 1 月 9 日	吴政发〔2001〕3 号
庙港镇	2002 年 1 月 10 日	吴环发〔2002〕5 号
金家坝镇	2002 年 2 月 6 日	吴环发〔2002〕14 号

（二）"蓝天工程"

1999 年，吴江市开展"蓝天工程"，要求全市位于公路两侧和集镇的企业淘汰 1 蒸吨以下的燃煤锅炉，更换各种不符合环保要求的加热油锅炉，对 1 蒸吨以上的燃煤锅炉进行除尘、脱硫治理。经整治，全市规定范围之内的 20 家单位，基本做到达标排放 18 家、关闭 2 家。

除工业烟尘外，2001 年 11 月，市环保局与市、镇餐饮业经营者签订责任状，要求他们在 2001 年 12 月 31 日之前必须安装油烟净化装置及专用烟道，确保排

2002 年 1 月，吴江宾馆大厨间的油烟、污水处理装置

放烟气经处理达到《饮食业油烟排放标准（试行）》要求；建设污水隔油池或采取其他措施处理污水，处理后的污水排入联合污水处理管网，不得直接外排入河道及下水道（暂无联合污水处理管网的地区，污水应经处理，达到国家《污水综合排放标准》相应标准后排放）。

2003 年 2 月 12 日，市环保局印发《关于开展烟尘专项整治的通知》，再次开展以大气污染防治为重点的"蓝天工程"，对全市燃煤锅炉、窑、灶进行专项整治。要求全市企业：1 蒸吨以下（含 1 蒸吨）的炉、窑、灶，必须采用清洁能源，达标排放；1 蒸吨以上必须建除尘设施，达标排放。2~4 蒸吨（含 2 蒸吨）的炉、窑、灶必须采用水膜除尘，达标排放。4 蒸吨（含 4 蒸吨）以上的炉、窑、灶除采用水膜除尘外，还必须安装脱硫设备。2003 年 8 月 7 日，市环保局印发《关于公布完成烟尘专项整治任务的企业的通知》，公布完成整治任务的 350 家企业的名单。2004 年 1 月 16 日，市环保局印发《关于公布第二批完成烟尘专项整治任务的企业的通知》，公布第二批完成整治任务的 77 家企业的名单。

2007年6月,根据苏州市环保局的要求,吴江市划定的禁燃区范围是:东至京杭运河、南至三船河路、西至外苏州河(太湖大堤)、北至江陵北路,面积约25平方公里。禁燃区内禁止使用原(散)煤、煤矸石、粉煤、煤泥、燃料油(重油和渣油)等高污染燃料,区域内已有的污染燃料燃用设施,应当按要求拆除或改造,改用天然气、液化石油气、电或者其他清洁能源。

2008年3月,市政府再次把"蓝天工程"写入各镇镇政府的《环保目标责任书》中,目标是在2008年底,淘汰40%1蒸吨以下的燃煤锅炉;2010年底,淘汰所有的燃煤锅炉。

二、噪声治理

(一)吴江市区环境噪声适用区划分

1995年5月4日,市政府印发《吴江市区环境噪声适用区划分规定》和《吴江市区环境噪声适用区划分编制说明》,《规定》根据《城市区域环境噪声标准》(GB 3096—93)和《城市区域环境噪声适用区划分技术规范》(GB/T 15190—94)以及吴江市区的总体规划,将吴江市区(含规划中的开发区,共16平方公里)划分为4个环境噪声适用区。2001年11月25日,由于城市化速度加快,市区的总体规划有较大调整,市政府印发《关于调整〈吴江市区环境噪声适用区划分规定〉的通知》,对1995年的划分作出调整。

表7-12 2001年吴江市区环境噪声适用区划分一览表

单位:分贝

区域类别	适用区域	范 围	噪声标准	
			昼间	夜间
一类	居民、文教区以及机关、事业单位集中区域	北起江兴路,东起环河路、环城河、中山南路、吴家港,南起吴模路,西起滨湖路。	55	45
二类	居住、商业与工业混合区、规划商业区	北起江陵北路,东起京杭大运河、西起吴家港、中山南路、环城路、江兴路、江陵西路。	60	50
三类	规划工业区和业已形成的工业集中地带	北起华兴路,东起京杭大运河、淞兴路、淞山路、窑港河、苏嘉杭高速公路,南起纬一路,西起京杭大运河、江陵北路、西塘河、柳胥路、中山北路。	65	55
四类	城市道路交通干线两侧区域、穿越城区的内河航道两侧区域	城市道路(15条):华兴路、江陵北路、江兴路、北新路、流虹路、吴同路、江陵南路、仲英大道、鲈乡南路、鲈乡北路、中山南路、中山北路、交通南路、交通北路、江陵东路。内河航道(2条):京杭大运河、窑港河。	70	55

(二)噪声达标区建设

1986年5月16日,县环保局、县交通局、县公安局印发《关于对手扶拖拉机、单缸柴油机类机动车辆、桨船限期安装低噪声新型消声器的通知》,这是吴江县历史上第一个关于环境噪声治理的规范性文件。

1994年,吴江市启动环境噪声达标区建设工作。是年3月,在市政府与各乡镇签订的环保责任书中,开始列入噪声达标区建设的内容。至年底,噪声达标区的覆盖率,松陵镇为100%,同里镇为90%,其余各乡镇也全部达到85%的考核目标。

1996年8月26日,市政府印发《吴江市城市环境噪声管理办法》,对工业噪声、社会生活噪声、交通噪声、建筑施工噪声的监督管理以及相关的法律责任等,作出明确的规定。《办法》公布后,市环保局和市创建办、市建委、市工商局立即召集工厂、文化娱乐场所、宾馆饭店、建筑工地以及主管部门的负责人,召开动员大会,落实《吴江市城市环境噪声管理办法》。1996年10月13日,市政府成立市建设环境噪声达标区领导小组,由市政府分管副市长为组长,市环保局和松陵镇分管领导为副组长,各相关机构的分管领导为组员。领导小组下设办公室,由市环保局分管领导为主任。在市区噪声达标区的建设过程中,先后对吴江市新湖丝织厂、吴江印刷厂等企业以及正大富豪、商城舞厅等娱乐场所进行防噪降声处理,对吴江印铁制罐厂、吴江丝织厂进行搬迁,关闭了吴江钢铁厂、吴江文教丝织厂和湖滨农具厂。为减少交通噪声,市区绝大部分路段禁止鸣喇叭;禁止拖拉机、教练车进城;部分路段设单行道,主要路段设置隔离栏,使人行道、非机动车道、机动车道分开,以保证道路的通畅。对于建筑噪声,规定所有的工地,必须在"安民告示"中增加环保负责人的内容,并限制其作业时间。1996年12月27日,市环保局印发《关于同意通过松陵镇噪声达标区验收的通知》。1999年12月14日,吴江市区(即松陵镇)9.36平方公里的环境噪声达标区,经苏州市建设环境噪声达标区领导小组办公室验收小组复查后,获得通过。

2001年11月,市环保局与市、镇餐饮业经营者签订责任状,要求他们在2001年12月31日之前,做好有关噪声污染防治工作,确保噪声排放达到《工业企业厂界噪声标准》(GB12348—90)相应功能区标准。2008年6月19日,市政府印发《关于禁止在城区现场搅拌混凝土的通告》,规定:从2008年7月1日起,全市城区范围内的建设工程禁止现场搅拌混凝土,以减少城市噪声和粉尘污染。

（三）"宁静小区"建设

2001年初,市环保局和松陵镇政府,在吴江市区开展"宁静小区"创建工作,至年底,鲈乡二村、鲈乡三村和水乡花园3个小区通过评审,获得"宁静小区"的称号。

三、城镇环境基础设施建设

（一）生活污水处理

1994年12月30日,市政府转发由市城建局、市环保局制订的《吴江市实施〈加快城市污水集中处理工程建设的若干规定〉的办法》,吴江市城镇生活污水集中处理工程开始启动。

2002年,吴江市投资6千万元,建成2万吨每日市区城市污水处理厂。为发挥城市污水处理厂的作用,又投资6千万元,用以市区居民小区和部分公建单位的集污管网延伸工程。至2002年底,市区管网覆盖率达80%以上。除市区外,各镇以镇为单

2002年12月,吴江市建成2万吨每日市区城市污水处理厂

位,建设与全镇排污总量相匹配的适当超前的污水集中处理工程,并建设相应的截污管网,对全镇各种污水(工业污水、生活污水、餐饮业等三产污水)集中处理后达标排放。与此同时,各镇成立水处理公司,对污水处理的全过程,以市场化方式进行运作。

2008年9月12日,市政府印发《关于印发〈吴江市推进城镇生活污水处理工作实施意见〉的通知》,再次就城镇污水处理作出部署,要求在2008年底前,已建成的城镇生活污水处理厂全部完成除磷脱氮改造工程任务;所有在建、新建的污水处理厂全部配套建设除磷脱氮设施,执行国家城镇污水处理一级A类排放标准。2010年底前,松陵和盛泽城区生活污水处理率达到95%;吴江经济开发区和汾湖经济开发区的建成区生活污水处理率达到100%;其他乡镇生活污水处理率达到85%以上。

表7-13 1999~2007年吴江市城镇生活污水集中处理率统计表

单位:万吨

年份	城镇生活污水排放总量	城镇生活污水经处理达标排放量	城镇生活污水集中处理率
1999	303.81	173.36	57.06%
2000	375.94	179.69	47.80%
2001	413.30	210.83	51.01%
2002	705.96	460.57	65.24%
2003	720.00	471.85	65.53%
2004	900.50	641.00	71.18%
2005	1268.00	909.00	71.69%
2006	1442.00	1125.00	78.02%
2007	1844.00	1528.00	82.86%

表7-14 2000~2006年吴江市政府、市政府办公室关于城镇生活污水处理费发文一览表

发文日期	文件标题	发文机关
2000年8月3日	关于加强自来水价费中污水处理费征管工作的通知	市政府
2004年4月21日	转发市物价局等部门《关于调整污水处理费和自来水价格的意见》的通知	市政府办公室
2004年12月2日	转发市建设局等部门《关于吴江市城镇污水处理费征收和管理办法》的通知	
2005年12月5日	转发市建设局等部门关于《吴江市城市污水处理费返还操作办法》的通知	
2006年8月29日	转发市物价局《关于调整污水处理费和自来水价格的意见》的通知	

(二)垃圾处理

1993年9月1日,国家建设部印发《城市生活垃圾管理办法》。1994年12月12日,市政府印发《关于转发建设部〈城市生活垃圾管理办法〉的通知》,要求"各单位要切实加强生活垃圾的管理……全面提高城市市容和环境卫生水平"。吴江市城镇垃圾无害化处理工程开始启动。

1995年,市政府投资750万元,在松陵镇柳胥村附近建成吴江市首个符合《城市生活垃圾卫生填埋技术标准》(CJT 17—88)的垃圾填埋场,基本实现垃圾和粪便的无害化处理。2003年,柳胥垃圾填埋场停止使用,并植树造林,完成封场绿化处理。

2001 年 12 月，由上海市政工程设计院设计的新垃圾填埋场通过环境影响评价等审批手续，2002 年 1 月动工。新建的垃圾填埋场位于市区南部松陵镇八坼社区，距市区 15 公里，占地 13.8 公顷，有效库容 61 万立方米，垃圾处理能力 100 吨每日，使用年限 10 年，工程投资 2.5 千万元，属高标准无害化 I 级生活垃圾填埋

2003 年初，吴江城市生活垃圾填埋场投入使用

场。2002 年 6 月建成；2003 年初，正式取代柳胥垃圾填埋场，投入使用。与此同时，市区新建机械化集装箱式垃圾中转站 4 座，所有的垃圾桶全部换成不锈钢或塑料桶，所有的垃圾运输车辆均为密闭运输，以减少对道路环境的污染。

表 7-15　1996~2006 年吴江市生活垃圾无害化处理率汇总表

单位：万吨

年份	生活垃圾产生总量	无害化处理量	处理率
1996	2.64	2.24	85%
1997	2.65	2.26	85%
1998	2.80	2.56	91%
1999	2.88	2.88	100%
2000	3.01	3.01	100%
2001	3.45	3.45	100%
2002	4.01	4.01	100%
2003	5.41	5.41	100%
2004	6.80	6.80	100%
2005	10.10	10.10	100%
2006	11.00	11.00	100%

2000 年起，吴江市所辖各镇也投入资金，启动镇区的垃圾无害化处理工程，仅 2001 年，各镇投入生活垃圾处理工程的资金总数为 756.4 万元。

表 7-16　2001 年吴江市各镇区生活垃圾处理工程投入一览表

单位：万元

镇　名	资金投入	镇　名	资金投入	镇　名	资金投入	镇　名	资金投入
菀坪	9.8	八　都	7.7	屯　村	17.2	庙　港	20.0
北厍	6.0	梅　堰	18.0	黎　里	30.0	桃　源	12.9
芦墟	3.7	铜　罗	16.0	横　扇	3.0	平　望	166.7
莘塔	28.0	金家坝	26.1	震　泽	28.0	青　云	16.0
盛泽	230.0	同　里	16.9	南　麻	29.4	七　都	71.0

四、医疗废物处置

80 年代中期,吴江县人民医院开始重视医疗废物处置问题。当时,该医院每天排放各种污水 100 余吨,直接排入城河。1986 年,县政府投资 10 余万元,县环保局补助 4.1 万元,采用次氯酸钠消毒法,建成吴江县第一个医疗污水处理工程。1988 年,县政府投资 4 万余万元,县环保局补助 2 万元,建成平望镇人民医院医疗污水处理工程。1989 年,县政府投资 6 万余元,建成盛泽镇人民医院医疗污水处理工程。1990 年,黎里镇卫生院的医疗污水处理工程建成。

2003 年 6 月 16 日,国务院颁布《医疗废物管理条例》,是年 10 月 16 日,市环保局制定并印发《吴江市医疗废物处置实施方案》,规定:全市医疗废物实行集中处置,由吴江市绿怡固废处置有限公司实施无害化焚烧处置;全市 25 家医院分别设置医疗废物集中转运点,由处置单位设置收集桶,每两天收集一次,用专用的运输工具装运,严禁抛撒和丢失;各医院转运点必须由专人负责消毒和保管,并做好台账记录,对一次性塑制医疗废品必须按毁形、消毒、收集、保管、转运的程序进行处置。

2003 年"非典"防治期间,市环保局迅速成立"防非"污染监控指挥部,制订《"非典"防治期间对医疗污水排放和医疗废物处置监控的实施方案》,对全市各医院医疗废水、医疗废物的排放和运转,大幅度地增强监察的力度和检测的频次。

2001~2008 年,吴江市医疗废物处置率为 100%。

表 7-17　2001~2003 年吴江市医疗废物处置统计表

单位:公斤

医院名称	2001 年		2002 年		2003 年	
	产生量	处置量	产生量	处置量	产生量	处置量
吴江市第一人民医院	2630	2630	14010	14010	63000	63000
吴江市第二人民医院	15000	15000	18900	18900	32400	32400
吴江市第三人民医院	19400	19400	22300	22300	27000	27000
吴江市中医院	9000	9000	10500	10500	14400	14400
吴江市康复医院	2945	2945	4315	4315	5400	5400
吴江市松陵卫生院	486	486	511	511	7200	7200
吴江市芦墟卫生院	8640	8640	8860	8860	12600	12600
吴江市莘塔卫生院	2436	2436	3512	3512	4320	4320
吴江市金家坝卫生院	2800	2800	2954	2954	4680	4680
吴江市北厍卫生院	4700	4700	4760	4760	7200	7200
吴江市黎里卫生院	9650	9650	9870	9870	12600	12600
吴江市莞坪卫生院	2880	2880	2955	2955	3600	3600
吴江市横扇卫生院	5400	5400	5600	5600	7100	7100
吴江市庙港卫生院	2780	2780	2900	2900	4320	4320
吴江市七都卫生院	5700	5700	5830	5830	7200	7200
吴江市八都卫生院	4560	4560	4705	4705	4680	4680
吴江市震泽卫生院	3200	3200	3500	3500	9000	9000
吴江市桃源卫生院	2300	2300	2400	2400	4310	4310

（续表）

单位：公斤

医院名称	2001 年		2002 年		2003 年	
	产生量	处置量	产生量	处置量	产生量	处置量
吴江市青云卫生院	2500	2500	2455	2455	4315	4315
吴江市铜罗卫生院	2415	2415	2650	2650	4520	4520
吴江市南麻卫生院	2160	2160	2560	2560	4500	4500
吴江市八坼卫生院	2780	2780	3420	3420	4310	4310
吴江市梅堰卫生院	2370	2370	2520	2520	4300	4300

五、放射污染防治

2002 年 8 月，根据省环保厅印发的《转发国家和江苏省环保、卫生、公安部门〈关于开展放射源安全管理专项整治工作的通知〉的通知》，市环保局、市公安局、市卫生局，首次对全市 4 家持有放射源的单位进行专项执法检查。位于桃源镇的吴江兴源水泥有限公司的核子秤 1999 年起就不再使用，厂方将放射源从设备上拆下，用铅盒封装，置于车间料库距地面 25 米处。位于松陵镇的苏州中核华东辐照有限公司、位于黎里镇的亚洲啤酒苏州有限公司、位于芦墟镇的吴江市恒力水泥厂均能按照相关规定，两证（安全许可证、运行许可证）齐全，操作人员持证上岗，在使用和贮存场所设置警示标志，对废源进行有效的处理。

2004 年 6~8 月，市环保局、市公安局、市卫生局联合开展"清查放射源，让百姓放心"的专项行动，发现吴江市恒力水泥厂有 2 枚废旧放射源及 1 枚闲置源，亚洲啤酒苏州有限公司有 2 枚闲置源。由于两家企业经济不景气，无力承担放射源的送贮费用，市环保局、市公安局先对这 5 枚放射源进行监控，然后与省放射源送贮中心进行沟通，减免部分费用，终于完成这 5 枚放射源的送贮工作，使得区域内的辐射风险得以化解。

2005 年 12 月，全市开展环境安全事故性隐患苗头大排查活动，2008 年 5 月，全市又开展环境安全隐患排查治理工作。在这两次行动中，市环保局对全市所有持有放射源的企业进行摸底排查，督促企业整改，最大限度地降低区域辐射风险。

2008 年 11 月 5 日，市环保局制订并发布《吴江市辐射事故应急预案》，对辐射事故的等级、预防、预警、响应、处置等，作出明确的规定，为控制或减缓辐射事故可能造成的危害，提供应急的保障措施。

六、城镇绿化工程建设

1985 年 3 月 1 日，吴江县政府印发《批转县城乡建设局〈关于保护城镇沿街行道绿化的报告〉的通知》，这是改革开放以来，县政府印发的第一个关于城镇绿化的规范性文件。

1990 年起，市政府制定一系列关于城镇绿化的规范性文件，先后有：《吴江市城市绿化管理办法》《吴江市城镇区移伐树木、占用绿地审批暂行办法》《吴江市树木砍伐、移植及花卉、园林设施损失补偿收费标准》《吴江市古树名木保护管理办法》《关于实行城市绿化"绿色图章"管理制度的通知》。

1996 年，市政府委托江苏省城乡规划设计院编制《吴江市绿地系统规划》。1998 年 1 月，

2005年4月,2008年11月,市城管部门三次制定《吴江市松陵绿地系统规划》,均得到市政府的批准,纳入吴江市城市总体规划,并发文要求有关部门组织实施,搞好城市绿地建设。

90年代中期,吴江市区新建占地22万平方米的吴江公园和以垂虹桥遗址为背景的垂虹遗址公园,改建并扩建具有70年历史的松陵公园,建成仲英大道绿地、开发区运河绿地、世纪广场、城中广场,博

吴江市区垂虹桥遗址公园(摄于2001年初夏)

物馆文化广场等一批公共绿地景点。与此同时,在城区主要河道和街道的两侧加快绿化建设,兴建滨河绿地和街头绿地。各单位、各住宅小区也大力开展庭院绿化以及拆围透绿、拆临还绿的工作。2004年4月,市政府进一步启动城镇美化、绿化工程和市区大型公共绿地建设工程,以确保城镇人均绿地面积超过10平方米。

1993年,吴江市被林业部评为"全国平原绿化先进县(市)";1996年,被省政府列为"太湖流域综合治理造林示范县(市)";1997年,被全国绿化委员会授予"全国造林绿化百佳县(市)";1998年,被江苏省列为"城乡一体现代化林业建设示范区";2002年10月22~24日,通过省级园林城市的审核;2005年10月24~25日,通过国家级园林城市的审核;2006年4月15日,吴江市获"国家园林城市"称号。

表7-18　2003年吴江市市区公共绿地面积一览表

单位:万平方米

名　称	面积	名　称	面积	名　称	面积
车站广场	0.63	太平桥游园	0.19	云梨桥绿地	1.80
体育场	0.80	吴同路入口绿地	0.16	西塘桥绿地	0.92
市委门口	0.05	北门路西入口绿地	0.15	航运码头绿地	0.83
松陵公园	1.85	北门路绿地	0.34	江心路口绿地	0.93
街心公园	1.68	城中市民广场	0.50	大江桥绿地	0.14
吴江公园东侧	0.67	博物馆文化广场	3.04	工农路口路绿地	0.18
吴江公园	22.4	加油站北景点绿地	2.41	通余路口绿地	0.03
垂虹遗址公园	2.70	江陵大桥堍绿地	1.67	世纪广场	3.35
运河绿地	2.45	仲英大道景点绿地	0.43	体育馆广场	1.50
履泰桥绿地	0.07	高级中学南侧绿地	0.13	开发区公共绿地	3.50
工农绿地	1.20	大发南入口三角绿地	0.94	三里桥生态园	9.70
西门泵站绿地	0.07	加油站南绿地	0.62	江陵大桥绿地二期	1.80
大发景点绿地	2.00	开发区运河绿地	7.01	零星公共绿地	2.80
北石亭景点	0.48	北入口广场	2.00		

表7-19　2003年吴江市市区各居民小区绿地面积一览表

单位：万平方米

名　称	面积	名　称	面积	名　称	面积	名　称	面积
鲈乡一村	1.56	木中小区	0.85	江陵小区	1.68	景虹苑	0.21
鲈乡二村	3.73	西元圩小区	0.89	虹兴小区	0.67	梅里公寓	0.76
鲈乡三村	4.54	水乡花园	2.63	西塘河小区	0.76	永康小区	0.36
莱福公寓	1.81	供销房产小区	2.05	鲈乡花园	0.54	正大家园	0.62
教师新村	0.94	垂虹小区	1.36	建行住宅小区	0.55	龙庭花园一期	1.83
油车小区	2.53	流虹新村	2.18	垂虹家园	0.37	零星居住区	3.49
振泰小区一、二期	1.67						

表7-20　1999～2008年吴江市建成区绿化覆盖率表统计表

单位：平方公里

年份	建成区面积	绿化覆盖面积	建成区绿化覆盖率(%)
1999	6.10	2.38	39.02
2000	8.00	2.69	33.62
2001	10.53	3.61	34.33
2002	10.53	3.97	37.68
2003	10.53	4.17	39.56
2004	29.83	11.82	39.60
2005	34.03	14.88	43.70
2006	34.35	15.04	43.80
2007	38.93	17.71	45.49
2008	41.35	18.91	45.73

七、受保护地区建设

　　1980年,吴江县同里镇被列为国家太湖风景区景点之一,这是吴江县历史上第一个受保护地区。1981年,同里镇被列为太湖风景区内唯一的省级文物保护镇;1992年,镇区著名景点退思园被联合国教科文组织列入世界文化遗产名录;2003年,同里镇被国家建设部、文物局评为首批十大"中国历史文化名镇"之一;被联合国教科文组织授予2003年亚太地区文化遗产保护杰出成就奖;2004年,在世界遗产大会上,同里镇被整体列入世界文化遗产申报名录。

　　1998年,吴江市肖甸湖森林公园经江苏省农林厅批准后正式成立,这是华东平原上最大的森林公园之一。

吴江市肖甸湖森林公园(摄于2001年初夏)

2001年12月5日,市政府同意建立吴江市东太湖风景名胜区。2003年,铜罗生态森林公园等建立。至2005年底,全市受保护地区共有16个,总面积184.20平方公里,占全市城镇陆地面积的16.85%,成为市民休闲、旅游、度假的重要场所,城镇的生态环境得到明显的改善。

表7-21　2002~2006年吴江市受保护地区面积占全市陆地面积比例统计表

单位:平方公里

年份	全市陆地(湿地)面积	受保护地区面积	受保护地区面积占全市陆地面积比例
2002	1092.9	101.64	9.30%
2003	1092.9	111.37	10.19%
2004	1092.9	119.91	10.97%
2005	1092.9	184.20	16.85%
2006	1092.9	184.20	16.85%

表7-22　2006年吴江市受保护地区一览表

单位:平方公里

序号	受保护地区名称	主导生态功能	批准级别	批准时间	面积
1	同里风景名胜区	人文与自然景观保护	国家级	1980年	36.74
2	肖甸湖森林公园	生物多样性保护、自然及人文景观保护	江苏省级	1998年	2.67
3	东太湖风景名胜区	湿地生态系统维护、饮用水源地	苏州市级	2001年	70.00
4	铜罗生态森林公园	生物多样性保护、自然及人文景观保护	苏州市级	2003年	10.50
5	元荡重要湿地	湿地生态系统维护	江苏省级	2005年	9.83
6	北麻漾重要湿地	湿地生态系统维护	江苏省级	2005年	9.80
7	长漾重要湿地	湿地生态系统维护	江苏省级	2005年	5.60
8	长白荡重要湿地	湿地生态系统维护	江苏省级	2005年	4.62
9	三白荡重要湿地	湿地生态系统维护	江苏省级	2005年	4.52
10	白蚬湖重要湿地	湿地生态系统维护	江苏省级	2005年	4.25
11	金鱼漾重要湿地	湿地生态系统维护	江苏省级	2005年	4.11
12	汾湖重要湿地	湿地生态系统维护	江苏省级	2005年	4.08
13	澄湖重要湿地	湿地生态系统维护	江苏省级	2005年	3.11
14	黄泥兜湖泊保护区	湿地生态系统维护	江苏省级	2005年	2.53
15	太浦河清水通道维护区	水源涵养	江苏省级	2005年	8.14
16	七都镇南太湖重要湿地	生物多样性保护、自然及人文景观保护	江苏省级	2005年	3.70

第三节　农村环境整治

一、生态农业建设

　　80年代初,吴江县开始重视农业生态环境的保护工作。1996年,吴江市被定为省级生态农业示范市,是年11月6日,市政府印发《关于发展生态农业的通知》,这是吴江市首次印发关于生态农业建设的政府文件。《通知》要求各镇政府、各市委办局(公司)和市各直属单位提高对生态农业重要性的认识,宣布菀坪镇、七都镇为市级生态农业建设试点镇,并要求各镇在

"九五"期间抓好1~2个生态农业建设试点村,以推动全镇、全市生态农业的发展。2000~2008年,吴江市在一系列的"创建"活动中,生态农业获得进一步发展。

（一）沼气建设

80年代初,吴江县开始沼气建设。到1983年3月,全县有沼气池3.1万余只。桃源公社60多个大队,有三分之一的沼气池利用率达80%~90%,全年有8个月以上能够满足日烧三餐的需求。

正在建造的沼气池（摄于2001年）

1983年3月2~3日,县政府在铜罗公社召开全县沼气工作会议,会后,县政府印发《关于印发全县沼气工作会议纪要的通知》,指出："推广沼气,是有效地、合理地利用生物能源的新技术。这对贯彻党的十二大精神,促进良性循环,改变能源结构,解决能源不足,增加粗饲料和有机肥料……改进环境卫生等方面都有重要作用。"1983年10月29日,县政府印发《关于批转县沼气办公室〈关于沼气工作情况和意见的报告〉的通知》,要求各乡（镇）政府和各公社经联会"以战略眼光、群众观点,把沼气工作放在重要位置……进一步切实抓好"。

80年代末90年代初,吴江县的沼气发展比较平缓。1997年8月4日,市政府办公室转发市计委《关于推广应用"生活污水净化沼气池"技术的意见》,要求市计委、市建委、市环保局、市爱卫会等相关部门把"兴办净化沼气池作为现代化村镇建设的配套措施来抓",并"纳入现代化村镇建设考核内容"。

2000年起,沼气工程作为生态农业的中心环节,在吴江市得到迅速发展。2001年,吴江市东之田木果品生态园启动生态农业循环经济的研究,通过沼气的开发,使得果品和畜禽的生产形成互动的良性生态循环,不但产出的果品、草鸡、鸡蛋和鲜肉都是真正的无公害绿色食品,而且还大量收集社会上的有机污染物,实现废物资源化。2003年,吴江市震泽镇江众万头养猪场投资120万元,建起300立方厌氧塔沼气工程系统,每天处理粪便40吨,处理后的干粪便、沼渣与吴江市顺和化工有限公司合作生产颗粒有机肥料。此外,吴江市邦农饲料有限公司投资14万元,建起200立方的沼气池1座,日处理粪水30吨。吴江市太湖肉鸽养殖有限责任公司和芦墟镇陆留海猪场分别投资10万元和5万元,各自建造1座沼气池。这些养殖场通过沼气工程,畜禽废弃物的资源化率大大提高,取得生态效益和经济效益的双赢。

2005年起,推行农村沼气建设作为目标任务之一,写入市政府与各镇政府签订的环保责任书中。2008年底,大型沼气工程项目——吴江市胜墩农业科技苑大型沼气工程动工。

（二）秸秆利用

90年代中期,吴江市开始禁止秸秆焚烧,并在全省最早开展秸秆气化工程试点。1999年10月,八坼镇农创村率先引进山东省能源研究所秸秆气化技术,投资建起以秸秆为主要燃料的集中供气工程。2000年5月15日,农创村村委会因此荣获国家环保总局、农业部、科技部、共青团中央联合授予的"全国秸秆禁烧和综合利用先进集体"称号。

2000年之后,吴江市进一步加强秸秆禁烧和综合利用工作。每年的夏收和秋收,环境监察部门都要组织力量巡视检查,及时制止秸秆露天焚烧。2001年5月27日,吴江市政府办公室转发市环保局、市农业局、市水利农机局和计委《关于加强夏季秸秆禁烧和综合利用工作的意见》,指出:"秸秆禁烧根本在于综合利用。各地农业部门要从实际出发,结合生态村、生态示范区的创建,积极指导,大力推广形式多样的秸秆综合利用技术,充分利用秸秆资源,增加农田有机肥料。"2003年5月22日,市环保局、市农林局印发《关于认真做好夏季秸秆禁烧和综合利用的通知》,《通知》除划定太湖沿线和公路沿线为秸秆禁烧区外,还要求各镇政府积极推广秸秆综合利用技术,做到:发挥农机力量,搞好秸秆还田;推广超高茬麦套稻,秸秆全量还田;开展秸秆气化;其余秸秆作饲料、燃料以及养蚕结茧之用。

2003年3月,吴江市开始实施《吴江市生态示范区建设规划实施方案》。《方案》规定:进一步实施秸秆综合利用工程,继续扶持、鼓励有条件的村镇建设秸秆气化站,使秸秆综合转化为清洁能源;进一步扩大秸秆还田面积,加强科学研究和指导,增加秸秆还田的数量和质量;研究、推广秸秆用作畜禽饲料,以及引进国内外先进技术开辟秸秆利用的新途径;切实加强对秸秆处置的执法检查,杜绝秸秆露天焚烧及乱堆乱放。

至2004年,除八坼镇农创村外,又有横扇镇叶家港村、震泽镇徐家浜村、盛泽镇北角村、梅堰镇双浜村、金家坝镇西矜村分别建起5座秸秆气化站。此外,芦墟镇建起3.75万平方米的食用菌生产基地,以剩余秸秆为原料,进行蘑菇、平菇等食用菌的生产。与此同时,全市秸秆还田的面积占农田总面积的96.8%,数量达200公斤左右每亩,秸秆综合利用率达92%以上。2006年,全市秸秆综合利用率达100%。

表7-23　2006年吴江市秸秆综合利用方式分类汇总表

单位:万吨

利用方式	小麦	油菜	水稻	合计利用	所占比例%
机械化还田	0.60	1.88	10.326	12.806	57.8%
蚕桑结茧用	0.1415	—	1.675	1.8165	8.24%
草木灰还田	0.18	0.5612	5.056	5.7972	26.16%
菇渣还田	—	—	0.2	0.2	0.9%
秸秆气化	—	—	0.6	0.6	2.7%
饲料过腹	0.1311	—	0.8	0.9311	4.2%
合计	1.0524	2.4412	18.6574	22.1512	100%

注:机械化还田:农作物收割后将作物秸秆散铺于垄面,使用农机具全层翻压还田;草木灰还田:作为生活能源的作物秸秆燃烧后的灰分作为农家肥还田;菇渣还田:以稻茬为育菇营养基质,蘑菇收获后的菇渣还田;秸秆气化:采用秸秆气化炉使作物秸秆经不完全燃烧产生一氧化碳,作为生活能用;饲料过腹:以农作物秸秆为原料做成的粗饲料供牛羊等食草动物食用,产生的粪便还于农田。

(三)种植污染控制

1.农药

80年代初,吴江县环保和农业部门开始提倡农作物病虫害综合防治,减少化学农药的用量,增施生物农药,保护青蛙和鸟类。90年代中期,吴江市开始禁用高毒、高残留农药。2002

年7月10日,市政府印发《关于进一步贯彻落实〈苏州市人民政府关于禁止销售和使用高毒高残留农药的通告〉的通知》,规定:自即日起全面禁止销售和使用高毒高残留农药及其混配剂,凡本市范围内的农药经销者、使用者违反《通告》规定销售或使用高毒高残留农药及其混配剂的,农业、工商、卫生、环保等部门要密切配合予以查处;构成犯罪的,由司法机关依法追究刑事责任。在加强执法的同时,市政府及相关部门要大力推行农业防治、物理防治和生物防治等病、虫、草害综合防治技术,减少化学农药使用量。全市农田单位面积用药量1996年为36千克每公顷,2003年为22.5千克每公顷;全市农药使用纯量2003年为125.8吨,2006年为98.65吨。

2.化肥

80年代初,吴江县环保和农业部门开始提倡有机肥,减少化肥的使用量。2000年起,市政府及相关部门大力推广水稻测土配方技术、桑园模式化施肥技术、林果蔬测土配方技术,推广高浓度复合肥、包膜肥、有机生物肥和各种有机肥料,扭转偏施、重施氮肥的习惯。全市测土配方施肥技术推广率2003年为81.2%,2006年为92.8%;化肥使用强度2003年为249.3千克每公顷,2006年为243.2千克每公顷。

吴江市七都镇现代农业开发区(摄于2007年夏)

2004年5月,在市政府支持下,市环保局、市农林局制定并启动《吴江市有机、绿色、无公害基地建设实施方案》,是年底,全市建成有机、绿色、无公害产品基地16个。2006年底,全市已认定的无公害农产品生产基地89个,面积58.68万亩;已认证的无公害农(水)产品104种、绿色食品82种、有机食品12种。

表7-24 2001~2008年吴江市农用化肥施用情况一览表

单位:吨

年份	化肥施用量	其中			
		氮肥	磷肥	钾肥	复合肥
2001	89645	63617	11614	5958	8456
2002	80880	54957	11934	5214	8775
2003	52834	33436	4642	7016	7740
2004	57903	36493	6453	7292	7665
2005	36347	22943	6931	742	5731
2006	38062	23025	7236	785	7016
2007	19910	11949	3754	564	3643
2008	19064	11435	3594	546	3489

表 7–25   2004 年吴江市有机、绿色、无公害基地建成一览表

基　　地	产品	所在地
松陵镇生态农业示范园基地	果蔬、食品	松陵
绿色食品鸭产品生产基地	鸭产品	桃源
吴江市太湖肉鸽养殖基地	太湖肉鸽	横扇
天成菇有限公司	食用菌	芦墟
有机绿色大米生产基地	有机、绿色大米	震泽
万顷牌太湖蟹生产基地	太湖蟹	七都
瑞欣无公害种养基地	蔬菜	平望
东太湖水产养殖总场	水产品	东太湖
无公害隆太鹅生产基地	隆太鹅	同里
无公害翠冠梨生产基地	翠冠梨	平望
绿色食品柑桔生产基地	柑桔	横扇
横扇水产养殖基地	水产品	横扇
松陵镇东之田木生态园	果品	松陵
无公害大米生产基地	大米	黎里
盛泽盛大菜庄	蔬菜	盛泽
无公害白沙枇杷生产基地	白沙枇杷	震泽

（四）生态农业工程

80 年代末,吴江县开始生态农业的建设工作。1990 年 11 月,县环保局在桃源镇开展"建立合理的农业生态体系,促进农副工全面发展"的生态农业试点并获得江苏省生态农业试点先进集体的称号。2000 年之后,生态农业建设进入高潮。尤其是在创建全国生态示范区和生态市的过程中,吴江市启动一系列生态农业工程并取得实际成效(详见第八章第二节第四目"重点工程"和第三节第五目"重点工程")。

二、新农村建设

（一）村庄建设规划

1993 年 6 月 29 日,国务院颁布《村庄和集镇规划建设管理条例》(国务院令第 116 号)。1997 年江苏省建委印发《江苏省编制村庄规划技术规定(试行)》。吴江市所辖各镇,根据国务院和省建委的文件精神以及本土的具体情况,制订村庄建设规划。1998 年 10～12 月,吴江市政府对各镇的村庄建设规划逐一审核,分别批复,要求各镇"切实加强领导,加大宣传力度,加强部门协调,认真做好村庄建设规划实施工作,促进农村经济和各项社会事业协调发展"。

吴江农民的新住宅(摄于 2007 年夏)

2002年,国家环保总局开始在全国开展"全国优美乡镇创建"活动。吴江市所辖八都、菀坪、北厍、同里、黎里等乡镇,根据创建活动的要求,制订乡镇总体规划。2002年5月~2007年1月,市政府对上报的乡镇总体规划逐一审核,分别行文,作出批复。

2006年,吴江市委、市政府以及相关的政府部门数次发文,推动吴江市的新农村建设。全市各乡镇共投入1500余万元,聘请同济大学、南京大学等规划设计单位制订镇、村布局规划和村庄建设规划,全市共规划375个农民集居点,其中新建点20个、改造点341个、公寓点14个。

表7-26　2006年吴江市委、市政府关于新农村建设发文一览表

发文日期	标　　题	发文机关
2006年1月19日	转发市环保局等部门关于《吴江市农村人居环境建设和环境综合整治试点工作实施方案》的通知	市委办公室、市政府办公室
2006年5月26日	关于印发《吴江市农村居民住宅集中建设实施办法(暂行)》的通知	市政府
2006年4月12日	关于推进社会主义新农村建设的若干意见	市委、市政府
2006年11月13日	关于推进全市农村环境建设的若干意见	市委、市政府
2006年12月29日	关于印发吴江市城(村)镇规划建设管理工作考核暂行办法的通知	市政府办公室

2006年10月17日和11月13日,吴江市政府两次发文,对杨文头、双浜等19个村庄的建设规划表示同意,并要求各村"严格按照规划要求,精心组织实施,认真抓好规划的落实工作"。除上述19个村庄之外,其余356个点的规划编制工作也在是年年底之前基本完成,并通过市级评审。

表7-27　2006年吴江市政府批准实施新农村规划的村庄一览表

批准日期	批文标题	村庄名	所属镇	批准文号
2006年10月17日	关于同意杨文头村等新农村建设示范村村庄建设规划的批复	杨文头村	汾湖经济开发区	吴政发〔2006〕178号
		城司村	汾湖经济开发区	
		南厍村	松陵镇	
		友谊村	松陵镇	
		龙降桥村	震泽镇	
		群幸村	七都镇	
		太浦闸村	七都镇	
		广福村	桃源镇	
		戴家浜村	桃源镇	
		圣塘村	盛泽镇	
		人福村	盛泽镇	
		坛丘村	盛泽镇	
2006年11月13日	关于同意双浜村等新农村村庄建设规划的批复	双浜村	震泽镇	吴政发〔2006〕195号
		莺湖村	平望镇	
		菀南村	横扇镇	
		同芯村	横扇镇	
		新乐村	震泽镇	
		新城花园	吴江经济开发区	
		长安花苑	吴江经济开发区	

(二)"三绿""三清"

2003年7月,苏州市委、市政府印发《关于推进农村十项实事的意见》,其中与农村环境保护相关的实事有三项:第二项,加快实施改水、改厕和农村道路等级化、灰黑化工程;第七项,持续开展"清洁村庄、清洁家园、清洁河道"活动(后简称"三清"活动);第八项,全面推进"绿色通道、绿色基地、绿色家园"活动(后简称"三绿"活动)。

2004年3月12日,吴江市政

2004年春,村民正在清洁河道

府印发《关于开展农村清洁村庄、清洁家园、清洁河道活动的实施意见》,《实施意见》将苏州市委、市政府关于农村环境保护的三项实事进一步细化为:"道路硬化,平整无坑洼,其中主干道为水泥路或沥青路,次干道、通组道路、农村居民住宅区道路至少为砂石路;环境整洁优美,辖区内无暴露垃圾,无污水横流,无露天粪缸;行政村按人口的3‰~5‰配备保洁人员,经费落实,任务明确,工作到位;自然村按每80户一座的标准建造水冲式公共厕所,定期冲洗,保洁良好,垃圾箱(桶)布局合理,有门有盖,基本密闭,周围清洁,有垃圾收集清运设备,生活垃圾日产日清,有固定的生活垃圾卫生填埋场所,并管理到位;农户住宅室内整洁、场地平整、庭园绿化美化,宅前屋后无乱堆乱放,物品堆放整齐,家禽家畜圈养,化粪池管理良好;定期疏浚辖区内河道,河道长效管理制度化,辖区内河道实现底清、面洁、岸净。"

2005年7月起,"三绿""三清"活动融入"六清六建"活动。

表7-28　2003~2004年吴江市委、市政府及相关部门关于"三清""三绿"发文一览表

发文日期	标　　题	发文机关
2003年2月21日	关于吴江市农村河道长效保洁管理的实施意见	市政府
2003年3月4日	关于吴江市2003年农村绿化工作的意见	市政府
2003年6月4日	关于进行农村乡镇生活污水处理调查的通知	市环保局
2003年9月13日	关于加快推进农村改水改厕工作的意见	市政府
2004年2月27日	关于印发《吴江市农村初级卫生保健实施方案》的通知	市卫生局、市环保局、市计委、市财政局、市农林局、市民政局、市爱卫会
2004年4月9日	关于进一步加强农村卫生工作的意见	市政府

(三)"六清六建"

2005年7月12日,江苏省环保厅、建设厅、农林厅、财政厅、水利厅、卫生厅联合印发《关于开展农村人居环境建设和环境综合整治试点工作的通知》。根据该文件,市环保局、市委农村工作办公室(下简称市农办)、市建设局、市农林局、市财政局、市水利局、市卫生局联合制订《吴江市农村人居环境建设和环境综合整治试点实施方案》,并上报市政府。2006年1月19

日,市委、市政府批准《实施方案》,并由市委办公室和市政府办公室联合转发至各镇政府。《实施方案》指出,农村环境综合整治试点工作的核心内容为"六清六建",即:清理垃圾,建立垃圾管理制度;清理粪便,建立人畜粪便管理制度;清理秸秆,建立秸秆综合利用制度;清理河道,建立水面管护制度;清理工业污染源,建立稳定达标制度;清理违章建筑,建立村容村貌管理制度。在《实施方案》印发的同时,市政府成立吴江农村人居环境建设和环境综合整治试点工作领导小组,由市政府分管领导任组长,市农办、市环保局的领导任副组长,市财政局、建设局、水利局、农林局和卫生局(爱卫办)等有关部门的领导为成员。市试点工作领导小组下设办公室,由市环保局、市农办的分管领导任正副主任,成员单位的分管处室负责人任成员;办公室设在市环保局。《实施方案》把松陵镇的南刘村、平望镇的双浜村等42个村定为全市首批"六清六建"试点村,要求"各镇成立相应的试点工作机构,并在各地党委、政府的统一领导下开展工作""各试点村应成立以村党支部书记为领导的农村环境综合整治领导班子,建立工作责任制,明确工作分工,责任到人,抓好试点工作的落实"。

表7-29 2006年1月吴江市首批"六清六建"试点村一览表

镇名	村名	镇名	村名	镇名	村名
松陵	南刘村	芦墟	伟明村	七都	望湖村
	农创村		杨文头村		隐读村
	友谊村		长胜村	盛泽	北角村
平望	双浜村	桃源	龙径村		人福村
	联丰村		文民村		沈家村
	顾扇村		迎春村		溪南村
	万心村		大德村		金星村
同里	肖甸湖村	黎里	东方村	震泽	龙降桥村
	屯溪村		华莺村		三扇村
	九里湖村		建南村		前港村
	北联村		大长港村	吴江经济开发区	叶泽村
横扇	王焰村	七都	东风村		厍浜村
	诚心村		陆港村		同兴村
	同芯村		沈家湾		西联村

至2008年,全市农村自来水普及率达100%;全市卫生厕所普及率达100%,农村无害化卫生户厕普及率达97.34%;全市疏浚河道1324条,总长1341公里,完成土方1406万方,村、组河道全部进行轮浚;全市新农村绿化覆盖率达30%以上,老村庄绿化覆盖率达25%以上;全市公路实现村村通,路网密度达每百平方公里180公里;全市城镇之间绿带相绕、绿地相接,森林覆盖率达23.18%,农田林网率达95%,河渠绿化率超过90%。(此外,秸秆清理,详见本章本节第一目第二子目"秸秆利用";工业污染源清理,详见本章第一节第三目"治理措施";禽畜粪便清理,详见本章第四节第四目"畜禽养殖业整治")。

表7-30　2005~2008年吴江市委、市政府及相关部门关于"六清六建"发文一览表

发文日期	标题	发文机关
2005年9月19日	关于印发全市城乡环境整治实施意见的通知	市政府
2006年5月26日	关于印发吴江市农村居民住宅集中建设实施办法(暂行)的通知	市政府
2006年12月29日	关于印发吴江市城(村)镇规划建设管理工作考核暂行办法的通知	市政府办公室
2007年11月26日	关于印发吴江市农村环境综合整治规划(2006~2010年)的通知	市政府
2008年8月4日	印发关于加强推进农村生活污水处理设施建设的实施意见的通知	市政府办公室
2008年4月9日	关于印发《吴江市农村环境卫生长效管理实施意见》的通知	市政府

(四)农民集中居住区建设

2006年1月19日,市委、市政府批准市环保局等七部门联合制订的《吴江市农村人居环境建设和环境综合整治试点工作实施方案》,并由市委办公室和市政府办公室联合转发至各镇政府。《实施方案》提出新农村建设"三集中"原则,即:农田向种粮大户集中,工业向小区集中,农民向集中居住区集中。依照"农民向集中居住区集中"的原则,全市3338个自然村将

2007年春,正在建设中的农民集中居住区

整合为375个新农村规划点,由新建点、改造点和公寓点三类组成,其中新建点20个、改造点341个、公寓点14个。2006年5月26日,市政府印发《关于印发〈吴江市农村居民住宅集中建设实施办法(暂行)〉的通知》,进一步明确:"农村居民集中居住区是将全市农村现有分散的众多自然村落(点)逐步撤并,规划建设具有江南水乡文化特色、现代气息和适合生产、人居的新型村庄、农村居民集中居住区。沿八坼、金家坝、北库、莘塔、屯村、梅堰、菀坪、庙港、八都、铜罗、南麻、坛丘、青云社区周边自然村尽可能规划到社区建设。"

2006年6月,全市375个新农村规划点中,盛泽镇圣塘村、松陵镇南库村等20个示范村率先启动。全市投入资金9.14亿元,计划动迁农户6800多户。2007年3月,已签约的动迁农户6120户,实际动迁5450户。2008年,在已经建成的新农村示范村中,如平望镇双浜村、联丰村等,全部实现"六化(道路硬化、住宅美化、河道净化、环境绿化、路灯亮化、垃圾处理无害化)"和"六网进村(自来水、电、燃气、电信、公交和有线广播电视全部进村)"。

(五)生活污水处理

在新农村建设中,农村生活污水的处理得到重视。2008年,在市政府与市建设局以及各镇、开发区签订的《2008年度太湖流域水污染防治目标责任书》中,要求在2008年底,农村生活污水处理率达到25%,其中太湖一级保护区农村生活污水处理率达到40%。《责任书》还对相关村庄生活污水处理设施的建设,作出明确的规定。2008年夏,市政府投资8088万元,启动首批42个村庄生活污水处理设施的建设,其中管网建设6516万元,处理设施建设1572

万元。2008 年 8 月 4 日,市政府办公室印发《关于加强推进农村生活污水处理设施建设的实施意见》,就建设农村生活污水处理设施的资金补助,提出具体的标准和实施意见:有动力的生活污水处理设施主体工程,每套 25 万元;接管至村建有动力生活污水处理设施,每户 1500 元;接管至集中式污水处理厂,每户 2000 元;四格式无害化处理设施,每户 1000 元。

农村生活污水处理设施(摄于 2008 年夏)

表 7-31　2008 年吴江市农村生活污水设施建设情况一览表

乡　镇	村　庄	人口	处理工艺	配套管网		投入资金(万元)	
				管径(毫米)	长度(千米)	处理设施	管网
平望镇	莺湖村	1250	生化处理	DN 300-150	2.0	48	144
	双浜村	1250	生化处理	DN 300-150	1.6	48	144
	龙南村	938	生化处理	DN 300-150	1.3	36	108
横扇镇	圣牛村	1250	生化处理	DN 300-150	2.0	48	144
	新湖村	938	生化处理	DN 300-150	2.1	36	108
	同芯村	938	生化处理	DN 300-150	1.6	36	108
	菀南村	1563	生化处理	DN 300-150	1.2	60	180
	四都村	1250	生化处理	DN 300-150	1.3	48	144
	沧浦社区	—	—	—	4.0	—	200
	沧州村	—	—	—	4.0	—	200
	北横村	820	生化处理	DN 300-150	1.4	36	108
	姚家港	671	生化处理	DN 300-150	1.3	36	108
同里镇	九里湖村	440	生化处理	DN 500-150	1.2	19	57
	文安村	1250	生化处理	DN 300-150	1.8	48	144
	田库村	1250	生化处理	DN 300-150	2.0	48	144
	北联村	938	生化处理	DN 300-150	2.5	36	108
桃源镇	利群村	1040	生化处理	DN 500-150	1.6	45	135
	戴家浜村	1100	生化处理	DN 500-150	2.4	48	143
	富乡村	—	—	—	4.0	—	200
七都镇	吴溇村	938	生化处理	DN 300-150	4.3	36	108
	望湖村	1250	生化处理	DN 300-150	1.8	48	144
	沈家湾村	938	生化处理	DN 300-150	1.6	36	108
	陆港村	938	生化处理	DN 300-150	0.9	36	108
	荣灿村	1250	生化处理	DN 300-150	1.1	48	144
	盛庄村	1250	生化处理	DN 300-150	1.4	48	144

（续表）

乡　镇	村　庄	人口	处理工艺	配套管网		投入资金（万元）	
				管径（毫米）	长度（千米）	处理设施	管网
七都镇	联强村	1563	生化处理	DN 400－150	2.0	60	180
	太浦闸村	1250	生化处理	DN 300－150	2.1	48	144
	庙港村	1864	生化处理	DN 400－150	3.0	81	242
震泽镇	新乐村	—	—	—	4.0	—	200
	龙降桥村	—	—	—	4.0	—	200
	众安桥村	1627	生化处理	DN 300－150	5.8	48	144
	前港村	1541	生化处理	DN 300－150	5.8	48	144
	金星村	1625	生化处理	DN 300－150	5.8	48	144
盛泽镇	圣塘村	—	—	—	4.0	—	200
	人福村	2900	生化处理	DN 300－150	8.6	72	216
	坛丘村	1030	人工湿地	DN 300－150	5.8	48	144
	溪南村	1600	人工湿地	DN 500－200	5.8	48	144
	荷花村	—	—	—	4.0	—	200
汾湖镇	杨文头村	4350	生化处理	DN 300－150	11.5	96	288
	时基湾村	1808	生化处理	DN 300－150	5.8	48	144
	芦东新村	—	—	—	4.0	—	200
	新友村	—	—	—	4.0	—	200

第四节　水环境整治

　　吴江市濒临太湖，境内河道纵横交错，湖荡星罗棋布。主要河流 20 多条，南北向有江南运河、澜溪等，东西向有太浦河、吴淞江等；千亩以上列入江苏省湖泊保护名录的湖荡（除太湖）55 个，主要有元荡、北麻漾、长漾、白蚬湖、汾湖等。水域面积 267.11 平方千米（除太湖水面），占全市总面积的 22.7％。境内水系（除太湖湖区水系）以太浦河为界，浦南属杭嘉湖水网区，浦北属淀泖水网区。江南运河纵贯南北，起到调节和承转境内水量的作用。

一、地下水资源管理

　　1989 年 7 月 28 日，县政府印发《批转县财政局、城建局《加强地下水资源管理意见》的通知》，这是县政府第一个关于地下水资源管理的规范性文件。文件规定：凡需开凿深井的单位，须凭主管部门的书面文件，向城乡建设局提出申请，经审查同意发给凿井批准书后，方可施工。还规定：现有自备深井的单位，都要向县城乡建设局办理登记手续，提出用水量申请，安装水表，领取用水许可证，按规定数量取用地下水。凡使用地下水的企、事业单位，都必须缴纳地下水资源费，每吨收费 6 分。此外，文件还对收费的办法和费用的分配等问题，作出明确的规定。

　　1993 年 12 月 29 日，市政府印发《关于印发〈吴江市城市地下水资源管理暂行规定〉的通知》。《暂行规定》共 20 条，对防止地下水污染、防止地面沉降、凿井的审批程序、水井的管理制度以及水井的报废等，均作出严格的规定。为加强全市地下水资源的管理，1997 年 6 月，市政府成立吴江市地下水资源管理领导小组,由副市长周留生任组长,市水利农机局局长张明岳和市政府办公室副主任张伟秋为副组长,政府相关部门的分管领导为组员。

1998年7月16日,市政府办公室印发《关于下达1998年度地下水开采计划的通知》;1999年3月23日,市政府办公室印发《关于下达1999年度地下水开采计划的通知》。两份文件分别对1998年和1999年全市地下水的开采总量和各镇的开采量作明确规定。

表7-32 1998~1999年吴江市各镇地下水开采限量一览表

单位: 万立方米每年

镇 名	1998 年	1999 年	镇 名	1998 年	1999 年	镇 名	1998 年	1999 年
松 陵	80.0	145.0	金家坝	54.0	52.0	横 扇	117.0	130.0
八 坼	—	—	黎 里	32.0	28.0	七 都	5.6	14.0
同 里	220.0	206.0	平 望	18.5	42.0	庙 港	11.0	7.0
菀 坪	9.0	—	梅 堰	9.0	4.0	震 泽	50.0	58.0
屯 村	59.0	65.0	盛 泽	206.0	210.0	铜 罗	19.8	9.0
莘 塔	75.0	86.0	坛 丘	21.0	30.0	青 云	16.2	5.0
芦 墟	58.0	73.0	南 麻	0.3	1.0	桃 源	51.0	50.0
北 厍	73.0	70.0	八 都	152.6	88.0			

2000年8月26日,江苏省人大常委会通过《关于在苏锡常地区限期禁止开采地下水的决定》,规定:2003年12月31日前,在地下水超采区禁止开采地下水;2005年12月31日前,苏锡常地区全面禁止开采地下水。为落实此项决定,2000年9月7日,市政府成立限期禁止开采地下水工作领导小组,市长程惠民任组长,副市长沈荣泉、张锦宏任副组长,市计委、经委、建委等9个政府相关部门的领导任组员。9月12日,市政府印发《关于下达地下水禁止开采封井计划的通知》,按照封井计划,全市383口深井,将在2001~2005年间,分批逐年封堵完毕。《通知》要求各镇政府按照规定的期限督促各深井取水单位按时按质完成封井任务。

2003年4月14日,市政府办公室印发《关于下达2003年度地下水封井计划的通知》,2004年5月8日,市政府办公室印发《关于下达2004年度地下水封井计划的通知》,2005年4月26日,市政府办公室印发《关于下达2005年度全市地下水深井封填任务的通知》。三个文件都是督促各镇政府和相关单位按时按质完成当年的封井任务,并加快主管道管网的铺设,做好水源的替代工作。2005年年底,全市所有的深井封填完毕。

2005年11月24日,省人大执法检查组到苏州重点检查吴江市贯彻落实省人大常委《关于在苏锡常地区限期禁止开采地下水的决定》情况

二、饮用水源保护

1990年,县环境监测站开始对日供水5千吨以上的松陵、盛泽、震泽、平望4个水厂取水口的水质进行监测,饮用水源的保护工作由此开始,逐步规范。

(一)水源保护区划定

1990年,县环保局和县城建局,开始着手松陵、盛泽、震泽、平望4个水厂水源保护区的划定工作。1994年10~12月,市环保局和市城建局再次组成工作组,实地划定全市18个以地面水为水源的镇级自来水厂的水源保护区,并设置统一的保护标志。1995年3月21日,市政府印发《批转市城建局、环保局〈关于明确各镇地面水厂水源保护区划定范围的请示〉的通知》,要求各镇政府采取有力措施,做好各级保护区范围内的水质保护工作,以保证地面水厂的供水质量。

表7-33　1995年吴江市镇级自来水厂水源保护区范围划分一览表

单位:万立方米每日

厂名	设计规模	现状规模	取水口位置	保护区位置
盛泽水厂	10.0	2.5	蚬子斗	一级:以取水口为中心半径100米范围内的水、陆域。 二级:上游自取水口至白龙桥;下游自取水口至南草圩闸首。 准保护区:白龙桥西至溪桥水域。
松陵水厂	10.0	7.5	吴家港	一级:以取水口为中心半径100米范围内的水、陆域。 二级:上游自取水口至吴模村9组;下游自取水口至太平桥。 准保护区:太平桥至吴桥港。
震泽水厂	1.5	1.5	长漾	一级:以取水口为中心半径100米范围内的水、陆域。 二级:长漾水域。 准保护区:荡白漾。
黎里水厂	2.0	1.0	牛头湖	一级:以取水口为中心半径100米范围内的水、陆域。 二级:上游自取水口至牛头湖水域;下游自取水口至上冶厂码头。 准保护区:除二级保护区外的牛头湖水域。
平望水厂	2.0	1.0	新运河	一级:以取水口为中心半径100米范围内的水、陆域。 二级:上游自取水口至草荡口;下游自取水口至联农7队。 准保护区:草荡。
同里水厂	2.0	1.0	同里湖	一级:以取水口为中心半径100米范围内的水、陆域。 二级:上游自取水口至北石圩;下游自取水口至张公桥。 准保护区:同里湖水域。
北库水厂	2.0	1.0	东长荡	一级:以取水口为中心半径100米范围内的水、陆域。 二级:上游自取水口至老人荡东口;下游自取水口南至元鹤村铸件厂、北至玩字村。 准保护区:老人荡。
芦墟水厂	1.5	0.5	窑港	一级:以取水口为中心半径100米范围内的水、陆域。 二级:上游自取水口至三白荡与窑港交界处;下游自取水口至太浦河与汾湖交界处。 准保护区:三白荡、汾湖。
桃源水厂	0.75	0.75	虹桥港	一级:以取水口为中心半径100米范围内的水、陆域。 二级:上游自取水口至阳和桥;下游自取水口东至桃源河人民桥、北至西坝里。 准保护区:阳和桥港至大善桥两侧。

（续表）

单位：万立方米每日

厂名	设计规模	现状规模	取水口位置	保护区位置
铜罗水厂	0.5	0.5	白寺港	一级：以取水口为中心半径100米范围内的水、陆域。 二级：上游自取水口至紫荇塘；下游自取水口东至严墓塘、北至贺蒙桥。 准保护区：紫荇塘至杏花桥。
梅堰水厂	0.5	0.5	长田漾	一级：以取水口为中心半径100米范围内的水、陆域。 二级：上游自取水口南至长板桥、西南至善字圩和南女圩交界处；下游自取水口至梅运桥。 准保护区：南至清田漾、西南至麻漾。
八都水厂	0.5	0.25	西成港	一级：以取水口为中心半径100米范围内的水、陆域。 二级：上游自取水口至金鱼漾1000米处；下游自取水口南至贯桥14队。 准保护区：整个金鱼漾。
八坼水厂	0.5	0.25	大浦港	一级：以取水口为中心半径100米范围内的水、陆域。 二级：自取水口至上、下游各1000米水域。 准保护区：上游至江漕河、下游至大浦桥。
青云水厂	0.5	0.25	沈庄漾	一级：以取水口为中心半径100米范围内的水、陆域。 二级：上游自取水口至沈庄漾；下游自取水口东南至八士荡万安桥、东北至仓家坝桥。 准保护区：整个沈庄漾水域。
南麻水厂	0.5	0.25	寺西漾	一级：以取水口为中心半径100米范围内的水、陆域。 二级：上游自取水口至大径港鱼池；下游自取水口至引庆桥。 准保护区：大径港。
坛丘水厂	0.5	0.25	岳工港	一级：以取水口为中心半径100米范围内的水、陆域。 二级：上游自取水口至麻溪荡；下游自取水口至木梳湾。 准保护区：麻溪荡东至四亭子、西至溪南大桥。
七都水厂	0.3	0.3	太湖	一级：以取水口为中心半径100米范围内的水、陆域。 二级：自取水口至上游沿岸1000米处、下游沿岸100米处。 准保护区：取水口周围部分太湖水域。
庙港水厂	1.0	0.5	太湖	一级：以取水口为中心半径100米范围内的水、陆域。 二级：上游自取水口至沈家港；下游自取水口至庙港。 准保护区：取水口周围部分太湖水域。

　　2001年12月，市环境监测站对水源保护区进行监测时发现，全市除庙港和桃源外，其余16个水厂取水口水质均出现不同程度的下降。2002年1月15日，市环保局立即上报市政府并建议"加快我市集中供水的步伐"。2002年，吴江市集中供水企业——吴江市净水厂开始建设，2005年2月，一期工程竣工，工程总投资7.1亿元，包括一个净水厂和遍布全市的170公里管道。设计日供水能力30万立方米，实际供水能力35万立方米，供水普及率达70%。2005年7月，市环保局和市建设局再次联合，实地划定吴江市区域供水净水厂的水源地和保护区。净水厂水源地位于太浦河与太湖交汇口向西1000米处（东经120°27′17.37″，北纬30°00′14.34″）；一级保护区，以取水口为中心，半径1000米区域（包括水面、滩涂、陆地）。二级保护区水域：一级保护区外径向距离2000米区域；陆域：在一级保护区外径向距离3000

米内陆域。2005 年 8 月 15 日,市政府印发《关于同意市区域供水净水厂水源保护区划定范围的批复》,同意市环保局和市建设局划定的保护区范围,并要求两部门会同其他有关部门,抓好保护区各项措施的落实,保障生产和生活供水安全。

2005 年 2 月,吴江市净水厂一期工程竣工

2006 年 9 月 5 日,市政府印发《吴江市生活饮用水源保护细则(试行)》,其中第九条,对饮用水源保护区区划范围作出更明确的规定。

表 7-34　2006 年《吴江市生活饮用水源保护细则(试行)》规定的水源保护区范围一览表

水源保护区位置	一级保护区范围	二级保护区范围	补充说明
设在河道的饮用水源保护区	以取水口为中心,上游 1000 米、下游 500 米区域。	一级保护区区划线上、下游各 2000 米区域。	河道两岸自迎水坡堤顶线起至背水坡侧共 30 米区域均为饮用水源保护区区划范围。
设在太湖水域的饮用水源保护区	以取水口为中心,半径 1000 米区域(包括水面、滩涂、陆地)。	一级保护区区划线外 2000 米区域。	—
设在其他湖泊的饮用水源保护区	以取水口为中心,半径 1000 米水域。	一级保护区区划线外所有水域。	水域面积在 10 平方公里以下的湖泊,其整个湖泊水域及其堤岸迎水护坡坡顶线至背水坡侧 30 米均为饮用水源保护区。日取水量在 50 万吨以下水域面积较小的饮用水源保护区,暂按一级保护区措施实施。

(二)专项整治行动

1997 年年底,全市共有镇、村水厂 255 个,其中镇级水厂 25 个,村级水厂 230 个。1998 年 6 月,市环保局、市建委、市卫生局、市爱卫会对其中 30 多个水厂进行实地调查,发现一些水厂,尤其是村级水厂,取水口设在水利内包围中,水质原本较差,加上漂浮物未及时打捞,船只随意停泊,生活污水随意排放,使得水源水质进一步恶化。1998 年 6 月 28 日,市政府办公室转发市环保局等部门《关于加强农村水厂卫生管理的意见》,对确保水厂供水安全提出 5 条整改措施,并规定:严格控制新建村级水厂,向全镇由镇水厂集中供水或多村联办、村建镇管的方向发展。

2005 年 4 月 30 日,市环保局印发《关于印发〈吴江市开展集中水源地环保专项整治行动方案〉的通知》,《方案》规定此次专项行动的重点是:摸清辖区内集中式饮用水源的分布、水源构成、水质状况及保护区划定情况;排查各集中式饮用水源保护区内、保护区上下游 3000 米和乡镇饮用水源地周围 1000 米范围内工、农业污染源、生活污染源和流动污染源的分布以

及污染程度；制定饮用水源地污
染事故应急预案并组织演练；对
清查出的重点企业和重点问题进
行整治。

2007 年 5 月 24 日，市政府办
公室印发《关于继续开展集中式
饮用水源地专项整治的通知》，决
定在前两年的基础上，对保护区内
一些依然存在的问题加大整治力
度，尤其是对严重影响饮用水源安
全的企业，年底前必须搬迁或关
闭，二级保护区内的所有排污企业

2002 年夏，市政府在水源保护区设置的警示牌

的排污口必须延伸到二级保护区外，而且必须做到达标排放。

（三）制定保护细则和应急预案

2006 年 9 月 5 日，市政府印发《吴江市生活饮用水源保护细则（试行）》，《保护细则》共
25 条，对饮用水源保护区的区划范围、具体的保护措施、政府有关部门所应承担的职责以及违
法查处的程序等，作出明确规定。

2007 年 6 月 7 日，市政府办公室印发《吴江市饮用水源地环境安全事故应急预案》，《预
案》共五条，对《预案》启动的条件、对饮用水源地由于环境污染事故造成取水停止等情况时，
政府相关部门必须采取的措施以及处置的程序等，作出明确的规定（详见第三章第四节"环境
预警和应急机制"）。与此同时，市政府成立太湖水污染防治暨饮用水源安全应急工作小组，市
长徐明任组长，副市长张锦宏、王永健、沈金明和市政府秘书长王悦任副组长，市政府分管副秘
书长和各相关部门的领导任组员。各相关的责任部门和水厂也根据预案加强演练，做好应对
突发事件的准备。

2008 年 6 月 5 日，为应对太湖蓝藻的突发威胁，市环保局制订《吴江市集中式饮用水源环
境突发安全事件环保专项应急预案》，对应急处置指挥部和各工作小组的组成和职责、对应急
响应的等级和程序等，作出明确的规定。

三、水域功能类别划分

1993 年 8 月 13 日，市政府印发《吴江市地面水域功能类别划分规定》，这是市政府第一
次对辖区内的水域进行功能类别划分。在这次划分中，除对城镇集中式饮用水源保护区水域
进行划分外，还对其余 27 条市级河道、65 条乡镇级骨干河道以及 50 个千亩以上湖荡进行列
名分类。

2000 年 1 月，根据省环保局《关于调整地面水域功能类别划分的原则意见》和吴江市水域
功能的实际情况，市环保局对 1993 年制定的《吴江市地面水域功能类别划分规定》作出部分
调整，并上报市政府。2000 年 3 月 23 日，市政府作出批复，同意市环保局所作的调整，并指示
市环保局"会同有关部门和各镇政府进一步做好各类地面水水域功能区的水质保护工作"。

　　2008 年 8 月 4 日,市政府印发《吴江市水污染防治规划》。该《规划》2005 年由市政府责成市发改委和市环保局委托江苏省环境工程咨询中心编制,并于 2008 年 5 月 19 日通过专家论证。《规划》以 2005 年为基准年,再次对吴江市辖区内的水域功能类别划分作出调整。

表 7-35　2005 年吴江市太湖湖区水系(环境)功能区划表

河流(湖、库)名称	起讫地点	功能区排序
太浦河	东太湖—芦墟大桥	饮用、工业
大浦港	大浦港枢纽—江南运河	工业、农业
太浦河	芦墟大桥—池家港出境	饮用、工业
行船路	大浦港—盛家库	工业、农业
吴家港	东太湖(三船路套闸)—松陵镇太平桥	景观
瓜泾港	东太湖—江南运河	景观、工业、农业
横草路	东太湖(戗港套闸—海沿槽)	渔业、工业、农业

表 7-36　2005 年吴江市太浦河南杭嘉湖水系(环境)功能区划表

河流(湖、库)名称	起讫地点	功能区排序
頔塘	平望、梅堰镇界—草荡(下接新运河)	工业、农业
新江南运河	太浦河口(新运河)—平旺盛泽镇界	农业、工业
雪河	太浦河口—平望下游航标	农业、工业
大德塘	頔塘—旁皮港	工业、农业
頔塘	八都蠡思港—平望梅堰镇界	工业、农业
江南运河	平望镇西南(接新运河)—嘉兴王江泾蒋西港交叉	工业
新江南运河	平望与盛泽镇界—坛丘秀才浜口	工业、农业
新江南运河(含澜溪塘、白马塘)	坛丘秀才浜—乌镇金牛塘口	渔业
麻溪(含清溪)	大德塘—盛泽与坛丘交界	工业、农业
大德塘(严墓塘、新塍塘西支)	旁皮港—新江南运河(澜溪塘)	工业、农业
紫荇塘	大德塘—新江南运河	工业、农业
大庙港	庙港套闸—頔塘	工业、农业
頔塘	震泽蠡思港—南浔方丈港	工业
花桥港(南塘港)	缓冲区界—严墓塘	工业、农业
史家浜	江苏界—老江南运河	渔业
双林塘	盛泽—老江南运河	工业、农业
麻溪	盛泽与坛丘交界处—老江南运河	渔业
长漾	荡白漾—雪落漾	饮用
鼓楼港	北横塘交汇处—浙江南浔頔塘	渔业
横泾港	澜溪塘—浙江薛塘	渔业
芦墟塘	太浦河—浙江白娄泾	渔业
南横塘河	鼓楼港与濮娄交汇处	渔业
上塔庙港	新江南运河(澜溪塘)—浙江里塘交汇处	渔业
弯里塘	盛泽—老江南运河	渔业
新塍塘	新江南运河(澜溪塘)—浙江新农港	渔业
金鱼漾	金鱼漾	渔业、工业、农业
麻漾	麻漾	渔业、工业、农业

表 7-37 2005 年吴江市太浦河北淀泖水系(环境)功能区划表

河流(湖、库)名称	起讫地点	功能区排序
同里湖	同里湖	渔业、景观
牛长泾	半爿港—三白荡	工业、农业
八荡河	三白荡—元荡	工业、农业
长牵路	吴淞江—大窑港	工业、农业
大窑港	江南运河—同里湖入湖口	工业、农业
急水港	屯村大桥—周庄大桥	工业、农业
江南运河	平望、八坼镇界—太浦河	工业
半爿港	南星湖—牛长泾	工业、农业
江南运河	尹山大桥—平望八坼镇界(胜墩)	工业、农业
屯浦塘	吴淞江—屯村	工业、农业
中元港	大窑港—南星湖	景观、工业、农业
北窑港	三白荡—太浦河	渔业
三白荡	牛长泾—北窑港	渔业
元荡	莘塔镇	渔业

说明：除太湖湖区水系外,《吴江市水污染防治规划》以太浦河为界,将吴江境内水系分为浦南、浦北两大片,浦南属杭嘉湖水网区,浦北属淀泖水网区。

四、畜禽养殖业整治

90 年代末,吴江市开始重视畜禽养殖污染的防治。2003 年 5 月 27 日,市环保局、市农林局联合发文,责令同里三友养猪场和平望顾扇养猪场在 2003 年 6 月 15 日前提出整治措施,并于 8 月底前完成废弃物、废水的污染治理工作,达到国家规定的排放标准。这是吴江市首次对生猪养殖业下达整改通知书。

2005~2006 年,市政府办公室以及市发改委、市环保局、市国土局、市建设局、市农林局等部门,一再要求加强畜禽养殖,尤其是规模化养殖场的污染治理工作。2007 年 7 月 25 日,市政府印发《关于进一步加强农业面源污染整治工作的意见》,明确指出:"对国道、省道、高速公路沿线等主干道附近、大河大荡周围及村庄周边的规模养殖场,原则上实施搬迁或关闭。对 2005 年 12 月 1 日以前已经建设的规模畜禽养殖场,要在通过环保部门环评的基础上,由市农林局会同相关部门会审同意,并要在 2007 年底前建设完善好污染治理设施,对畜禽粪便和污水做好循环利用和无害化处理,确保达标排放。凡 2005 年 12 月 1 日后未履行相关审批手续而擅自兴办的规模畜禽养殖场,一律实施关闭,限期进行拆除。沿太湖一级保护区内已有的规模畜禽养殖场要根据中央、省和苏州市的有关规定,原则上实施清理搬迁或拆除。要严格限制新的畜禽项目建设规模。今后,凡未经市农林、环保、国土、建设等部门审批同意,不得新建规模畜禽项目,有关部门不得立项、发证。同时,要加快调整压缩生猪屠宰场,科学安排屠宰场所,在 2008 年底前,全市屠宰场控制在 10 个左右,原则上每镇(区)1 个,并将逐步缩并。"

2008 年 5 月,市政府与市农林局以及各镇、开发区政府签订 2008 年度太湖流域水污染防治目标责任书,责任书明确规定:开展畜禽养殖综合整治,取缔沿太湖 1 公里范围内的畜禽规模养殖场,1~5 公里范围内的畜禽养殖场必须达标排放,禁止在太湖一级保护区内新建规模养殖场。2008 年 7 月 24 日,市政府办公室印发《沿太湖区域畜禽规模养殖场整治行动方案》,规定:2008 年 11 月底之前,取缔沿太湖 1 公里范围内的 5 家畜禽规模养殖场;全面整治沿太湖 1~5 公里区域内的 75 家畜禽规模养殖场(松陵 32 家,横扇 23 家,七都 19 家,吴江经济开发区 1 家),必须在 2008 年 9 月底之前,实现零排放,到期未达标的,将在 11 月底之前取缔。《方案》还对这次整治行动的政策、措施等,作出明确规定。

表 7-38　2008 年 9 月底前吴江市责令整改的规模养殖场一览表

养殖场(户)名	所属镇	地址	饲养品种	存栏量	占地面积(平方米)
苏太集团	吴江经济开发区	清树湾村	肉猪(头)	4000	20000
康乐牛奶公司		新湖村 3 组	奶牛(头)	118	6660
沪邦猪场		双湾村	肉猪(头)	2217	9990
宗继川		沧州村	肉猪(头)	60	3300
邱元飞		新湖村	肉猪(头)	225	3200
葛九贵		安湖村 3 组	肉猪(头)	600	4800
祝家如		诚心村	肉猪(头)	200	3500
尹德生		新湖村 12 组	种鹅(只)	500	620
孙　晴		菀南村 14 组	蛋鸡(只)	8000	625
吴如同		安湖村 1 组	蛋鸡(只)	3000	550
刘关心		圣牛村 1 组	种鸭(只)	500	3300
刘关心		圣牛村 2 组	种鹅(只)	1500	—
严马生	横扇镇	北横村 9 组	种鹅(只)	700	1000
徐马林		北横村 9 组	种鹅(只)	1300	800
秦土根		北横村 2 组	种鹅(只)	700	800
张述和		星字湾村 21 组	种鹅(只)	2500	750
席本田		戗港 3 组	种鹅(只)	1000	800
王　兵		王焰村	种鹅(只)	2100	800
陈联和		新湖村 1 组	种鹅(只)	450	650
沈道安		新湖村 2 组	种鹅(只)	560	660
陈仁孝		新湖村 3 组	种鹅(只)	500	650
邹国才		新湖村 2 组	种鹅(只)	400	630
王来生		诚心村 4 组	种鹅(只)	850	630
林建贤		诚心村 5 组	种鹅(只)	1000	620
邱更生		隐渎村 4 组	肉猪(头)	191	250
孙凤宝		隐渎村 10 组	肉猪(头)	34	500
郑雪其		庙港村 12 组	肉猪(头)	35	60
张雪林		双塔村 11 组	肉猪(头)	25	200
徐勤林	七都镇	开弦弓(西草田)	肉猪(头)	55	180
周金泉		丰民村 10 组	肉猪(头)	235	750
陈海荣		丰民村 20 组	肉猪(头)	50	250
姚勤荣		盛庄村 3 组	肉猪(头)	80	280
姚勤林		盛庄村 3 组	肉猪(头)	30	230
郎金虎		盛庄村 10 组	肉猪(头)	50	60

（续表）

养殖场(户)名	所属镇	地址	饲养品种	存栏量	占地面积(平方米)
许利永	七都镇	隐渎村8组	蛋鸭(只)	8000	1300
庄顺福		开明村横云圩	种鹅(只)	800	120
庄春龙		开明村南圩	种鹅(只)	800	120
邱应法		开明村朱古期	蛋鸭(只)	800	90
姚雪根		开明村朱古期	蛋鸭(只)	500	90
陆彩荣		开明村朱古期	蛋鸭(只)	1200	130
汤火林		开明村永安圩	蛋鸭(只)	700	50
庄泉根		开明村目字圩	蛋鸭(只)	500	50
庄泉荣		开明村目字圩	蛋鸭(只)	500	50
练聚猪场	松陵镇	练聚村	生猪(头)	300	20000
曾庆纪		联团村	生猪(头)	80	700
孙锦如		联团村	生猪(头)	100	200
张树贤		联团村	生猪(头)	150	200
周义青		联团村	生猪(头)	56	200
陆小马		联团村	生猪(头)	15	150
张登祥		联团村	生猪(头)	40	150
严正兵		联团村	生猪(头)	200	250
张林贤		联团村	生猪(头)	150	150
张友进		联团村	生猪(头)	32	100
张森贤		联团村	生猪(头)	90	200
万传文		联团村	生猪(头)	13	100
王雪军		联团村	生猪(头)	83	200
朱成所		联团村	生猪(头)	75	300
王贵中		联团村	生猪(头)	42	200
邱培弟		芦荡村	生猪(头)	45	200
刘浦刚		芦荡村	生猪(头)	120	300
刘浦清		芦荡村	生猪(头)	50	200
赵金宝		联团村	生猪(头)	30	100
付明成		联团村	生猪(头)	35	100
张玉观		联团村	生猪(头)	33	130
潘龙贵		联团村	生猪(头)	80	200
袁长轩		联团村	生猪(头)	15	150
孙德根		联团村	肉禽(只)	1000	200
阮福生		长安村	生猪(头)	15	150
王荣根		长安村	生猪(头)	12	100
李福金		长安村	生猪(头)	80	200
熊明进		长安村	生猪(头)	83	200
黄响林		吴模村	生猪(头)	48	150
卞金堂		城郊村	生猪(头)	20	100
袁根生		长安村	种鹅(只)	500	100
孙文益		南刘村	种鹅(只)	1000	200

表 7-39   2008 年 11 月底前吴江市取缔的规模养殖场一览表

养殖场(户)名	地 址	饲养品种	存栏量	占地面积(平方米)
陆正环	横扇镇同心村	猪(头)	239	4200
太湖乳鸽养殖基地	西太湖农业园区	鸽(只)	24000	13320
青西禽蛋特色养殖有限公司	西太湖农业园区	蛋鸭(只)	23000	39960
太湖鹿苑	西太湖农业园区	鹿(头)	220	23310
李庆福	横扇镇诚心村	种鹅(只)	920	650

五、水产养殖业整治

吴江县湖荡网围养殖始于 80 年代。1997 年,全市网围养殖面积达 3200 公顷,产量达 4200 吨。90 年代末,吴江市开始控制网围养殖面积,调整养殖结构,减少水产养殖污染。仅 2000 年,吴江市压缩网围养殖面积 560 公顷,取缔无证网围 800 公顷。2005 年 8 月 26 日,市政府办公室转发市水产局《关于严格水域生产管理的意见》,要求相关部门和各镇政府以 40%、40%、20% 的比例连续 3 年缩减网围养殖(含蚌架)的面

2008 年 10 月,吴江市江陵社区的养殖户正在和政府工作人员签订安置补偿协议

积。与此同时,相关部门加大技术指导力度,把好技术关,推广生态高效养殖模式。

2007 年 7 月 25 日,市政府印发《关于进一步加强农业面源污染整治工作的意见》,规定:"在 2008 年底前,全市内荡网围养殖面积压缩至 10% 以内,并不准新出现河蚌养殖。要坚决执行省市关于太湖网围整治的统一部署,结合实施东太湖综合整治工程,会同太湖渔管会,按规定时间将过度网围养殖压缩清理到位。要对市域内湖荡大水面养殖利用情况进行一次全面排查,对不适宜养殖的区域作出明确界定,以便各地及时做好生产安排。"

2008 年 9 月 8 日,苏州市政府和省海洋与渔业局联合印发《关于东太湖网围整治的通告》,标志东太湖网围整治工作进入实际操作阶段。2008 年 10 月 13 日,吴江市政府办公室印发《吴江市东太湖网围养殖整治实施办法》,《实施办法》规定,要在 2009 年 1 月前完成东太湖 3900 公顷网围整治任务。为确保任务的完成,《实施办法》对补偿和安置作出详细的政策规定,以确保养殖户的利益不受损失。与此同时,市委、市政府成立市东太湖网围整治工作领导小组,下设办公室、五个工作职能组和三个挂钩指导组;此外,沿太湖的吴江经济开发区、松陵镇、横扇镇和七都镇也都成立相应的领导班子,以加强东太湖网围整治工作的统一领导,加快整治的进程。

六、蓝藻防控

2007 年 5 月，太湖流域无锡段水域爆发大规模"蓝藻"。为应对这一突然事件，吴江市政府和市环保局立即采取如下措施：全市印染企业限量限产，减少污水排放量；加大环境监察力度，组建夜查中队，开展夜间抽查工作；增加水质监测频率，重要水域实行手机短讯日报制，实时上报最新的水质波动情况。

2008 年 6 月 5 日，为预防太湖蓝藻的突发威胁，市环保局制

2008 年夏，保洁员在清洁湖面

订《吴江市集中式饮用水源环境突发安全事件环保专项应急预案》。《预案》对应急处置指挥部和各工作小组的组成和职责、对应急响应的等级和程序等，作出明确的规定。

2008 年 7 月 24 日，市政府办公室印发《关于建立蓝藻打捞与处置长效管理工作机制的实施意见》。根据《实施意见》，市政府成立吴江市蓝藻打捞处置领导小组，下设办公室、预测预报组和打捞处置组。由市政府分管副市长任组长，市政府分管副秘书长和市水利局局长任副组长，市环保局、市城管局等相关部门和相关镇、开发区的分管领导为组员。《实施意见》对预警等级、响应机制、保障措施以及各相关单位的责任区域等，作出明确的规定。

表 7-40　2008 年吴江市蓝藻打捞责任区域预设一览表

单　　位	预设的责任区域
松陵镇	沿太湖瓜泾口至三船路闸水域、沿运河辖区内水域
东太湖水产养殖管理办公室	沿太湖三船路闸至大浦口闸水域
横扇镇	沿太湖大浦口闸至亭子港闸水域、沿太浦河辖区内水域
七都镇	沿太湖节制闸上游至浙江省湖州市边界水域
平望镇	沿太浦河、运河辖区内水域。
汾湖经济开发区	沿太浦河辖区内水域
盛泽镇	沿运河辖区内水域及本镇区河道水域
同里镇	辖区内旅游景点周边水域
华衍水务公司	太湖水源地和各临时备用水源地（原各镇自来水厂）一级保护区水域
市城管局河道管理所	松陵城区河道水域

七、河湖清淤

河湖清淤是提高水环境质量的有效手段。1997 年，市委、市政府首次提出"三年突击，一年扫尾"的河道疏浚任务，至 2001 年，全市投入资金 1500 多万元，疏浚城、镇、村各类河道 2785 条次，长度达 2133.63 公里。2003 年 2 月 21 日，市政府印发《关于吴江市农村河道长效

保洁管理的实施意见》。根据该文件,各镇建立由分管副镇长为组长、由爱卫办、环保办、水利站、财政所相关人员组成的河道长效管理领导小组;各村设置专职河道保洁员;至 2003 年底,全市落实河道保洁员 1761 人,农村河道长效管理体系基本形成。

2004 年初冬,正在进行的农村河道清淤工程

2000 年以来,在纺织工业重镇盛泽,镇区的主要河道和湖荡每隔一年清淤一次。仅 2002 年,全镇投入 1500 万元,动用绞吸式挖泥船 2 条、扒口式挖泥船 5 条、泥浆泵 3 台,清理镇区内外主要河道 22 公里,清淤土方达 25 万立方米。2002~2005 年,投入清淤资金 4000 万元,清理河道 60 多公里,湖荡 50 多万平方米,清淤土方达 100 多万立方米。2007 年,在重点地区向家荡(水域面积 350 亩)和乌桥港(水域面积 40 亩)清淤土方分别达到 20 万立方米和 6 万立方米。

2004 年起,在全市"三清"和"六清六建"活动中,"河道清洁"成为新农村建设一项重要指标,河道清淤进一步成为河道管理的常规性工作,并取得良好的成效。

八、其他污染源整治

(一)船舶污染

船舶交通是造成水体油污染的主要原因。1999 年,根据江苏省《船舶防油设备安装改造暂行规定》,吴江市 24 个水上加油站全部安装油水分离器,所辖 902 艘挂机船全部安装接油托盘,同时,对船舶的生活垃圾和粪便安装收集装置,以加强管理。2008 年 5 月,根据市政府与市交通局签订的《2008 年度太湖流域水污染防治目标责任书》,市交通局在年底前,建成平望海事所船舶垃圾收集站和油废水回收设施,建成吴江市申海石化有限公司加油站的油废水回收设施,同时,加快实施船舶生活污水集中治理工程和化学危险品船舶洗舱基地污水处理工程,将船舶交通污染降到最低程度。

(二)沿湖餐饮业污染

2007 年 9 月 7 日,市政府办公室印发《关于对沿太湖地区船餐、农家乐等餐饮业进行清理整顿的通知》。根据《通知》,市政府组织工商、环保、公安、监察、水利、农林、卫生、供电等部门,对沿太湖大堤以内 1 公里范围和太湖大堤以外所有的船餐、农家乐等餐饮业进行清理整顿。对证照齐全,但存在违法排污现象的餐饮业,一经查实,立即停产整治;对未取得合法经营证照的餐饮业,则坚决予以取缔。2008 年 7 月,市环保局发文(吴环函〔2008〕16 号、17 号、19 号、20 号),责令七都镇望山湖餐舫和水晶舫、庙港镇云阁舫和万顷湖鲜舫等酒店立即停止在太湖一级保护区从事的水上餐饮活动。

九、颓塘河、急水港水环境整治

颓塘河全长 56 公里,吴江市境内 24 公里,流经震泽、梅堰、平望三镇入京杭大运河。根据 2003 年的监测和统计,颓塘河受到的污染主要来自化工、印染废水,三镇年均排放量 600 吨,经处理,印染废水的化学需氧量的含量为 180 毫克每升,化工废水化学需氧量的含量为 100 毫克每升;其次是生活污水,三镇总人口 12.7 万(不含大量外来人口和流动人口),生活废水排放量约为 4 万吨每天,化学需氧量的排放量约为 16 吨每天;再其次是农业污染,三镇农业种植面积 6.6 万亩,生猪年末存栏数 2.9 万头、出栏数 7.8 万头,渔业养殖面积 3 万亩,总产量 9300 吨。

急水港全长 4 公里,流经同里镇、屯浦塘至周庄。根据 2003 年的监测和统计,急水港受到的污染主要来自化工废水,沿岸企业年均排放量 20 吨,经处理,化学需氧量的含量为 100 毫克每升;其次是生活污水,同里是旅游重镇,有大量外来人口和流动人口,生活废水排放量约为 2 万吨每天,化学需氧量的排放量约为 8 吨每天;再其次是农业污染,沿岸农业种植面积 1.8 万亩,生猪年末存栏数 1.1 万头、出栏数 4.9 万头,渔业养殖面积 6.7 万亩,总产量 7000 吨。

2003 年 12 月 11 日,市政府批转市环保局制订的《吴江市颓塘河、急水港水环境综合整治方案》。根据《整治方案》,除加强领导、宣传和执法之外,主要的治理措施是:分批分期分行业,加强工业污染源整治;以镇为单位,建设具有一定规模的综合污水处理设施,对沿河各镇的生活污水、工业污水进行集中处理;实施生态工程,控制化肥、农药以及养殖业对环境的污染;停止印染、化工、电镀、制革等重污染项目的审批,推行排污许可证制度,各镇实行排污总量控制考核。

2003 年之后,吴江市先后启动一系列颓塘河、急水港水环境整治工程。主要有:投资 5000 万元,新建震泽、同里和平望 3 家污水处理厂,污水处理能力震泽 3 万吨每日,同里 1.5 万吨每日,平望 1 万吨每日;投资 40 万元,在横扇镇、七都镇和震泽镇建设 8.02 万亩生态农业示范区;投资 120 万元,在屯村三友养猪场、芦墟为民养猪场、城司养猪场、平望顾扇万头养猪场、盛泽鸵鸟场、盛泽养鹿场和横扇养鸽场进行污染治理工程建设;投资 500 万元,建成松陵农创、横扇叶家港、平望双浜、震泽徐家浜、芦墟杨坟头、盛泽北角 6 座秸秆气化站以及震泽江众养殖场大型沼气工程、梅堰顺和化工厂复合肥生产车间。

十、东太湖综合整治

东太湖是太湖东南部一个重要湖湾,与太湖主体以狭窄的湖面相通,长 27.5 公里,最宽处 9.0 公里,平均水深 0.9 米,面积 124.5 平方公里,占太湖总面积的 5.5%,是太湖的主要泄洪通道。东太湖是吴江市、上海市和浙东地区供水的主要水源地。80 年代之前,东太湖水质较好,由于工业的快速发展以及网围养殖、滩地围垦、水利工程、人口增加等诸多原因,东太湖水质的富营养化和沼泽化倾向日益严重。90 年代起,东太湖的整治工作逐步成为吴江市环境保护一个重要的方面。

（一）整治行动

1. "零点达标"行动

根据国家环保局、计委、水利部制订的《太湖水污染防治"九五"计划及2010年规划》,太湖水污染防治第一阶段目标,是在1998年底(即1999年1月1日零点)使沿太湖所有工业污染企业和集约化畜禽养殖场以及宾馆饭店等排放的废水达到国家规定的标准。为达到"零点达标排放"的目标,1998年4月8日,市政府成立吴江市太湖流域限期治理领导小组,市长汝留根任组长,副市长周留生、吴海标、张锦宏任副组长,各相关部门的领导任组员。至1998年底,全市共投入资金1.5亿元(超过历年污染治理资金的总和),新增污水处理能力10万吨每日。与此同时,有69家企业被责令限期治理,24家治理无望的企业被关停并转。年底,全市35家省控重点企业和其他非重点企业全部通过江苏省和苏州市两级政府"零点"达标排放考核验收。

2. "禁磷"行动

1998年底,根据《江苏省太湖水污染防治条例》,吴江市在全市范围内印发《关于禁止销售和使用含磷洗涤用品的通告》,规定自1999年1月1日起,全面禁止使用含磷洗涤用品。1999~2001年,市环保局、市技监局、市工商局先后多次组织对全市各大商场、批发市场进行检查,没有发现含磷洗涤用品。之后,在"国家环保模范城市"等一系列创建活动中,"禁磷行动"的成效又进一步地得以巩固。

（二）东太湖风景名胜区

2001年12月5日,市政府印发《吴江市东太湖风景名胜区管理办法》和《关于同意建立吴江市东太湖风景名胜区的批复》。根据《批复》,吴江市东太湖风景名胜区由松陵镇、菀坪镇、横扇镇、庙港镇和七都镇的太湖水域及沿湖陆地组成,总面积约70平方公里。《管理办法》共六章二十三条,规定:景区范围内的地形、地貌、水体、岛屿、滩涂、动物、植物、土壤、大气等都是构成风景名胜区的自然景观资源,必须严加保护。严禁毁林、垦荒、圈地、狩猎、放牧、挖土、埋坟以及其他伤损植被和破坏、污染环境的行为。禁止在景区内新建扩建有污染产生的项目,禁止向湖面水体排放、倾倒污水废物,严格控制水面网围养殖,切实加强景区内水质保护工作。为加强东太湖风景名胜区的管理,促进东太湖地区自然环境的保护和旅游资源的开发,2001年12月14日,市政府印发《关于成立吴江市东太湖风景名胜区管委会领导小组的通知》,市长马明龙任组长,副市长张锦宏、王永健任副组长,政府相关部门的领导以及东太湖风景名胜区内各镇的镇长任组员。

夕照东太湖(摄于2002年)

（三）东太湖整治工程

2004 年,市政府委托江苏省林科院编制《吴江市东太湖湿地生态保护与修复示范工程项目可行性研究报告》,2006 年 1 月,该报告通过中科院南京地理与湖泊研究所、南京大学湿地研究中心、南京环境科学研究所、南京林业大学环境资源学院和南京师范大学生命科学院等七所高等科研院所知名专家的联合评审。

2006 年 3 月 21 日,为确保东太湖综合整治工程顺利进行,市政府印发《关于停止在东太湖围垦区进行投资开发建设的通知》,要求松陵镇、横扇镇、七都镇、平望镇和吴江经济开发区以及各有关单位在环太湖大堤外侧的围垦区(从吴江市与吴中区交界的杨湾港起到庙港太浦河口罗家港止)内,停止所有经营性开发项目的建设,除防汛抗灾和维持正常的生产外,不准再有产业结构调整、鱼池改造、道路建设等新的投入。围垦区内原有居民房屋要有计划地迁移到居民集中居住区,不准翻建和装修。围垦区内的居住人员要严格保持现状,不再办理户口迁入手续。围垦区内不再安排坟地,原有坟地最迟于年内迁移结束。同日,市政府成立东太湖退垦还湖综合利用工程工作领导小组,市长徐明任组长,市委副书记范建坤任常务副组长,副市长张锦宏、沈金明任副组长,市委副秘书长杨志荣、市政府秘书长李建坤、陆斌以及政府相关部门的领导任组员。

2006 年 4 月 27 日,市政府将水利局起草的《关于东太湖综合整治规划的意见》上报苏州市政府,请求上级政府和相关部门以及上海市勘测设计研究院在编制东太湖综合整治的规划中给予考虑和采纳。2007 年 6 月 13 日,市政府将东太湖环境综合整治工程项目及重点工程项目的投资估算上报江苏省环保厅,请求上级主管部门将东太湖整治工程纳入《江苏省太湖水污染防治"十一五"规划》之中,从而更好地实施和推动东太湖整治工程。

2008 年 8 月 6 日,市政府办公室印发《转发〈市东太湖综合整治工程领导小组办公室关于东太湖综合整治及相关工作实施计划〉的通知》,要求各镇政府、各开发区管委会和各相关部门认真组织实施,吴江市东太湖整治工程启动。

表 7-41 2008 年吴江市东太湖综合整治重点工程一览表

重点工程	工程进度	投资估算(亿元)
围网清理及生态养殖	2008~2009 年	3.89
退垦还湖工程	2008~2009 年	15.4
底泥生态清淤工程	2008~2009 年	6.62
退垦区与湖滨湿地生态修复	—	1.68
污水处理厂及管网建设	2008~2010 年	2.91

第五节 盛泽和江浙边界环境整治

盛泽镇位于江浙两省交界处,以"日出万绸,衣被天下"而闻名于世。改革开放以来,丝绸纺织业更是突飞猛进。至 2008 年,全镇纺织企业近 2000 家,工业资产达 500 多亿元。其中资产在 30 亿元以上的龙头企业 4 家,超亿元的骨干企业 80 多家。全镇年产涤纶长丝与桑蚕丝 200 万吨、化纤织物和真丝绸 70 亿米,是国内最大的纺织产业基地。在工业发展的同时,盛泽的环保工作也在同步发展,尤其是 2001 年江浙水污染纠纷平息之后,在市委、市政府的高度重视下,盛泽的环境保护事业又上一个新的台阶。

一、机构设置

(一)常设机构

1994 年 11 月,吴江市盛泽环境监理所成立,为吴江市环境监理站派出机构。2000 年 6 月,吴江市盛泽环境监理所更名为吴江市环境监理大队盛泽环境监理中队。2003 年 12 月,盛泽环境监理中队更名为吴江市环境监察大队二中队,专门负责盛泽地区的环境执法工作。此外,2000 年 12 月,吴江市环境保护局盛泽分局成立,建制为二级局。

(二)临时机构

2001 年江浙水污染纠纷发生前后,市委、市政府数次成立机构,以强化环境整治,平息纠纷。9 月 3 日,市委成立盛泽地区纺织印染行业环保综合整治指挥部,市委督导员毕阿四任总指挥,市委常委、盛泽镇党委书记姚林荣任副总指挥,盛泽镇镇长、盛泽镇农工商总公司总经理、吴江丝绸集团公司董事长以及市财政局、市环保局、市公安局等 17 个政府部门的领导为成员。9 月 7 日,市政府成立盛泽地区纺织印染行业综合整治执法办公室,盛泽镇镇长盛红明任主任,市环保局副局长蒋源隆、市法制局副局长张明德任副主任,市建委、水利局、工商局、技监局等 8 个政府部门的分管领导任办公室成员。11 月 25 日,市委成立吴江市落实江浙两省边界水事矛盾(协调意见)领导小组,市委副书记范建坤任组长,市委常委、副市长沈荣泉,市委常委、盛泽镇党委书记姚林荣,副市长金玉林、王永健任副组长,市环保局、市水利局、市水产局等政府部门及盛泽镇政府的领导吴少荣、姚雪球、庞启剑、朱坚、陈福康、孙火林、张国强任小组成员。12 月 8 日,市政府成立盛泽地区印染企业污水治理长效管理领导小组,副市长王永健任组长,市环保局局长吴少荣和盛泽镇镇长张国强任副组长,市环保局和盛泽镇的分管领导为组员。

此外,为加快推进盛泽地区产业结构调整,2004 年 7 月 10 日,市政府成立盛泽地区印染企业搬迁领导小组和工作小组,领导小组由市委副书记、市长马明龙任组长,市委常委、盛泽镇党委书记姚林荣和副市长王永健任副组长,市环保局、市财政局、市经贸委等 8 个政府部门的领导为组员。工作小组由副市长王永健任组长,市政府副秘书长、办公室副主任范新元和盛泽镇党委副书记、镇人大主席顾海东任副组长,市环保局、市经贸委、市计委等 9 个政府部门的领导或分管领导为组员。

二、环境规范性文件

2000 年 6 月 15 日,市政府印发《关于同意实施〈盛泽地区印染行业环境保护管理暂行办法〉的批复》。《盛泽地区印染行业环境保护管理暂行办法》是市政府首次针对盛泽地区的印染行业制订环境规范性文件。根据《暂行办法》,仅在 2000 年 9 月,市政府向 12 家印染企业发出限产通知书,责令这些企业限制生产量,确保所有污水经处理后达标排放。

2001 年 9 月 3 日,市委、市政府联合印发《关于加强盛泽地区环境保护工作的意见》,就如何有效地实施盛泽地区环境综合整治提出明确的要求和措施。这是市委、市政府首次联合制订关于盛泽地区环保工作的规范性文件,对盛泽乃至全市的环保工作具有重要的意义。

2000~2008 年,市委、市政府、市环保局和盛泽镇政府针对盛泽地区印染行业制订的环境规范性文件达 23 个。

表 7-42　2000~2008 年盛泽地区印染行业环境规范性文件一览表

发文日期	标　题	发文机关
2000 年 6 月 15 日	关于同意实施《盛泽地区印染行业环境保护管理暂行办法》的批复	市政府
2001 年 7 月 5 日	关于同意《盛泽地区印染废水全部处理达标排放实施意见》的批复	市政府
2001 年 9 月 3 日	中共吴江市委、吴江市人民政府关于加强盛泽地区环境保护工作的意见	市委、市政府
2001 年 11 月 20 日	关于盛泽镇印染企业限量上水和污水处理厂(站)污泥处理的通知	市环保局、盛泽镇政府
2001 年 12 月 8 日	关于盛泽地区印染企业污水治理长效管理的实施意见	市政府
2001 年 12 月 21 日	关于印发《盛泽地区印染企业污水达标排放验收办法》的通知	市环保局
2002 年 3 月 11 日	关于重申加强盛泽地区印染企业环境管理有关处罚规定的通知	市环保局
2002 年 7 月 9 日	印发《关于盛泽地区印染行业鼓励技术进步限制淘汰落后设备的实施意见》的通知	市政府
2002 年 8 月 13 日	关于印发《盛泽地区污水处理统一管理暂行办法》的通知	市政府
2003 年 9 月 27 日	关于要求盛泽镇各印染企业实行轮产的通知	市政府
2004 年 3 月 15 日	转发市环保局《关于加强全市纺织行业污染防治工作的意见》的通知	市政府办公室
2004 年 8 月 10 日	盛泽镇喷织废水处理设施管理暂行办法	盛泽镇政府
2004 年 8 月 18 日	批转市经贸委等部门《关于盛泽镇丝绸纺织产业结构的调整方案》的通知	市政府
2004 年 8 月 30 日	关于盛泽地区部分印染企业搬迁工作的意见	市政府
2004 年 9 月 6 日	关于批转《盛泽城区水环境和防洪排涝综合完善工程规划方案》的通知	市政府
2005 年 7 月 22 日	关于对盛泽 27 家印染企业实行轮产的通知	市政府
2005 年 8 月 18 日	批转市环保局《关于盛泽镇工业污水总量控制削减方案》的通知	市政府
2005 年 9 月 20 日	关于要求加大对喷水织机企业废水治理力度的函	市环保局
2007 年 3 月 1 日	关于淘汰我市印染企业落后产能设备的通知	市环保局
2007 年 6 月 5 日	关于我市印染企业实施限产限量的紧急通知	市环保局
2007 年 8 月 20 日	关于加强全市喷水织机管理的意见	市政府办公室
2007 年 8 月 27 日	关于喷水织机企业环保管理规定	市环保局
2008 年 5 月 19 日	转发市环保局《关于加强全市喷水织机废水专项整治工作的实施意见》的通知	市政府

三、环境规划

(一)盛泽地区产业结构和产品结构调整三年规划

2002 年,由东华大学博士生导师奚旦立主持制定。根据该规划,盛泽地区产业结构调整的主要目标是:第一产业以发展优质蔬菜和副食品为主,使盛泽地区成为上海等大城市的后勤基地;第二产业以纺织丝绸为主,大力发展无污染、低污染的服装等行业,使盛泽地区成为以丝绸为主的,产品齐全、结构合理、产销合一的国内外薄型里、面料中心,并逐步引进信息技术等新兴行业,丰富产业体系;第三产业以进一步完善、扩大东方丝绸市场为主,使之成为全国薄型里、面料的产销中心。产品结构调整的主要目标是:以纺织丝绸产品为核心,提高产品档次,拓宽产品领域,增加技术含量;逐步向中高档产品发展,向服装行业发展,向工业用纤维材料发展;培育名牌产品;与此同时,发展绿色产品,增强后劲,走可持续发展道路。

(二)盛泽地区水环境综合整治工程可行性研究报告

2002 年,由原纺织工业部副部长、全国纺织工业协会会长许坤元主持制定。该报告从盛泽地区的环境形势和产业现状出发,提出 4 项工程方案:建造日处理能力 10 万吨的污水处理厂;进行镇区管网系统改造;湖泊河道整治和调水能力提高;进行现有污水处理厂改造。4 项工程的投资总概算为 5.4 亿人民币,完成后,将使盛泽地区工业污水中化学需氧量(CODcr)的含量从 1400 毫克每升降低到 100 毫克每升,每天减少化学需氧量(CODcr)

2005 年 10 月 26 日,全国纺织工业协会会长许坤元(左一)在盛泽镇考察

的排放 156 吨;生活和第三产业污水中的化学需氧量(CODcr)的含量从 400 毫克每升降低到 100 毫克每升,每天减少化学需氧量(CODcr)的排放 177 吨每日,环境质量将明显好转。

2002 年 4 月 29 日,上述两个方案在北京经中科院院士汪集旸及国家计委、经贸委、环保总局等部门 19 位专家论证后,获得通过。2002 年 4 月 23 日和 6 月 22 日,市委、市政府连续两次召集市计委、市经贸委、市科技局、市水利局、市财政局、市环保局、市城管局、市水产局、市丝绸集团等有关部门,召开盛泽水环境综合整治现场办公会议,制定措施,落实上述两个方案。

四、整治措施

(一)常规措施

详见本章第一节第三目"治理措施"。

(二)应急措施

江浙交界地区水网交错,水质常因上游来水或气候的异常而突然恶化。

2006 年 8 月下旬,江浙交界部分水域的水质呈临界状态,8 月 28~29 日,南麻社区三里泾河道又突现黑水,影响下游澜溪塘水质。市环保局会同盛泽镇政府,迅速采取 3 条应急措施:抽调一个环境监察中队,对该地区(主要是庄平村和桥南村)进行高密度现场监察,对废水直排或未达标排放的喷织企业,一经查实,立即依法处理;南麻社区内的创新染厂和第二印染厂暂时停产,减少排污量;立即组织人员对三里泾河道内的浮油、水草进行清理打捞。经过努力,9月上旬,该地区水质恢复正常。

2007年6月初,王江泾、瓜泾口北断面水质呈恶化趋势。6月5日上午,市长徐明、副市长王永健紧急召集市环保局、市水利局和盛泽镇政府主要领导,乘环保执法快艇,对盛泽地区的水环境进行重点检查。下午,市环保局召集盛泽地区所有印染企业负责人召开紧急会议,宣布两条应急措施:严控排放总量,责令盛泽地区的印染企业,在目前生产规模的基础上,分别削减40%,多余的生产设备全部贴封条,确保盛泽印染废水每天控制在6万吨以下;整治喷织企业,盛泽地区200余家小型的废水未经有效处理的喷水织机企业从6月6日起全部停电、停水,确保盛泽地区的水质近期有所好转。此外,6月2日夜里和6月5日夜里,在副市长王永健带领下,市环境监察大队对盛泽地区所有的重点企业进行拉网式突击检查,严厉打击偷排、混排、超排等违法行为。

2006年10月,环境应急监测人员在测定企业排污口的水质

五、合作治污

2001年11月,边界水污染纠纷平息之后,在江浙两省领导和国家环保总局、水利部的共同关心下,吴江市政府和秀洲区政府互相配合,开创合作治污的新局面。

（一）联席会议

2002年之后,苏州市政府和嘉兴市政府、苏州市环保局和嘉兴市环保局每年召开1~2次联席会议;吴江市政府与嘉兴市秀洲区政府每年召开联席会议1次,吴江市环保局与秀洲区环保局之间保持热线联系。双方通过联席会议和热线联系,沟通信息,互相体谅,减少不必要的误会和纠纷,巩固边界稳定局面。

（二）联合督查

边界双方的环境监察人员组成联合督查组,对边界两侧的王江泾镇和盛泽镇的排污企业进行共同督查或对口互查,通过督查,双方更加了解对方的工作,对督查中发现的问题及时协商,及时解决。这样的联合督查从2002年开始,每年两次。

（三）联合办公

边界如果出现污染事故的苗头,双方政府及环保、水利、渔政等部门,立即在现场召开联合办公会议,及时地采取措施,制止污染苗头,防止污染事故,保持边界水质稳定。

六、预警机制

详见第三章第四节第三目"江浙交界断面水质控制预警机制"。

第八章　创建活动

　　1996 年 1 月,吴江市获"全国卫生城市称号"。之后,又先后获"国家卫生城市""国家环境保护模范城市""国家级园林城市""全国优秀旅游城市""全国城市环境综合整治优秀城市""全国可持续发展战略示范县(市)"以及"江苏省节水型城市"等 20 多个国家级或江苏省级的荣誉称号。其中直接以"环境保护"为主题的创建活动,有"国家环境保护模范城市"的创建、"国家级生态示范区"的创建、"国家生态市"的创建以及"全国环境优美乡镇"的创建等。

第一节　国家环境保护模范城市

　　1997 年 5 月 12 日,国家环保总局办公厅印发《关于开展创建国家环境保护模范城市活动的通知》。1998 年 7 月,市委、市政府首次发出创建国家环境保护模范城市号召。2001 年 6 月,吴江市第十次党代会把创建"国家环境保护模范城市"写入大会工作报告。7 月 8 日,市委、市政府联合印发《关于在全市开展创建国家环境保护模范城市活动的通知》。9 日,市委、市政府召开"创模"决战动员大会,创建活动进入高潮。2003 年 12 月,吴江市获国家环保总局授予的"国家环境保护模范城市"称号。

一、机构

　　2001 年 7 月 8 日,吴江市市委、市政府成立吴江市创建国家环境保护模范城市领导小组。市委副书记、市长马明龙任组长,市委副书记范建坤、市人大常委会副主任翁祥林、副市长张锦宏、市政协副主席戚冠华、市政府督导员孙如松任副组长,市委办公室、市政府办公室、市委宣传部、市计委以及松陵镇政府、盛泽镇政府、东方丝绸市场、庞山湖农场等 29

2001 年 7 月,吴江市创建国家环保模范城市领导小组召开成员会议

个部门和单位的领导为组员。领导小组下设办公室,由市政府办公室副主任郑渭民任主任,市环保局局长张兴林、副局长蒋源隆、严永琦任副主任,办公室设在市环保局内。2001年11月12日,由于人事变动,市委、市政府印发《关于调整吴江市创建国家环境保护模范城市领导小组成员的通知》,对领导小组的组成作出相应的调整。

表8-1 2001年7月吴江市创建国家环境保护模范城市领导小组人员构成与职能一览表

名称	人员构成	职能
办公室	以市环保局为基础,抽调有关部门人员组成。	负责日常工作。
宣教组	由市委宣传部牵头,抽调市环保局、市广电局、吴江报社、市教委、市文化局、团市委等部门人员组成。	策划组织社会性宣传工作。主要有:设立专题节目、向市民印发宣传资料、在主要的入城口及主要交通要道设立各种公益广告、摄制创模专题片、组织创模知识竞赛、在中小学开展创建绿色学校活动及其他社会性大型宣传活动。
督查组	抽调市人大、市政府、市政协、市环保局、市工商局、市技监局、市法制局等部门人员组成。	分成5个小组,实行分片管理。
资料组	由市环保局牵头,市建委、市统计局、市水利局、市档案局、市爱卫办等相关单位协助配合。	负责创建资料的收集、整理和归档。
执法组	由市环保局、市法制局、市技监局、市工商局、市公安局、市法院等相关部门人员组成。	开展专项执法活动。

二、任务

2001年7月8日,市委、市政府印发《关于在全市开展创建国家环境保护模范城市活动的通知》,指出"创建国家环境保护模范城市是继我市成功创建国家卫生城市、省级文明城市和中国优秀旅游城市后又一重大创建活动。"根据国家环保模范城市的标准和指标,《通知》对各部门的任务、责任和进度,作出明确的分配和规定。

表8-2 2001年7月~2002年12月吴江市创建国家环境保护模范城市工作任务分解表

目标任务	内容和要求	责任单位	进度要求
组织领导	成立创模领导小组、创模办公室	市政府	2001年7月
	成立创模工作小组(宣传、资料、督查组等)	市创模领导小组	2001年7月
	创模任务分解落实到所属单位	各镇、各成员单位	2001年7月
	各镇各有关单位签订创模责任状	市创模领导小组	2001年7月
宣传、教育、培训	召开全市创模发动会	市创模领导小组	2001年7月
	在城市主要出入口、市中心、主要交通干线点上设置创模标语、广告牌等	市环保局、松陵镇、市建委、市委宣传部	2001年底
	制作创模专题片、多媒体光盘,编印环保知识小册子,出创模简报	市广电局、市环保局	全过程
	组织各镇宣传活动,开辟专栏、热线,及时报道创模动态,利用各种宣传形式在全市掀起创模宣传高潮	市广电局、吴江日报社、市文化局、市环保局	全过程

（续表）

目标任务	内容和要求	责任单位	进度要求
宣传、教育、培训	结合创建绿色学校,对中小学开展环保创模教育	市教委	全过程
	加强对创模活动的知识培训	市环保局	2001年底
创模资料汇总	相关单位落实本系统内"创模"资料的收集整理。(市统计局:GDP、人口、增长率、单位GDP能耗、单位GDP用水量等;市建委:绿化率、污水处理率、气化率、垃圾处理率;市公安局:汽车尾气达标率;市水利局:全市用水量等;各镇:环境保护投入;市环保局:其余指标的资料整理)	市统计局、市建委、市公安局、市水利局、市环保局等	全过程
	2000年度创模资料的收集、汇总	各镇、有关单位	2001年7月底
	2001年度创模资料的收集、汇总	各镇、有关单位	2002年3月底
抓好"一控双达标"	完成苏州市政府下达的污染物排放总量控制计划	各镇、有关部门	2001年底
	巩固完善水、气污染源限期达标治理任务	各镇、有关部门	2001年12月
	加强对工业污染源的环境管理,确保污染物达标排放	各镇、有关部门	全过程
	加强企业环境基础管理,企业环境保护资料实行一厂一档	各镇、有关部门、市环保局等	全过程
	通过省局对我市的"一控双达标"验收	市环保局	2001年11月
加强自查、抓好"创模"进度	成立"创模"督查小组,对全市创模工作进行日常督查	市"创模"领导小组	全过程
	各执法部门按责组织开展"禁白""禁磷",取缔土锅炉、社会生活噪声、建筑噪声等专项检查	各有关部门	全过程
	各有关单位制订创模工作计划,落实创模责任书任务	各有关镇、部门	2001年7月
	争取2001年底迎接省调研,2002年6月前迎接国家调研,2002年底进行创模考核	市环保局	
巩固创建国家卫生城市成果	深入开展城乡爱卫工作,抓好城区重点区域、结合部卫生工作	市爱卫办、市建委	全过程
	加强爱国卫生工作的日常检查	市爱卫办	全过程
	各镇有关部门进一步开展环境综合整治工作,特别是交通干线两侧的"白色污染"	各镇、市建委、市交通局、市爱卫办等	全过程
	市区新上餐饮项目全部安装油烟净化装置	市环保局	全过程
	市区原有餐饮项目营业面积100 m² 以上或居民反映强烈单位安装油烟净化装置	市环保局	2002年12月
	开展河道综合整治,疏浚河道,打捞漂浮物,清除水草、垃圾,提高景观、水体水质	各镇、市水利局、市交通局等	全过程
空气污染指数小于100	大气自动监测站正常运行	市环保局	2001年6月
	手工监测点按"十五"城考要求及建成区的情况重新调整	市环保局	2001年
	完成市区及交通干线两侧的烟尘污染源治理,小于1T/h锅炉改用油、气等清洁能源,大于1T/h锅炉增加水膜除尘或其他更高效除尘装置,大于6T/n锅炉应增设脱硫装置	各镇、各有关单位	2001年12月
	加强对"三产"或锅炉安装的前置审批	市环保局、市工商局、市技监局	全过程
	加强机动车尾气污染控制工作,对污染车辆安装净化装置,设立车用液化气站	市公安局、市环保局、市交通局、市计委	每年全过程

（续表）

目标任务	内容和要求	责任单位	进度要求
空气污染指数小于100	城区烟控区建设通过苏州市政府复查验收	市环保局	2001 年 12 月
	全市所有镇均建成烟控区	各镇	全过程
	制订《烟尘控制管理办法》、市政府发布《加强烟尘污染及餐饮业油烟污染控制的通知》	市创模领导小组	2001 年 7 月
集中式饮用水源地水质达标率大于96%	市区南环水厂要做到环境整洁、运行台账资料齐全规范、保护区标志明显	市建委、松陵镇	全过程
	认真开展全市饮用水源保护工作,进行取水口环境综合整治	各镇、市建委、市环保局	全过程
	按规定要求进行日常水源水质监测	市卫生局、市环保局	全过程
	启动区域供水工程	市建委	2001 年底
城市水功能区水质达标率100%,工业废水排放达标率100%	建立城区水循环工作机制,定期换水、疏浚、清洁市区河道,确保市区河道水质达标	市建委、市水利局	全过程
	水功能测点按规范要求及建成区发展情况作必要调整	市环保局	全过程
	加强市区水污染源治理及设施运行管理,确保达标排放	市环保局	全过程
	市区排入污水厂的工业污水排放单位,应单独处理达标后直接外排	松陵镇、市经委、各开发区	2001 年底
	全市污水排放重点企业安装污染物排放自动监控装置,并联网	各镇	2001 年底
区域环境噪声值小于等于60分贝,交通干线噪声值小于等于70分贝,噪声达标区覆盖率大于等于60%	建设鲈乡二、三村及水乡花园宁静小区	松陵镇、市建委、市环保局	2002 年底
	完成噪声污染源限期达标治理任务	松陵镇、市环保局、有关部门	全过程
	噪声达标区建设通过苏州市政府验收及每年复查	市环保局	2001 年 12 月
	按规范要求,对区域噪声及交通干线噪声重新布点、监测	市环保局	2001 年 12 月
	加强交通噪声控制,提高禁鸣成果,加强对机动车驾驶员教育,降低过境船舶噪声	市公安局、市交通局	全过程
	加强对社会生活噪声(舞厅、卡拉OK等)、建筑施工期噪声的管理,开展文明小区建设	市环保局、市公安局、市文化局、市工商局等	全过程
自然保护区覆盖率大于5%	加强同里风景名胜区管理,保持景区文明	同里镇、市旅游局	全过程
	加强屯村肖甸湖森林公园建设管理	屯村镇、市旅游局	全过程
	编制《东太湖风景名胜区规划》,落实责任单位,制定管理办法	市建委、市旅游局、市环保局	2001 年 12 月
建成区绿化覆盖率大于30%	认真按照城市总体规划及绿化专项规划,大力推进绿化建设,提高绿化覆盖率	各镇、市建委	全过程
城市污水处理率大于50%	加快城市 1.5 万吨生活污水处理设施和管网建设	市建委	2001 年 12 月
	尽快启动运东污水处理厂建设,确保 2002 年底前投运	各开发区	2002 年底
	加强现有生活污水处理设施的日常运行,完善日常运行台账	市建委、有关单位	全过程

（续表）

目标任务	内容和要求	责任单位	进度要求
城市气化率大于90％	扩大市区管道液化气供气范围，大力推广清洁能源，提高气化率	市建委	全过程
	各镇液化气站做到台账齐全，污染防治措施到位	各镇、市建委	全过程
生活垃圾无害化处理率大于90％	完善现有生活垃圾填埋场建设，加强日常运作管理、污染防治，台账齐全	市建委、各镇	全过程
	加强生活垃圾收集，确保市区环境整治	市建委	全过程
	加强"白色污染"防治工作，做好废物综合利用工作	市建委、市工商局、市环保局	全过程
	加强医院废弃物无害化处理，完善医院污水处理，资料齐全，达标排放	市卫生局	全过程
工业固废综合利用率大于90％，无工业危险废物排放	加强工业固废管理，设立堆放场所，设立标志牌，做好综合利用，台账齐全	各镇、有关部门、市环保局	全过程
	危险废物转移按国家转移联单严格执行	各镇、市环保局、有关单位	全过程
公众对城市环境满意率大于60％	加强环境宣传，公开环保办事程序，接受公众监督	市环保局	全过程
	处理好环保信访投诉，信访处理率100％	市信访局、市环保局	全过程
盛泽镇环境综合整治	制订《盛泽镇环境综合整治规划》	盛泽镇	2001年10月
	建设生活污水处理工程	盛泽镇、市建委	2002年6月
	增加工业污水处理能力	盛泽镇	2001年底
	全镇喷水织机污水处理	盛泽镇	2001年底
	全镇烟尘治理，方法参见市区	盛泽镇	2001年底
	盛泽热电厂烟气脱硫；鹰翔热电厂、艺龙热电厂完善烟尘治理，增设脱硫装置	市经委、盛泽镇	2001年底

表8-3　2001年7月~2002年12月吴江市创建国家环境保护模范城市指标责任分工表

考核项目内容	指标值	责任部门	协办部门
城市环境综合整治定量考核	名列全国或全省前列	市环保局	各有关部门
通过卫生城市验收	国家级卫生城市	市爱卫办	各有关部门
环境保护投资指数	大于1.5％	市环保局	市计委、市建委、市经委、市水利局、市多管局、各镇场
人均GDP	大于1万元每人	市统计局	—
经济持续增长率	高于国家平均增长水平	市统计局	—
人口自然增长率	小于全国平均水平	市计生委、市统计局	市公安局

（续表）

考核项目内容	指标值	责任部门	协办部门
单位GDP能耗	小于全国平均水平	市计委、市统计局	—
单位GDP用水量	小于国家计划指标	市计委、市统计局	—
空气污染指数	采用空气自动连续监测系统且API小于100	市环保局	—
集中式饮用水源地水质达标率	大于96%	市建委、市环保局	松陵镇卫生防疫站
城市水功能区水质达标率	100%且市区无超五类水体	市环保局、市建委、市水利农机局	市交通局、松陵镇、盛泽镇
区域环境噪声平均值	小于60分贝	市环保局	市建委、市交通局、市文化局、市工商局、市公安局、松陵镇、盛泽镇
交通干线噪声平均值	小于70分贝		
自然保护区覆盖率	大于5%	市旅游局	市府办、市建委、市多管局、各有关镇场、市环保局
建成区绿化覆盖率	大于30%	市建委	市多管局
城市污水处理率	大于50%	市建委	市环保局
工业废水排放达标率	100%	市环保局	市经委、各镇
城市气化率	大于90%	市建委	各有关单位
生活垃圾无害化处理率	大于90%	市建委	松陵镇、盛泽镇
工业固体废物综合利用率	大于70%，并无工业危险废物排放	市环保局	市经委、各镇
烟尘控制区覆盖率	大于90%	市环保局、市技监局	市经委、松陵镇、盛泽镇、各有关单位
噪声达标区覆盖率	大于60%	市环保局、市建委、市公安局	松陵镇、盛泽镇、各有关单位
市委、市政府听取环保工作汇报和政府例会研究环保工作频次	大于1次每年	市委办、市府办	市环保局
环境保护机构独立建制	—	市编委办	—
公众对城市环境的满意率	大于60%	市环保局	—
按期完成总量削减计划	—	市环保局、市经委、市建委、各镇场	—

三、进度安排

2001年7月19日，市委办公室、市政府办公室印发《关于印发〈吴江市创建国家环境保护模范城市工作方案〉的通知》，规定2001年底，各项考核指标基本达标，通过省级调研；2002年3月底之前，通过省级考核；2002年6月底之前，各项考核指标全面高标准达标，通过国家级调研；2002年底之前，通过国家级考核验收。

表 8-4　2001 年 7 月~2002 年 12 月吴江市创建国家环境保护模范城市工作进度表

年	月	阶段名称	主要工作
2001 年	7 月	全面启动阶段	1.向国家环保总局呈送创模申请报告。 2.召开全市创模动员大会。 3.落实创模责任制,层层签订创模责任书。 4.召开第一次市创模领导小组会议:汇报并通过创建国家环保模范城市工作方案,进一步落实创模责任制。 5.制订吴江市创建国家环保模范城市规划。 6.向苏州市环保局、江苏省环保厅专题汇报吴江市创建模范城市情况。 7.在全市迅速开展大规模的社会宣传发动工作。 8.召开全市工业企业环保工作会议。 9.进行第一次全市创模督查工作:查创模发动和组织落实情况,查污染源达标排放基本情况。
	8~11 月	攻坚阶段	1.全面落实水污染源达标排放工作,确保各工业企业废水达标排放。 2.抓好全市烟尘排放达标治理工作:完成老式炉窑灶淘汰、改造;完成城区饮食行业的油烟治理任务;完成市区、各镇区烟尘控制区达标建设任务。 3.规划扩建自然保护区,加强自然保护区管理:①明确太湖风景区同里景区的范围,健全景区制度,设立标志牌;②明确肖甸湖省级森林公园的范围,健全景区制度,设立标志牌;③明确汾湖旅游度假区范围,健全景区制度,设立标志牌;④规划建立东太湖风景保护区,明确范围,建立管理机构;⑤规划建立桃源、铜罗花木观赏示范区。上述工作要求 8 月启动,9 月完成规划,11 月结束。 4.加强盛泽镇环境综合整治:①完成镇区环境保护规划修编工作;②完成西区部分生活污水截流工程,接纳部分生活污水进联合污水处理厂;③启动东区 1 万吨综合污水处理建设工程,启动西区 1.5 万吨综合污水处理建设工程;④城区河道全面清淤,常年小流量换水;⑤主要废水排放口延伸到镇大包围外。 5.组织 4 次督查:①8、9 月着重查污染源治理情况和企业达标排放情况;② 10 月着重查各项实事项目进展情况;③ 11 月全面检查。 6.开好市区餐饮业业主会议,落实餐饮业油烟净化工作。 7.原水厂的区域供水工程通过论证并开始启动。 8.启动运东开发区生活污水治理工程。 9.规划建设松陵市区新标准化垃圾填埋场工程,在 11 月底前完成建设任务。 10.抓好噪声管理工作:市区机动车全面禁鸣喇叭;抓好住宅区、娱乐场所噪声整治。 11.着手机动车尾气治理工作。 12.完成市区环境监测工程建设(增设 2 个大气监测子站)。
	12 月	迎接省级调研阶段	1.所有的工业企业污染源确保做到达标排放,不能达标的企业停产整顿。 2.市区、镇区通过烟尘控制区达标验收和噪声达标区验收。 3.全面组织市区、镇区河道的综合整治,重点搞好清淤工作。 4.基本完成创建环保模范城市的资料管理工作。 5.组织迎调督检。 6.开好全市性迎接省级调研工作会议。 7.开展全市环境卫生整治。 8.12 月底请省环保厅对创模工作进行调研。 9.12 月底向国家环保总局汇报吴江市的创模工作。

（续表）

年	月	阶段名称	主要工作
2002年	1~3月	深化阶段	1.根据省环保厅的调研意见及创模的要求,落实整改措施,进一步加强环境综合整治。 2.全面完成各项硬件设施建设。 3.在市区、镇区开展大规模绿化工作。 4.进一步开展市区、镇区环境卫生整治。 5.3月底提请省环保厅对吴江市的创模工作进行考核。
	4~12月	冲刺阶段	1.根据省环保厅考核意见,进一步落实整改措施。 2.召开全市性决战动员会,加大创模力度。 3.6月底前申请国家环保总局调研。 4.根据国家环保总局的调研意见,打好创模决战,12月底申请国家环保总局考核验收。

四、整治行动和创建工程

为创建国家环境保护模范城市,市委、市政府在 1998 年后先后启动"零点达标"行动、"一控双达标"活动、盛泽镇环境综合整治工程、城市基础建设工程、河道"三清"工程、"蓝天"工程、"禁磷"工程、绿化美化亮化工程等,并取得成效。(详见第七章"环境治理")

五、考核验收

2001 年 12 月 21~22 日,省环保厅污控处副处长薛人杰一行 6 人首次到吴江市调研国家环保模范城市创建工作。调研组查阅"创模"资料,听取市长马明龙的汇报,并在市四套班子有关领导陪同下,视察市容市貌、松陵污水处理厂、市区西塘河等城市环保基础设施。2002 年 6 月 2~4 日、2003 年 7 月 18~20 日,国家环保总局和省环保厅先后派出专家组对吴

召开吴江市创建国家环保模范城市调研情况通报会

江市的创建工作进行调研,并提出具体的改进意见。2003 年 9 月 7~9 日,国家环保总局正式组成考核组,对吴江市的创建工作进行验收。考核组以国家环保总局污控司司长张力军为组长,污控司副司长吴苏平、江苏省环保厅副厅长姚晓晴为副组长,建设部中国城市规划设计研究院总工程师林秋华以及国家环保总局、中国环境监测总站、江苏省环境监测站有关人员为组员。考核组通过听取汇报、查阅资料、现场检查、社会调查以及暗中查访等多种方式,对吴江市的环境保护工作进行审核。书面结论是:同意江苏省环保厅的推荐意见,通过吴江市创建国家环保模范城市工作的考核。根据国家环保模范城市创建工作程序,将在有关新闻媒体上公示,并将考核公示结果报请国家环保总局局务会审查批准。

六、命名和授牌

2003 年 12 月 23 日,国家环保总局印发《关于授予吴江市国家环境保护模范城市称号的决定》。2004 年 12 月 22 日,"国家环境保护模范城市"授牌仪式在吴江宾馆江宾礼堂举行。国家环保总局副局长汪纪戎、国家环保总局污控司副司长陈明剑,省环保厅厅长史振华、副厅长姚晓晴,苏州市副市长谭颖和吴江市领导徐明、范建坤、吴菊忠、沈恩得等出席授牌仪式。会上,陈明剑代表国家环保总局宣读授予吴江市"国家

2004 年 12 月 22 日,国家环保总局副局长江纪戎(左)和吴江市代市长徐明(右)一起为"国家环境保护模范城市"揭牌

环境保护模范城市"称号的决定,汪纪戎与市委副书记、代市长徐明一起为"国家环境保护模范城市"揭牌。汪纪戎为市委书记朱建胜、前任市长马明龙颁发"国家环境保护模范城市领导奖"奖杯和证书,为副市长王永健、市环保局局长吴少荣颁发"国家环境保护模范城市组织奖"奖杯和证书。

七、复查

2007 年 12 月 25~26 日,国家环保总局环保模范城市复查技术评估组分成 3 个小组对吴江市环保模范城市创建工作进行复查,并在农村环境综合整治、饮用水源地保护、环保能力建设、固体废弃物及垃圾处理等方面提出具体的改进意见。

2008 年 6 月 5 日,根据国家环保部办公厅《关于做好 2007 年"城考"结果报送工作的通知》的要求,吴江市政府将 2007 年度城市环境综合整治定量考核结果汇总表以及国家环保模范城市考核指标达标情况表上报国家环境保护部办公厅,请求审查。

2008 年 8 月 8 日,吴江市政府向国家环保部呈送《关于对吴江创建国家环保模范城市进行复查考核的请示》,请求复查验收。

第二节　国家级生态示范区

1995 年 8 月 12 日,国家环保总局印发《关于开展全国生态示范区建设试点工作的通知》,并颁布《全国生态示范区建设规划纲要(1996~2050 年)》以及"全国生态示范区"的建设目标和考核指标。2001 年 6 月 6 日,国家环保总局发文(《关于批准北京市密云县等地为第六批全国生态示范区建设试点地区的批复》),批准苏州市为全国生态示范区建设试点地区。2002 年 5 月,根据苏州市委、市政府的部署,吴江市以及苏州市其他所辖市(县级)、区同时启动全国生

态示范区的创建工作。

一、机构

2002 年 5 月 21 日,市政府成立吴江市创建国家级生态示范区领导小组。市委副书记、市长马明龙任组长,市委副书记范建坤、市人大常委会副主任翁祥林、副市长王永健、市政协副主席戚冠华任副组长,市委办公室、市政府办公室、市经济开发区管委会、市委宣传部、市计委、市经委、建设局等 26 个部门的领导为组员。领导小组下设办公室,由市政府办公室副主任孙火林兼任办公室主任,市环保局局长吴少荣、副局长严永琦任办公室副主任,办公地点设在市环保局内。2003 年 4 月 2 日,由于人事变动,市政府及时印发《关于调整吴江市创建国家级生态示范区领导小组成员的通知》,对领导小组的组成作出相应的调整。

2003 年 6 月 11 日,吴江市创建国家级生态示范区领导小组成立创建国家生态示范区指挥部,副市长王永健任指挥长,市环保局局长吴少荣、市农林局局长张伟秋、市政府办公室副主任孙火林任副总指挥。指挥部下设 7 个工作小组:市政府办公室副主任孙火林任办公室主任,市委宣传部副部长陆虎荣任宣传组组长,市统计局副局长曹三泉任资料组组长,市环保局副局长周民任项目组组长,市环保局副局长沈云奎任环境组组长,市环保局副局长姚明华任督查组组长,市环保局副局长王通池任执法组组长。

2002 年 5 月 30 日,吴江市创建国家级生态示范区领导小组召开成员会议

二、规划和任务

2002 年 7 月,根据国家环保总局制定的"全国生态示范区"的建设目标和考核标准,市环保局委托南京大学环境科学研究所编制《吴江市生态示范区建设规划》(详见第三章第一节第三目"专项性规划")。同年 12 月 22 日,该规划通过省环保厅主持的专家评审。2003 年 5 月 20 日,市政府印发《关于印发〈吴江市创建全国生态示范区建设规划实施方案〉的通知》,要求所辖各镇、开发区和各相关部门、单位认真组织实施。

表 8-5　2002 年 5 月~2004 年 5 月吴江市创建全国生态示范区任务分解表

任　务	具　体　内　容
水环境 综合整治	充分利用现有的水利工程设施继续进行整体调水,增加水体的稀释、自净能力;继续对市区和农村河道进行清淤,强化水面保洁管理;加快城市化进程,全面推进各镇污水处理厂和污水管网建设,完成盛泽、震泽、同里、运东的污水处理厂建设,到 2004 年底,城市污水处理率大于 50%;强化船舶交通污染防治、管理力度,进一步巩固、提高治理成果;按规定逐步停止开采地下水,到 2005 年全面禁采地下水。 加快实施工业布局和产业结构调整,进一步解决工业结构污染问题;严格执行建设项目和资源开发的环境影响评价和"三同时"制度,积极推行清洁生产;强化环保执法、监管力度,坚决取缔"十五小";严格实行排污许可证制度,控制工业水污染物的排放总量,主要工业污染源达标率 100%。 以太湖水质保护为重点,继续大力开展重点流域、重点地区、重点行业的环境整治,全面实施五大专项整治,确保水环境质量达到功能区标准。
大气环境 污染控制	加快燃气工程建设,城市气化率达到 90% 以上;组织开展二次扬尘污染综合整治工程,切实加强对建筑施工以及路面扬尘的防治;实施蓝天工程,淘汰 1 吨上下燃用高污染燃料的小锅炉(小炉),更新改造锅炉的脱硫装置,控制烟尘、二氧化硫及粉尘的排放总量;加速淘汰燃油助力车、摩托车,强化汽车尾气达标排放管理,改善大气环境质量,特别是降低可吸入颗粒物(PM 10)浓度,城镇大气环境质量达到功能区标准。
噪声污染控制	组织实施交通噪声污染防治工程,改善城镇噪声环境质量,特别是降低四类声功能区夜间的噪声,城镇噪声环境质量达到功能区标准。
固体废物资源化、无害化工程	大力推进城市生活垃圾的减量化、资源化、无害化进程,逐步推行垃圾的分类收集管理;加强对危险废物的处理、处置管理和监督检查;城市生活垃圾处理率和工业固体废弃物无害化处理率均达到 100%。
城镇绿化工程	2003 年,加快苏嘉杭高速公路及主干道绿色通道工程。苏嘉杭高速公路(吴江段)全长 36 公里,绿化面积 3600 亩。全市主干道绿化总面积 1254 亩,其中 318 国道 589 亩,205 省道 168 亩,松库线 422 亩,入市景点工程 75 亩。
生态农业建设	调整农业结构,加快产业化、企业化、标准化步伐,发展优质高产、高效、生态、安全农业,逐步解决农业结构污染问题。 加强生态农业基地建设,改变传统的农作方式,提高农业经济效益,节约水资源及其他资源,改善农产品的质量和安全,推进农业清洁生产,水分生产率达到 1.5 公斤 / 立方以上,提高农民年人均纯收入水平。规划并建立 3 个生态农业示范村工程(横扇叶家港村、七都桥下村、菀坪王焰村),开发有机食品、绿色食品和无公害食品基地建设工程等。 实施农村废弃物资源化工程,进一步实施秸秆综合利用工程,继续扶持、鼓励有条件的村镇建设秸秆气化站,使秸秆综合转化为清洁能源;进一步扩大秸秆还田面积,加强科学研究和指导,增加秸秆还田的数量和质量;研究、推广秸秆用作畜禽饲料,以及引进国内外先进技术开辟秸秆利用的新途径;切实加强对秸秆处置的执法检查,控制秸秆焚烧以及乱堆乱放,秸秆综合利用率达 90% 以上。 组织实施畜禽养殖污染治理工程,切实加强对规模化畜禽养殖场的规范化管理,推进 7 家规模化畜禽养殖场的污染治理,摸清规模化畜禽养殖场底数,研究切实可行的治理方案,建成震泽江众养殖场大型沼气工程;大力提倡畜禽养殖与有机食品基地、蔬菜基地、果园以及内塘养鱼等相结合,解决畜禽粪尿的出路问题,畜禽粪便处理(资源化)率达到 100%。 进一步实施化肥、农药减量化工程,推广生态农业技术,禁用肥效低、挥发性强、流失率高的化肥,实施平衡施肥,减少化肥使用量;禁止使用高毒、高残留农药,推广使用无毒的生物农药,降低农药的施用量,农林病虫害综合防治率大于 70%,化肥施用强度小于 280 公斤 / 公顷、农药使用强度小于 3.0 公斤 / 公顷。 开展农用薄膜的回收和资源化工作,农用薄膜回收率达到 90% 以上。

（续表）

任 务	具 体 内 容
农村生态环境综合整治	加快农村城镇化建设的规划和实施,人口由分散逐步向城镇集中;加快城镇生活污水处理厂和垃圾填埋场的建设,加强生活污水、生活垃圾的集中处理;全面启动吴江市区域供水工程,提高村镇饮用水卫生合格率;增加城镇绿化面积及品位质量,改善城镇环境质量;巩固、发展创建国家卫生城市的成果,进一步加强农村改厕工作,卫生厕所普及率达到75%以上。规划建设生态林业,以环太湖防护林带为基础,建设环太湖生态林带;规划建设沿高速公路、京杭运河生态林带,形成绿色通道。
自然保护区、湿地保护	保护现有自然保护区、风景名胜区、森林公园,规划建立和保护太湖湿地,受保护地区面积达到10%以上。建立沿太湖农业生态良性循环示范区8.02万亩。
土地资源保护	根据土地利用总体规划和农用地转用计划,严格控制非农建设用地规模;优化土地利用结构,逐步建立由市场配置土地资源的机制;大力开展土地复垦开发整理,切实保护基本农田,实现耕地占补平衡;加大对基本农田保护区的投入,改善基本农田的生产和生态条件,提高基本农田的质量和产出率,争取受保护基本农田面积率稳中有升并达到90%。
生态文化建设	保护好历史文化遗产,推动文化产业发展,以"丝绸文化节"为接点,弘扬吴江市悠久的丝绸文化,倡导生态工业,实施农业生态环境教育,创建绿色学校,建成2个绿色社区,引导社区居民形成绿色文明的生活及消费方式。

三、进度安排

2003年5月20日,市政府印发《关于印发〈吴江市创建全国生态示范区建设规划实施方案〉的通知》,对创建的进度作出明确的安排:2003年9月底前,基本达到全国生态示范区验收要求,并向省环保厅提出调研申请;2003年11月底前,接受省环保厅调研;2004年5月底前,达到全国生态示范区验收要求;2004年6月底前,通过省环保厅向国家环保总局提出验收申请;2004年9月底前,做好迎接国家环保总局考核验收的各项准备工作;2004年12月底前,通过国家环保总局的考核验收。

四、重点工程

为创建国家级生态示范区,吴江市完成生态配套工程20余项,其中重点工程8项。

表8-6 2002年5月~2004年12月吴江市重点生态工程一览表

工 程	工程内容	工程效益	投资额（人民币）	建设单位
沿太湖生态林及湖缤防护带建设工程	太湖沿线建立全长47公里的生态林及湖滨防护带,带宽由原来的不足50米扩大到100米,实现生态、防护、景观三位一体,途经松陵、横扇、七都三镇。	全市受保护陆地(湿地)面积大于10%,恢复并保护湖泊、湿地生态环境。	600万元	市水利局、松陵镇、横扇镇
东太湖湿地功能保护区建设工程	保护东太湖现有的湿地资源,恢复遭破坏的湿地,形成长期的保护计划和措施。七都至庙港太湖沿线100米种植芦苇等水生植物。	全市受保护陆地(湿地)面积大于10%,恢复并保护湖泊、湿地生态环境。	800万元	市农林局、七都镇
有机食品、绿色食品和无公害食品基地建设工程	建立无公害基地16个。	控制化肥、农药面源污染,农村生态环境得到改善。	100万元	市农林局、市水产局

（续表）

工　程	工程内容	工程效益	投资额（人民币）	建设单位
农村河道长效整治工程	完成全市镇级河道的疏浚,形成农村河道的长效管理机制,并加以落实。	控制工业、农业和生活污染,河道水体承载能力增强,水环境得到改善。	1000万元	市水利局、各镇
扩建、新建污水处理厂工程	完成5座污水处理厂的建设,日增加处理能力10万吨。平望1万吨/日,黎里2万吨/日,芦墟1万吨/日,八都1万吨/日,盛泽5万吨/日。	减轻生活污水对环境的污染,有效治理工业水污染,确保功能区的达标。	1亿元	市环保局、有关各镇
城镇美化、绿化工程	全市各镇结合自身的特点,因地制宜地开展城镇美化绿化。	美化生活环境,确保城镇人均绿地面积超过10平方米。	500万元	市园林局、各镇
市区大型公共绿地建设工程	完成垂虹遗址景区、古银杏广场、松陵大桥广场二期工程、城北公园、运东广场、城南公园的建设。	美化生活环境,确保城镇人均绿地面积超过10平方米。	7300万元	市城管局
"绿色学校"创建工程	建成国家级"绿色学校"1所、江苏省级2所、苏州市级3所、吴江市级10所。	使公众的生态文化素质有所提升。	60万元	市教育局、市环保局

五、考核验收

2004年9月13～14日,国家环保总局派出考核组对吴江市全国生态示范区的创建工作进行验收。考核组通过现场考察、听取汇报、审核数据、深入基层、观看专题片以及问卷抽样调查,认为吴江市的各项考核指标全部达到全国生态示范区建设一类地区标准。

表8-7　2004年9月全国生态示范区国家考核组成员一览表

姓　名		职　务
组　长	彭近新	国家环保总局自然生态保护司司长
副组长	赵　挺	江苏省环保厅副厅长
组　员	何　军	国家环保总局自然生态保护司生态处副处长
	周　迁	江苏省环保厅自然生态保护处处长
	王玉华	江苏省环保厅自然生态保护处主任科员
	窦贻俭	南京大学教授
	陈铁民	苏州市环保局局长
	袁鸿柏	苏州市环保局副局长
	程德润	苏州市环保局自然生态保护处处长

六、命名和表彰

2004年12月30日,国家环保总局印发《关于命名第三批国家级生态示范区的决定》,正式批准吴江市为国家级生态示范区。

2005年5月31日,国家环保总局印发《关于表彰第三批国家级生态示范区建设先进单位和先进个人的决定》,授予吴江市环保局为国家级生态示范区建设先进单位,授予吴江市委副书记范建坤、副市长王永健为国家级生态示范区建设优秀领导者,授予吴江市环保局局长吴少荣为国家级生态示范区建设先进工作者。

第三节　国家生态市

2003 年 5 月 23 日,国家环保总局印发《关于印发〈生态县、生态市、生态省建设指标(试行)〉的通知》,规定:已命名的国家级生态示范区及社会、经济、生态环境条件较好的地区,可对照指标体系的要求,结合当地的实际情况,开展生态县、生态市、生态省的创建工作。2004 年 12 月,在国家环保总局正式批准吴江市为国家级生态示范区的同时,吴江市委、市政府立即启动生态市的创建工作。

一、机构

2004 年 12 月 30 日,市政府成立吴江市创建全国生态市领导小组。市委副书记、代市长徐明任组长,市委副书记范建坤、市人大常委会副主任平健荣、副市长王永健、市政协副主席戚冠华任副组长,市委办公室、市政府办公室、市委宣传部、市发改委、市建设局等 26 个部门的领导为组员。领导小组下设办公室,由市政府副秘书长范新元兼任办公室主任,市环保局局长吴少荣兼任办公室副主任,市环保局副局长周民任办公室副主任,办公地点设在市环保局内。

2006 年 2 月 16 日,市委、市政府印发《关于调整吴江市创建全国生态市领导小组成员的通知》,领导小组成员除因人事变动作出少量调整外,新增吴江市所辖 10 个镇的镇长为领导小组成员。领导小组下设办公室,由市环保局局长范新元任主任,市政府副秘书长张建国、市环保局副局长王通池任副主任。办公室负责创建工作的组织和协调,组织有关部门对各地的创建工作进行指导、督促、检查和考核,并及时掌握创建工作的进展情况,做好创建工作的情况汇总、上报、台账资料建设等。此外,领导小组下设6 个工作小组,负责相关方面的工作。

2005 年 1 月,吴江市创建全国生态市领导小组召开成员会议

表 8-8　2006 年吴江市创建全国生态市工作小组成员、职责一览表

组名	小组成员			职责
		姓　名	职　务	
宣传教育组	组长	张林法	市委宣传部副部长	负责创建生态市宣传教育工作的组织、指导和实施。
	成员	秦志刚	市文广局副局长	
		汤乃文	市教育局副局长	
		陈国良	市委党校副校长	
		翁益民	市环保局法宣科科长	
生态保护和建设组	组长	朱雁鸣	市建设局副局长	负责自然生态的保护和恢复、生态建设工程、城乡绿化、城乡环境综合整治方面工作的组织、实施和监管。
	成员	梁云龙	市卫生局党委书记	
		王玉英	市城管局副局长	
		毛兴根	市水利局副局长	
		孙雪龙	市交通局副局长	
镇村及农业组	组长	严大富	市农林局副局长	负责各镇全国环境优美镇和生态村创建、生态农业及无公害农产品基地建设、农业面源污染和畜禽养殖污染防治工作的组织、指导和实施。
	成员	沈卫芳	市环保局副局长	
		盛惠芳	市卫生局副局长	
		邵云明	市水产局副局长	
		徐贵泉	市民政局副局长	
生态工业组	组长	李小迟	市发改委副主任	负责工业污染源深度治理、生态工业园区创建、工业企业清洁生产和节能降耗、ISO 14000 认证工作的组织、指导和实施。
	成员	王通池	市环保局副局长	
		周财政	市中小企业局副局长	
		徐小根	市国土局副局长	
		马明华	市科技局副局长	
资料组	组长	曹三泉	市统计局副局长	负责生态市、全国环境优美镇和生态村创建资料的收集、整理和汇总。
	成员	余存震	市旅游局副局长	
		徐小波	市农林局农监站站长	
		马震海	市建设局城建科科长	
		周冬英	市爱卫会办公室副主任	
督查指导组	组长	陈振林	市纪委副书记、监察局局长	负责国家环保法律法规实施情况及生态市创建工作推进情况的检查督促。
	成员	周建新	市委组织部副部长	
		桂其荣	市司法局副局长	
		陆　雄	市政府法制办副主任	
		王玉根	市公安局副局长	

二、规划

2004 年 12 月,吴江市政府和同济大学共同编制《吴江生态市建设规划》(详见第三章第一节第三目"专项性规划")。2005 年 1 月,《吴江生态市建设规划》通过省环保厅组织的专家评审。3 月 10 日,市环保局局长吴少荣受市政府委托,在吴江市第十三届人大常委会上对《吴

江生态市建设规划》作出简要说明,并请求审议。次日,吴江市第十三届人大常委会第十七次会议作出《关于同意〈吴江市生态市建设规划〉的决定》。3月23日和28日,市政府先后印发《关于印发〈吴江市生态市建设规划〉的通知》和《关于吴江市创建全国生态市的实施意见》,《吴江生态市建设规划》开始实施。

三、进度安排

2005年初,市委、市政府把创建的全过程分为四个阶段。

表8-9　2005年1月~2006年12月吴江市全国生态市创建工作进度安排表

阶段	时　间	工作内容
宣传发动	2005年1~5月	成立创建领导小组和工作小组,制定创建实施方案,召开生态市创建动员大会,明确各镇、各部门目标任务,确定重点生态工程项目。
全面实施	2005年5月~2006年3月	实行目标管理,明确责任,落实措施。全面开展重点生态工程建设,加强检查考核,各责任部门和各镇要定期向创建领导小组报告重点工程实施进展情况,确保各项任务如期完成。抓好全国生态市建设资料的收集整理工作,做到完善齐全、准确无误。
自查整改	2006年4~6月	对照生态市建设6项基本条件和36项考核指标,组织自查自纠,对不达标项目,各责任单位一把手亲自抓、负总责,限期落实整改措施。
申报迎检	2006年7~12月	向省环保厅申报并争取省厅对我市创建全国生态市工作进行调研。在确保全面通过省级调研的基础上,提请国家环保总局对我市创建全国生态市工作进行考核验收。

四、任务分解

2005年3月,市委、市政府根据国家环保总局印发的《生态县、生态市、生态省建设指标(试行)》,把创建任务细化分解后,分配至各责任单位。

表8-10　2005年3月吴江市全国生态市建设任务分解表

任务	要　求	责任单位
	编制生态市建设规划。	市环保局
规划指导	做好环保综合平衡工作,将重大环境综合整治和生态建设项目优先纳入国民经济和社会发展计划;在财政预算中安排生态环境保护和建设的经费;建立污染防治基金和监督管理能力建设专项经费。	市发改委、市财政局
	编制循环经济建设规划,制定鼓励发展循环经济的经济政策,开展循环经济试点工作。	市环保局
	认真实施污染物总量控制和《江苏省地表水(环境)功能区划》吴江部分。加强饮用水源保护,加快水环境修复,强化土地保护。	市环保局、市水利局、市国土局、各镇
环境综合整治	加强对创建环境优美乡镇和生态村工作的指导,确保两年内80%以上的镇建成"全国环境优美镇",全市建成10~20个省级生态村,力争建成1~2家全国生态村。	各镇、市环保局
	科学规划开发区的各类开发活动,加强对全市各类工业园区建设的环境管理实施与指导;严格控制污染物排放总量。	开发区、市环保局、各镇

（续表）

任务	要　求	责任单位
环境综合整治	深入开展太湖流域水环境综合整治,完成太湖水污染防治的各项工程。	市发改委、市建设局、市交通局、市农林局、市水利局、市环保局、市水产局
	太湖流域印染企业污染物排放达到Ⅰ级标准,全市化工企业主要污染物达标排放;在全市范围内禁止销售、使用含磷洗涤用品,推广使用无磷洗涤用品。	市经贸委、市环保局、市工商局、市技监局
	调整渔业生产布局和品种结构,防止水体污染。	市水产局
	编制并组织实施农村河道疏浚计划;加大农村居民生活污染治理力度,加快农村改水改厕进程;推广秸秆及其他农业废弃物的综合利用;推行农村沼气建设。	市水利局、市环保局、市农林局、市爱卫办、各镇
	大力开展市区与各镇的绿化建设,实施镇、村道路和交通廊道的绿化建设工程,扩大绿化覆盖面积。	市园林局、市交通局、各镇
	重点治理"两控区"大气污染,鼓励燃煤电厂脱硫工作的推进。	市发改委、市经贸委、市环保局
	逐步建立机动车尾气污染对城市厌氧环境质量影响的评估和控制体系;巩固噪声达标区建设,实施城区机动车禁鸣。	市公安局、市环保局
	全面完成重点流域和重点工业污染企业的清洁生产审核工作,太湖流域所有工业企业进行清洁生产审核,建成清洁生产基地。	市经贸委、市环保局、各镇
	加快印染、化工等行业的结构调整步伐。	市经贸委、市环保局、市工商局、各镇
	加快城镇污水、垃圾处理设施建设;所有镇都要建设污水、垃圾处理设施;实施生活垃圾分类收集及无害化处理工程。	市发改委、市建设局、市环保局、各镇
	推行集中供热、供气、供水。	
生态保护与建设	制定生态功能区计划和生态保护计划,加强太湖、风景名胜区生物多样性保护工作。	市农林局、市国土局、市环保局、市旅游局
	积极发展生态农业、有机农业,控制农业面源污染,推进无公害、绿色、有机农产品生产基地建设;综合利用畜禽粪便,推广生态养殖模式。	市农林局、市环保局、市水产局
	加强对创建国家级、市级生态农业示范区工作的指导。	市农林局
改革创新	实践环境资源有偿使用机制,建立环境价格体系。	市发改委、市经贸委、市物价局、市环保局
	制定和完善投融资、规费征缴等方面的经济政策,运用价格杠杆,逐步推进环保设施建设和运营的多元化、产业化、市场化。	市发改委、市财政局、市物价局、市环保局
	推行污水集中处理工程,全市设总排污口 20 个,成立市水处理发展有限公司。	市环保局、市建设局、市水利局、市发改委、各镇
	深入推进排污许可证制度,探索排污权交易制度。	市环保局、市经贸委
	制定推进城市垃圾、污水处理产业化的扶持政策;实施水处理按质收费制度,完善城市垃圾处理收费标准,开征或者逐步开征有毒有害固体废弃物处置费。	市发改委、市建设局、市物价局
	开展区域经济发展与保护、绿色国民经济核算体系、循环经济、生态市建设、环境容量与生态环境承载力等工作;加强湖泊富营养化治理、生物多样性保护、农业面源污染防治以及生态治污、生态修复、废水处理工艺等重大关键技术的创新研究与科技攻关。	市发改委、市科技局、市统计局、市环保局、市农林局

（续表）

任务	要　　求	责任单位
改革创新	省级开发区、4A级旅游区（点）、风景名胜区全部通过ISO 14000认证,重点出口生产企业全面开展ISO 14000。	市经贸委、市外经局、市建设局、市环保局、市旅游局
宣传教育	宣传部门和新闻单位将环保宣传列入工作计划,并认真组织实施,特别是加大生态市建设和循环经济建设的宣传力度。	市委宣传部、市文广局、吴江电视台、吴江报社、吴江电台
	教育、劳动部门加强环保基础教育、专业教育、社会教育和岗前培训。	市教育局、市社保局
	结合公民道德建设和普法活动,开展环境警示教育。	市委宣传部、市司法局、市环保局
	市委党校和行政学院将环境保护和生态建设列为党政干部教育培训必修课程。	市委党校
	实行环保"四进",大力开展"绿色社区""绿色学校"等群众性创建活动;组织环保志愿者活动。	市委宣传部、市环保局、市教育局、各镇
依法行政	各级党政领导班子定期研究生态环境保护和建设工作,集中力量每年为群众办几件有影响的实事;加强对生态环境保护和建设重大问题的调查研究。	市委办、市府办、各镇
	各级政府对本行政区域环境质量负责,逐级签订责任状,层层抓好落实。	市府办、市环保局、各镇
	研究制定生态市、发展循环经济、清洁生产、饮用水源保护方面的规定、决定。	市法制办、市环保局
	督促各地在进行城市规划、土地规划、区域资源开发、产业结构调整等重大决策时,必须进行环境影响评价。	市发改委、市环保局
	把生态环境保护和建设工作纳入重大事项的督查范围;对各地、各有关部门、单位落实苏〔2003〕7号文件的情况进行督查督办。	市委办、市府办、市环保局
	严格党政领导干部生态环境保护和建设政绩考核制度,制定《吴江市党政领导干部环保实绩考核办法》。	市委组织部
	建立健全激励机制,制定《吴江市环境污染行政责任追究办法》,落实责任追究制度。	市纪委、市监察局、市法制办
	强化上级政府对下级政府、政府对所属部门的环保工作行政监督。	市监察局
	建立和完善公众参与制度;继续实行有奖举报制度;积极探索调动人民群众参与生态环境保护和建设的利益机制。	市环保局
	建立环境诚信制度,公开环境质量状况、环境管理程序、企业环境行为、建设项目环保审批、排污收费等方面的情况。	市环保局
	进一步完善环保领导干部双重管理体制;健全和加强环境管理部门力量,探索省级开发区环保管理模式。	市委组织部、市人事局、市环保局
	全面推行环保行政执法责任制、评议考核制、行政执法公示制和行政责任追究制;推行政务公开,办事制度、程序和结果公开。	市环保局
	加强各类开发区及工业小区环境监督管理;实施区域环境影响评价,编制区域环境保护规划;依法对各类建设项目进行环保预审。	市经贸委、市环保局、市外经局
	规范和建设环境监测网络,加快建设全市空气环境质量、河流市际交界断面、重点污染源监测监控系统;提高环境监察执法装备水平;加强突发性污染事故预警和应急处置能力。	市发改委、市财政局、市环保局
	加强环境保护司法工作,及时受理重大环境污染和生态破坏案件,依法追究有关单位和人员的法律责任。	市法院、市司法局

五、重点工程

根据《吴江生态市建设规划》,全市生态建设工程 90 项,其中重点工程 18 项。

表 8-11　2005 年 1 月~2006 年 12 月吴江市 18 项生态重点工程一览表

工　程	内　容
循环经济发展建设工程	循环经济发展的法制制度建设;循环经济发展的经济政策建设;循环经济发展机制建设;循环经济发展党政领导干部考核制度建设;循环经济发展试点建设。
清洁生产与 ISO 14000 环境管理体系认证工程	每年完成 10 家重点行业清洁生产审核,改进和提高生产工艺,真正做到节能、降耗、减污、增效,减少吴江区域的污染物排放总量;每年完成 10 家企业的 ISO 14000 认证,整体推进开发区的 ISO 14000 认证。
区域供水工程	建成 30 万吨每日全市集中供水工程,全面提高饮用水水质,同时完善供水管网及区域供水设施配套建设工程,使区域供水的覆盖面达 80%。
中水回用工程	在松陵镇、盛泽镇建成 4 万吨每天中水回用工程,达到生态市对工业用水重复利用的要求。
集中治污工程	完成 5 座污水处理厂的建设,日增加处理能力 3.9 万吨,减轻生活污水对环境的污染,有效治理工业水污染,确保功能区的达标(平望 1.5 万吨每日、芦墟 2000 吨每日、八都 1 万吨每日、桃源 1 万吨每日、黎里新增 2000 吨每日);松陵城区排水管网扩建;盛泽镇排水管网扩建;全市实行大集中,将工业、生活污水以镇为单位集中处理,每镇设 1~2 个排污口,全市 20 个左右,成立市水处理有限公司,各镇设立分公司;雨水收集经处理后再利用。
饮用水源保护工程	对东太湖水源地进行规划,划分一级、二级保护区,严格保护饮用水源,保证饮用水的安全,同时对各镇备用饮用水源地实行保护。
水环境修复工程	继续河道清淤工程;东太湖水生植被修复工程;建设东太湖沿岸、汾湖度假区(含汾湖、韩郎荡、元荡、三白荡在内)湿地公园。
农业面源综合治理工程和发展生态农业、改善村镇水环境的综合治理工程	控制畜禽养殖污染,推进畜禽养殖业清洁生产工程;通过改变农业产业结构减少化肥农药施用量;提高秸秆的综合利用率。
工业废弃物综合利用工程	实施废弃电子产品集中处置;成立危险废物处置监督管理中心。
绿色建材示范工程	印染污泥深度开发,建立污泥与电厂粉煤灰的综合利用循环经济企业;依托建材优势,建设 1 家生产绿色产品的建材企业(同里爱富希建材有限公司)。
有机食品、绿色食品和无公害食品基地扩建工程	继续加强有机食品、绿色食品和无公害食品基地建设,建成 3500 亩有机食品、绿色食品和无公害食品基地,有机及绿色产品占主要农产品 20%,控制化肥、农药面源污染,农村生态环境得到改善。
优美乡镇、生态村创建工程	2005 年完成黎里镇、七都镇、震泽镇、平望镇、芦墟镇、桃源镇 6 个优美乡镇创建工作;全市每年完成 6~8 个生态村,力争每镇每年建成一个生态村。
天然气一期工程	中压管网 40 公里,中低压输配管网 3.4 万户,计量调压站 3 座,原有输配系统改造。
镇级、村级道路绿化工程	镇级、村级道路绿化,各镇入镇口建绿化景观带;重要河道两侧和交通廊道进行绿化工程,提高森林覆盖率,使全市森林覆盖率达 18%。
市区绿化工程	创建国家园林城市,大力开展城镇美化绿化。

（续表）

工　程	内　容
农村改水改厕建设工程	完成农村改水改厕工作,改善农村生活环境。
生态学校、社区建设工程	加大"绿色学校"创建力度,建成国家级1所、江苏省级2所、苏州市级3所、吴江市级10所;提高公众的生态文化素质,建成1~2个生态社区。
生态工业示范园创建试点工程	根据《苏州市循环经济发展规划》,在吴江市经济开发区开展生态工业示范园试点工作。

六、责任制

2005年3月和2006年2月,市政府先后两次与各镇、各责任单位签订责任状,要求各镇、各单位及时达标、按时完成任务。与此同时,各镇、各单位也把创建任务逐项、逐层分解,指标到人,责任到人。

表8-12　2005年1月~2006年12月吴江市部分责任单位创建责任一览表

单位	考核指标	重点工程任务
市发改委	1. 单位GDP能耗小于等于1.2吨标准煤每万元。 2. 农村生活用能中新能源所占比例大于等于30％。	—
市经贸委	—	1. 按照年度计划,2006年完成30家企业清洁生产审核工作 2. 绿色建材示范工程,对爱富希建材有限公司的绿色产品FC板进行总结。 3. 编制循环经济实施方案。
市农林局	1. 主要农产品中有机及绿色产品比重大于等于20％。 2. 森林覆盖率大于等于18％。 3. 受保护地区占国土面积比例大于等于15％。 4. 秸秆综合利用率100％。 5. 规模化畜禽养殖粪便综合利用率大于等于90％。 6. 农用塑料薄膜回收率大于等于90％。 7. 农林病虫害综合防治率大于等于80％。 8. 化肥施用强度(折纯)小于等于250千克每公顷。 9. 农村污灌达标率100％。 10. 农业生产系统抗灾能力(受灾损失率)小于10％	1. 农业面源综合治理工程。发展生态农业,控制化肥、农药使用强度,改善村镇水环境的综合治理工程。 2. 有机食品、绿色食品和无公害食品基地扩建工程,建成3500亩有机、绿色和无公害食品基地,主要农产品中有机及绿色产品比率达20％以上。 3. 修复原有的秸秆气化站;建立秸秆综合利用制度;提高秸秆的综合利用率。 4. 镇级、村级道路绿化工程,提高森林覆盖率。 5. 东太湖水生植被修复工程,划定工程范围,制定修复计划,形成生态公园雏形;建设汾湖度假区湿地公园。 6. 完成规模化畜禽养殖的清洁生产工程。
市旅游局	旅游区环境达标率100％。	开展绿色宾馆创建活动,全市所有3星级以上宾馆(11个)全面创建成绿色宾馆。

（续表）

单位	考核指标	重点工程任务
市卫生局	1. 村镇饮用水卫生合格率100%。 2. 农村卫生厕所普及率100%。	1. 农村改水改厕建设工程，卫生厕所普及率达100%。 2. 普及自来水，提高村镇饮用水卫生合格率。 3. 清理垃圾，建立垃圾管理制度。 4. 清理粪便，建立人畜粪便管理制度。
市计生委	人口自然增长率符合国家或当地政策。	—
市国土局	1. 受保护地区占国土面积比例大于等于15%。 2. 退化土地恢复率大于等于90%。	—
市建设局	城镇生活污水集中处理率大于等于60%。	1. 吴江市区域供水工程，制定水源地保护细则。 2. 吴江市中水回用工程，启动松陵镇1万~2万吨中水回用工程。 3. 天然气改造工程，提高城市燃气率。 4. 完善松陵污水厂的管网铺设，生活污水处理率提高到70%。 5. 清理乱建乱搭，建立村庄容貌管理制度。
市教育局	1. 初中教育普及率大于等于99%。 2. 环境保护宣传教育普及率100%。	绿色学校建设工程，全市所有学校全部创建成绿色学校，其中地市级以上的比例不得低于35所。
市城管局	1. 城镇人均公用绿地面积大于等于12平方米。 2. 城镇生活垃圾无害化处理率100%。	1. 吴江市中水回用工程。 2. 市区绿化工程。
市水产局	主要农产品中有机及绿色产品比重大于等于20%。	有机食品、绿色食品和无公害食品基地扩建工程。
市水利局	单位GDP水耗小于等于150吨每万元。	1. 饮用水源的保护工程。 2. 水环境修复工程，建立河道清淤长效管理机制。
市民政局	—	全市所有社区全部创建绿色社区，其中地、市级以上社区不少于15%。
市交通局	—	交通廊道绿化工程。
市环保局	1. 空气环境质量达功能区标准。 2. 水环境质量达功能区标准。 3. 噪声环境质量达功能区标准。 4. 化学需氧量排放强度小于4.5千克/万元（GDP）。 5. 工业用水重复率大于等于40%。 6. 工业固体废物处置利用率大于等于80%，并且无危废物排放。 7. 集中式饮用水源水质达标率100%。 8. 环境保护宣传教育普及率大于等于85%。 9. 公众对环境的满意率大于等于95%。	1. 循环经济发展试点建设。 2. 清洁生产与ISO 14000环境管理体系认证。 3. 吴江市中水回用工程。 4. 集中治污工程。 5. 饮用水源的保护工程。 6. 农业面源综合治理工程，发展生态农业，改善村镇水环境的综合治理工程。 7. 工业废弃物综合利用。 8. 绿色建材示范工程。 9. 优美乡镇、生态村创建工程。 10. 绿色学校、绿色社区建设工程。

表 8－13　2005 年 1 月~2006 年 12 月吴江市各镇、经济开发区创建责任一览表

镇名	考核指标	重点工程任务
吴江经济开发区	1. 城镇生活污水集中处理率大于等于 60%，工业用水重复率大于等于 40%。 2. 城镇生活垃圾无害化处理率 100%；工业固体废物处置利用率大于等于 80%，并且无危险废物排放。 3. 村镇饮用水卫生合格率 100%。 4. 农村卫生厕所普及率 100%。	1. 生态村创建工程,省级生态村占全镇行政村总数的比例必须达到 30% 以上。 2. 全区所有社区全部创建绿色社区,其中地、市级以上社区不少于 2 个。 3. 镇级、村级道路绿化工程。 4. 农村改水改厕建设工程。 5. 生态工业示范园试点。 6. 集中治污工程,扩建运东污水处理厂。 7. 完成 4 个农村人居环境建设和环境综合整治试点村。
松陵镇	1. 城镇生活污水集中处理率大于等于 60%，工业用水重复率大于等于 40%。 2. 城镇生活垃圾无害化处理率 100%；工业固体废物处置利用率大于等于 80%，并且无危险废物排放。 3. 村镇饮用水卫生合格率 100%。 4. 农村卫生厕所普及率 100%。	1. 备用饮用水源地的保护工程,制定保护区,制作标志牌。 2. 生态村创建工程,省级生态村占全镇行政村总数 30% 以上。 3. 全区所有社区全部创建绿色社区,其中地、市级以上社区不少于 2 个。 4. 镇级、村级道路绿化工程。 5. 农村改水改厕建设工程。 6. 完成 3 个农村人居环境建设和环境综合整治试点村。
盛泽镇	1. 城镇生活污水集中处理率大于等于 60%，工业用水重复率大于等于 40%。 2. 城镇生活垃圾无害化处理率 100%；工业固体废物处置利用率大于等于 80%，并且无危险废物排放。 3. 备用饮用水源水质达标率 100%；村镇饮用水卫生合格率 100%。 4. 农村卫生厕所普及率 100%。 5. 镇区人均公用绿地面积大于等于 12 平方米。	1. 盛泽镇中水回用工程,盛泽地区 4 万吨每天工程开工。 2. 备用饮用水源地的保护工程。 3. 生态村创建工程,省级生态村占全镇行政村总数 30% 以上。 4. 全区所有社区全部创建绿色社区,其中地、市级以上社区不少于 2 个。 5. 镇级、村级道路绿化工程。 6. 农村改水改厕建设工程。 7. 集中治污工程,盛泽镇水处理发展有限公司提升排放标准,并通过上级环保部门的验收。 8. 完成 4 个农村人居环境建设和环境综合整治试点村。
同里镇	1. 城镇生活污水集中处理率大于等于 60%，工业用水重复率大于等于 40%。 2. 城镇生活垃圾无害化处理率 100%；工业固体废物处置利用率大于等于 80%，并且无危险废物排放。 3. 备用饮用水源水质达标率 100%；村镇饮用水卫生合格率 100%。 4. 农村卫生厕所普及率 100%。 5. 镇区人均公用绿地面积大于等于 12 平方米。	1. 备用饮用水源地的保护工程。 2. 生态村创建工程,省级生态村占全镇行政村总数 30% 以上。 3. 全区所有社区全部创建绿色社区,其中地、市级以上社区不少于 2 个。 4. 镇级、村级道路绿化工程。 5. 农村改水改厕建设工程。 6. 完成 4 个农村人居环境建设和环境综合整治试点村。

（续表）

镇名	考核指标	重点工程任务
黎里镇	1. 城镇生活污水集中处理率大于等于60%，工业用水重复率大于等于40%。 2. 城镇生活垃圾无害化处理率100%；工业固体废物处置利用率大于等于80%，并且无危险废物排放。 3. 备用饮用水源水质达标率100%；村镇饮用水卫生合格率100%。 4. 农村卫生厕所普及率100%。 5. 镇区人均公用绿地面积大于等于12平方米。	1. 备用饮用水源地的保护工程。 2. 优美乡镇、生态村创建工程，提高生活污水管网覆盖率，保证生活污水处理率达70%，省级生态村占全镇行政村总数30%以上。 3. 全区所有社区全部创建绿色社区，其中地、市级以上社区不少于2个。 4. 镇级、村级道路绿化工程。 5. 农村改水改厕建设工程。 6. 集中治污工程，5000吨每日的污水处理厂完成验收。 7. 完成4个农村人居环境建设和环境综合整治试点村。
芦墟镇	1. 城镇生活污水集中处理率大于等于60%，工业用水重复率大于等于40%。 2. 城镇生活垃圾无害化处理率100%；工业固体废物处置利用率大于等于80%，并且无危险废物排放。 3. 备用饮用水源水质达标率100%；村镇饮用水卫生合格率100%。 4. 农村卫生厕所普及率100%。 5. 镇区人均公用绿地面积大于等于12平方米。	1. 备用饮用水源地的保护工程。 2. 优美乡镇、生态村创建工程，提高生活污水管网覆盖率，保证生活污水处理率达70%，省级生态村占全镇行政村总数30%以上。 3. 全区所有社区全部创建绿色社区，其中地、市级以上社区不少于2个。 4. 镇级、村级道路绿化工程。 5. 农村改水改厕建设工程。 6. 集中治污工程，2000吨每日的污水处理厂完成验收。 7. 完成4个农村人居环境建设和环境综合整治试点村。
平望镇	1. 城镇生活污水集中处理率大于等于60%，工业用水重复率大于等于40%。 2. 城镇生活垃圾无害化处理率100%；工业固体废物处置利用率大于等于80%，并且无危险废物排放。 3. 备用饮用水源水质达标率100%；村镇饮用水卫生合格率100%。 4. 农村卫生厕所普及率100%。 5. 镇区人均公用绿地面积大于等于12平方米。	1. 备用饮用水源地的保护工程。 2. 优美乡镇、生态村创建工程，提高生活污水管网覆盖率，保证生活污水处理率达70%，省级生态村占全镇行政村总数30%以上。 3. 全区所有社区全部创建绿色社区，其中地、市级以上社区不少于2个。 4. 镇级、村级道路绿化工程。 5. 农村改水改厕建设工程。 6. 集中治污工程，1.5万吨每日的污水处理厂完成验收。 7. 完成4个农村人居环境建设和环境综合整治试点村。
震泽镇	1. 城镇生活污水集中处理率大于等于60%，工业用水重复率大于等于40%。 2. 城镇生活垃圾无害化处理率100%；工业固体废物处置利用率大于等于80%，并且无危险废物排放。 3. 备用饮用水源水质达标率100%；村镇饮用水卫生合格率100%。 4. 农村卫生厕所普及率100%。 5. 镇区人均公用绿地面积大于等于12平方米。	1. 备用饮用水源地的保护工程。 2. 优美乡镇、生态村创建工程，提高生活污水管网覆盖率，保证生活污水处理率达70%，省级生态村占全镇行政村总数30%以上。 3. 全区所有社区全部创建绿色社区，其中地、市级以上社区不少于2个。 4. 镇级、村级道路绿化工程。 5. 农村改水改厕建设工程。 6. 吴江市中水回用工程，督促企业用好回用设备，并总结经验。 7. 集中治污工程，1.5万吨每日的污水处理厂完成验收。 8. 完成4个农村人居环境建设和环境综合整治试点村。

（续表）

镇名	考核指标	重点工程任务
七都镇	1. 城镇生活污水集中处理率大于等于60%，工业用水重复率大于等于40%。 2. 城镇生活垃圾无害化处理率100%；工业固体废物处置利用率大于等于80%，并且无危险废物排放。 3. 备用饮用水源水质达标率100%；村镇饮用水卫生合格率100%。 4. 农村卫生厕所普及率100%。 5. 镇区人均公用绿地面积大于等于12平方米。	1. 备用饮用水源地保护工程。 2. 生态村创建工程，省级生态村占全镇行政村总数30%以上。 3. 全区所有社区全部创建绿色社区，其中地、市级以上社区不少于2个。 4. 镇级、村级道路绿化工程。 5. 农村改水改厕建设工程。 6. 集中治污工程，完善污水管网，提高生活污水的处理率。 7. 完成5个农村人居环境建设和环境综合整治试点村。
桃源镇	1. 城镇生活污水集中处理率大于等于60%，工业用水重复率大于等于40%。 2. 城镇生活垃圾无害化处理率100%；工业固体废物处置利用率大于等于80%，并且无危险废物排放。 3. 备用饮用水源水质达标率100%；村镇饮用水卫生合格率100%。 4. 农村卫生厕所普及率100%。 5. 镇区人均公用绿地面积大于等于12平方米。	1. 备用饮用水源地的保护工程。 2. 优美乡镇、生态村创建工程，提高生活污水管网覆盖率，保证生活污水处理率达70%，省级生态村占全镇行政村总数30%以上。 3. 全区所有社区全部创建绿色社区，其中地、市级以上社区不少于2个。 4. 镇级、村级道路绿化工程。 5. 农村改水改厕建设工程。 6. 吴江市中水回用工程，建立吴江市印染企业循环经济试验区。 7. 集中治污工程，1.5万吨每日的污水处理厂完成验收。 8. 完成3个农村人居环境建设和环境综合整治试点村。
横扇镇	1. 城镇生活污水集中处理率大于等于60%，工业用水重复率大于等于40%。 2. 城镇生活垃圾无害化处理率100%；工业固体废物处置利用率大于等于80%，并且无危险废物排放。 3. 备用饮用水源水质达标率100%；村镇饮用水卫生合格率100%。 4. 农村卫生厕所普及率100%。 5. 镇区人均公用绿地面积大于等于12平方米。	1. 备用饮用水源地的保护工程。 2. 优美乡镇、生态村创建工程，提高生活污水管网覆盖率，保证生活污水处理率达70%，省级生态村占全镇行政村总数30%以上。 3. 全区所有社区全部创建绿色社区，其中地、市级以上社区不少于2个。 4. 镇级、村级道路绿化工程。 5. 农村改水改厕建设工程。 6. 集中治污工程，建成1万吨每日的污水处理厂。 7. 完成3个农村人居环境建设和环境综合整治试点村。

表8-14　2005年度吴江市环保局创建督查责任分片一览表

片区责任人	片区	重点企业	备　注
姚明华（副局长）	横扇	大家港印染厂、太湖化工厂、精细化工厂、庙前化工厂、八一电镀厂、东方毛纺织染厂、依林针织整形有限公司、叶家港羊毛衫染厂、八一化工厂、合成助剂厂、阿林化工有限公司、嘉和纺织印染有限公司、龙英纺织印染有限公司。	一、工作纪律 加强廉洁自律，实行三不准：不准接受执法检查对象的吃请，不准接受执法检查对象的馈赠，不准参加检查对象组织的与环境保护无关的活动。 二、工作要求 1.对重点企业的检查每月不少于一次。 2.协助镇政府及时完成创建任务。 3.加强对突发性污染事故的预测与控制。 4.加强环境宣传教育，提高企业的环境保护意识，促进自觉执法。 5.加强环境质量控制，尤其是重点河道断面要经常注意水质变化，一旦发现异常，及时报告，及早采取措施。 6.执法检查做到四个结合，即白天与夜间相结合，正常工作日与双休日相结合，晴天与雨天相结合，日常检查与突击检查相结合。 7.注重执法效率，加强执法力度，坚决打击环境违法行为。
周民（副局长）	桃源	海润印染有限公司、桃源染料厂、桃源皮革制品厂、飞乐天和电子材料厂、云海工艺线带有限公司、青云皮革厂、九洲保险粉有限公司、青云印染有限公司、桃源污水处理厂、铜狮漂染有限公司、铜罗助剂厂、铜罗染料化工厂、铜罗醋酸化工厂、恒祥酒精制造有限公司。	
	黎里	大西洋纺织有限公司、恒益医药化工厂、泰和植物油厂、黎里印染有限公司、华联印染有限公司、明星电镀厂、黎里助剂厂、吴江市纺织浆料二厂、黎星村浆料区污水处理站、佳美印染有限公司、利康集团、隆邦纸业有限公司、北厍化工助剂厂、团结电镀厂、兴塘化工助剂有限公司、华元化工有限公司、梓树下浆料区污水处理厂。	
沈云奎（副局长）	平望	荣泰染料化工有限公司、平望印染有限公司、福利漂染厂、新达印染厂、长浜化工厂、雪湖化工厂、劲立印染有限公司、三友化工厂、金穗化工厂、南洋染厂、荣鑫染厂、勤泰化工厂、中良泡塑厂、新业造纸厂。	
	震泽	恒宇纺织染整有限公司、佰乐染织有限公司、新民染料厂、汇丰化工厂、东风化工有限公司、新达化工有限公司、震溶化工有限公司、苏龙漂染（苏州）有限公司、云泰染料实业有限公司、富通化工厂、立兴染料化工厂、德科纺织有限公司、新联染厂、八都第一化工厂、万达化工厂、晋昌制丝有限公司、震泽污水处理厂。	
王通池（副局长）	芦墟	信谊化工有限公司、云凌化工有限公司、德芝美金属制品有限公司、同信彩色金属板有限公司、莘塔水产电镀厂、天水味精厂、集星化学厂、峥嵘化工厂、合兴味精有限公司、金港彩色钢板厂、迅兴彩色钢板厂、金杨油厂。	
	同里	铭德纺织有限公司、群益电镀厂、富豪染料化工厂、新艺毛巾色织厂、屯村颜料厂、屯村五七电镀厂、登吉化工有限公司、吴赣化工责任有限公司、博霖医药机械化工公司、常乐泡塑新材料有限公司、快捷五金制品有限公司。	
沈卫芳（副局长）	七都	彩虹印染有限公司、宝元线业有限公司、七都缫丝厂、巨龙带箔有限公司、东方铝业有限公司、永亨铝业有限公司、庙港化学品厂、金峰集团、东风印染助剂厂。	
	松陵	天宏印染有限公司、联华染整有限公司、山湖化工厂、三联化工厂、振华漂染厂、科德软体电路板有限公司。	
吴伯良（盛泽分局局长）	盛泽	永前、翔龙、盛虹镇东分厂、祥盛、炼染一厂、炼染二厂、丝绸印花厂、金涛、鹰翔熔体直纺、水处理公司第三至第五分公司、盛泽、盛虹四至六分厂、胜达、毕晟、新生针纺、东宇、颖晖、新江和服、新民、宇泽、盛虹熔体直纺、水处理公司第一至二分公司、中盛、三明、三联、时代、吴伊、中服、德伊、胜天、创新、第二印染、华佳、旺申、盛虹一至三分厂、恒力熔体直纺、水处理公司第六分公司及创新、第二印染污水处理站。	

七、奖惩机制

2005~2006年,市政府先后拨款1200多万元对完成创建任务的单位实施奖励。与此同时,市政府对未能按时完成任务的单位予以相应的经济处罚。2006年2月27日,市政府印发《关于对2005年度环保目标责任书完成情况给予奖惩的通知》,其中盛泽、横扇、震泽、桃源、黎里5个镇均因部分项目未能达标而受到批评和处罚。2006年6月5日,市政府印发《关于吴江市创建全国生态市奖励的意见》,对各类奖励的金额作出更明确的规定。2006年12月7日,市环保局印发《关于2006年度循环经济奖励的通知》,对8家积极开展循环经济建设的企业进行表彰和鼓励,总计金额60万元整。2007年1月29日,市环保局、财政局联合印发《关于对平望镇等单位进行奖励的通知》,对所有完成2006年度任务的创建单位进行奖励,总计金额296万元整。

表8-15　2006年吴江市创建生态市奖励标准一览表

标　　准	奖励金额(万元)	
建成国家环境优美乡镇	国家级	10
建成国家级、省级生态村	国家级	3
	省级	2
建成国家、省、苏州市、吴江市绿色学校	国家级	3
	省级	2
	苏州市级	1.5
	吴江市级	1
建成国家、省、苏州市、吴江市绿色社区	国家级	3
	省级	2
	苏州市级	1.5
	吴江市级	1
建成"六清六建"试点村	苏州市级	1.5
	吴江市级	1
完成绿色、有机产品产地认定和产品认证任务	10	
通过清洁生产审核	2~3	
成为循环经济试点单位	10	
建成生态工业园	10	

八、宣传发动

（一）动员大会

2005年4月12日,市委、市政府召开全市创建国家生态市、国家生态园林城市动员大会。市委书记朱民代表市委、市政府,号召全市干部群众投身创建工作,确保创建目标如期实现。

2006年2月4日,市委、市政府召开全市创建国家生态市再动员大会。市委书记朱民再次代表市委、市政府,号召全市上下推进创建工作,把吴江市建设成全国生态市。

2007年4月16日,市委、市政府召开全市环境保护暨创建国家生态市迎检动员大会。市委书记朱民,市委副书记、市长徐明分别发言,要求各镇、各部门严格按照生态市的建设标准,全力以赴做好迎检工作。

（二）媒体宣传

国家生态市创建工作启动后,吴江电视台、吴江人民广播电台和《吴

2005年4月12日,市委、市政府召开全市创建国家生态市、国家生态园林城市动员大会

江日报》大力开展创建的宣传报道工作。2006年6月5日,吴江人民广播电台开通《环保之声》直播节目。2006年8月1日,《吴江日报》第1、2版联动,开始分6期推出《创建国家生态市》专栏,下设《全市动员全民参与》《环保企业巡礼》《记者环保行》等分栏目以及领导重视篇、各方联动篇、专项整治篇、市民参与篇、生态经济篇、环境优美篇等宣传专版。

表8–16　2006年8~11月《吴江日报·创建国家生态市》采访报道一览表

采访时间	采访项目	采访内容	采访对象
8月1日	水污染治理	江浙交界断面水质	盛泽镇、盛泽环保分局领导
8月8日	创建工作访谈	创建生态市综述	平望镇镇长
8月11日	绿化建设	城镇绿化情况	市城管局局长
8月12日	中水回用	染织废水中水回用项目介绍	恒宇纺织染整有限公司
8月20日	农业面源污染治理	全市农业面源污染综合整治情况	市农林局局长
8月23日	环境监管监测	加大水质监测措施	市环保局监测站站长
8月26日	环境优美乡镇创建	创建工作进展情况	七都镇镇长
8月29日	省级生态村	省级生态村创建	盛泽镇北角村书记
8月30日	生态文化	环保意识养成典型	松陵镇市民
9月5日	水源地保护	水源地保护情况	市水利局局长
9月12日	集中治污	污水处理厂介绍	水污染处理发展有限公司
9月19日	绿色有机农产品	震泽农业生态示范园	震泽镇分管镇长
9月26日	循环经济	甲苯回收情况	荣泰塑胶有限公司
9月30日	生态亮点	铜罗生态苗木基地	桃源镇镇长
10月7日	绿色社区	砥定社区创建工作	震泽镇镇长
10月14日	绿色学校	芦墟中心小学	芦墟镇镇长及学校校长
10月22日	固废回收	固废回收介绍	绿怡固废有限公司
11月5日	清洁生产	企业节能增效	华腾电子(苏州)有限公司
11月12日	生态农业	畜禽粪便综合利用	吴江市顺和化工有限公司
11月19日	生态经济	产业结构调整	市发改委、市经贸委、市经济开发区领导
11月26日	生态旅游	同里旅游业访谈	同里镇镇长

（三）宣传月活动

2006年5月20日~6月20日,市环保局举办"环境保护宣传月"活动。2006年12月下旬~2007年1月上旬,市委、市政府在全市范围开展"百村、千厂、万人"生态市宣传月活动,引导全社会共同参与创建国家生态市工作。

表8-17　2006年5月20日~6月20日吴江市"环境保护宣传月"活动内容一览表

项目	内容和步骤	实施部门	实施日期
环保征文比赛	通过《吴江日报》刊登环保征文比赛的具体事项,请有关专家评审,最后确定名次,在《吴江日报》上公布,并给予奖励。	市环保局法宣科	5月底
"六·五"世界环境日宣传活动	1.在世纪大厦广场悬挂环保标语气球。 2.组织绿色社区开展纪念活动(环保猜谜、发放环保宣传单、举办环保文艺活动等)。 3.组织绿色学校开展纪念活动。 4.各镇政府环保办组织形式多样宣传活动(制作标语、横幅等)。	市环保局法宣科	6月4日至5日
在《吴江日报》上刊登纪念"六·五"世界环境日通版	1.通版用"落实科学发展观、加快生态市建设"为标题。 2.通版的相关材料由创建办和宣教科共同负责。 3.通版的内容以创建生态市的材料为主,加上领导讲话、"创绿"、循环经济等相关内容。	市环保局创建办、法宣科	6月4日
参加苏州市文艺汇演和"环保在我心中"演讲比赛	1.按照苏州市局要求,吴江市准备2个文艺汇演节目,由文化馆编排一个(内容主要是环保进社区),另一个由鲈乡实验小学编排(环保进学校)。 2.演讲比赛分五个层次参加,分别是教师2人(鲈乡实小和吴江实小各1人)、学生2人(鲈乡实小和吴江实小各1人)、社区2人(松陵和同里各1人)、环保局2人(监察大队和监测站各1人)、企业2人(水处理公司和盛虹印染厂各1人)。 3.组织参演人员到各镇试演、试讲。	市文广局文化科、市环保局法宣科、各镇环保办	6月5日之前
向学校赠环保图书	1.与科协共同印制环保科普小册子3万册(《科学早知道》),赠送学校。 2.将3万册环保图书(《红树林》)赠送学校。	市环保局法宣科	6月10日左右
制作户外环保宣传标语牌及横幅	1.将笠泽路两边的灯箱广告换成创建生态市的环保宣传。 2.市环保局四楼的标语牌换成创建生态市的内容。 3.制作1~2块大型户外宣传牌以及环保宣传横幅。	市环保局创建办、法宣科	6月5日之前
举办法制讲座	请苏州市环保局固废中心来人授课,讲解有关"固废"方面的法律、法规知识。	市环保局固废中心	6月20日之前
在吴江电视台和吴江人民广播电台上进行环保典型事例宣传	1.创建生态市的情况。 2.有关绿色创建的情况(绿色学校、绿色社区、绿色宾馆、生态村、优美乡镇、循环经济等)。 3.环保法律法规的宣传。	市环保局创建办、法宣科	6月5日
警示教育	1.以环保违法事例和法律法规为主。 2.重点污染企业及多次超标违法企业法人代表必须参加。	市环保局法宣科	6月20日之前

表 8-18 2006 年 12 月下旬~2007 年 1 月上旬
吴江市"百村、千厂、万人"生态市宣传月活动内容一览表

项目	宣传活动对象	宣传活动地点	主要宣传活动内容
"百村"	1.78 个生态村和"六清六建"村。 2.22 个社会主义新农村建设试点村。	各个村民委员会及其区域范围内。	1. 播放吴江建设国家生态市的专题片。 2. 发放一套环保宣传知识小册子。(《建设国家生态市宣传手册》《让环保走进生活》《环保常用名词解释》)。 3. 开展一次创建生态市民意问卷调查。
"千厂"	1. 每个镇 100 家企业。 2. 吴江开发区、临沪开发区各 100 家企业。	以市为单位,集中进行。	组织一次形势报告会,以市为单位,请有关专家进行环境形势分析报告。
"万人"	各镇政府机关、街道办事处、绿色社区、绿色学校。	各镇街道办事处、社区、学校。	1. 举办一次环保摄影作品图片巡回展。 2. 办好一次环保征文比赛。 3. 播放吴江市建设国家生态市的专题片。 4. 学校发放《保护环境,呵护地球》和《保护环境,从身边做起》两本宣传画册。 5. 街道办、社区发放一套环保小册子(《让环保走进生活》《建设国家生态市宣传手册》)。

九、考核验收

2007 年 3 月 6~7 日,省环保厅副厅长赵挺率领省级考核组对吴江市建设国家生态市情况进行考核,认为吴江市的各项指标均达到国家生态市建设的要求,已具备向国家申请生态市考核验收条件。3 月 16 日,吴江市委、市政府向国家环保总局呈送《关于对吴江建设国家生态市进行考核验收的请示》。4 月 5~6 日,国家环保总局首先派生态司副司长李远对吴江市的创建工作进行先行调研。2008 年 12 月 18~20 日,国家环境保护部组成以环境保护部总工程师万本太为首的考核验收组,对吴江市建设国家生态市工作进行考核验收。考核验收组通过听取吴江市委、市政府的工作汇报,通过部分重点工程和项目的实地考察以及观看建设专题片等,最后形成的考核验收结论是:"吴江市把建设生态市作为落实科学发展观、构建和谐社会的重要载体,积极发展循环经济,切实保护和改善城乡生态环境,努力促进人与自然和谐,生态市建设取得了明显成效。吴江生态市建设的基本条件和各项指标均达到了国家生态市考核指标的要求,考核组同意通过考核验收,将按程序报请环境保护部审议、批准。"

2008 年 12 月 20 日,在吴江市创建国家生态市考核验收通报会上,国家环保部考核验收组组长万本太(右)正在发言

表 8-19　2008 年 12 月吴江市国家生态市考核验收组成员一览表

姓　名		职　务
组　长	万本太	环境保护部总工程师
副组长	庄国泰	环境保护部自然生态保护司司长
组　员	高吉喜	中国环境科学研究院研究员
	何　军	环境保护部自然生态保护司综合处处长
	彭慧芳	环境保护部自然生态保护司综合处干部
	王　昕	环境保护部办公厅干部
	张敬华	江苏省环境保护厅厅长
	赵　挺	江苏省环境保护厅副厅长
	王玉华	江苏省环境保护厅自然处副调研员
	窦贻俭	南京大学教授
	孙则宁	苏州市环境保护局局长
	王承武	苏州市环境保护局副局长
	袁鸿柏	苏州市环境保护局调研员
	程德润	苏州市环境保护局自然处处长

第四节　其他创建活动

一、全国卫生城市

1992 年 5 月 4 日吴江撤县建市后,立即开始筹划全国卫生城市的创建活动。1992~1994 年,吴江市先后投资 4 亿多元改造旧城区,建设新城区,进行大规模城市基础设施建设。1994 年,全国卫生城市的创建正式启动。9 月 23 日,吴江市委、市政府召开吴江市创建全国卫生城市工作会议,要求全市上下齐努力,确保 1995 年创建全国卫生城市一举成功。是月起,市区各机关单位、各行业单位均以卫生工作和环境综合整治为突破口,全方位开展创建工作。1994 年 10 月,市创建领导小组开始对市区各单位的创建工作每月检查一次。1994 年 10 月 28~31 日,苏州市城市卫生检查团按全国卫生城市的具体指标对吴江市区 130 个单位和 100 户居民进行检查。通过检查,检查团对吴江市的创建工作给予积极的评价。

1995 年,创建活动进入高潮。3 月 30 日,江苏省爱卫办副主任郦书通率省创建工作组到吴江市,在听取市政府创建工作汇报后,实地查看市区环境卫生、垃圾中转场、垃圾处理场和松陵镇第一中学、利南食品厂、流虹居委会生活小区、中心商厦等单位。6 月 10~11 日,以李济民为团长、邢育检为副团长的苏州市爱卫会创建全国卫生城市检查团一行 16 人分成 8 个组,对吴江城区进行模拟检查考核。7 月 9~11 日,省创建全国卫生城市调研组到吴江市对吴江市的创建工作进行随机抽查。7 月 20 日,市委、市政府在吴江宾馆召开吴江市创建全国卫生城市决战动员大会。9 月 15 日,市委、市政府在江城会堂召开"迎接全国卫生城市检查誓师大会"。会上,市委、市政府与市创建工作领导小组、市创建办、市机关各部门、松陵镇政府签订《创建全国卫生城市保证书》。9 月 26~28 日,以郦书通为团长的全国城市卫生和环境综合整治江苏省检查团第四分团一行 15 人对吴江市创建全国卫生城市进行检查验收。结论是:"吴江市的创建卫生城市和城市环境综合整治工作起点高、进展快、效果好,总体水平全面提高。……市容环境卫生水平、卫生除害、健康教育取得突破性进展;爱国卫生组织管理、环境保护、行业卫生、单位和居民区卫生等取得很大成绩,迈上了新台阶。”

1996年1月20日,经全国爱卫会组织的第三次全国卫生城市检查及调研考核,吴江市被评为“全国卫生城市”。

二、国家卫生城市

在全国卫生城市创建成功后,吴江市委、市政府决定立即开展国家卫生城市的创建。

1996年4月15日上午,江苏省副省长张怀西在苏州市副市长陈浩的陪同下视察吴江市的创建工作。是日下午,市委、市政府在江城会堂召开创建国家卫生城市动员大会,要求在年底之前,市区全面达到国家卫生城市标准、6个镇达到省级卫生镇标准、15个村建成省级卫生村。会上宣布,创建全国卫生城市时的班子不撤、队伍不散、方法不变、力度不减,要求各部门统一认识,加强领导,把创建活动推向新高潮。5月9～11日,全国爱卫办副主任刘玉良到吴江市调研创建工作,视察松陵、黎里、芦墟的镇区环境面貌及吴江市境内国道、省道沿线综合整治情况。6月,吴江市创建办、爱卫会组织14个创建专业工作组,按照《国家卫生城市检查考核标准实施细则》,对市区开展国家卫生城市达标验收模拟检查。6月21～22日,全国爱卫办副主任施妈麟一行到吴江市考察指导创建卫生城市工作。7月28日,吴江市政府向省爱卫会呈交自查报告和要求省爱卫会调研考核的申请报告。7月29～31日,苏州市爱卫会组织检查团对吴江市进行苏州市级的检查评估,认为吴江市已经达到《国家卫生城市检查考核标准实施细则》的各项指标。8月2日,苏州市爱卫会向省爱卫会呈交《关于申请对吴江市创建国家卫生城市进行省级调研和考核的报告》。8月19日,吴江市委、市政府在江城会堂召开动员大会,迎接省爱卫办对吴江市的创建调研。8月29日,省爱卫办副主任郦书通率省卫生城市创建考核检查团一行10人到吴江市考核检查。9月1日,吴江市创建国家级卫生城市省级考核情况通报会在江城会堂举行。会上,郦书通宣布考核鉴定意见,并将鉴定意见书递交给吴江市市长张钰良。检查团认为:吴江市已经达到《国家卫生城市检查考核标准实施细则》的基本要求。10月13日,全国爱卫办副主任苏菊香到吴江市检查创建工作。11月15日,市委、市政府在江城会堂召开创建国家卫生城市动员大会,要求全市人民立即行动,只争朝夕,认真做好迎接国家级调研的准备工作。11月21～23日,以全国爱卫会助理巡视员毕效曾为组长的国家调研组对吴江市

矗立在吴江市松陵镇入镇口的国家卫生城市市标(摄于2001年)

创建国家卫生城市工作进行调研。调研后,调研组宣布吴江市已经达到《国家卫生城市检查考核标准实施细则》的基本要求。

1997年3月29日,国务委员、全国爱卫会主任彭珮云专程到吴江市考察国家卫生城市创建工作。4月3日,市委、市政府在江城会堂召开迎接国家卫生城市考核动员大会。4月21~23日,全国爱卫会副主任刘玉良率国家卫生城市考核鉴定组到吴江市考核城市卫生和环境综合整治工作,结论是:吴江市在创建国家卫生城市工作中,"各项指标均达到《国家卫生城市检查增长率标准实施细则》的要求,建议全国爱卫会命名吴江市为国家卫生城市"。5月4日,全国爱卫会发文,正式命名吴江市为国家卫生城市。6月16日,国家卫生城市命名表彰大会在江城会堂举行。省委常委、苏州市委书记杨晓堂将全国爱卫会颁发的"国家卫生城市市长奖"奖杯授予市人大常委会主任、前任市长张钰良;苏州市副市长陈浩将全国爱卫会颁发的"国家卫生城市"奖牌授予市长汝留根;苏州市爱卫会向吴江市委、市政府赠送"爱国卫生楷模"的贺旗。吴江市115个先进集体获得表彰(其中3个单位获特等奖、57个单位获一等奖、55个单位获二等奖),市创建领导小组受到市委、市政府嘉奖。市委书记沈荣法,市委副书记、市长汝留根在会上动员全市人民再接再厉,乘势而上,为巩固和发展创建国家卫生城市的成果而努力拼搏,把吴江市建设成既有江南水乡特色,又有现代文明新兴典雅的园林式城市和文明城市。7月,市创建领导小组下发《关于巩固创建成果,进一步完善机制化管理的有关规定》,对市区门前三包、河道换水、灯光、下水道及化粪池、行业卫生、除害消杀、建成区道路、绿化、拾荒者管理等方面,制定考核细则及奖惩办法,强化巩固创建时建立的管理机制。1997年11月6~7日,省爱卫办副主任郦书通率国家卫生城市复查团到吴江市进行第一次复查,吴江市顺利通过。

2004年10月~2007年10月,吴江市先后3次通过省爱卫办、全国爱卫办组织的国家卫生城市的复查。

三、全国环境优美乡镇

2002年7月2日,国家环保总局印发《关于深入开展创建全国环境优美乡镇活动的通知》。2003年初,吴江市同里镇、七都镇、黎里镇开始启动全国环境优美乡镇的创建活动。2004年3月,在市政府与同里镇、七都镇、黎里镇签订的环境保护责任书中,均把"通过创建全国环境优美乡镇考核验收"列为实事目标之一。2004年12月30日,国家环保总局印发《关于命名2004年度全国环境优美乡镇的决定》,正式命名吴江市同里镇为

同里古镇(摄于2001年)

"全国环境优美乡镇"。2005年3月16日,同里镇党委书记严品华、镇长曹雪娟被国家环保总局授予"创建全国环境优美乡镇优秀领导"称号。

2005年12月13日,国家环保总局办公厅印发《全国生态县、生态市创建工作考核方案（试行）》,其中明确规定:全国生态县（市）的基本条件之一是全县（市）80%的乡镇达到环境优美乡镇考核标准。市委、市政府及所辖各镇立即进一步加大全国环境优美乡镇的创建力度。2006年1月~2008年4月,全市总计投入1000万元,先后又有6个镇获得"全国环境优美乡镇"称号。2006年5月31日,市环保局副局长沈卫芳,七都镇党委书记屠福其、镇长朱卫星被国家环保总局授予"创建全国环境优美乡镇优秀领导"称号。

表8-20　2004年12月~2008年4月吴江市"全国环境优美乡镇"一览表

镇名	建成日期	国家环保总局批准文号
同里镇	2004年12月30日	环发〔2004〕177号
七都镇	2006年1月25日	环发〔2006〕16号
汾湖镇	2007年1月11日	环发〔2007〕6号
震泽镇		
平望镇	2008年4月28日	环发〔2008〕21号
横扇镇		
桃源镇		

四、生态村

2003年10月20日,江苏省政府办公厅转发省环保厅《关于开展创建生态示范区环境优美乡镇和生态村活动意见》,吴江市开始启动省级生态村的创建活动。2005年3月28日,市政府印发《关于吴江市创建全国生态市的实施意见》,提出:要在创建国家级生态市的两年内,全市建成10~20个省级生态村。2006年8月25日,市政府在平望镇召开全市各镇、开发区和30个行政村省级生态村创建工作推进会。9月,全市首批7个省级生态村创建成功。12月19日~21日,全市34个行政村通过苏州市级考核。2007年2月,省级生态村的创建作为实事目标之一,列入市政府与各镇、开发区签订的环境保护目标责任书。是年底,全市建成省级生态村66个。

2006年10月,震泽镇双阳村的村民正在整治村庄环境

表 8-21　2006 年 9 月~2007 年 12 月吴江市省级生态村一览表

镇名	村名	镇名	村名	镇名	村名	镇名	村名	镇名	村名
同里镇	北联村	松陵镇	南厍村	横扇镇	叶家港	七都镇	勤幸村	汾湖镇	建南村
	九里湖村		芦荡村		姚家港	桃源镇	广福村		黎花村
	屯溪村		南刘村		四都村		利群村		乌桥村
	肖甸湖村		友谊村		新湖村		杏花村		杨文头
	同兴村		农创村		钱港村		戴家浜		秋田村
吴江经济开发区	库浜村	平望镇	联丰村		诚心村		前窑村		元荡村
	同兴村		上横村	七都镇	东庙桥村		仙南村		汤角村
	淞南村		顾扇村		陆港村		迎春村		莘南村
	西联村		庙头村		吴溇村		大德村	震泽镇	前港村
	花港村		新南村		沈家湾		文明村		曹村
	姚家庄		平西村		隐读村		青云村		三扇村
	庞山村		上横村		望湖村	汾湖镇	方联村		齐心村
松陵镇	高新村		联丰村		陆港村		华莺村		双阳村
	江新村								

五、绿色社区

2001 年 4 月 20 日,国家环保总局印发《2001~2005 年全国环境宣传教育工作纲要》,首次提出开展"绿色社区"创建活动。2003 年 3 月 21 日,市环保局印发《关于开展"环保进社区"和创建"绿色社区"活动的通知》。2004 年 3 月 15 日,市政府办公室转发市环保局《关于开展"绿色社区"创建工作的意见》。2005 年 1 月,吴江市全国生态市创建活动开始后,市政府把"绿色社区"的创建工作作为重点工程任务之一,列入各镇、开发区的创建责任书之中。

2003 年底,松陵镇松陵二村社区和水乡花园社区率先获得吴江市"绿色社区"称号。2004 年 11 月,震泽镇砥定社区率先获得苏州市"绿色社区"称号。2005 年 1 月,松陵镇松陵二村社区和城中社区率先获得江苏省首批"绿色社区"称号。2007 年 6 月,同里镇鱼行社区率先获得国家级"绿色社区"称号。此外,市环保局局长范新元、平望镇副镇长陆爱英和同里镇副镇长朱昕昀先后获 2006 年度、2007 年度和 2008 年度"江苏省'绿色社区'创建先进个人"称号;市环保局、同里镇政府和同里镇政府街道办事处先后获 2006 年度、2007 年度和 2008 年度"江苏省'绿色社区'创建先进单位"称号。

2008 年 11 月,盛泽镇新民社区的居民在举行"绿色社区"创建动员会

表 8-22　2003 年 12 月~2008 年 12 月吴江市"绿色社区"一览表

镇名	社区名	级别	镇名	社区名	级别	镇名	社区名	级别
同里	鱼行社区	国家级	震泽	石瑾社区	江苏省级	同里	屯溪社区	吴江市级
松陵	三村社区	江苏省级	同里	屯村社区			富渔社区	
	二村社区			东溪社区			屯渔社区	
	城中社区			东新社区		七都	渔村社区	
平望	南新社区		七都	庙港社区		横扇	横扇社区	
	梅堰社区			七都社区			沧浦社区	
	新建社区		横扇	菀坪社区			渔业社区	
	南大社区		松陵	西塘社区	苏州市级	芦墟	新区社区	
	河西社区		盛泽	里安社区			镇东社区	
	新诚社区			花园社区			金家坝社区	
	西塘社区			太平社区		黎里	兴黎社区	
盛泽	南麻社区		震泽	贯桥社区			北库社区	
	荡口社区		松陵	八坼社区	吴江市级	桃源	南区社区	
	坛丘社区			水乡社区			北区社区	
	工厂社区			西元圩社区		吴江经济开发区	江陵社区	
震泽	砥定社区			东门社区			庞山湖社区	
	镇南社区							

六、绿色宾馆(饭店)

2005 年 12 月 1 日,市环保局和市旅游局联合下发《关于开展创建"绿色宾馆(饭店)"活动的通知》。2006 年 1 月 6 日,市环保局、市旅游局联合召开全市星级饭店"创建绿色宾馆"动员大会。次月,市政府分别与市环保局、旅游局签订责任状,要求两局在年内完成 11 家"绿色宾馆"的创建任务。是年 12 月 1 日,苏州市旅游饭店星级评定委员会印发"苏旅星评委字〔2006〕11 号"文,批准苏州同里湖大饭店有限公司、吴江新世纪国际酒店有限公司、吴江汇丰国际花园酒店有限公司、吴江淀山湖红顶度假村有限公司、吴江盛虹国际酒店有限公司、吴江宾馆、鲈乡山庄、吴江松陵饭店有限公司、吴江同里湖度假村、吴江虹胜宾馆有限公司、吴江吴都大酒店有限公司、吴江平望九华宾馆共 12 家单位为绿色宾馆(饭店)。

七、绿色学校

详见第九章第二节第五目第四子目"'绿色学校'创建"。

第九章　宣传和教育

　　1979 年 9 月，县环保办成立后的第一件实事，就是宣传全国人大常委会刚刚通过的《中华人民共和国环境保护法（试行）》。1983 年 12 月 12 日，县环保局呈送县委宣传部《关于贯彻落实中共苏州市委宣传部〔83〕41 号文件意见的报告》。《报告》对贯彻落实苏州市委宣传部转发的《第二次全国环境保护会议宣传提纲》制定 7 条具体的措施，这是吴江第一次有计划地开展环境宣传和环境教育活动。1997 年 4 月，市环保局设宣传教育科，1998 年 1 月改为法制宣教科。2004 年后，在环保"四进"（进学校、进社区、进乡村、进企业）活动的推动下，吴江的环境宣传和环境教育，得到更深入更广泛的发展。

第一节　环境宣传

　　吴江市（县）的环境宣传，以强化环境意识、宣传环境法律和普及环保知识为主要内容，宣传的形式丰富多彩。

一、"六·五"世界环境日

　　1989 年 5 月 13 日，县环保局印发《关于在"六·五"世界环境日期间广泛开展宣传活动的通知》，要求各乡镇的环保办公室"大张旗鼓地开展环境宣传教育活动"，以"提高全社会的环境意识，形成全民关心环境、重视环境、支持环保的良好风气"。《通知》还对各项具体的活动作出细致的安排。这是吴江县首次有组织、有计划、较大规模地开展"六·五"世界环境日的宣传活动。之后，"六·五"世界环境日活动在吴江趋于常规化、系列

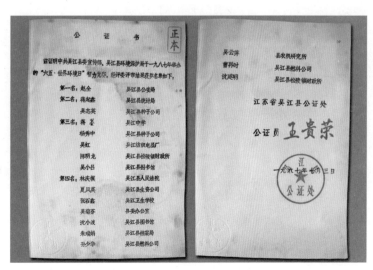

1987 年 7 月 3 日，县公证处为"六·五"世界环境日期间开展的环境知识竞赛开具的公证书

化,活动的内容和形式也逐年丰富。以 1993 年为例,共发放录像带 25 套、录音带 25 套、《幼儿环境教育教材》100 册、宣传画 100 套、图片 25 套、其他宣传材料 100 余份。6 月 2 日,市政府在市物资局明月楼召开"吴江市纪念'六·五'世界环境日暨表彰大会",各乡镇、各界 120 余人参加会议。苏州市环保局局长龚荣元、吴江市副市长张祖满、市人大副主任丁亚泉、市政协副主席王斐出席会议并讲话。会上,市政府还对 1992 年度 12 个环保先进集体和 41 个环保先进个人进行表彰。

1996 年 6 月 5 日,吴江市第一次由市委常委、市政府分管环保的副市长周玉龙作纪念"六·五"世界环境日的电视讲话。这天,市环保局、市司法局第一次走上街头,开展环保法律法规和环保知识咨询活动,接受群众的投诉。1997 年 6 月 5 日,吴江第一次在市中心繁华地段开展纪念"六·五"世界环境日千人签名活动。2000 年之后,吴江的"六·五"世界环境日纪念活动与每年的创建活动相结合,活动的内容更加切合创建工作的实际需要。

表 9-1　2008 年吴江市"六·五"世界环境日宣传纪念活动一览表

内　　容	责任单位
市领导发表纪念"六·五"世界环境日电视讲话。市电视台、市广播电台播放,《吴江日报》全文刊载。	市政府办公室、市电视台、市广播电台、吴江日报社、市环保局
组织实施全市喷水织造业污染专项整治的系列宣传报道。两台一报及时准确报道各镇、区污染专项整治情况,鼓励先进,鞭挞后进。	各镇政府、各区管委会、市电视台、市广播电台、吴江日报社、市环保局
组织实施水污染防治新法律法规的普法宣传。《吴江日报》设立专版、专栏,宣传普及新修订的《水污染防治法》《江苏省太湖水污染防治条例》。	吴江日报社、市环保局
公布 2007 年度有关工业企业环境行为信息评级结果。	市环保局
组织实施"增殖渔业资源,共建生态吴江"放流活动。"六·五"期间,在太浦河、京杭运河吴江段的适宜水域放流鱼种,进一步唤醒市民的生态保护意识。	市水产局、市环保局
组织开展节能减排科普知识大赛。	市科普宣传周协调小组办公室
组织开展向中小学生赠书活动。深化"绿色学校"创建工作,向中小学生赠送《保护环境,从身边做起》环保知识手册。	市教育局、市环保局
组织开展社区环保志愿者活动。深化"绿色社区"创建工作,组织有关社区因地制宜开展环保志愿者活动。	各有关街道办、市环保局
组织开展环保法律知识进企业活动。围绕喷水织造业污染专项整治实际,针对重点地区喷水织造业业主,宣传环保法律法规,培训污染治理技能,促进整治工作顺利实施。	各有关镇政府、各区管委会、市环保局
市电视台开播生态保护公益广告栏目。	市文广局、市环保局

二、群众性宣传活动

20 世纪 80 年代末,吴江县开始出现群众性的环境宣传活动,宣传的形式和内容逐渐丰富。

表9-2　1987~2007年吴江市(县)部分群众性环境宣传活动一览表

形式	时　间	内　容	主办者	活动情况
才艺比赛	1990年6月	环境保护小品、相声征文评选	县文学艺术界联合会、县环保局	23篇作品获奖,其中8篇送苏州市参赛,《幸福的日子多窝囊》获3等奖,《恭喜发财》等3篇获鼓励奖。
	1991年5月17日~6月4日	"鲈乡美"环保演讲比赛	县委宣传部、县团委、县环保局	33名选手参赛,15名选手分获特等奖和1、2、3等奖。随后,在苏州市的环保演讲比赛中,吴江县选手黄家华获1等奖。
	1991年3~6月	"环境与人类"摄影作品比赛	县工人文化宫、县环保局	22名作者共87幅作品参赛,其中50幅优秀作品放大后,在松陵镇中心宣传橱窗展出2个月。
	1993年4~5月	"保护蓝天碧水,促进改革开放"系列比赛(内含环保卡拉OK比赛、环保摄影比赛、青少年环保书法、绘画比赛等多项赛事)	市委宣传部、团市委、市文化局、市环保局	全市共52名选手参赛,作品69幅,获得优胜的5名选手随后参加苏州市比赛,获得1等奖1名、2等奖2名、3等奖2名,吴江市获优秀组织奖。
	2006年5月	"创建生态市"征文、摄影、演讲比赛	市文广局、市环保局	征文获奖作品在《吴江日报》刊登,摄影获奖作品在各乡镇巡展,演讲比赛由吴江电视台、电台转播。
知识竞赛	1987年6月	"六·五"世界环境日环保知识竞赛	县环保局	发出竞赛卷1000份,收回400份,14名参赛者分获1~4等奖。
	1988年5月	《中华人民共和国大气污染防治法》知识竞赛	县委宣传部、县司法局、县环保局	发出竞赛卷近千份,收回775份。其中乡镇领导105份、村领导219份、企业领导417份。平望镇成绩最好,平均92.4分。
	1992年2月	青少年环保知识竞赛	县教育局、县文化馆、县环保局	3名优胜者随后参加由国际少年基金会和国家环保局主办的"青少年环保知识竞赛",芦墟中学学生沈奕裴获全省一等奖,县环保局获苏州市组织奖。
	2004年7月15日~8月6日	全市性环保知识竞赛	市文广局、市环保局、市社区服务中心	印发试卷2.2万份,回收2万余份。18个队参加预赛,6个队参加决赛,电视台全程转播,竞赛规模为吴江之最。
展览	1989年6月2~7日	吴江县环境保护十年成绩展览	县委宣传部、县政协经科委、县工人文化宫、县环保局、县环境科学学会	县委、县政府、县人大、县政协的领导为展览剪彩,参观者高达15020人次。
	1997年6月	以环保为主题的黑板报联展	市委市政府机关党委、市环保局	19家单位参展。
	2005年6月5~29日	环保图片巡回展	市依法治市领导小组办公室、市司法局、市环保局	52块宣传版面,在10个镇巡回展览。

（续表）

形式	时　间	内　容	主办者	活动情况
展览	2006年8~9月	环保法制图片巡回展	市环保专项行动领导小组办公室	在全市各镇的社区、村、企业、学校巡回展出。
	2007年2~3月	建设国家"生态市"环保书法展	市环保局	获奖作品在市中心展出。
宣讲	2005年6月5日	环保普法宣讲	市依法治市领导小组办公室、市司法局、市环保局	市环保局6位副局长分赴各乡镇作环保法制宣讲。
灯谜	1989年6月	环境保护有奖灯谜活动	县环保局	参加者逾千余人。
	1991年6月		县环保局、各乡镇环保办	收集环保灯谜300条，编印成《鲈乡环保灯谜》，送到各乡镇、学校。猜灯谜成为每年"六·五"的传统活动内容。
咨询活动	1996年6月	环保法律法规和环保知识咨询活动	市司法局、市环保局	散发宣传品400多份。
	1997年6月			同时接受群众投诉。
签名活动	1997年6月5日	"六·五"世界环境日千人签名活动	市委宣传部、市环保局	在市中心举行，参加者逾千人，横幅长达15米。
	2003年6月5日	"创建全国环保模范城市"千人签名活动	市委宣传部、市环保局	在市中心举行，参加者逾千人。
文艺表演	2002年5月	"绿之情"文艺专场汇演	市环保局	吴江电视台、电台转播，《吴江日报》报道。
	2007年2~3月	"生态吴江"环保文艺演出	市文广局、市环保局	吴江电视台、电台转播，《吴江日报》报道。

三、媒体宣传

1984年，县委宣传部和县环保局编印《中华人民共和国水污染防治法问答》，除分发有关单位，还交县广播站宣讲，这是吴江县首次通过媒体进行环境宣传。1986年，县广播站播出环保类稿子60次，1987年102次。1988年7月之前，有线广播是吴江县环境宣传最重要的媒体渠道。

1988年7月，吴江人民广播电台成立。1993年10月，吴江电视台正式开播。1995年1月，《吴江日报》正式复刊。"两台一报"迅速成为环境宣传效率最高的工具。1992年，电台首次开设环境系列讲座，讲解《中华人民共和国环境保护法》。1995年，开设《环境与人类》系列讲座。1996年，又开设《实施可持续发展，必须以环境法制为保障》《大气污染防治》和《水污染防治》等系列讲座。1996年5月，电视台首次对盛泽镇、黎里镇和松陵镇11个环保先进单位作出报道。同年6月5日，分管环保工作的副市长张祖满首次登上电视台，作纪念"六·五"世界环境日的电视讲话。1997年5月，《吴江日报》开始设"环境专版"，宣传环保法律和法规，并对部分环保先进单位的事迹作出报道。

2000年后，"两台一报"成为环保创建工作最有力的宣传工具。2002年5月，市环保局在《吴江日报》设"环保专版"，每月一期。市环保局成立《吴江日报·环保专版》编辑委员会，由局长吴少荣任主任，副局长严永琦、姚明华、周民、沈云奎任副主任，相关科室及盛泽分局的负责人张荣虎、凌汝虞、马明华、翁益民、钱争旗、薛建国、吴伯良为组员。编辑委员会下设办公室，负责日常工作，由严永琦任主任，张荣虎、翁益民、张国平为成员。专版设置9个栏目，分别是国策园地、环保政务、"创模"进程、治污论坛、环保新视野、知识之窗、绿色风、乡镇环保和他山之石。2005年上半年起，吴江电台定期播出《环保之声》栏目。《吴江日报》增设"创建生态市"专刊，及时报道环保新闻，宣传环保知识。2006年，吴江市先后启动"环境保护宣传月"和"'百村、千厂、万人'生态市宣传月"活动。"两台一报"全程参与，对生态市的创建活动进行密集的宣传。

四、标语广告

1983年12月12日，县环保局在呈送县委宣传部《关于贯彻落实中共苏州市委宣传部〔83〕41号文件意见的报告》中首次提出："运用宣传标语的形式，宣传环境保护的重要性以及环境保护的主要措施。"90年代中期，在创建全国卫生城市的过程中，吴江市区的主要街道开始悬挂大型的环保标语，公交车、出租车上也出现环保类宣传广告。

2001年8月13日，市环保局根据省环保厅和苏州市环保局的指示，印发《关

2001年秋，矗立在吴江街头的环保公益宣传牌

于在全市各镇、村开展"环保标语上墙"活动的通知》，决定2001年9月~2002年4月，在全市各镇、村开展"环保标语上墙"活动。要求"每个村书写、张贴、悬挂环保标语口号不少于3条。尤其是有污染企业和位于交通干道两侧的各有关村，每村不少于5条。标语口号应重点分布在各村进出口、村委会、交通干线两侧的院墙等处"。到2002年6月，全市共制作固定的大型环保公益广告牌8块，总面积1200平方米；制作双面的灯箱广告86个，总面积408平方米；书写、张贴、悬挂大型的环保宣传标语150余条，总长度约1800米。

2001~2008年，在"全国环保模范城市""全国生态示范区"和"国家生态市"的创建过程中，市政府定期在《中国环境报》上刊登环保公益广告；市委宣传部、市城管局、市文化局、市交通局、市环保局等部门多次在江陵大桥东侧、仲英大道北入口、市环保局大楼楼顶、大发市场东南侧等市区主要的交通路口设置大型的环保公益宣传牌；在吴江宾馆、明月楼、国税局、农产品检测中心、流虹桥、油车桥、西塘桥、鲈乡小学、吴江公园、海关、国土局、科技馆等市区重要区域以及盛泽镇、平望镇、同里镇的主要街道设置灯箱广告或悬挂大型的宣传标语；在全市的客运公交车、出租车上喷涂广告或宣传画。

五、环保专题片

1983 年 12 月 12 日,县环保局在呈送县委宣传部《关于贯彻落实中共苏州市委宣传部〔83〕41 号文件意见的报告》中首次提出:"运用幻灯片宣传关于大自然保护的科学知识。现备有 2 套,请县电影管理站协助,先城镇后农村,在电影正片放映前插放幻灯片,力求更多的干群看到环境保护的幻灯宣传。"

1990 年 5 月,县环保局、县环境科学学会在苏州医学院电教教研室的协助下,制成第一部以环境保护为主题的宣传片《鲈乡水》。6 月 2 日,该片在县环保局通过评审。参加评审的有

1990 年,电视宣传片《鲈乡水》的获奖证书

苏州市环保局局长龚荣元、吴江县委宣传部部长陈铁民、县委办公室主任胥锦荣及县人大办、政府办、政协秘书处、广播电视局、文化局等有关单位的代表三十余人。会议由县环保局副局长蒋源隆主持。6 月 5 日,该片第一次在松陵镇小天鹅电影院放映,观众是吴江县纪念"六五"世界环境日大会的全体代表。至年底,该片共放映 69 场次,并在苏州市环保局、文联、电视工作者协会组织的苏州六县(市)环保专题片评比中获得第一名。

1992 年 4 月,县环保局制成以"废水、废气、废渣"的资源化为主要内容,提倡工艺改革、综合利用、变废为宝的宣传片《鲈乡路》。同年 6 月 17 日晚,该片在苏州电视台播放。至年底,该片共复制 28 版,在吴江市各乡镇和中、小学巡回放映。

六、工作简讯

(一)《环保简讯》

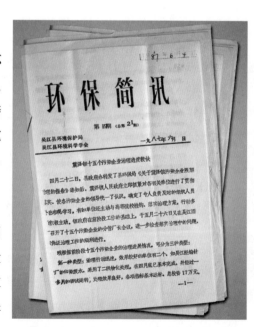

初名《工作通讯》,县环保局编印,以报道吴江县环保工作的新闻、动态为主,1985 年 3 月 20 日出第一期。发送对象为县委、县政府、县人大、县政协办公室、县委书记、县长、人大主任、政协主席、各新闻单位和各乡镇党委、政府及人大等。1986 年 3 月,更名为《环保简讯》。1990 年 1 月,更名为《吴江环保》。至 2005 年 4 月停刊,共编印 184 期。

1987 年 6 月 10 日,刊登在《环保简讯》1987 年第四期上的《震泽镇十五个污染企业治理进度较快》一文受到苏州市环保局的重视。苏州市环保局印发《关于转发吴江县第四期〈环保简讯〉的通知》,要求各县(市)环保局"参照吴江的做法,切实加强小城镇的环境保护工作,加强管理,提高各污染企业的治理进度,进一步改善小城

1987 年第 4 期(总第 21 期)《环保简讯》的封面

镇的环境面貌",并要求各县(市)环保局"将本通知发至各乡(镇)环保办公室"。

（二）《吴江"太湖流域限期治理"简报》

市环保局编印,以报道吴江市"太湖流域水污染限期治理"(即"零点行动")的进展情况为主,1998年3月出第一期。发送对象为省环保局、苏州市环保局、吴江市委、市政府、市人大、市政协及其办公室、市经委及五大公司、供销总社、市各新闻单位、各镇政府、环保办、各有关企业。至1998年12月,共编印10期。

（三）《吴江市创建"国家环境保护模范城市"工作简讯》

市环保局法宣科编印,以报道吴江市创建工作的新闻、动态和进度为主,2001年8月出第一期。《吴江市创建"国家环境保护模范城市"工作简讯》(简称《创模简讯》)的发送对象是国家环保总局、省环保厅、苏州市委、市政府、市人大、市政协办公室、苏州市环保局、吴江市委、市政府、市人大、市政协办公室、吴江市委书记、市长、人大主任、政协主席、市"创模"领导小组各成员单位、各新闻单位、各镇党委、政府及人大、各镇"创模"领导小组、各街道办事处等。至2003年底"国家环境保护模范城市"建成,《创模简讯》共编印34期。

（四）《吴江市建设国家生态市工作简报》

吴江市建设国家生态市领导小组办公室编印,以报道吴江市建设国家生态市的新闻、动态和进度为主,2005年8月出第一期,发送对象和《创模简讯》一样。至2008年2月,共编印28期。

七、环境报刊征订

1983年12月12日,县环保局在呈送县委宣传部《关于贯彻落实中共苏州市委宣传部〔83〕41号文件意见的报告》中首次提到:"发动全县机关、社镇、工矿企业、学校等单位和广大干群订阅《中国环境报》。……使各地能经常了解环境保护情况及经验介绍,增进环保知识,提高环境保护自觉性。"1985年11月22日,县环保局印发《转发国务院〔85〕国环字第009号〈关于做好1986年〈中国环境报〉发行工作的通知〉的通知》,这是县环保局第一次印发关于环境报刊征订的通知,要求"凡有污染的厂矿企业、事业单位均需订阅《环境导报》《中国环境报》各一份"。

之后,市环保局每年印发通知,敦促各乡、镇政府和相关企、事业单位及时订阅环境报刊,直至2002年。

表9-3 2002年度吴江市各乡、镇环境报刊订阅数量统计表

乡、镇名	《中国环境报》	《环境导报》	乡、镇名	《中国环境报》	《环境导报》
松 陵	30	50	桃 源	15	40
盛 泽	40	45	梅 堰	15	20
震 泽	30	25	庙 港	15	15
平 望	30	25	七 都	15	20
黎 里	30	45	八 都	15	20
芦 墟	30	45	横 扇	15	20

（续表）

乡、镇名	《中国环境报》	《环境导报》	乡、镇名	《中国环境报》	《环境导报》
同　里	30	40	南　麻	15	20
北　厍	15	20	金家坝	15	20
铜　罗	15	20	菀　坪	15	20

八、先进表彰

1983 年底，苏州市开始开展环境保护年度先进评选工作。是年，桃源乡政府被评为"苏州市环保先进单位"，吴江化肥厂安全环保科和吴江针织一厂污水处理工段被评为"苏州市环保先进集体"，蔡正伟、任洪庆等 7 人被评为"苏州市环保先进个人"。1986 年，吴江县开始开展环境保护年度先进评选工作。是年，俞春寿、徐锋捷等 13 人被评为"吴江县环保先进工作者"。次年，除先进工作者之外，又有吴江绸缎炼染一厂污水处理车间、县食品公司黎里食品中心站等 8 家单位被评为"吴江县环保先进集体"。之后，先进集体和先进个人的名额逐年增多。1989 年，有吴江绸缎炼染一厂、黎里食品站、吴江石油加工厂一分厂等 21 家单位评为"吴江县环境保护先进集体"，周北京、王增寿、堵理昌等 28 人评为"环境保护先进个人"。1983~2000 年，吴江全市（县）获得年度先进的集体约 220 厂次，获得年度先进的个人约 350 人次。

1991 年 3 月 18 日，县环保局印发《关于在全县环境保护工作中开展"争先夺杯"活动的实施意见》，决定在化工、电镀、印染、制革、水泥、铸件、旧桶复制 7 个行业中开展环保"创三好（组织领导好、环境管理好、污染治理好）"红旗竞赛，在各乡、镇环保办公室中开展"冠军杯"竞赛。1992 年 5 月 23 日，市环保局印发《关于表彰 1991 年度环境保护先进集体、先进个人的决定》，授予吴江绸缎一厂水处理车间、吴江红旗化工厂、吴江环球绸缎服装总厂印染分厂、苏州达胜皮鞋总厂制革分厂、莘塔水产电镀厂为"环境保护'三好'企业"，授予黎里镇环保办公室环境目标责任制"冠军"、同里镇环保办公室环境宣传教育工作"冠军"、北厍镇环保办公室治理设施运转率和废水处理达标率"冠军"、莘塔乡环保办公室建设项目"三同时""冠军"、盛泽镇环保办公室征收排污费和排污水费"冠军"、屯村乡环保办公室"三废"综合利用"冠军"。

1993 年 3 月 17 日，市环保局印发《关于表彰 1992 年度污水处理设施运转管理先进集体、先进个人的决定》，授予吴江市红旗化工厂、苏州达胜皮鞋厂、吴江制革厂"污水处理设施运转管理先进集体"称号，授予程秀英、张春荣、吕明华等 13 人为"污水处理设施运转管理先进个人"的称号。

1996 年 7 月 5 日，市环保局印发《关于表彰在创建全国卫生城市中环境保护工作先进集体的决定》，授予吴江市开发区管委会、吴江市经济委员会、吴江市化建医药工业公司等 15 家单位为创建全国卫生城市环境保护先进集体。

2000 年后，随着各项创建活动的渐次展开，环保先进的评选活动逐渐融入"环境优美乡镇""生态村""绿色社区"的创建以及"清洁生产审核""企业 ISO 14000 认证"的活动之中。

第二节　环境教育

一、群众性环境教育活动

1988年3月10日,县政府办公室印发《关于广泛宣传认真贯彻〈中华人民共和国大气污染防治法〉的通知》,这是县政府首次为单个的环境法律印发学习文件,并要求"各乡镇政府、县各有关单位……有计划地组织所属部门、企事业单位的领导、环保工作人员认真学习文件精神、熟悉法律条文。要通过广播、黑板报、标语、宣传橱窗、放映幻灯等多种形式,在全社会大张旗鼓地进行大气污染防治法的宣传教育"。

1989年2月2日,县环保局印发《关于大力宣传、认真执行〈吴江县排污水费征收管理使用暂行办法〉的通知》,这是县环保局首次为吴江县的环境规范性文件印发学习文件。《通知》要求各乡镇环保办公室"迅速把《办法》印发到有关单位,并利用墙报、黑板报、专栏、有线广播等多种形式……使大家达到四个明确,即明确征收排污水费的依据、明确征收范围、明确征收的目的意义、明确征收的标准和方法"。

1990年3月21日,县委宣传部、县政府法制科、县司法局、县环保局联合印发《关于转发省、市〈关于学习、宣传、贯彻〈中华人民共和国环境保护法〉的通知〉的通知》。3月30日,县环保局印发《关于学习宣传〈环境保护法〉具体活动的计划》,共10项内容,由县环保局和县委宣传部、县政府法制科、县司法局、县文教局、县广电局合作开展。这是吴江县首次组织规模较大的群众性环境法规集中学习活动。

2005年6月,市环保局在松陵镇城中广场设置的宣传展板

1992年6月4日,根据国家环保局和共青团中央的统一布置,市环保局和团市委联合印发《关于深入开展环境保护宣传教育活动的通知》。为搞好这次活动,市环保局和共青团市委成立领导小组,由市环保局局长王志清任组长,市环保局副局长卢彩法和团市委副书记金建伟任副组长,市

2006年6月,市机关工作人员深入社区开展"环境保护宣传月"活动

环保局计划科科长吕根生、副科长许吉和团市委组宣部部长杜茉为组员。活动内容主要是学习《中华人民共和国环境保护法》《中华人民共和国水污染防治法》《中华人民共和国大气污染防治法》《中华人民共和国噪声污染防治条例》和《国务院关于进一步加强环境保护工作的决定》。1992年12月，首次组织各乡镇和各有关单位的主要负责人参加环境保护知识考试。该活动从1992年6月开始，至1993年3月结束，历时半年。

2000年后，在连续的创建活动中，群众性环境教育活动已呈常态。其中规模最大的是2006年5月20日~6月20日开展的"环境保护宣传月"活动和2006年12月下旬~2007年1月上旬开展"'百村、千厂、万人'生态市宣传月"活动。

二、培训

1988年3月，根据县政府办公室印发的《关于广泛宣传认真贯彻〈中华人民共和国大气污染防治法〉的通知》，县环保局举办《中华人民共和国大气污染防治法》培训班，培训对象是各乡镇环保助理员。这是吴江县首次举办环境教育培训班。

1989年8月28日，县环保局印发《关于举办化工废水处理分析人员培训班的通知》，这是吴江县首次举办环保设施操作技术培训班，参加对象是各化工厂废水处理分析人员，培训时间是9月上旬，培训地点在县环保局。

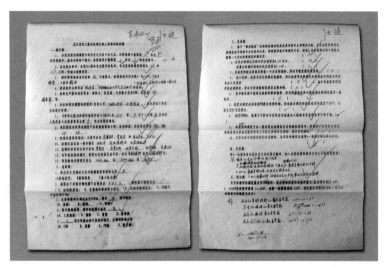

1989年9月，化工废水处理分析人员培训班学员沈旋（东风化工厂）的试卷

1994年6月18日，市环保局印发《转发〈关于举办乡镇企业环境管理培训班的通知〉的通知》，这是市环保局首次组织相关人员参加由国家环保总局举办的培训班。参加对象是各镇的环保助理、有关企业的厂长或经理，培训时间是8月1~10日，培训地点在秦皇岛。

2001年11月16日，市环保局印发《关于组织有关企业领导进行环保法规培训的通知》，这是市环保局首次举办盛泽地区重点企业法人代表培训班。参加对象是吴江市盛泽盛利织物整理厂、吴江中盛印染有限公司、吴江市盛泽胜天工艺印花有限公司、吴江市永前纺织印染有限公司、吴江市颖辉丝光棉有限公司、吴江春联丝绸印染有限公司、盛虹集团、盛虹集团印染一分厂、盛泽联合污水处理厂的法人代表，培训时间是11月20日，培训地点在市环保局。

2001年12月13日，市环保局印发《关于组织部分污染企业法人代表参加环保法制培训的通知》，这是市环保局首次举办印染行业违法企业法人代表培训班。参加对象是在执法检查中发现问题的10家违法企业的法人代表，分别是吴江汇丰染料有限公司、哈麻双鹤漂染（苏州）有限公司、吴江晋昌制丝有限公司、苏州太明绢纺有限责任公司、吴江市震泽双阳染厂、吴江青云丝绸印染厂、吴江创新染厂、吴江佳美印染有限公司、吴江华联丝绸印染厂和平望印染有限责任公司,培训时间是 12 月 17 日,培训地点在市环保局。

2003 年 2 月 21 日,市环保局印发《关于印发〈吴江市环境保护局 2003 年度"送法下乡"环保法制培训工作方案〉的通知》,决定集中一个月,采用"送法下乡、逐镇轮训"的方式,对全市 18 个镇进行环保法制培训。培训对象为全市各镇分管领导、环保助理、污染企业法人代表、社区和行政村负责人,共计 1200 多人,培训时间是 2003 年 3 月,培训内容是国家现行的环境保护方针、政

2003 年 8 月,市环保局在平望、震泽、铜罗、盛泽等地分批举办《排污费征收使用管理条例》法律知识培训班

策、法律、法规的基本内容和世界贸易组织(WTO)有关环境、贸易的基本规则。这是吴江市历史上规模最大、历时最久、参与人数最多的环保法制培训。

2004 年 4 月 15 日,吴江经济开发区经济发展局、市环保局联合印发《关于对外资企业开展环保知识培训的通知》,这是吴江市首次面向外资企业举办环保培训班。参加对象是开发区内各外资企业的法人代表(或主要负责人)、环保主管人员,培训时间是 2004 年 4 月 24 日,培训地点在松陵饭店三楼议事厅。

表 9-4　1988~2008 年吴江市(县)环保培训班一览表

培训时间	培训班名称	参加人员	主办方
1988 年 3 月	《中华人民共和国大气污染防治法》培训班	各乡镇环保助理员	县环保局
1989 年 5 月 5 日	环保知识培训班	部分企业厂长	县环保局
1989 年 9 月	化工废水处理分析人员培训班	各化工厂废水处理分析人员	县环保局
1990 年 5 月 7~9 日	《中华人民共和国环境保护法》辅导员培训班	各乡镇环保助理员、环保局在编人员	县环保局
1991 年 5 月 3~4 日	电镀行业环保培训班	全县 11 个电镀厂(点)的厂长、主管公司的环保干部、所在乡镇的环保助理员	县环保局
1991 年 5 月 10~11 日	印染行业环保培训班	部分印染厂分管环保的副厂长、主管公司的环保干部、所在乡镇的环保助理员	县环保局
1991 年 5 月 14 日	化工行业环保培训班	各化工厂分管环保的副厂长和污水处理的操作人员、各化工厂所在乡镇的环保助理员、县化建医药工业公司环保干部	县环保局
1992 年 5 月 26~27 日	气浮设施操作技术及碱式氯化铝质量检测技术培训班	各碱式氯化铝生产厂厂长、污水处理气浮设施操作人员、乡镇环保助理员	市环保局

（续表）

培训时间	培训班名称	参加人员	主办方
1992 年 12 月 11 日	运河沿岸和松陵地区水污染物排放许可证制度培训班	部分乡镇的环保助理、部分企业分管环保的负责人	市环保局
1994 年 3 月下旬	污水处理设施运转管理培训班	有污水处理设施企业的厂长、废水处理人员	市环保局
1994 年 8 月上旬	乡镇企业环境管理培训班	各镇环保助理、有关企业的厂长或经理	国家环保总局
1995 年 4 月 12 日（第一批） 1995 年 4 月 13 日（第二批）	司炉工环境保护技术培训班	市区范围内近 50 家单位 110 名锅炉、窑炉、茶水炉操作人员	市环保局
1996 年 5 月 6~9 日	乡镇环保助理业务培训班	各乡镇环保助理员、环保局全体人员	市环保局
1996 年 9 月 9 日	创建卫生镇环保工作培训班	各乡镇环保助理员	市环保局
1999 年 6 月 7~10 日（第一批） 1999 年 6 月 14~17 日（第二批） 1999 年 6 月 21~24 日（第三批）	企业环保设施操作人员培训班	全市环保设施操作人员（年龄 45 岁以下，文化程度初中以上）	市环保局
2001 年 11 月 16 日~12 月 16 日	废水处理设施操作工《职业资格证书》培训班	废水处理设施操作工	苏州市环保局、苏州市劳动和社会保障局
2001 年 11 月 20 日	盛泽部分企业法人代表环保法规培训班	吴江市盛泽盛利织物整理厂等盛泽地区 10 家重点企业的法人代表	市环保局
2001 年 12 月 17 日	印染行业违法企业法人代表培训班	吴江汇丰染料有限公司等 10 家印染违法企业的法人代表	市环保局
2002 年 1 月 24 日	违法污染企业法人代表（或主要负责人）培训班	宝钢集团吴江宝金钢材有限公司等 14 家违法企业的法人代表或主要负责人	市环保局
2002 年 2 月 28 日（第一批） 2002 年 3 月 1 日（第二批）	全市（盛泽地区除外）印染企业法人代表法制培训班	全市（盛泽地区除外）印染企业法人代表	市环保局
2002 年 4 月 28 日	盛泽地区污染企业法人代表环保知识培训班	各镇环保助理、盛泽环保分局有关负责人、盛泽地区污染企业法人代表	市环保局
2002 年 8 月 20 日	污染企业法人代表环保法制培训班	吴江横扇漂染厂等 28 家污染企业的法人代表	市环保局
2002 年 11 月 22 日	《中华人民共和国清洁生产促进法》培训班	各镇分管工业生产的领导、经济服务中心具体分管人员、环保助理	市经贸委、市环保局
2002 年 12 月中旬	苏州市环保助理培训班	各镇环保助理员	苏州市环保局
2003 年 3 月	全市环保法制培训班	各镇所有污染企业法人代表、各镇街道办事处及行政村主要负责人、各镇与环保工作有关的单位负责人	市环保局
2003 年 3 月 30 日	建设项目审批申报软件应用培训班	各镇经济服务中心项目申报负责人、各镇环保助理员	市环保局

（续表）

培训时间	培训班名称	参加人员	主办方
2003 年 8 月 19 日上午（第一批）	新《排污费征收使用管理条例》法律知识培训班	松陵、菀坪、同里、金家坝、北厍已开征排污费的企业法人代表、环保主管人员、财务主管人员	市环保局
2003 年 8 月 19 日下午（第二批）		芦墟、黎里、平望、梅堰已开征排污费的企业法人代表、环保主管人员、财务主管人员	
2003 年 8 月 21 日上午（第三批）		震泽、横扇、七都、八都、庙港已开征排污费的企业法人代表、环保主管人员、财务主管人员	
2003 年 8 月 21 日下午（第四批）		桃源、铜罗、南麻已开征排污费的企业法人代表、环保主管人员、财务主管人员	
2003 年 10 月 10 日上午（第五批）		盛泽地区已开征排污费的企业法人代表、环保主管人员、财务主管人员	
2004 年 4 月 24 日	外资企业环保知识培训班	开发区内各外资企业的法人代表（或主要负责人）、环保主管人员	吴江经济开发区经济发展局、市环保局
2004 年 7 月 1 日	部分违法企业环境警示教育培训班	各镇违法企业法人代表和企业分管环保的负责人	市环保局
2004 年 8 月中旬和 9 月中旬	苏州市环保助理培训班	各镇环保助理员	苏州市环保局
2006 年 8 月	苏州市污染治理操作工培训班	各污染企业至少 1 人；盛泽污水处理厂不少于 10 人。其余各污水处理厂，已投入运营的，每厂 3~5 人；未投入运营的，至少 1 人	苏州市环保局
2008 年 3 月下旬	污水治理设施操作工技能培训	全市污水治理设施的操作人员（各单位不得少于 2 人）	市环保局、市社保局

三、讲座

1989 年 4 月 14 日，县委宣传部、县爱卫会、县环保局联合印发《关于举办"环境与健康"报告会的通知》，主讲人是县卫生防疫站站长、县环境科学学会理事秦星坡，时间是 1989 年 4 月 27 日上午，地点在县政府第一招待所餐厅会议室，参加对象是县机关部、委、办、局负责宣传教育的领导、县环境科学学会会员、松陵镇爱卫会和环保办成员、松陵镇部分工厂分管环保的负责人、松陵镇各中小学分管宣传教育的副校长。这是吴江县首次举办环境教育讲座。

之后，讲座逐渐成为环境教育最有效最常用的手段之一。1991 年，县工业学校开办厂长岗位职务培训班，前后共 7 期，县环保局每期都派出专业人员开设环保知识讲座，听众达 1300 人次。1992 年，县环保局和县广播电台合作，首次面向市民，在电台开设《中华人民共和国环境保护法》系列讲座。1995 年，在电台开设《环境与人类》系列讲座。1996 年，又在电台开设《实施可持续发展，必须以环境法制为保障》《大气污染防治》和《水污染防治》等系列讲座。1996 年后，市环保局频繁地派出专业人员在市委党校举办的中青年干部培训班、经济管理干部培训班、镇基层班干部培训班以及市委组织部和民政局联办的村主任培训班上,开设环保知识讲座。除市环保局外,各乡镇也组织环保讲座。2001年6月4日,成立仅半年的市环保局盛泽分局邀请苏州城建环保学院陈亢利教授为全镇150多位印染、涂层、热电等企业领导及村主任开设"可持续发展道路"讲座,并通过有线广播和闭路电视向全镇市民转播,取得良好效果。

2007年5月,在市委党校举办的"双千工程"第三期镇局级干部培训班上,学员们正在聆听环保知识讲座

1989～2008年,吴江市(县)举办各种环境教育讲座约180场次,听众约13660人次(不含广播、电视和在中、小学举办的讲座)。

四、环境科学学会

1983年6月13日,县环保局印发《关于筹备成立县环境科学学会的通知》,县环境科学学会(简称"县环科学会")筹备组由县环保局副局长蒋正铭任组长。1983年10月28日,县环科学会成立大会在平望公社招待所成立。蒋正铭任县环科学会理事长,许吉任秘书长,会员50人。

20世纪80年代中后期,县环科学会的活动主要是普及环境知识,如布置展览,设置橱窗,组织竞赛以及在中、小学开展环境教育活动。80年代末,开始加强治污经验的交流。例如,1989年10月4日,县环保局和县环科学会联合印发《关于"三废"综合利用经验交流会论文征文通知》。同年10月24日,县环科学会和县化工学会联合印发《关于召开染料化工"三废"治理技术交流会的通知》。同年12月1日,县环保局和县环科学会在县第二招待所迎宾楼二楼会议室召开"三废"综合利用经验交流会,参加会议的是相关企业的负责人和各乡镇的环保助理员。

90年代初,县环科学会进一步加强治污技术的推广和交流。1991年9月13日,县环保局和县环科学会在县第一招待所二楼会议室召开吴江县依靠科技进步搞好环保工作经验交流会,参加会议的有县经委、县计委、县科委等政府部门的领导,吴江化工厂、平望染料化工厂等30家企业的厂长以及环科学会的

1991年,县环科学会会员的获奖论文

理事、各乡镇的环保助理员。会后,县环保局和县环科学会联合印发《关于表彰依靠科技进步做好环保工作先进企业的通报》,对吴江东风化工厂、吴江红旗化工厂等14家企业予以表彰。1992年9月9日,市环科学会印发《关于组织印染污水处理技术考察交流活动的通知》,考察时间是1992年9月17~18日,考察对象是杭州市杭州丝绸印染厂,参加考察的是吴江印染企业的负责人。与此同时,市环科学会还大力协助市环保局组织培训活动,开设讲座,传授知识和技术。

1995年后,市环科学会的活动逐年减少,趋于沉寂。2008年1月14日,市环境科学研究学会成立,副市长汤卫明出席并讲话,市环保局主任科员严永琦任会长。

五、学校环境教育

(一)芦墟镇中、小学环境教育

20世纪80年代末,芦墟镇中小学在全县率先开展环境教育活动。1989年5月11日,县文教局、县环保局、县环科学会和县政协经济科技委员会联合印发《关于召开中、小学环境教育现场会的通知》,总结和推广芦墟镇中学和芦墟镇中心小学环境教育的经验。

1989年12月16日,芦墟镇中学、芦墟镇第二中学、芦墟镇中心小学和芦墟镇幼儿园联合发出《致全县中、小学师生一封信》。信中建议在全县中、小学师生中广泛开展"环境教育"活动,把环保知识渗透到各学科的教学中去,使学生从小就认识环境保护的重要性和必要性。县教育局、县环保局立即将此信转发给全县中、小学,有力地推动全县中、小学环境教育的开展。

90年代,芦墟镇各所学校继续注重环境教育。1992年2月,在由国际少年基金会和国家环保局主办的"青少年环保知识竞赛"中,芦墟中学学生沈奕裴获全省一等奖。芦墟镇中心小学则坚持"环保教育从娃娃抓起"的科学理念,专门开设环保教育课,在校园内设置"自然角""绿色图书角""汾湖百草园"和"百米环保宣传回廊"等环境教育基地,组织学生开展"保护环境,爱我家园""绿色地球村""我给父母讲环保"等环保实践活动。

2001年6月,芦墟镇中心小学"绿色地球村"的小会员们写信给苏州市委常委、市长杨卫泽,汇报自己开展活动的情况。杨卫泽立即回信,希望小会员们"当好环保卫士,建设绿色家园"。同年9月26日,在江苏永鼎股份有限公司资助下,芦墟镇中心小学"永鼎环保园"正式落成并举行揭碑仪式。市委书记朱建胜、市长马明龙联名发出贺信,市委常委、宣传部长吴炜、市政府督导员张莹到会祝贺,省环保厅宣教中心教育科科长宋振亚和永鼎集团总经理莫林弟为"环保园"揭碑。

2002年,芦墟镇中心小学被香港民间环保组织"地球之友"吸收为荣誉会员。2003年1月18日,

2001年春,芦墟镇中心小学的孩子们用家里带来的废弃物制作环保购物袋

中央电视台教育频道"当代教育"播出芦墟镇中心小学开展环境教育的专题报道——《汾湖水·百草园》。同年11月1日,芦墟镇中心小学获得第七届"地球奖"[1]。2006年,校长张俊获得福特汽车环保奖[2]。

（二）中、小学环境教育的普及

20世纪90年代初,县教育局、县环保局互相配合,开始在中、小学逐步普及环境教育。

1.环境教育系列活动

1990年3月,县教育局、县环保局首次联合举办"中小学环境征文、征画比赛",活动历时4个月,全县60多家中、小学,4万多名学生参加。112名学生和教师分获一、二、三等奖和相应的辅导教师奖。赛后,所有获奖作品制成27个展板,在全县各大镇巡展1个月。

2004年春,环保小卫士向松陵镇上的路人发放宣传品

1994年6月5日前后,根据苏州市教委和苏州市环保局的部署,市教育局、市环保局联合开展以"一个地球、一个家庭"为主题的环境教育系列活动。内容有知识竞赛、作文比赛、绘画比赛、社会宣传等。至6月底,参加活动学生超过2万名,共发出知识竞赛试卷6000份,评选出优秀作文54篇、绘画19幅。全市绝大部分中、小学都以环保为主题召开班会、队会、团会,增强中、小学生环保的责任感和使命感。2001年11月,根据国家环保局、教育部和全国少工委的部署,市教育局、市环保局联合开展"争当环境小卫士"活动,芦墟镇中心小学潘晓溪、刘秀文、陈吉、武晨江、沈洁5名同学获得"全国环境小卫士"称号,芦墟镇中心小学获得"全国学校优秀组织奖"。2005年5月,市教育局、市环保局以"环保在我心中"为主题,再次开展环境教育系列活动。内容有书画比赛、征文比赛和演讲比赛等,吴江电视台、电台全程转播,《吴江日报》及时报道。

2.环境教研活动

1990年7月2日,县教育局、县环保局联合印发《关于组织评选中、小学环境教育优秀教案的通知》。全县共28篇教案参选,6篇教案分获一、二、三等奖并送江苏省、苏州市参选。吴江师范学校副校长王斐《尾气中二氧化硫的回收和环境保护》获江苏省环境教育教案优秀奖,桃源中学屠新祥《物体的沉浮条件》获江苏省环境教育教案鼓励奖。1991年4月6日,县教育局、县环保局、县科协联合印发《关于开展中、小学环境教育评比活动的通知》。同年12月,芦墟镇中心小学副校长陈治华被评为江苏省环境教育优秀教师,芦墟镇中学、芦墟镇中心小学被评为苏州市环境教育先进学校,铜罗中学校长高德兴被评为苏州市环境教育优秀教师。

1991年4月6日,县教育局、县环保局联合印发《关于召开全县中、小学环境教育经验交

1　"地球奖"是中国环境新闻工作者协会和香港"地球之友"共同设立的民间环境保护奖项,创立于1997年。

2　"福特汽车环保奖"是世界上规模最大的环保奖评比活动之一,2000年进入中国,宗旨是鼓励社会各阶层人士积极参与有助于保护本地环境和自然资源的活动。

流会的通知》,全县中、小学的领导及各乡镇的环保助理员六十余人参加会议。会上,铜罗镇中学、芦墟镇中心小学等 13 所学校的代表发言,交流环境教育的经验。

3. 环境教育教材

1991 年 4 月,市环保局编印《吴江县中、小学环境征文作品选编》发给中、小学生课外阅读,编印《吴江县中、小学环境教育教案选编》发给中、小学教师作教学参考。1994 年 10 月,市环保局编印《吴江环保知识普及讲座》,发给全市中、小学,并建议各学校开设环保知识讲座。2001 年 2 月,市环保局编印《环保基础知识》1 万册和环保类法律法规 5000 册,送到各所学校作教材。至 2003 年 9 月,环境教育在全市中、小学第二课堂的普及率达 100%。

(三)环保职业教育

1991 年 5 月 28 日,县教育局、县环保局联合印发《关于开办环境保护专业职业高中班的通知》,决定在吴江县职业中学开设"环境保护专业职业高中班",培养从事环保工作的技术工人和初级管理、监测人员。1991 年夏季开始招生,首批 40 名,从参加苏州市统一招生考试的考生中录取,学制 3 年。新生入学时,即与相关企业签订委托代培合同。毕业后,回委托代培企业上班。企业视情况,全部或部分报销学费。9 月 9 日,首届环保职业高中班开学,学生 36人。9 月 11 日,县职业中学举行开学典礼,县教育局、县环保局的领导到会并讲话。

表 9-5　1991 年吴江县部分企业委托代培"环保职高生"情况一览表

主管单位	企业	委培数量	备注
县化建医药公司	吴江化工厂	1	市镇户口学生
	吴江红旗化工厂	1	
	吴江化肥厂	1	
	吴江水泥厂	1	
县轻工业公司	吴江皮鞋一厂	1	
	吴江皮鞋二厂	1	
	吴江电镀厂	1	
县丝绸工业公司	吴江针织一厂	1	
县纺织工业公司	吴江精编针织一厂	1	
县机电工业公司	上缝三厂吴江分厂	1	
松陵镇农工商总公司	松陵化工厂	1	农村户口学生
平望镇农工商总公司	平望染化厂	1	
	平望镇印染厂	1	
	新联化工厂	1	
黎里镇农工商总公司	黎里镇印染厂	1	
	黎里镇水泥厂	1	
盛泽镇农工商总公司	盛泽镇丝绸炼染总厂	2	
	东方丝绸印染厂	1	
	吴江工艺织造厂	1	
北厍镇农工商总公司	北厍绣服厂印染分厂	1	
	吴江工贸色织厂	1	
	达胜皮鞋厂制革分厂	1	
	北厍医保厂	1	

（续表）

主管单位	企　业	委培数量	备　注
震泽镇农工商总公司	震泽染化厂	1	农村户口学生
	震泽染化助剂厂	1	
	震泽毛染厂	1	
同里镇农工商总公司	富士染料化工厂	1	
	吴江眼镜一厂	1	
	吴江助剂厂	1	
桃源镇农工商总公司	丰华毛纺厂	1	
	桃源水泥厂	1	
芦墟镇农工商总公司	芦墟镇电镀厂	1	
横扇乡农工商总公司	横扇精细化工厂	1	
	横扇羊毛衫染整厂	1	
莘坪乡农工商总公司	莘坪印染厂	1	
坛丘乡农工商总公司	坛丘印染厂	1	
南麻乡农工商总公司	南麻印染厂	1	
屯村乡农工商总公司	澄湖化工厂	1	
铜罗镇农工商总公司	铜罗漂染厂	1	

（四）"绿色学校"创建

1996年12月，中共中央宣传部、国家环保局、国家教委联合制定《全国环境宣传教育行动纲要（1996—2010年）》，首次提出在全国逐步开展"绿色学校"创建活动。1999年8月31日，江苏省教委、省环保局联合印发《关于在全省开展创建绿色学校（幼儿园）活动的通知》。2001年10月11日，市教育局、市环保局联合印发《关于开展评选吴江市绿色学校、绿色幼儿园的通知》，正式启动全市"绿色学校"的创建活动。2004年4月5日，市政府办公室印发《转发市创建国家级生态示范区领导小组〈关于组织实施八大生态工程的意见〉的通知》。"绿色学校创建工程"被列为八大生态工程之一，市政府投资60万元，要求市教育局、市环保局在2004年10月底之前，在原有基础上，再建成全国级"绿色学校"1所、江苏省级2所、苏州市级3所、吴江市级10所。

2001年11月初，芦墟镇中心小学率先通过国家环保总局、教育部的考核，成为国家级"绿色学校"。2002年3月20日，市政府印发《关于命名市高级中学等10个单位为吴江市"绿色学校"的通知》，宣布吴江市高级中学、七都中学、松陵一中、梅堰中学、吴江市

2007年初夏，盛泽中学的孩子们在参观污水处理厂

实验小学、震泽实验小学、盛泽实验小学、金家坝中心幼儿园、梅堰中心幼儿园、北库中心幼儿园为吴江市首批"绿色学校(幼儿园)"。之后,吴江市有一批中、小学和幼儿园陆续获得江苏省级和苏州市级"绿色学校"。

此外,2003年2月,芦墟镇中心小学获"全国'绿色学校'创建活动先进学校"。同年4月,市实验小学获"江苏省'绿色学校'创建活动先进学校",市环保局获"江苏省'绿色学校'创建活动优秀组织单位",芦墟镇中心小学校长张俊获"江苏省'绿色学校'创建活动先进工作者",芦墟镇中心小学六(3)班学生潘晓溪获江苏省"绿色学校"创建活动"绿校之星"。2007年6月,梅堰实验小学获"全国'绿色学校'创建活动先进学校",梅堰实验小学周迎春获"全国'绿色学校'创建活动优秀教师"。同年12月,八都镇中心小学获"江苏省创建'绿色学校'活动先进单位",市教育局获"江苏省创建'绿色学校'"活动优秀组织单位",市教育局普教科副科长沈鲁、八都镇中心小学副校长费惠珍获"江苏省创建'绿色学校'活动先进工作者"。

至2008年12月,全市建成各级"绿色学校(幼儿园)"96所,其中国家级2所,江苏省级23所,苏州市级25所,吴江市级46所。其中,被评为吴江市级"绿色学校"的盛泽思进小学是苏州市首批合格外来工子弟学校。

表9-6　2001年10月~2008年12月吴江市"绿色学校(幼儿园)"建成一览表

级别	类别	校　名
国家级	小学	芦墟中心小学、梅堰实验小学
江苏省级	中学	吴江中学、吴江高级中学、震泽中学、吴江实验初级中学、松陵高级中学、松陵第一中学、梅堰中学、七都中学
	小学	吴江实验小学、鲈乡实验小学、吴江经济开发区天和小学、吴江经济开发区长安花苑小学、盛泽中心小学、震泽实验小学、平望实验小学、八都中心小学、庙港实验小学、屯村实验小学
	幼儿园	芦墟中心小学幼儿园、金家坝中心幼儿园、北库中心幼儿园、八都中心幼儿园、菀坪学校中心幼儿园
苏州市级	中学	吴江第二高级中学、松陵第三中学、盛泽第一中学、平望第二中学、南麻中学、横扇中学、吴江教师进修学校、吴江职业高级中学
	小学	松陵第三中心小学、金家坝中心小学、横扇中心小学、青云中心小学、铜罗中心小学、吴江菀坪学校
	幼儿园	吴江机关幼儿园、吴江实验小学幼儿园、松陵中心小学幼儿园、盛泽实验小学幼儿园、震泽中心幼儿园、芦墟中心幼儿园、平望中心幼儿园、横扇中心幼儿园、庙港中心幼儿园、铜罗中心幼儿园、南麻中心幼儿园
吴江市级	中学	吴江经济开发区实验初级中学、盛泽第二中学、盛泽第三中学、芦墟第一中学、芦墟第二中学、同里中学、同里初级中学、庙港中学、黎里中学、黎里第二中学、八都中学、铜罗中学、青云中学、桃源中学、北库中学、金家坝中学
	小学	松陵中心小学、松陵第二中心小学、盛泽实验小学、盛泽第二中心小学、平望中心小学、黎里中心小学、芦墟第二中心小学、青云中心小学、桃源中心小学、北库中心小学、南麻中心小学、同里中心小学、七都中心小学、特殊教育学校、盛泽思进小学
	幼儿园	鲈乡幼儿园、松陵第二中心小学幼儿园、松陵第三中心小学幼儿园、盛泽中心幼儿园、盛泽第二中心幼儿园、平望中心小学幼儿园、芦墟第二中心小学幼儿园、黎里中心幼儿园、同里中心幼儿园、横扇中心小学幼儿园、屯村实验小学幼儿园、梅堰中心幼儿园、七都中心幼儿园、桃源中心幼儿园、青云中心幼儿园

第十章   政党群团

第一节   中共党组织

1982 年 11 月,中共吴江县环保局首届支部委员会成立,时有党员 4 名(王佐英、蒋正铭、陈高声、王学林),蒋正铭任支部书记。1984 年 2 月,县环保局与县城建局合并,两局党支部也随之合并。是年 10 月,县环保局恢复建制,1985 年 1 月,县环保局党支部重新成立,时在职党员 5 名(王志清、张耀武、邱景海、邓景芳、朱留根),王志清任支部书记。2004 年 5 月,根据吴江市委的"吴发干〔2004〕18 号"文件,市环保局党组成立,吴少荣任党组书记。

表 10-1   1982 年 11 月~2008 年 12 月吴江市(县)环保局党支部成员一览表

届次	成立时间	书记	副书记	委　员	备　注
1	1982 年 11 月	蒋正铭	—	—	—
2	1985 年 1 月	王志清	—	—	—
3	1987 年 6 月	王志清	蒋源隆	张耀武、邱景海	—
4	1989 年 12 月	王志清	蒋源隆	邱景海	—
5	1990 年 6 月	王志清	蒋源隆	邱景海、卢彩法	1993 年 1 月,增选严永琦为支部委员
6	1995 年 2 月	张兴林	蒋源隆	严永琦、姚明华、薛建国	
7	1997 年 7 月	张兴林	蒋源隆	严永琦、姚明华、周明、薛建国	1997 年 11 月~2004 年 6 月,姚明华任纪检组组长
8	2001 年 7 月	张兴林	沈云奎	张荣虎、薛建国、翁益民、凌汝虞、钱争旗	2001 年 10 月后,吴少荣任书记
9	2003 年 12 月	吴少荣	沈云奎	张荣虎、薛建国、翁益民、凌汝虞、许竞竞	2004 年 5 月~2006 年 3 月,吴少荣兼任党组书记 2004 年 6 月~2006 年 2 月,张荣虎任纪检组副组长
10	2006 年 3 月	范新元	唐美芳	宋雄英、陆国祥、黄娟、钟澄	2006 年 3 月~2008 年 12 月,范新元兼任党组书记
11	2008 年 3 月	范新元	唐美芳	宋雄英、沈吕芹、陆国祥、钟澄、	2006 年 2 月~2008 年 12 月,唐美芳任纪检组组长

第二节 群众组织

一、工会

1987年7月,县环保局第一届工会委员会成立,时有会员23名,张耀武为工会主席,邓景芳为工会副主席。

表10-2 1987年7月~2008年12月吴江市(县)环保局工会委员会成员一览表

届次	成立时间	主 席		副主席		委 员	备 注
		姓 名	性别	姓 名	性别		
1	1987年7月	张耀武	男	邓景芳	女	薛建国、唐瑛(女)、陈美琴(女)	—
2	1989年1月	蒋源隆	男	邓景芳	女	薛建国、唐瑛(女)、陈美琴(女)	—
3	1993年2月	严永琦	男	邓景芳	女	唐瑛(女)、陈美琴(女)、张铭	—
4	1999年11月	严永琦	男	张荣虎	男	翁益民、沈琼(女)、钱晓燕(女)	经审委主任:张荣虎;经审委员:沈瑛(女)、郭蕴芝(女)
5	2006年10月	唐美芳	女	王炜	男	宋雄英(女)、陈志刚、顾建华	经审委主任:王炜;经审委员:沈夏娟(女)、顾建中

二、共青团

1985年1月,共青团吴江县环保局首届支部委员会成立,时有团员9名,凌汝虞任书记。

表10-3 1985年1月~2008年12月吴江市(县)环保局团支部成员一览表

届次	成立时间	书 记		副书记		委 员
		姓 名	性别	姓 名	性别	
1	1985年1月	凌汝虞	女	—	—	—
2	1987年3月	凌汝虞	女	—	—	薛建国、许竞竞(女)
3	1988年12月	薛建国	男	—	—	钱争旗、许竞竞(女)
4	1994年9月	钱争旗	男	—	—	丁元(女)、陈雪红
5	1998年2月	张志明	男	—	—	沈瑛(女)、陈雪红
6	1998年11月	沈瑛	女	—	—	陈雪红、钮珏龙
7	2001年4月	沈瑛	女	—	—	王炜、钱明华
8	2007年9月	钟睿	男	沈婧	女	金骏、吴彬、王建滨

第三节　机关作风建设

一、政风行风建设

20世纪80年代初,县环保局领导多次提出,对于上门办事的群众,必须一起身、二请坐、三倒水、四办事、五送客。之后,政风行风建设在市(县)环保系统逐步常态化和制度化。

(一)制度建设

为规范环保系统工作人员的行为,市(县)环保局首抓制度建设。1986年,县环保局制定考勤制度、工作制度、物品财产管理制度、清洁卫生制度以及精神文明建设的若干规定。1998年,制定行政执法内部监督制度。2004年,制定环保系统六条禁令、月度考核制度、日常考勤和请假制度、会议和学习制度。2006年,制定内部管理制度、季度考核制度、进一步加强效能建设的十条措施、领导班子集体议事的若干规定。2007年,制定责任追究制度、限时办结制度、首问负责制度、绩效考核制度、岗位责任制度、政务公开服务承诺制度等。上述制度在执行的过程中,酌情有过修改、补充和完善。

(二)队伍建设

在政风行风建设中,市环保局通过多种主题活动加强职工队伍建设。1992年,开展《苏州市文明市民读本》的学习教育活动。1993年,开展"致力于集体、奉献于事业"主题教育活动。1994年,开展职业道德建设及社会公德教育活动。1995年,开展"爱国、爱家乡"主题教育活动。1997年3月,开展"塑造跨世纪吴江人形象"活动。2001年6月、2002年6月、2004年5月、2004年11月和2006年6月,市环保局开展政风行风的测评、评议和整改活动。1999年,开展以"市民文明公约"和"争当文明市民"为主要内容的思想道德教育活动。2000年,开展"三讲两加强(讲学习、讲政治、讲正气,加强机关作风建设、加强为基层为经济服务的意识)"主题教育活动。2001年11月,开展"心系事业、志在富民"主题教育活动。2001年12月,开展学习和落实《公民道德建设实施纲要》活动。2002年,开

2008年,悬挂在市环保局办公楼内的宣传牌

展"心系事业、志在富民"主题教育活动。2002 年 7 月,开展文明行业创建活动。2003 年 2 月,开展"十佳职业道德建设先进单位"评比活动。2003 年 10~11 月,开展"创文明行业、比优质服务"双月竞赛活动。2005 年 4 月,开展"加强优质服务,提高行政效能"竞赛活动。2005 年 6 月,开展学习和落实《法治吴江建设纲要》活动。2007 年 5 月,开展"三为三解(为环保解忧、为群众解难、为企业解惑)"的主题实践活动。

（三）加强领导

2000 年之后,市环保局成立若干与政风行风建设相关的领导小组。

表 10-4　2001~2008 年吴江市环保局与政风行风建设相关的领导小组一览表

时间	小组名称	组　长	副组长	组员
2001 年 3 月	政务公开工作领导小组	张兴林	严永琦、姚明华、周民、沈云奎	钱争旗、吴伯良、张荣虎、翁益民、薛建国、凌汝虞、马明华
2004 年 3 月	建设"学习型机关"工作小组	吴少荣	沈云奎、王通池	张荣虎、翁益民、马明华、凌汝虞、薛建国、沈颉、吴伯良、张国平、王静
2004 年 4 月	环保系统政风行风评议工作领导小组	吴少荣	严永琦、姚明华、周民、沈云奎、王通池	张荣虎、马明华、凌汝虞、翁益民、薛建国、沈颉、许竞竞、沈卫芳
2005 年 4 月	"加强优质服务,提高行政效能"竞赛活动领导小组	吴少荣	沈云奎	张荣虎、马明华、凌汝虞、翁益民、薛建国、沈颉、许竞竞、沈卫芳
2006 年 6 月	吴江市环保系统政风行风评议工作领导小组	范新元	王通池、沈卫芳、张荣虎、唐美芳	钱永高、翁益民、黄娟、许竞竞、陆国祥、张国平
2007 年 4 月	效能建设、双务公开领导小组	范新元	王通池、沈卫芳、张荣虎、朱三其	钱永高、凌汝虞、翁益明、宋雄英、许竞竞、王炜、陆国祥、黄娟
2007 年 5 月	"三为三解"主题实践活动领导小组	范新元	王通池、沈卫芳、张荣虎、朱三其、唐美芳	钱永高、翁益民、凌汝虞、黄娟、许竞竞、宋雄英、薛建国、王炜
2008 年 11 月	依法行政工作领导小组	范新元	王通池、沈卫芳、张荣虎、朱三其、钱争旗、唐美芳	钱永高、许竞竞、王炜、凌汝虞、黄娟、宋雄英、薛建国、翁益民

（四）聘请行风监督员

2003 年 4 月 25 日,市环保局下发《关于推荐环保行风监督员的通知》,要求各镇环保办推荐 1 名关心环保事业的社会人士为环保行风监督员。6 月 5 日上午,市环保局为首批到任的 21 名监督员举行聘用仪式。之后,市环保局多次邀请全市的环保行风监督员参加座谈会,以加强全市环保系统的政风行风建设。

表 10-5　2003 年 6 月吴江市环保局行风监督员一览表

姓　名	性别	工作单位	姓　名	性别	工作单位
蒋守泉	男	吴江市人大城建环保工委	周春梅	女	横扇镇渔业村
陈正严	男	吴江市政协城乡委	吴增荣	男	梅堰镇人大
吴正泉	男	吴江市纪委信访室	沈伟荣	男	南麻镇永平村
邬长庚	男	松陵镇政府	杜金庭	男	盛泽镇人大
张雪荣	男	芦墟镇新南村	周北京	男	震泽镇人大
周留坤	男	黎里镇政府	尹根生	男	庙港镇人大

（续表）

姓　　名	性别	工作单位	姓　　名	性别	工作单位
程春荣	男	北厍镇人大	张志英	女	八都镇人大
钱瑞荣	男	金家坝镇人大	沈银归	男	七都镇人大
徐文荣	男	同里镇经济服务中心	沈永方	男	桃源镇利群村
尤正明	男	平望镇纪委	倪天荣	男	铜罗镇迎春村
徐新山	男	菀坪镇人大			

（五）政务公开

1989年，县环保局开始执行市政府制定的"两公开一监督（公开办事制度、公开办事结果、接受监督）"制度。2001年3月，市环保局成立以局长张兴林为组长的政务公开工作领导小组，制定《吴江市环保局政务公开工作具体实施方案》。2002年上半年，市环保局收回出租的店面房，投资30万元建政务公开大厅。大厅设3个主要窗口：建设项目审批窗口、排污收费窗口和信访接待窗口。大厅通过触摸屏、公示栏和宣传活页，做到"四公开"：公开法律法规、公开办事程序、公开服务承诺、公开办事结果。在办事结果上，公示经环保部门审批的建设项目清单、接受行政处罚的企业清单以及排污收费财务情况。大厅设局长接待室，规定每月的第一周和第三周的星期五为局长接待日，正副局长轮流值班，接待群众来访。大厅工作人员挂牌上岗，自觉接受群众监督，并实行"一站式"服务，提高办事效率。与此同时，在市环保局内部，则通过局域网和内部公示栏公示领导干部廉洁自律情况、每月的财务状况、人事变动信息和其他重大事项。2003年，市环保局网站开通，网站设"公示区""党务公开""政务公开""办事指南""办事情况""环境质量公示""监督投诉"等专栏，政务公开的渠道更加宽畅。

表10-6　2007年9月吴江市环保局在环保网公示的职权一览表

职权项目名称	类别	实施依据	公示形式	收费依据和标准
违反水污染防治有关法律法规的行政处罚	行政处罚	《中华人民共和国行政处罚法》《中华人民共和国环境保护法》《中华人民共和国水污染防治法》《中华人民共和国水污染防治法实施细则》《江苏省太湖水污染防治条例》等	网络、电子显示屏	依"实施依据"所列法律法规之规定
违反大气污染防治有关法律法规的行政处罚	行政处罚	《中华人民共和国行政处罚法》《中华人民共和国环境保护法》《中华人民共和国大气污染防治法》等	网络、电子显示屏	依"实施依据"所列法律法规之规定
违反噪声污染防治有关法律法规的行政处罚	行政处罚	《中华人民共和国行政处罚法》《中华人民共和国环境保护法》《中华人民共和国环境噪声污染防治法》《江苏省环境噪声污染防治条例》等	网络、电子显示屏	依"实施依据"所列法律法规之规定
违反固体废物污染防治有关法律法规的行政处罚	行政处罚	《中华人民共和国行政处罚法》《中华人民共和国环境保护法》《中华人民共和国固体废物污染环境防治法》《医疗废物管理条例》《苏州市危险废物污染环境防治条例》等	网络、电子显示屏	依"实施依据"所列法律法规之规定

（续表）

职权项目名称	类别	实施依据	公示形式	收费依据和标准
违反放射性污染防治有关法律法规的行政处罚	行政处罚	《中华人民共和国行政处罚法》《中华人民共和国放射性污染防治法》《放射性同位素与射线装置安全和防护条例》等	网络、电子显示屏	依"实施依据"所列法律法规之规定
违反建设项目环境保护管理有关法律法规的行政处罚	行政处罚	《中华人民共和国行政处罚法》《中华人民共和国环境保护法》《中华人民共和国环境影响评价法》《建设项目环境保护管理条例》等	网络、电子显示屏	依"实施依据"所列法律法规之规定
违反农业生态环境保护有关法律法规的行政处罚	行政处罚	《中华人民共和国行政处罚法》《中华人民共和国环境保护法》《江苏省农业生态环境保护条例》《畜禽养殖污染防治管理办法》等	网络、电子显示屏	依"实施依据"所列法律法规之规定
违反自然保护区保护有关法律法规的行政处罚	行政处罚	《中华人民共和国行政处罚法》《中华人民共和国环境保护法》《中华人民共和国自然保护区条例》等	网络、电子显示屏	依"实施依据"所列法律法规之规定
违反排污费征收使用管理有关法律法规的行政处罚	行政处罚	《中华人民共和国行政处罚法》《中华人民共和国环境保护法》《排污费征收使用管理条例》等	网络、电子显示屏	依"实施依据"所列法律法规之规定
违反清洁生产管理有关法律法规的行政处罚	行政处罚	《中华人民共和国行政处罚法》《中华人民共和国环境保护法》《中华人民共和国清洁生产促进法》等	网络、电子显示屏	依"实施依据"所列法律法规之规定
排污许可证核发	行政许可	《中华人民共和国水污染防治法实施细则》第十条、《苏州市污染物排放许可证管理实施细则》	网络、电子显示屏、宣传手册	不收费
防治污染设施拆除或者闲置的审批	行政许可	《中华人民共和国环境保护法》第二十六条第二款、《江苏省环境保护条例》第三十条	网络、电子显示屏、宣传手册	不收费
建设项目环境影响评价文件审批	行政许可	《中华人民共和国环境保护法》第十三条、《中华人民共和国环境影响评价法》第二十二条、《建设项目环境保护管理条例》第十条	网络、电子显示屏、宣传手册	不收费
建设项目环境保护设施的验收（"三同时"验收）	行政许可	《中华人民共和国环境保护法》第二十六条、《建设项目环境保护管理条例》第二十条和第二十三条、《建设项目竣工环境保护验收管理办法》第十条	网络、电子显示屏、宣传手册	不收费
向大气排放转炉气等可燃性气体的批准	行政许可	《中华人民共和国大气污染防治法》第三十七条第二款	网络、电子显示屏	不收费
固体废物、危险废物转移审批	行政许可	《中华人民共和国固体废物污染环境防治法》第二十三条、五十九条	网络、电子显示屏、宣传手册	不收费

（续表）

职权项目名称	类别	实施依据	公示形式	收费依据和标准
危险废物收集经营许可证核发	行政许可	《中华人民共和国固体废物污染环境防治法》第五十七条和第五十八条、《医疗废物管理条例》第二十二条、《苏州市危险废物污染环境防治条例》第二十三条和第二十四条	网络、电子显示屏、宣传手册	不收费
核发辐射安全许可证	行政许可	《放射性同位素与射线装置安全和防护条例》第二章第五条、《放射性同位素与射线装置安全许可管理办法》	网络、电子显示屏	不收费
放射性同位素转让核准	行政许可	《放射性同位素与射线装置安全和防护条例》第十九条、第二十条、第二十一条、《放射性同位素与射线装置安全许可管理办法》第三十一条、第三十二条、第三十三条	网络、电子显示屏	不收费
污水排污费征收	行政征收	《中华人民共和国环境保护法》第二十八条、《中华人民共和国水污染防治法》第十五条、《排污费征收使用管理条例》第二条、《排污费征收标准管理办法》	网络、电子显示屏、公示栏	1.不超标排污：0.7元×前3项污染物的污染当量数之和。2.超标排污：在前基础上加征1倍
废气排污费征收	行政征收	《中华人民共和国环境保护法》第二十八条、《中华人民共和国大气污染防治法》第十四条、《排污费征收使用管理条例》第二条《排污费征收标准管理办法》	网络、电子显示屏、公示栏	0.6元×前3项污染物的污染当量数之和
固体废物及危险废物排污费征收	行政征收	《中华人民共和国环境保护法》第二十八条、《排污费征收使用管理条例》第二条、《排污费征收标准管理办法》	网络、电子显示屏、公示栏	1.一般固废：冶炼渣25元/吨，粉煤灰30元/吨，炉渣25元/吨，煤矸石5元/吨，尾矿15元/吨，其他渣25元/吨。2.危险废物：1000元/吨
噪声超标排污费征收	行政征收	《中华人民共和国环境保护法》第二十八条、《中华人民共和国环境噪声污染防治法》第十六条、《排污费征收使用管理条例》第二条、《排污费征收标准管理办法》	网络、电子显示屏、公示栏	按超标分贝数征收350元/月至11200元/月；如有二处及二处以上噪声超标，则加征1倍
封存或责令拆除产生噪声污染的设施或设备	行政强制	《江苏省环境噪声污染防治条例》第四十条	网络、电子显示屏	不收费
登记保存	行政强制	《中华人民共和国行政处罚法》第三十七条第二款	网络、电子显示屏	不收费
责令减少或者停止排放水污染物	行政强制	《中华人民共和国水污染防治法》第二十一条	网络、电子显示屏	不收费
代处置	行政强制	《中华人民共和国固体废物污染环境防治法》第五十五条、《中华人民共和国放射性污染防治法》第五十六条	网络、电子显示屏	依"实施依据"所列法律法规之规定

（续表）

职权项目名称	类别	实施依据	公示形式	收费依据和标准
环境监察	行政检查	《中华人民共和国环境保护法》第十四条等	网络、公示栏、电子显示屏	不收费
环境监测	行政检查	《中华人民共和国环境保护法》第十一条、《全国环境监测管理条例》、《江苏省环境保护条例》等	网络、公示栏、电子显示屏	江苏省物价局、财政厅、环保厅"苏价费〔2006〕397号"文
监测收费	行政事业性收费	江苏省物价局、财政厅、环保厅"苏价费〔2006〕397号"文	网络、公示栏	按"实施依据"所列文件执行
环境污染及生态破坏事故应急处置	其他	《中华人民共和国环境保护法》第三十一条、《国家突发环境事件应急预案》、《吴江市突发环境污染及生态破坏事故应急预案》	网络、电子显示屏	不收费
编制环境保护规划	其他	《中华人民共和国环境保护法》第十二条	网络、电子显示屏	不收费
"生态村"评定	其他	《全国环境宣传教育行动纲要》（1996—2010年）	网络、电子显示屏、宣传手册	不收费
"环境友好企业"评定	其他	国家环保总局《关于开展创建国家环境友好企业活动的通知》（环发〔2003〕92号）	网络、电子显示屏、宣传手册	不收费
"绿色学校"评定	其他	《全国环境宣传教育行动纲要》（1996—2010年）	网络、电子显示屏、宣传手册	不收费
"绿色社区"评定	其他	《全国环境宣传教育行动纲要》（1996—2010年）	网络、电子显示屏、宣传手册	不收费
"绿色宾馆"评定	其他	《全国环境宣传教育行动纲要》（1996—2010年）	网络、电子显示屏、宣传手册	不收费
"环境教育基地"评定	其他	《全国环境宣传教育行动纲要》（1996—2010年）	网络、电子显示屏、宣传手册	不收费

二、党风廉政建设

（一）学习

1985年1月，中共吴江县环保局党支部成立后，始终重视党员、尤其是党员领导干部的学习，为党风廉政建设打下坚实的思想基础。

表 10-7　1985~2008 年吴江市环保局党员领导干部学习内容一览表

年份	主　要　内　容
1985	学习中共十二届四中、五中全会文件,坚持"两个文明"一起抓。
1986	学习吴江县委关于端正党风的规定,学习《政治经济学教材》等 4 门基本课程,学习中共十二届六中全会《决议》,党员干部参加苏州市讲师团马列主义理论教育的考试。
1987	学习中共十三大文件,坚持党在社会主义初级阶段的基本路线,坚持四项基本原则,坚持改革开放,反对资产阶级自由化。
1988	学习中共十三届三中全会文件,学习党的基本路线和基础知识,参加"为政清廉""严守纪律、顾全大局"教育活动。
1989	学习中共十三届四中全会文件,学习《人民日报》社论《必须旗帜鲜明地反对动乱》和《中共中央、国务院告全体共产党员和全国人民书》,参加"坚持四项基本原则、反对资产阶级自由化"的教育活动。
1990	学习中共十三届四中、五中、六中全会文件,学习中国特色社会主义理论,学习《关于加强农村工作若干问题的决议》,参加"莫忘国耻,振兴中华"的爱国主义教育活动。
1991	学习中共十三届七中、八中全会文件,学习江泽民"七一"讲话,学习以《中国共产党党章》《党内政治生活的若干准则》为主要内容的党的纪律基础知识。
1992	学习中共十三届八中全会文件和中共十四大文件,学习邓小平南方视察时发表的重要讲话,学习吴江市纪委下发的《关于严肃处理两起党员滥用职权贪污受贿违纪案件的通报》和《关于加强监督检查,严肃查处党员干部挪用公款案件的通报》。
1993	学习中共十四届三中全会通过的《中共中央关于建立社会主义市场经济体制若干问题的决定》,学习《邓小平文选》第三卷,观看党风廉政教育片多部和电影《新中国第一大案》,参加"致力于集体,奉献于事业"主题教育活动。
1994	参加以"学习邓小平同志建设有中国特色社会主义理论,增强党性观念、做清正廉洁模范"为主题的党风廉政教育活动,参加苏州市委组织部、宣传部、党校联合组织的社会主义市场经济基本理论及基本知识考试。
1995	学习中共十四届四中全会文件,学习《邓小平同志建设有中国特色社会主义理论学习纲要》,学习吴江市委副书记钱明勤政廉政的先进事迹。
1996	学习孔繁森,参加"学好理论、牢记宗旨、遵纪守法、争作贡献"为主题的世界观、人生观、价值观教育活动,学习中共十四届六中全会文件,参加"三讲(讲学习、讲政治、讲正气)"教育活动,观看省纪委拍摄的《巨浪淘沙》《欲海浮沉》等警戒教育片。
1997	学习中共十五大文件,学习《中国共产党党员领导干部廉洁从政若干准则(试行)》和《中国共产党纪律处分条例(试行)》,学习《中华人民共和国香港特别行政区基本法》及有关香港问题的知识,加深对邓小平"一国两制"理论的认识。
1998	学习中共十五届三中全会文件,参加中共十一届三中全会召开 20 周年纪念活动。
1999	学习中共十五届四中全会文件,参加"三讲两加强(讲学习、讲政治、讲正气,加强机关作风建设、加强为基层为经济服务的意识)"教育活动,参加对"法轮功"邪教组织的斗争,批判李登辉的"两国论"。
2000	学习中共十五届五中全会文件,学习"三个代表"重要思想,学习《邓小平论党风廉政建设和反腐败理论》,学习吴江市委编印的《领导干部廉洁自律手册》,参加"双思(致富思源,富而思进)"和"廉洁奉公,勤政为民"主题教育活动。
2001	学习江泽民"七一"讲话,学习《中共吴江市委关于学习贯彻党的十五届六中全会精神的意见》,学习《苏州市党员学习读本》,参加"心系事业,志在富民"和"实践'三个代表'重要思想,树立正确的权力观、群众观、利益观"主题教育活动,参加吴江市纪委组织的党纪政纪条规知识测试。
2002	学习中共十六大文件,学习新《党章》,参加以"树立正确权力观、地位观、利益观"为主题的党风廉政宣传月活动,学习《公民道德建设实施纲要》。

（续表）

年份	主　要　内　容
2003	学习中共十六届三中全会文件,参加"全面建设小康社会"的目标教育活动。
2004	学习科学发展观,学习中共十六届四中全会文件,学习《吴江市建立惩治和预防腐败体系的实施意见(试行)》。
2005	参加科学发展观和新农村建设教育活动,参加"新思想、新理论、新知识、新技术"学习活动,参加保持共产党员先进性教育活动,参加"廉洁文化进机关、进社区、进家庭、进学校、进企业、进农村"活动。
2006	开展"八荣八耻"教育活动,学习《中共中央关于构建社会主义和谐社会若干重大问题的决定》,开展党风廉政专题教育。
2007	学习胡锦涛在十七届中央纪委七次全会上的讲话精神,学习中共十七大文件,学习省党代会、苏州市党代会和吴江市党代会文件,学习《科学发展观学习读本》。
2008	学习胡锦涛同志关于科学发展观和构建和谐社会的有关论述,学习十七大修改后的《党章》,学习纪念改革开放三十周年的文章。

（二）党风廉政责任制

1987年,县环保局开始执行县委制定的党风廉政责任制。90年代,党风廉政责任制在市委领导下逐步完善。1997年,市环保局开始执行市委组织部会同有关部门制定的职代会民主评议领导干部制度,每年进行一次,并把评议结果作为上级考察、使用干部的重要依据。1998年,党风廉政责任制开始纳入市

2008年,市环保局办公楼门厅内的党务公示栏

环保局党政领导任期目标管理。1995年,市环保局开始执行吴江市委制定领导干部个人重大事项报告制度和领导干部廉洁自律的规定。局内召开廉洁自律专题民主生活会,对存在的问题进行自查和纠正。1999年开始,市环保局主要领导每年与市委主要领导签订党风廉政责任书。2002年开始,市环保局主要领导和中层各部门负责人签订年度廉政责任状。年终,市环保局还要开展"述廉、评廉、考廉"活动。2003年,市环保局进一步明确,中层各部门的负责人必须把廉政建设作为重要工作内容之一。规定:对管辖范围内的不正之风不制止、不查处,或对上级交办的党风廉政建设责任制范围内的事项不办理,或对严重违法违纪问题隐瞒不报、拖延不办的,给予负直接领导责任的主管人员警告或严重警告处分;情节严重的,撤销职务。直接管辖范围内发生重大案件,致使国家、集体财产和人民群众生命财产遭受损失或造成恶劣影响的,责令负直接领导责任的主管人员辞职或对其免职。对配偶、子女、身边工作人员严重违法违纪知情不报的,责令其辞职;包庇、纵容的,给予撤职处分;情节严重的给予开除处分。

（三）民主集中制建设

2002年,市委组织部印发吴组发〔2002〕15号文件《关于镇局领导班子集体议事的若干规定》。市环保局领导班子立即组织学习,并对必须经局办公会议、局长办公会议或局党组(党

支部）成员会议集体研究决定的事项、程序、纪律等作出具体的规定。

2006年7月3日，市环保局、市环保局党组联合印发《吴江市环保局领导班子集体议事的若干规定（试行）》。规定：局领导班子研究决定重大问题，必须遵循"集体领导、民主集中、个别酝酿、

2002年4月9日，市环保局领导班子举行民主生活会

会议决定"的原则，以会议的形式实行集体议事。规定：年度工作计划、重大工作部署、数额在5万元以上的大额经费开支、机构设置和人员编制的调整、局机关重要人事变更事项、奖励、处分、年度考核和后备干部的推荐、重大项目的环保审批、对环境违法排污企业的行政处罚、以局名义制定的规定及制度和政策性文件、以局名义组织的重大活动及重要会议等，必须经局长办公会议集体研究确定。党建计划，党员的吸收、审批、转正，党务工作计划，工青妇群众组织的换届选举和人事安排，对党员的党纪处分和党内奖励，有关精神文明建设的制度、计划和规定、以党组织名义组织的重要活动和重要会议等，必须经党组（党支部）成员集体研究确定。

（四）保持共产党员先进性教育活动

2005年初，根据市委部署，市环保局成立保持共产党员先进性教育活动领导小组，由局长吴少荣任组长，副局长沈云奎、王通池任副组长，副局长严永琦、姚明华、周民、张荣虎任组员。2005年1月26日、3月30日和5月26日，领导小组先后印发《环保局保持共产党员先进性教育活动实施方案》《环保局保持共产党员先进性教育活动分析评议阶段实施方案》和《环保局保持共产党员先进性教育活动整改提高阶段实施计划》，要求全局的共产党员结合实际贯彻执行，确保先进性教育活动按时完成，并取得实效。

2005年，在"保持共产党员先进性教育活动"中，市环保局全体党员重温入党誓言

表 10-8　2005 年吴江市环保局保持共产党员先进性教育活动实施方案一览表

时间	阶段	工作步骤和内容	责任人
3 月 30 日		1. 设群众意见箱。 2. 设党员岗位公示专栏。 3. 对外公布热线电话及电子信箱。	张荣虎
3 月 31 日～ 4 月 1 日		1. 党支部派专人召开局机关群众座谈会,征求意见。	沈云奎、张荣虎
		2. 党支部委员分别召开相关部门和服务对象座谈会。	支部成员
		3. 党员主动征求群众意见。	全体党员
4 月 2 日	分析 评议 阶段	1. 召开机关全体工作人员及环保助理会议,征求意见。 2. 集中学习《党章》、胡锦涛同志《在新时期保持共产党员先进性专题报告会上的讲话》以及胡锦涛同志在贵州考察时就先进性教育活动所作的讲话。	吴少荣
4 月 2 日～4 月 5 日		1. 党支部成员之间互相谈心。 2. 局领导与分管部门人员逐个谈心。 3. 党支部书记与支部委员、党小组长逐个谈心。 4. 党员与党员、党员与群众相互谈心。 5. 自学重点学习内容。	支部委员、全体党员
4 月 7 日		收集反馈意见。	沈云奎
4 月 8 日		1. 党员撰写个人党性分析材料。 2. 党支部书记审阅支部委员和党员的材料。	吴少荣、张荣虎
4 月 9 日		1. 党支部召开民主生活会,每个党员按照准备好的书面材料进行党性分析,并逐个评议,开展批评与自我批评。 2. 召开局党组成员专题民主生活会。	吴少荣、沈云奎
4 月 10 日		集中学习《中共中央关于加强和改进党的作风建设的决定》、毛泽东同志《中国共产党的三大作风》、邓小平同志《一靠理想二靠纪律才能团结起来》。	沈云奎
4 月 13 日前		1. 修改党性分析材料。 2. 进一步边议边改。	全体党员、张荣虎
4 月 15 日前		召开支委会。	吴少荣
4 月 16 日		集中学习江泽民同志《论加强和改进执政党建设(专题摘编)》《中共中央关于加强执政能力建设的决定》	沈云奎
4 月 20 日前		1. 向群众通报民主评议党员情况。 2. 向党员、群众通报专题民主生活会情况。	王通池
4 月 25 日		1. 组织"回头看"。 2. 开展群众满意度测评。 3. 迎接上级的检查验收。	沈云奎、张荣虎
5 月 25 日	整改 提高 阶段	1. 传达贯彻市委整改提高阶段工作会议精神。 2. 部署整改提高阶段的工作。	吴少荣
5 月 29 日前		1. 制定党员个人整改措施。 (1)每个党员对照党性分析材料,结合党组织的评议意见,深入反思存在的突出问题,进一步明确整改措施。 (2)整改措施要切实可行,要与保持先进性的要求以及履行岗位职责结合起来。	全体党员
		2. 制定局领导班子整改方案。 (1)针对存在的突出问题,细化整改方案。 (2)把群众意见最大、最不满意、最希望办、当前能办好的事情作为重点。	沈云奎 张荣虎

（续表）

时间	阶段	工作步骤和内容	责任人
5月31日前		修订、上报局领导班子整改方案。	张荣虎
6月5日前		布置整改任务(明确到每个部门、每个人和必须完成的时间)。	吴少荣
6月15日前	整改提高阶段	1.党员个人整改。 2.公布整改情况。 3.群众满意度测评。 4.建立党员教育管理的长效机制。 (1)总结提高教育活动中的一些好做法。 (2)健全党组织生活制度和党员领导干部廉洁自律制度。 (3)建立党员长期受教育、永葆先进的长效机制。	全体党员、吴少荣、沈云奎、张荣虎
6月20日前		1.开展"党员走进社区"主题教育实践活动。 2.认真组织"回头看"。 3.完成先进性教育的书面总结报告。	王通池、沈云奎、张荣虎
6月28日前		对不认真履行党员义务、不完全符合党员条件的党员,党支部区别情况,做好教育转化工作。	沈云奎

第十一章 荣誉

1983~2008 年,吴江市(县)环保系统的单位、干部、职工获得各项荣誉 324 项,非环保系统的单位、干部、职工获得环保类荣誉 650 项。

第一节 环保系统

一、集体荣誉

1985~2008 年,吴江市(县)环保系统的单位、干部、职工共获得集体荣誉 86 项。其中国家级 1 项、江苏省级(或相当于省级)15 项、苏州市级 31 项、吴江市(县)级 39 项。

表 11-1 1985~2008 年吴江市(县)环保系统获得的国家级、江苏省级(或相当于省级)
集体荣誉一览表

年度	获奖集体	荣 誉	授奖机构
1985	县环境监测站	省环境监测先进集体	省环保局
1990	县环保局	省生态农业试点先进单位	省环保局
1992	市环境监测站	省环境监测优质实验室	省环保局
1995	市环保局档案室	省档案工作先进集体	省档案局
2002	市环境监察大队	省排污收费工作先进集体	省环保厅、省财政厅
2003	市环保局	省"绿色学校"创建活动优秀组织单位	省环保厅
2003—2004	市环保局	省环保宣教工作先进集体	省环保厅
2005	市环保局	省户外环保标语竞赛组织奖	省环保厅
2005	市环保局	国家级生态示范区建设先进单位	国家环保总局
2005—2006	市环保局	省环境保护宣传教育先进单位	省环保厅
2006	市环保局	"十五"期间全省环境信息工作先进集体	省环保厅
2006	市环保局	全省自然生态保护工作先进集体	省环保厅
2006	市环保局	省"绿色社区"创建先进单位	省环保厅
2007	市环境监察大队	省排污收费工作先进单位	省环保厅
2008	市环境监测站	太湖水污染及蓝藻监测预警工作先进集体	省环境监测中心
2008	市环保局	《中国环境报》宣传工作先进单位	《中国环境报》社

表 11-2 1985~2008 年吴江市(县)环保系统获得的苏州市级集体荣誉一览表

年度	获奖集体	荣　誉	授奖机构
1985—1986	县环保局档案室	苏州市档案工作先进集体	苏州市政府
1987	县环境监测站	苏州市环境监测优质实验室	苏州市环保局
1987	县环境监测站	苏州市环境保护先进集体	苏州市政府
1988—1989	县环境监测站	苏州市环境保护先进集体	苏州市政府
1989	北厍镇环保办	苏州市环境保护先进集体	苏州市政府
1990	县环保局	苏州市首次乡镇工业污染源调查及评价先进集体	苏州市环保局
1990	桃源镇环保办	苏州市首次乡镇工业污染源调查及评价先进集体	苏州市环保局
1990	震泽镇环保办	苏州市首次乡镇工业污染源调查及评价先进集体	苏州市环保局
1991	北厍镇环保办	苏州市环境保护先进集体	苏州市政府
1991	同里镇环保办	苏州市环境保护先进集体	苏州市政府
1992	县环科学会	苏州市青少年环保知识竞赛系列活动组织奖	苏州市青少年环保知识竞赛系列活动组委会办公室
1992	市环保局	苏州市环境保护宣传教育先进单位	苏州市委宣传部、苏州市环保局、共青团苏州市委
1992	盛泽镇环保办	苏州市"七五"期间排污收费先进集体	苏州市环保局
1993	市环境监测站实验室	苏州市第二届环境监测优质实验室	苏州市环保局
1996	市环保局	"八五"期间苏州市环境保护先进集体	苏州市政府
1996	北厍镇环保办	"八五"期间苏州市环境保护先进集体	苏州市政府
1999	市环保局	苏州市太湖流域水污染限期达标排放工作先进集体	苏州市政府
2000	市环保局	苏州市"一控双达标"先进集体	苏州市政府
2000	八都镇环保办	苏州市"一控双达标"先进集体	苏州市政府
2000	盛泽镇环保办	苏州市"一控双达标"先进集体	苏州市政府
2000—2002	市环保局	苏州市信访系统先进集体	苏州市委
2003	市环保局	苏州市环保系统政务信息工作先进单位	苏州市环保局
2003—2004	市环保局	苏州市爱国卫生先进集体	苏州市爱卫会、苏州市人事局
2005	市环境监测站	苏州市环境监测工作先进单位	苏州市环保局
2005	市环境监测站	现代化建设试点工作先进单位	苏州市环保局
2005	市环境监测站	数据传输先进单位	苏州市环保局
2005	市环境监测站	农村地表水专项调查先进单位	苏州市环保局
2007	市环境监测站	苏州市环境监测农村地表监测先进监测站	苏州市环保局
2007	市环境监测站	苏州市环境监测"三同时"验收监测先进监测站	苏州市环保局
2008	市环境监测站	苏州市环境监测系统监测技能竞赛第三名	苏州市环保局、苏州市委市级机关工委、苏州市人事局、苏州市社保局、苏州市总工会
2008	市环保局	苏州市环保系统档案管理先进集体	苏州市环保局

表11-3　1986~2008年吴江市(县)环保系统获得的吴江市(县)级集体荣誉一览表

年度	获奖集体	荣誉	授奖机构
1986	县环保局档案室	县档案工作先进集体	县政府
1987	县环境监测站	县环保先进集体	县环保局
1987	桃源乡环保办	县环保先进集体	县环保局
1987	平望镇环保办	县环保先进集体	县环保局
1988	县环保局	县信访工作先进集体	县委办公室
1988	芦墟镇环保办	县环保先进集体	县环保局
1988	屯村乡环保办	县环保先进集体	县环保局
1988	桃源镇环保办	县环保先进集体	县环保局
1988	北厍镇环保办	县环保先进集体	县环保局
1989	芦墟镇环保办	县环保先进集体	县环保局
1989	青云乡环保办	县环保先进集体	县环保局
1989	桃源镇环保办	县环保先进集体	县环保局
1989	北厍镇环保办	县环保先进集体	县环保局
1990	北厍镇环保办	县环保先进集体	县环保局
1990	青云乡环保办	县环保先进集体	县环保局
1990	同里镇环保办	县环保先进集体	县环保局
1991	县环保局档案室	县先进集体	县委、县政府
1991	市环境监测站	县环保先进集体	县环保局
1991	黎里镇环保办	县环保先进集体、环境目标责任制"冠军杯"	县环保局
1991	同里镇环保办	县环保先进集体、环境宣传教育工作"冠军杯"	县环保局
1991	北厍镇环保办	县环保先进集体、治理设施运转率和废水处理达标率"冠军杯"	县环保局
1992	莘塔乡环保办	市建设项目"三同时""冠军杯"	市环保局
1992	盛泽镇环保办	市征收排污费和排污水费"冠军杯"	市环保局
1992	屯村镇环保办	市"三废"综合利用"冠军杯"	市环保局
1993	北厍镇环保办	市环保先进集体	市环保局
1993	黎里镇环保办	市环保先进集体	市环保局
1994	黎里镇环保办	市环保先进集体	市政府
1994	桃源镇环保办	市环保先进集体	市政府
2000	黎里镇环保办	市环保先进集体	市政府
2000	芦墟镇环保办	市环保先进集体	市政府
2000	盛泽镇环保办	市环保先进集体	市政府
2000	八都镇环保办	市环保先进集体	市政府
2000	金家坝镇环保办	市环保先进集体	市政府
2000	莘塔镇环保办	市环保先进集体	市政府
2000	市环境监理大队	市环保先进集体	市政府
2000	市环境监测站	市环保先进集体	市政府
2008	市环保局	市纪检监察系统信息工作先进集体	市纪委
2005—2007	市环保局党支部	市"一联双管"工作先进单位	市纪委、市委组织部、市委机关工委
2007—2008	市环保局	市爱国卫生先进集体	市人事局、市爱卫会

二、个人荣誉

1985~2008 年,吴江市(县)环保系统的干部、职工共获得个人荣誉 238 项。其中国家级 3 项、江苏省级 20 项、苏州市级 68 项、吴江市(县)级 147 项。

表 11-4 2003~2006 年吴江市(县)环保系统干部职工获得的国家级个人荣誉一览表

年度	获奖者	时任职务	荣誉	授奖机构
2003	吴少荣	市环保局局长	国家环境保护模范城市组织奖	国家环保总局
2005	吴少荣	市环保局局长	国家级生态示范区建设先进工作者	国家环保总局
2006	沈卫芳	市环保局副局长	创建全国环境优美乡镇优秀领导	国家环保总局

表 11-5 1985~2008 年吴江市(县)环保系统干部职工获得的江苏省级个人荣誉一览表

年度	获奖者	时任职务 (或职称、或从事的工作)	荣誉	授奖机构
1985	凌汝虞	县环保局科员	省环境保护先进个人	省环保局
1987	王志清	县环保局局长	省环境保护先进个人	省环保局
1988—1989	蒋源隆	县环保局副局长	省科协系统先进个人	省科学技术协会
1990	钱争旗	县环保局管理股科员	省首次乡镇工业污染源调查及评价先进个人	省环保局、省财政局、省统计局
1990	许 吉	县环保局综合股副股长	省生态农业试点先进个人	省环保局
1991	蒋源隆	县环保局副局长	省"七五"期间排污收费先进个人	省环保局
1993	蒋源隆	市环保局副局长	省环境保护系统先进个人	省环保局
1993	涂学根	市环境监测站副站长	省环境保护系统先进个人	省环保局
1996	钱争旗	市环境监理站站长	省环境监理试点工作先进个人	省环保委
1998	许竞竞	市环境监测站副站长	省排污申报工作先进个人	省环保厅
1998	凌汝虞	市环保局管理科副科长	省排污申报工作先进个人	省环保厅
2000	蒋源隆	市环保局副局长	省环保系统先进工作者	省环保厅
2000—2003	姚明华	市环保局副局长	环保政务公开先进工作者	省环保厅
2005	王通池	市环保局副局长	省户外环保标语竞赛先进个人	省环保厅
2006	宋雄英	市环境监测站站长	"十五"期间全省环境监测工作先进工作者	省环保厅
2006	强建英	市环保局办公室副主任	全省环保档案工作目标管理先进工作者	省环境保护厅
2006	范新元	市环保局局长	江苏省"绿色社区"创建先进个人	省环保厅
2007	翁益民	市环保局法宣科科长	全省环保执法工作先进个人	省环保厅
2008	宋雄英	市环境监测站站长	太湖水污染及蓝藻监测预警工作先进个人	省环境监测中心
2008	顾建华	市环境监察大队管理科科长	江苏省排污收费工作先进个人	省环保厅

表11-6　1986~2008年吴江市(县)环保系统干部职工获得的苏州市级个人荣誉一览表

年度	获奖者	时任职务 (或职称、或从事的工作)	荣　誉	授奖机构
1986	凌汝虞	县环保局科员	苏州市工业污染调查先进个人	苏州市经委、苏州市环保局
1986	张　铭	县环境监测站职工	苏州市工业污染调查先进个人	苏州市经委、苏州市环保局
1986	翁益民	县环境监测站化验员	苏州市工业污染调查先进个人	苏州市经委、苏州市环保局
1987	许　吉	县环科学会秘书长	苏州市环保先进个人	苏州市政府
1987	邓景芳	县环保局科员	苏州市环保先进个人	苏州市政府
1987	郭蕴芝	县环境监测站化验员	苏州市环保先进个人	苏州市政府
1987	凌汝虞	县环保局科员	苏州市环保先进个人	苏州市政府
1987	赵根清	县环境监测站副站长	苏州市环保先进个人	苏州市政府
1987	翁益民	县环境监测站化验员	苏州市环保先进个人	苏州市政府
1987	陶红英	松陵镇环保助理员	苏州市工业污染调查先进个人	苏州市经委、苏州市环保局
1988—1989	蒋源隆	县环保局副局长	苏州市科学技术协会先进工作者	苏州市科协
1988—1989	王志清	县环保局局长	苏州市环保先进个人	苏州市政府
1988—1989	邓景芳	县环保局综合股副股长	苏州市环保先进个人	苏州市政府
1988—1989	郭蕴芝	县环境监测站化验员	苏州市环保先进个人	苏州市政府
1988—1989	朱留根	县环境监测站驾驶员	苏州市环保先进个人	苏州市政府
1988—1989	张寅生	北厍镇环保助理员	苏州市环保先进个人	苏州市政府
1988—1989	张　罡	芦墟镇环保助理员	苏州市环保先进个人	苏州市政府
1988—1989	沈泉坤	青云乡环保助理员	苏州市环保先进个人	苏州市政府
1990	俞泉南	松陵镇环保助理员	苏州市首次乡镇工业污染源调查及评价先进个人	苏州市环保局
1990	吴伯良	盛泽镇环保助理员	苏州市首次乡镇工业污染源调查及评价先进个人	苏州市环保局
1990	徐小佩	平望镇环保助理员	苏州市首次乡镇工业污染源调查及评价先进个人	苏州市环保局
1990	袁雪荣	八坼镇环保助理员	苏州市首次乡镇工业污染源调查及评价先进个人	苏州市环保局
1990—1991	陈小荣	梅堰镇环保助理员	苏州市环保先进个人	苏州市政府
1990—1991	褚建新	同里镇环保助理员	苏州市环保先进个人	苏州市政府
1990—1991	姚荣根	铜罗镇环保助理员	苏州市环保先进个人	苏州市政府
1990—1991	徐小佩	平望镇环保助理员	苏州市环保先进个人	苏州市政府
1990—1991	吴伯良	盛泽镇环保助理员	苏州市环保先进个人	苏州市政府
1990—1991	张玉龙	屯村乡环保助理员	苏州市环保先进个人	苏州市政府
1990—1991	张寅生	北厍镇环保助理员	苏州市环保先进个人	苏州市政府
1990—1991	袁雪荣	八坼镇环保助理员	苏州市环保先进个人	苏州市政府
1990—1991	张劲松	横扇乡环保助理员	苏州市环保先进个人	苏州市政府
1992	施　峥	震泽镇环保助理员	苏州市"七五"排污收费先进个人	苏州市环保局

（续表）

年度	获奖者	时任职务 （或职称、或从事的工作）	荣　誉	授奖机构
1993	褚建新	同里镇环保助理员	苏州市环保宣教先进个人	苏州市委宣传部、苏州市环保局、共青团苏州市委
1993	蔡荣华	芦墟镇环保助理员	苏州市环保宣教先进个人	苏州市委宣传部、苏州市环保局、共青团苏州市委
1993	袁雪荣	八坼镇环保助理员	苏州市环保宣教先进个人	苏州市委宣传部、苏州市环保局、共青团苏州市委
1993	施　峥	震泽镇环保助理员	苏州市环保宣教先进个人	苏州市委宣传部、苏州市环保局、共青团苏州市委
1996	张兴林	市环保局局长	"八五"期间苏州市环保先进工作者	苏州市政府
1996	蒋源隆	市环保局副局长	"八五"期间苏州市环保先进工作者	苏州市政府
1996	翁益民	市环境监测站副站长	"八五"期间苏州市环保先进工作者	苏州市政府
1996	钱争旗	市环境监理站站长	"八五"期间苏州市环保先进工作者	苏州市政府
1996	吴伯良	盛泽镇环保助理员	"八五"期间苏州市环保先进工作者	苏州市政府
1996	沈永健	黎里镇环保助理员	"八五"期间苏州市环保先进工作者	苏州市政府
1996	姚荣根	铜罗镇环保助理员	"八五"期间苏州市环保先进工作者	苏州市政府
1996	张寅生	北厍镇环保助理员	"八五"期间苏州市环保先进工作者	苏州市政府
1999	许竞竞	市环境监测站副站长	苏州市"一控双达标"先进个人	苏州市政府
1999	吴伯良	盛泽镇环保助理员	苏州市太湖流域水污染限期达标排放工作先进个人	苏州市政府
1999	沈永健	黎里镇环保助理员	苏州市太湖流域水污染限期达标排放工作先进个人	苏州市政府
2000	张寅生	北厍镇环保助理员	苏州市"一控双达标"先进个人	苏州市政府
2000	黄　娟	桃源镇环保助理员	苏州市"一控双达标"先进个人	苏州市政府
1998—2002	姚明华	市环保局副局长	苏州市环保先进个人	苏州市政府
1998—2002	薛建国	市环境监测站站长	苏州市环保先进个人	苏州市政府
1998—2002	钱争旗	市环境监察大队大队长	苏州市环保先进个人	苏州市政府
1998—2002	凌汝虞	市环保局计划科长	苏州市环保先进个人	苏州市政府
1998—2002	俞泉南	松陵镇环保助理员	苏州市环保先进个人	苏州市政府
1998—2002	朱根其	同里镇环保助理员	苏州市环保先进个人	苏州市政府
1998—2002	陈根生	横扇镇环保助理员	苏州市环保先进个人	苏州市政府
1998—2002	沈永健	黎里镇环保助理员	苏州市环保先进个人	苏州市政府
1998—2002	李建新	震泽镇环保助理员	苏州市环保先进个人	苏州市政府
1998—2002	姚荣根	铜罗镇环保助理员	苏州市环保先进个人	苏州市政府
1998—2002	徐小佩	平望镇环保助理员	苏州市环保先进个人	苏州市政府
1998—2002	邱劲松	庙港镇环保助理员	苏州市环保先进个人	苏州市政府
2007	黄　娟	市环保局管理科科长	苏州市环境保护先进工作者	苏州市政府
2007	吴　昊	市环保局管理科副科长	苏州市环境保护先进工作者	苏州市政府
2007	沈　颉	市环境监察大队副大队长	苏州市环境保护先进工作者	苏州市政府

（续表）

年度	获奖者	时任职务 （或职称、或从事的工作）	荣　誉	授奖机构
2007	翁益民	市环保局法宣科科长	苏州市环境保护先进工作者	苏州市政府
2007	王建滨	市环境监测站助理工程师	苏州市环境保护先进工作者	苏州市环保局、苏州市人事局
2008	钮玉龙	市环境监测站监测二室主任	苏州市环境监测技术能手	苏州市环保局、苏州市委市级机关工委、苏州市人事局、苏州市社保局、苏州市总工会
2008	强建英	市环保局办公室副主任	苏州市环保系统档案管理先进个人	苏州市环保局

表11-7　1985~2008年吴江市（县）环保系统干部职工获得的吴江市（县）级
个人荣誉一览表

年度	获奖者	时任职务 （或职称、或从事的工作）	荣　誉	授奖机构
1985	郭蕴芝	县环境监测站化验员	县先进个人	县政府
1985	凌汝虞	县环保局科员	县先进个人	县政府
1985	涂学根	县环境监测站维修工	县先进个人	县政府
1985	赵根清	县环境监测站副站长	县先进个人	县政府
1985	王志清	县环保局副局长	县直机关优秀共产党员	县直机关党委
1986	赵根清	县环境监测站副站长	记功	县政府
1986	朱留根	县环境监测站驾驶员	县先进个人	县政府
1986	翁益民	县环境监测站化验员	县先进个人	县政府
1986	朱留根	县环境监测站驾驶员	县优秀共产党员	县直机关党委
1986	金根林	桃源乡环保助理员	县环保先进工作者	县环保局
1986	褚建新	同里镇环保助理员	县环保先进工作者	县环保局
1986	陶红英	松陵镇环保助理员	县环保先进工作者	县环保局
1986	叶卫和	莘塔乡环保助理员	县环保先进工作者	县环保局
1986	陈马根	芦墟镇环保助理员	县环保先进工作者	县环保局
1986	张寅生	北厍乡环保助理员	县环保先进工作者	县环保局
1986	郭健明	平望镇环保助理员	县环保先进工作者	县环保局
1986	沈泉坤	青云乡环保助理员	县环保先进工作者	县环保局
1986	张　罡	芦墟镇环保助理员	县环保先进工作者	县环保局
1987	张　罡	芦墟镇环保助理员	县环保先进个人	县环保局
1987	陶红英	松陵镇环保助理员	县环保先进个人	县环保局
1987	沈泉坤	青云乡环保助理员	县环保先进个人	县环保局
1987	张寅生	北厍镇环保助理员	县环保先进个人	县环保局
1987	张玉龙	屯村乡环保助理员	县环保先进个人	县环保局
1988	徐洪顺	县环保服务公司临时工	县环保先进个人	县环保局
1988	佘明夫	县环保服务公司会计	县环保先进个人	县环保局
1988	邓景芳	县环保局工会副主席	县优秀工会积极分子	县直机关工会
1988	强建英	县环境监测站职工	县优秀工会积极分子	县直机关工会

（续表）

年度	获奖者	时任职务 （或职称、或从事的工作）	荣　誉	授奖机构
1988	王志清	县环保局局长	县优秀共产党员	县直机关党委
1988	沈国忠	震泽镇环保助理员	县环保先进个人	县环保局
1988	金根林	桃源镇环保助理员	县环保先进个人	县环保局
1988	张　罡	芦墟镇环保助理员	县环保先进个人	县环保局
1988	张玉龙	屯村乡环保助理员	县环保先进个人	县环保局
1988	张寅生	北厍镇环保助理员	县环保先进个人	县环保局
1988	李永华	七都乡环保助理员	县环保先进个人	县环保局
1988	朱小平	金家坝乡环保助理员	县环保先进个人	县环保局
1988	沈永健	黎里镇环保助理员	县环保先进个人	县环保局
1989	陈小荣	梅堰镇环保助理员	县环保先进个人	县环保局
1989	沈泉坤	青云乡环保助理员	县环保先进个人	县环保局
1989	金根林	桃源镇环保助理员	县环保先进个人	县环保局
1989	张玉龙	屯村乡环保助理员	县环保先进个人	县环保局
1989	张寅生	北厍镇环保助理员	县环保先进个人	县环保局
1990	赵根清	县环保局管理股股长	县环保先进个人	县环保局
1990	沈泉坤	青云乡环保助理员	县环保先进个人	县环保局
1990	金根林	桃源镇环保助理员	县环保先进个人	县环保局
1990	张寅生	北厍镇环保助理员	县环保先进个人	县环保局
1990	徐小佩	平望镇环保助理员	县环保先进个人	县环保局
1991	朱留根	县环境监测站驾驶员	县环保先进个人	县环保局
1991	薛建国	县环境监测站副站长	县环保先进个人	县环保局
1991	涂学根	县环境监测站维修工	县环保先进个人	县环保局
1991	强建英	县环保局档案管理员	县环保先进个人	县环保局
1991	佘明夫	县环保服务公司会计	县环保先进个人	县环保局
1991	沈永健	黎里镇环保助理员	县环保先进个人	县环保局
1991	褚建新	同里镇环保助理员	县环保先进个人	县环保局
1991	张寅生	北厍镇环保助理员	县环保先进个人	县环保局
1991	蔡荣华	芦墟镇环保助理员	县环保先进个人	县环保局
1991	吴伯良	盛泽镇环保助理员	县环保先进个人	县环保局
1991	张玉龙	屯村乡环保助理员	县环保先进个人	县环保局
1991	袁雪荣	八坼镇环保助理员	县环保先进个人	县环保局
1991	姚荣根	铜罗镇环保助理员	县环保先进个人	县环保局
1991	施　峥	震泽镇环保助理员	县环保先进个人	县环保局
1991	陈小荣	梅堰镇环保助理员	县环保先进个人	县环保局
1991	徐小佩	平望镇环保助理员	县环保先进个人	县环保局
1991	张劲松	横扇乡环保助理员	县环保先进个人	县环保局
1992	沈永健	黎里镇环保助理员	市环保先进个人	市政府
1992	袁雪荣	八坼镇环保助理员	市环保先进个人	市政府
1992	陈小荣	梅堰镇环保助理员	市环保先进个人	市政府
1992	褚建新	同里镇环保助理员	市环保先进个人	市政府

（续表）

年度	获奖者	时任职务 （或职称、或从事的工作）	荣誉	授奖机构
1992	施　峥	震泽镇环保助理员	市环保先进个人	市政府
1992	蔡荣华	芦墟镇环保助理员	市环保先进个人	市政府
1992	叶卫和	莘塔乡环保助理员	市环保先进个人	市政府
1992	张寅生	北厍镇环保助理员	市环保先进个人	市政府
1992	姚荣根	铜罗镇环保助理员	市环保先进个人	市政府
1992	卢顺水	菀坪乡环保助理员	市环保先进个人	市政府
1992	陈君华	坛丘乡环保助理员	市环保先进个人	市政府
1992	俞泉南	松陵镇环保助理员	市环保先进个人	市政府
1992	吴伯良	盛泽镇环保助理员	市环保先进个人	市政府
1992	张玉龙	屯村镇环保助理员	市环保先进个人	市政府
1992	张劲松	横扇镇环保助理员	市环保先进个人	市政府
1993	沈永健	黎里镇环保助理员	市环保先进个人	市环保局
1993	袁雪荣	八坼镇环保助理员	市环保先进个人	市环保局
1993	蔡荣华	芦墟镇环保助理员	市环保先进个人	市环保局
1993	陈小荣	梅堰镇环保助理员	市环保先进个人	市环保局
1993	褚建新	同里镇环保助理员	市环保先进个人	市环保局
1993	叶卫和	莘塔乡环保助理员	市环保先进个人	市环保局
1993	俞泉南	松陵镇环保助理员	市环保先进个人	市环保局
1993	卢顺水	菀坪乡环保助理员	市环保先进个人	市环保局
1993	姚荣根	铜罗镇环保助理员	市环保先进个人	市环保局
1993	陈君华	坛丘乡环保助理员	市环保先进个人	市环保局
1993	张劲松	横扇镇环保助理员	市环保先进个人	市环保局
1993	施　峥	震泽镇环保助理员	市环保先进个人	市环保局
1993	黄　娟	桃源镇环保助理员	市环保先进个人	市环保局
1993	吴伯良	盛泽镇环保助理员	市环保先进个人	市环保局
1994	沈永健	黎里镇环保助理员	市环保先进个人	市政府
1994	施　峥	震泽镇环保助理员	市环保先进个人	市政府
1994	姚荣根	铜罗镇环保助理员	市环保先进个人	市政府
1994	俞泉南	松陵镇环保助理员	市环保先进个人	市政府
1994	陈君华	坛丘镇环保助理员	市环保先进个人	市政府
1994	叶卫和	莘塔镇环保助理员	市环保先进个人	市政府
1994	吴伯良	盛泽镇环保助理员	市环保先进个人	市政府
1994	卢顺水	菀坪镇环保助理员	市环保先进个人	市政府
1994	张寅生	北厍镇环保助理员	市环保先进个人	市政府
2000	袁雪荣	八坼镇环保助理员	市环保先进工作者	市政府
2000	张　维	莘塔镇环保助理员	市环保先进工作者	市政府
2000	周小毛	南麻镇环保助理员	市环保先进工作者	市政府
2000	蒋健南	八都镇环保助理员	市环保先进工作者	市政府
2000	张劲松	横扇镇环保助理员	市环保先进工作者	市政府

（续表）

年度	获奖者	时任职务 （或职称、或从事的工作）	荣　誉	授奖机构
2000	严金良	铜罗镇环保助理员	市环保先进工作者	市政府
2000	杨春林	青云镇环保助理员	市环保先进工作者	市政府
2000	俞泉南	松陵镇环保助理员	市环保先进工作者	市政府
2000	李建新	震泽镇环保助理员	市环保先进工作者	市政府
2000	沈永健	黎里镇环保助理员	市环保先进工作者	市政府
2000	朱浩生	芦墟镇环保助理员	市环保先进工作者	市政府
2001—2002	翁益民	市环保局法宣科科长	市优秀共产党员	市委
2001—2002	沈云奎	市环保局副局长	市优秀党务工作者	市委
2001—2002	严永琦	市环保局副局长	市优秀工会积极分子	市级机关工会
2001—2002	张荣虎	市环保局办公室主任	市优秀工会积极分子	市级机关工会
2002	沈　瑛	市环境监察大队助理会计师	市优秀团支部书记	市级机关团委
2003	钟　睿	市环境监测站职工	市优秀团员	市级机关团委
2002—2004	张荣虎	市环保局办公室主任	市先进工作者	市政府
2003—2004	黄　娟	市环保局管理科副科长	市爱国卫生先进工作者	市人事局、市爱卫会
2003—2005	张荣虎	市环保局办公室主任	市优秀共产党员	市级机关党工委
2003—2005	黄　娟	市环保局管理科副科长	市优秀共产党员	市级机关党工委
2005	强建英	市环保局办公室副主任	市创建全国消费放心城市工作先进个人	市创建全国消费放心城市指挥部
2005	顾建华	市环境监察大队助理工程师	考核优秀	市人事局
2004—2006	宋雄英	市环境监测站站长	市人口与计划生育工作先进个人	市计生委、市人事局
2005—2006	王通池	市环保局副局长	市爱国卫生先进工作者	市人事局、市爱卫会
2005—2006	强建英	市环保局办公室副主任	市办公室系统先进个人	市委办公室
2006	黄　娟	市环保局管理科科长	考核优秀	市人事局
2006	顾明明	市环境监察大队助理工程师	考核优秀	市人事局
2006	黄　娟	市环保局管理科科长	市创建国家园林城市先进个人	市委、市政府
2006	强建英	市环保局办公室副主任	市档案系统先进工作者	市人事局
2007	张育红	市环保局办公室副主任	党的十七大期间信访稳定工作先进个人	市处理信访突出问题及群体性事件联席会议、市信访工作领导小组
2007	张育红	市环保局办公室副主任	市信访工作先进个人	市信访工作领导小组
2007	王通池	市环保局副局长	考核优秀、嘉奖	市人事局
2007	唐美芳	市环保局纪检组长	考核优秀、嘉奖	市人事局
2007	顾建华	市环境监察大队综合科科长	考核优秀、嘉奖	市人事局
2007	黄　娟	市环保局管理科科长	考核优秀、嘉奖	市人事局
2007	王　炜	市环保局办公室主任	考核优秀、嘉奖	市人事局
2007	顾明明	市环保局计划科副科长	考核优秀、嘉奖	市人事局
2007	宋雄英	市环境监测站站长	记三等功	市政府
2007	吴　昊	市环保局管理科副科长	记三等功	市政府
2006—2007	宋雄英	市环境监测站站长	市级机关优秀共产党员	市级机关党委

（续表）

年度	获奖者	时任职务 （或职称、或从事的工作）	荣　誉	授奖机构
2006—2007	翁益民	市环保局法宣科科长	市级机关优秀共产党员	市级机关党委
2008	唐美芳	市环保局纪检组组长	市优秀党务工作者	市委
2004—2008	凌汝虞	市环保局服务科科长	市侨联工作先进个人	市人事局、市侨联
2007—2008	王通池	市环保局副局长	市爱国卫生先进工作者	市爱卫会、市人事局
2007—2008	吴　昊	市环保局管理科副科长	市爱国卫生先进工作者	市爱卫会、市人事局

第二节　非环保系统

一、集体荣誉

1983~2008年，吴江市（县）非环保系统的单位、干部、职工共获得环保类集体荣誉333项。其中国家级38项、江苏省级77项、苏州市级72项、吴江市（县）级146项。

表11-8　1990~2008年吴江市（县）非环保系统获得的环保类国家级集体荣誉一览表

年度	获奖集体	荣　誉	授奖机构
1990	吴江绸缎炼染一厂	环境保护先进集体	国家纺织工业部
1990	吴江新民丝织厂	节约能源国家一级企业	国家纺织工业部
1990	吴江新生丝织厂	节约能源国家一级企业	国家纺织工业部
1991	吴江发电厂	全国小火电节能竞赛红旗奖	国家能源部
1992	吴江发电厂	全国地方电厂节能降耗先进单位	国家能源部
1996	吴江市	全国卫生城市	全国爱卫会
1996	青云镇	全国造林绿化百佳乡	全国绿化委员会
1997	吴江市	国家卫生城市	全国爱卫会
1998	吴江市	全国造林绿化百佳县（市）	全国绿化委员会
1998	桃源镇	全国造林绿化百佳镇	全国绿化委员会
2000	吴江市	第三次全国城市环境综合整治优秀城市	国家建设部
2000	黎里镇	全国小城镇建设示范镇	国家建设部
2000	八坼镇农创村	全国秸秆禁烧和综合利用先进集体	国家环保总局、农业部、科技部、共青团中央
2000	吴江市	中国优秀旅游城市	国家旅游局
2001	七都镇	国家卫生镇	全国爱卫会
2001	芦墟镇中心小学	国家级"绿色学校"	国家环保总局、教育部
2003	芦墟镇中心小学	全国"绿色学校"创建活动先进学校	国家环保总局、教育部
2003	芦墟镇中心小学	全国第七届地球奖	中国环境新闻工作者协会、香港"地球之友"
2003	吴江市	国家环保模范城市	国家环保总局
2004	吴江市	国家级生态示范区	国家环保总局
2004	同里镇	全国环境优美乡镇	国家环保总局
2005	震泽镇	国家卫生镇	全国爱卫会

（续表）

年度	获奖集体	荣誉	授奖机构
2006	七都镇	全国环境优美乡镇	国家环保总局
2006	吴江市	国家园林城市	国家建设部
2006	松陵城区水环境综合整治工程	中国人居环境范例奖	国家建设部
2006	震泽镇	全国环境优美乡镇	国家环保总局
2006	汾湖镇	全国环境优美乡镇	国家环保总局
2006	吴江市	中国人居环境奖（水环境治理优秀范例城市）	国家建设部
2006	震泽镇新申农庄	全国农业旅游示范点	国家旅游局
2007	梅堰实验小学	全国"绿色学校"创建活动先进学校	国家环保总局、教育部
2007	同里镇鱼行社区	全国"绿色社区"创建活动先进社区	国家环保总局
2007	同里镇鱼行社区	国家级"绿色社区"	国家环保总局
2007	同里镇	中国人居环境范例奖	国家建设部
2008	同里镇	中国最佳规划城市奖	中国城市规划协会
2008	盛虹集团有限公司	节能减排优秀企业	中国印染行业协会
2008	平望镇	全国环境优美乡镇	国家环保总局
2008	横扇镇	全国环境优美乡镇	国家环保总局
2008	桃源镇	全国环境优美乡镇	国家环保总局

表 11-9　1987~2008 年吴江市（县）非环保系统获得的环保类江苏省级集体荣誉一览表

年度	获奖集体	荣誉	授奖机构
1987	震泽镇	省爱国卫生先进镇	省爱卫会
1988	吴江绸缎炼染一厂	省环保先进集体	省环保委
1990	共青团吴江县委	省青少年绿化工程先进集体	团省委
1995	黎里镇	省卫生镇	省爱卫会
1995	震泽镇	省卫生镇	省爱卫会
1995	北库镇	省卫生镇	省爱卫会
1995	同里镇	省卫生镇	省爱卫会
1995	黎里镇乌桥村	省卫生村	省爱卫会
1995	震泽镇齐心村	省卫生村	省爱卫会
1995	北库镇汾湖村	省卫生村	省爱卫会
1997	芦墟镇	省首批"九五"期间环境与经济协调发展示范镇	省环保委
1997	松陵镇吴新村	省卫生村	省爱卫会
1997	松陵镇江新村	省卫生村	省爱卫会
1997	松陵镇高新村	省卫生村	省爱卫会
1997	松陵镇石里村	省卫生村	省爱卫会
1997	松陵镇梅里村	省卫生村	省爱卫会
1997	八坼镇	省卫生镇	省爱卫会
1997	芦墟镇	省卫生镇	省爱卫会
1997	七都镇	省卫生村	省爱卫会
1997	盛泽镇	省卫生镇	省爱卫会

（续表）

年度	获奖集体	荣　誉	授奖机构
1997	梅堰镇	省卫生镇	省爱卫会
1998	金家坝镇	省卫生镇	省爱卫会
1998	八都镇	省卫生镇	省爱卫会
1998	盛泽镇渔业村	省卫生村	省爱卫会
1998	盛泽镇东港村	省卫生村	省爱卫会
1998	青云镇	省卫生镇	省爱卫会
1999	八坼镇农创村	省首批"百佳生态村"	省环保委、省农林厅
1999	南麻镇	省卫生镇	省爱卫会
1999	莘塔镇	省卫生镇	省爱卫会
1999	芦墟镇	省首批环境与经济协调发展示范镇	省环保委
2000	芦墟镇	省小城镇建设示范镇	省建设厅
2000	北库镇	省小城镇建设示范镇	省建设厅
2000	桃源镇	省小城镇建设示范镇	省建设厅
2000	八坼镇	省小城镇建设示范镇	省建设厅
2001	金家坝镇杨坟头村	省第二批百佳生态村	省环保委、省农林厅
2001	屯村镇肖甸湖村	省第二批百佳生态村	省环保委、省农林厅
2001	黎里镇	省第二批环境与经济协调发展示范镇	省环保委
2001	桃源镇	省第二批环境与经济协调发展示范镇	省环保委
2001	同里镇	省第二批环境与经济协调发展示范镇	省环保委
2003	江苏利康集团公司	省环保先进企业	省环保厅
2003	吴江绿怡固废回收处置有限公司	省环保先进企业	省环保厅
2003	苏州科德软体电路板有限公司	省环保先进企业	省环保厅
2003	市实验小学	省"绿色学校"创建活动先进学校	省环保厅
2005	松陵镇松陵二村社区	省首批"绿色社区"	省环保厅
2005	松陵镇城中社区	省首批"绿色社区"	省环保厅
2005	吴江市	省首批"生态农业县（市）"	省农林厅、省水利厅、省环保厅、省建设厅
2006	同里镇政府	省"绿色社区"创建先进单位	省环保厅
2006	同里镇政府街道办事处	省"绿色社区"创建先进单位	省环保厅
2006	吴江市	省节水型城市	省建设厅
2007	八都镇中心小学	省"绿色学校"创建活动先进学校	省环保厅
2007	市教育局	省"绿色学校"创建活动先进单位	省环保厅
2007	同里镇东新社区	省"绿色社区"	省环保厅
2007	同里镇鱼行社区	省"绿色社区"	省环保厅
2007	横扇镇菀坪社区	省"绿色社区"	省环保厅
2007	七都镇庙港社区	省"绿色社区"	省环保厅
2007	盛泽镇南麻社区	省"绿色社区"	省环保厅
2007	平望镇南新社区	省"绿色社区"	省环保厅
2007	震泽镇镇南社区	省"绿色社区"	省环保厅
2007	同里镇政府	省"绿色社区"创建先进单位	省环保厅

（续表）

年度	获奖集体	荣　誉	授奖机构
2007	同里镇政府街道办事处	省"绿色社区"创建先进单位	省环保厅
2007	科林集团吴江宝带除尘有限公司	省节能减排创新示范企业	省科技厅
2007	平望镇梅堰社区	省"绿色社区"	省环保厅
2007	同里镇屯村社区	省"绿色社区"	省环保厅
2007	同里镇东溪社区	省"绿色社区"	省环保厅
2007	震泽镇石瑾社区	省"绿色社区"	省环保厅
2007	七都镇社区	省"绿色社区"	省环保厅
2007	松陵镇三村社区	省"绿色社区"	省环保厅
2007	吴江中学	省"绿色学校"	省环保厅、省教育厅
2007	屯村实验小学	省"绿色学校"	省环保厅、省教育厅
2007	八都中心幼儿园	省"绿色幼儿园"	省环保厅、省教育厅
2007	八都中心小学	省创建"绿色学校"活动先进单位	省环保厅、省教育厅
2007	市教育局	省创建"绿色学校"活动优秀组织单位	省环保厅、省教育厅
2008	同里镇政府	省"绿色社区"创建先进集体	省环保厅
2008	同里镇政府街道办事处	省"绿色社区"创建先进集体	省环保厅
2008	吴江市	省农村改厕先进市	省爱卫会
2008	吴江市	省农村发展散装水泥达标县(市、区)	省经贸委、省建设厅
2008	吴江市	省城区禁止现场搅拌混凝土达标(市、区)	省经贸委、省建设厅

表 11-10　1983~2007 年吴江市(县)非环保系统获得的环保类苏州市级集体荣誉一览表

年度	获奖集体	荣　誉	授奖机构
1983	桃源乡	苏州市环境保护先进单位	苏州市政府
1983	震泽镇	苏州市文明卫生镇	苏州市爱卫会
1983	县针织一厂污水处理工段	苏州市环境保护先进集体	苏州市政府
1983	县化肥厂安全保卫科	苏州市环境保护先进集体	苏州市政府
1987	平望镇染料化工厂	苏州市工业污染源调查先进单位	苏州市经委、苏州市环保局
1987	吴江印染总厂	苏州市工业污染源调查先进单位	苏州市经委、苏州市环保局
1987	红旗化工厂	苏州市工业污染源调查先进单位	苏州市经委、苏州市环保局
1988	平望新联化工厂	苏州市环境保护先进集体	苏州市政府
1988	县绸缎炼染一厂水处理车间	苏州市环境保护先进集体	苏州市政府
1988	县丝绸工业公司	苏州市环境保护先进集体	苏州市政府
1989	县人大常委会城乡建设工作委员会	苏州市环境保护先进集体	苏州市政府
1989	县澄湖化工厂农药助剂分厂	苏州市环境保护先进集体	苏州市政府
1989	吴江绸缎炼染一厂	苏州市环境保护先进集体	苏州市政府
1991	芦墟中学	苏州市环境保护先进集体	苏州市教育局、环保局、科协
1991	环球丝绸服装总厂印染分厂	苏州市环境保护先进集体	苏州市政府
1991	吴江绸缎炼染一厂水处理车间	苏州市环境保护先进集体	苏州市政府
1991	红旗化工厂	苏州市环境保护"三好"企业	苏州市环保局
1991	芦墟镇中心小学	苏州市环境教育先进学校	苏州市教育局、环保局、科协

（续表）

年度	获奖集体	荣誉	授奖机构
1992	环球丝绸服装总厂印染分厂	苏州市环境保护创"三好"先进集体	苏州市环保局
1992	县科协	苏州市青少年环保知识竞赛系列活动组织奖	苏州市青少年环保知识竞赛活动组委会办公室
1993	共青团震泽镇委员会	苏州市环境保护宣传教育先进单位	苏州市委宣传部、苏州市环保局、共青团苏州市委
1993	芦墟中学	苏州市环境保护宣传教育先进单位	苏州市委宣传部、苏州市环保局、共青团苏州市委
1993	吴江市代表队	苏州市"保护蓝天碧水，促进改革开放"环保系列活动优秀组织奖	苏州市委宣传部、苏州市环保局、共青团苏州市委
1996	桃源镇政府	"八五"期间苏州市环境保护先进集体	苏州市政府
1996	芦墟镇政府	"八五"期间苏州市环境保护先进集体	苏州市政府
1996	市人民法院行政庭	"八五"期间苏州市环境保护先进集体	苏州市政府
1996	盛泽镇联合污水处理厂	"八五"期间苏州市环境保护先进集体	苏州市政府
1996	吴江发电厂盛泽热电分厂	"八五"期间苏州市环境保护先进集体	苏州市政府
1997	八都镇	苏州市卫生镇	苏州市爱卫会
1997	金家坝镇	苏州市卫生镇	苏州市爱卫会
1999	黎里镇政府	苏州市太湖流域水污染限期达标排放工作先进集体	苏州市政府
1999	盛泽镇政府	苏州市太湖流域水污染限期达标排放工作先进集体	苏州市政府
1999	盛泽镇联合污水处理厂	苏州市太湖流域水污染限期达标排放工作先进集体	苏州市政府
1999	盛泽印染总厂	苏州市太湖流域水污染限期达标排放工作先进集体	苏州市政府
1999	桃源制革厂	苏州市太湖流域水污染限期达标排放工作先进集体	苏州市政府
2000	桃源镇政府	苏州市"一控双达标"先进集体	苏州市政府
2000	亚洲啤酒(苏州)有限公司	苏州市"一控双达标"先进集体	苏州市政府
2002	市政府	苏州市环境保护工作先进集体	苏州市政府
2002	市农林局	苏州市环境保护工作先进集体	苏州市政府
2002	市建设局	苏州市环境保护工作先进集体	苏州市政府
2002	盛泽镇政府	苏州市环境保护工作先进集体	苏州市政府
2002	黎里镇政府	苏州市环境保护工作先进集体	苏州市政府
2002	芦墟镇政府	苏州市环境保护工作先进集体	苏州市政府
2002	七都镇政府	苏州市环境保护工作先进集体	苏州市政府

（续表）

年度	获奖集体	荣誉	授奖机构
2002	菀坪镇政府	苏州市环境保护工作先进集体	苏州市政府
2002	芦墟镇中心小学	苏州市环境保护工作先进集体	苏州市政府
2002	沪江日化厂	苏州市环境保护工作先进集体	苏州市政府
2002	东风化工有限公司	苏州市环境保护工作先进集体	苏州市政府
2002	东方毛纺织染厂	苏州市环境保护工作先进集体	苏州市政府
2002	桃源染料厂	苏州市环境保护工作先进集体	苏州市政府
2002	铜罗助剂厂	苏州市环境保护工作先进集体	苏州市政府
2002	江苏利康集团公司	苏州市环境保护工作先进集体	苏州市政府
2002	苏州科德软体电路板有限公司	苏州市环境保护工作先进集体	苏州市政府
2002	江苏新民纺织科技股份有限公司印染厂	苏州市环境保护工作先进集体	苏州市政府
2004	震泽镇砥定社区	苏州市"绿色社区"	苏州市环保局
2005	苏州同里湖大饭店有限公司	苏州市"绿色宾馆（饭店）"	苏州市旅游饭店星级评定委员会
2005	吴江新世纪国际酒店有限公司	苏州市"绿色宾馆（饭店）"	苏州市旅游饭店星级评定委员会
2005	吴江汇丰国际花园酒店有限公司	苏州市"绿色宾馆（饭店）"	苏州市旅游饭店星级评定委员会
2005	吴江淀山湖红顶度假村有限公司	苏州市"绿色宾馆（饭店）"	苏州市旅游饭店星级评定委员会
2005	吴江盛虹国际酒店有限公司	苏州市"绿色宾馆（饭店）"	苏州市旅游饭店星级评定委员会
2005	吴江宾馆	苏州市"绿色宾馆（饭店）"	苏州市旅游饭店星级评定委员会
2005	鲈乡山庄	苏州市"绿色宾馆（饭店）"	苏州市旅游饭店星级评定委员会
2005	吴江松陵饭店有限公司	苏州市"绿色宾馆（饭店）"	苏州市旅游饭店星级评定委员会
2005	吴江同里湖度假村	苏州市"绿色宾馆（饭店）"	苏州市旅游饭店星级评定委员会
2005	吴江虹胜宾馆有限公司	苏州市"绿色宾馆（饭店）"	苏州市旅游饭店星级评定委员会
2005	吴江吴都大酒店有限公司	苏州市"绿色宾馆（饭店）"	苏州市旅游饭店星级评定委员会
2005	吴江平望九华宾馆	苏州市"绿色宾馆（饭店）"	苏州市旅游饭店星级评定委员会
2006	吴江市	苏州市循环经济、生态市建设先进集体	苏州市政府
2007	吴江市	苏州市环境保护先进单位	苏州市政府
2007	吴江污水处理厂	苏州市主要污染物减排先进企业	苏州市政府
2007	吴江经济开发区运东污水处理厂	苏州市主要污染物减排先进企业	苏州市政府
2007	盛泽水处理发展有限公司	苏州市主要污染物减排先进企业	苏州市政府

表11-11　1982~2003年吴江市（县）非环保系统获得的环保类吴江市（县）级集体荣誉一览表

年度	获奖集体	荣誉	授奖机构
1982	桃源乡	全县实现沼气先进乡	县政府
1987	吴江绸缎炼染一厂污水处理车间	县环保先进集体	县环保局
1987	吴江针织一厂污水处理组	县环保先进集体	县环保局
1987	县食品公司黎里食品中心站	县环保先进集体	县环保局
1987	莘塔水产电镀厂	县环保先进集体	县环保局
1987	桃源吴江第二建材厂	县环保先进集体	县环保局

（续表）

年度	获奖集体	荣誉	授奖机构
1987	横扇羊毛衫染整厂	县环保先进集体	县环保局
1987	吴江眼镜厂镀金车间	县环保先进集体	县环保局
1987	吴江禽蛋肉联合加工厂	县环保先进集体	县环保局
1988	吴江绸缎炼染一厂	县环保先进集体	县环保局
1988	同里助剂厂	县环保先进集体	县环保局
1988	吴江第二建材厂	县环保先进集体	县环保局
1988	莘塔水产电镀厂	县环保先进集体	县环保局
1988	横扇羊毛衫染整厂	县环保先进集体	县环保局
1988	屯村肖甸湖电镀厂	县环保先进集体	县环保局
1988	黎里水泥厂	县环保先进集体	县环保局
1988	上海第四漂染厂吴江分厂	县环保先进集体	县环保局
1988	县丝绸公司	县环保先进集体	县环保局
1988	中国标准缝纫机公司菀坪缝纫机厂	县环保先进集体	县环保局
1988	震泽勤幸蓄电池厂	县环保先进集体	县环保局
1988	平望新联化工厂	县环保先进集体	县环保局
1988	屯村澄湖化工厂硫化物车间	县环保先进集体	县环保局
1988	芦墟水泥厂安全环保科	县环保先进集体	县环保局
1988	县医院病菌污水处理组	县环保先进集体	县环保局
1988	芦墟中学	县环保先进集体	县环保局
1989	吴江绸缎炼染一厂	县环保先进集体	县环保局
1989	黎里食品站	县环保先进集体	县环保局
1989	吴江石油加工厂一分厂	县环保先进集体	县环保局
1989	平望新联化工厂	县环保先进集体	县环保局
1989	上海第四漂染厂吴江分厂	县环保先进集体	县环保局
1989	吴江第二建材厂	县环保先进集体	县环保局
1989	吴江澄湖农药助剂厂	县环保先进集体	县环保局
1989	莘塔水产电镀厂	县环保先进集体	县环保局
1989	横扇八一电镀厂	县环保先进集体	县环保局
1989	吴江同里助剂厂	县环保先进集体	县环保局
1989	北库印染厂	县环保先进集体	县环保局
1989	中国标准缝纫机公司菀坪缝纫机厂	县环保先进集体	县环保局
1989	东风化工厂技术环保科	县环保先进集体	县环保局
1989	吴江电机厂	县环保先进集体	县环保局
1989	吴赣化工厂磺胺咪车间	县环保先进集体	县环保局
1989	吴江自动化电器厂	县环保先进集体	县环保局
1989	芦墟中学	县环保先进集体	县环保局
1990	北库印染厂	县环保先进集体	县环保局
1990	吴江绸缎炼染一厂	县环保先进集体	县环保局
1990	芦墟镇中心小学	县环保先进集体	县环保局
1990	桃源第二建材厂	县环保先进集体	县环保局

（续表）

年度	获奖集体	荣誉	授奖机构
1990	桃源毛纺厂	县环保先进集体	县环保局
1990	平望新联化工厂	县环保先进集体	县环保局
1990	横扇八一电镀厂	县环保先进集体	县环保局
1990	横扇文教羊毛衫整型厂	县环保先进集体	县环保局
1990	青云乡丰华油桶厂	县环保先进集体	县环保局
1990	黎里染织一厂	县环保先进集体	县环保局
1990	澄湖农药助剂厂	县环保先进集体	县环保局
1990	县教育局教研室	县环保先进集体	县环保局
1990	吴太联营钢厂	县环保先进集体	县环保局
1990	吴江助剂厂	县环保先进集体	县环保局
1990	铜罗镇卫生院	县环保先进集体	县环保局
1990	丰华毛纺厂	县环保先进集体	县环保局
1991	新民丝织总厂	县"节能降耗,效果明显"先进单位	县委、县政府
1991	吴江发电厂	吴江县 1991 年度"节能降耗,效果明显"先进单位	县委、县政府
1991	同里油脂化工厂	县"节能降耗,效果明显"先进单位	县委、县政府
1992	吴江绸缎炼染一厂水处理车间	市环境保护"三好"企业	市环保局
1992	红旗化工厂	市环境保护"三好"企业	市环保局
1992	环球绸缎服装总厂印染分厂	市环境保护"三好"企业	市环保局
1992	苏州达胜皮鞋总厂制革分厂	市环境保护"三好"企业	市环保局
1992	莘塔水产电镀厂	市环境保护"三好"企业	市环保局
1992	芦墟中学	市环境教育先进集体	市环保局
1992	芦墟中心小学	市环境教育先进集体	市环保局
1992	铜罗中学	市环境教育先进集体	市环保局
1992	八坼中学	市环境教育先进集体	市环保局
1992	同里第二中学	市环境教育先进集体	市环保局
1992	芦墟镇政府	市环保先进集体	市政府
1992	芦墟中学	市环保先进集体	市政府
1992	黎里镇政府环保办	市环保先进集体	市政府
1992	金家坝乡杨坟头村	市环保先进集体	市政府
1992	松陵印染有限公司	市环保先进集体	市政府
1992	吴江绸缎炼染一厂水处理车间	市环保先进集体	市政府
1992	吴江电镀厂	市环保先进集体	市政府
1992	东风化工厂生产一科	市环保先进集体	市政府
1992	环球丝绸服装总厂印染分厂	市环保先进集体	市政府
1992	吴江医疗保健品总厂	市环保先进集体	市政府
1992	苏州华佳针织服装有限公司	市环保先进集体	市政府
1992	菀坪缝纫机厂	市环保先进集体	市政府
1992	红旗化工厂	市污水处理设施运转管理先进集体	市环保局
1992	达胜皮鞋总厂吴江制革厂	市污水处理设施运转管理先进集体	市环保局

（续表）

年度	获奖集体	荣　誉	授奖机构
1993	吴江绸缎炼染一厂	市"节能降耗，效果明显"先进单位	市委、市政府
1993	芦墟镇政府	市环保先进集体	市环保局
1993	金家坝镇杨坟头村	市环保先进集体	市环保局
1993	垂虹丝绸炼染厂	市环保先进集体	市环保局
1993	平望新联化工厂	市环保先进集体	市环保局
1993	同里新型建筑材料厂	市环保先进集体	市环保局
1993	环球丝绸服装总厂印染分厂	市环保先进集体	市环保局
1993	芦墟中学	市环保先进集体	市环保局
1993	屯村五七电镀厂	市环保先进集体	市环保局
1993	吴江绸缎炼染一厂水处理车间	市环保先进集体	市环保局
1993	苏州华佳针织服装有限公司	市环保先进集体	市环保局
1994	芦墟镇政府	市环保先进集体	市政府
1994	北厍镇政府	市环保先进集体	市政府
1994	市广播电视局	市环保先进集体	市政府
1994	八坼镇农创村	市环保先进集体	市政府
1994	金家坝镇杨坟头村	市环保先进集体	市政府
1994	市职业中学	市环保先进集体	市政府
1994	吴江绸缎炼染一厂水处理车间	市环保先进集体	市政府
1994	垂虹丝绸炼染厂	市环保先进集体	市政府
1994	平望新联化工厂	市环保先进集体	市政府
1994	吴江新型建筑材料厂	市环保先进集体	市政府
1994	松陵三联化工厂	市环保先进集体	市政府
1994	盛泽热电厂	市环保先进集体	市政府
1994	北厍染织厂	市环保先进集体	市政府
2000	吴江电视台新闻部	市环保先进集体	市政府
2000	吴江人民广播电台新闻部	市环保先进集体	市政府
2000	市教委普教科	市环保先进集体	市政府
2000	吴江精细化工厂	市环保先进集体	市政府
2000	铜狮漂染有限公司	市环保先进集体	市政府
2000	同里电镀厂	市环保先进集体	市政府
2000	江苏利康集团公司	市环保先进集体	市政府
2000	盛泽联合污水处理厂	市环保先进集体	市政府
2000	振华毛纺有限责任公司漂染车间	市环保先进集体	市政府
2000	苏州新业造纸有限公司	市环保先进集体	市政府
2000	庙港缫丝有限公司	市环保先进集体	市政府
2000	吴江绸缎炼染一厂水处理车间	市环保先进集体	市政府
2000	吴江丝绸集团有限公司	市环保先进集体	市政府
2000	江苏爱世克私有限公司	市环保先进集体	市政府
2000	桃源制革厂	市环保先进集体	市政府
2000	黎里印染有限公司	市环保先进集体	市政府

（续表）

年度	获奖集体	荣　誉	授奖机构
2000	亚洲啤酒有限公司	市环保先进集体	市政府
2000	东风化工有限公司	市环保先进集体	市政府
2000	七都皮革厂	市环保先进集体	市政府
2000	新民纺织有限公司印染厂	市环保先进集体	市政府
2000	爱富希新型建材有限公司	市环保先进集体	市政府
2000	平望福利漂染厂	市环保先进集体	市政府
2000	正大纺织品有限公司	市环保先进集体	市政府
2000	青云机电站	市环保先进集体	市政府
2000	震泽双阳染厂	市环保先进集体	市政府
2002	市高级中学	市首批"绿色学校"	市政府
2002	七都中学	市首批"绿色学校"	市政府
2002	松陵一中	市首批"绿色学校"	市政府
2002	梅堰中学	市首批"绿色学校"	市政府
2002	市实验小学	市首批"绿色学校"	市政府
2002	震泽实验小学	市首批"绿色学校"	市政府
2002	盛泽实验小学	市首批"绿色学校"	市政府
2002	金家坝中心幼儿园	市首批"绿色幼儿园"	市政府
2002	梅堰中心幼儿园	市首批"绿色幼儿园"	市政府
2002	北库中心幼儿园	市首批"绿色幼儿园"	市政府
2003	松陵镇松陵二村社区	市首批"绿色社区"	市环保局、松陵镇政府
2003	松陵镇水乡花园社区	市首批"绿色社区"	市环保局、松陵镇政府

二、个人荣誉

1983~2008年,吴江市(县)非环保系统的干部、职工共获得环保类个人荣誉317项。其中国家级14项、江苏省级12项、苏州市级78项、吴江市(县)级213项。

表11-12　1997~2007年吴江市(县)非环保系统干部职工获得的环保类国家级
个人荣誉一览表

年度	获奖者	时任职务	荣　誉	授奖机构
1997	张钰良	吴江市市长	国家卫生城市市长奖	全国爱卫会
2000	张锦宏	吴江市副市长	第三次全国城市环境综合整治优秀城市市长	国家建设部
2000	陈振林	吴江市建委主任	第三次全国城市环境综合整治优秀城市建委主任	国家建设部
2003	朱建胜	吴江市市委书记	国家环境保护模范城市领导奖	国家环保总局
2003	马明龙	吴江市市长	国家环境保护模范城市领导奖	国家环保总局
2003	王永健	吴江市副市长	国家环境保护模范城市组织奖	国家环保总局
2005	严品华	同里镇党委书记	创建全国环境优美乡镇优秀领导	国家环保总局
2005	曹雪娟	同里镇镇长	创建全国环境优美乡镇优秀领导	国家环保总局
2005	范建坤	吴江市市委副书记	国家级生态示范区建设优秀领导者	国家环保总局
2005	王永健	吴江市副市长	国家级生态示范区建设优秀领导者	国家环保总局
2006	屠福其	七都镇党委书记	创建全国环境优美乡镇优秀领导	国家环保总局

（续表）

年度	获奖者	时任职务	荣 誉	授奖机构
2006	朱卫星	七都镇镇长	创建全国环境优美乡镇优秀领导	国家环保总局
2007	周迎春	梅堰实验小学教师	全国"绿色学校"创建活动优秀教师	国家环保总局
2007	李 红	同里镇鱼行社区主任	全国"绿色社区"创建活动先进个人	国家环保总局

表 11-13　1988~2008 年吴江市（县）非环保系统干部职工获得的环保类江苏省级
个人荣誉一览表

年度	获奖者	时任职务（或身份）	荣 誉	授奖机构
1988	俞春寿	吴江绸缎炼染一厂环保科科长	省环保先进个人	省环保局
1990	沙 强	县直机关团委书记	省青少年绿化工作先进个人	团省委
1990	王 斐	吴江师范副校长	省环境教育教案优秀奖	省教委、省环保厅
1990	屠新祥	桃源中学教师	省环境教育教案鼓励奖	省教委、省环保厅
1991	陈治华	芦墟镇中心小学副校长	省环境教育优秀老师	省教委、省环保厅
1992	沈奕斐	芦墟中学学生	省环境调查报告答辩比赛一等奖、省环境保护知识竞赛二等奖	省科协
2003	张 俊	芦墟镇中心小学校长	省环保形象大使、省"绿色学校"创建活动先进工作者	省环保厅
2003	潘晓溪	芦墟镇中心小学学生	省"绿色学校"创建活动"绿校之星"	省环保厅
2007	沈 鲁	市教育局普教科副科长	省创建"绿色学校"活动先进工作者	省环保厅
2007	费惠珍	八都镇中心小学副校长	省创建"绿色学校"活动先进工作者	省环保厅
2007	陆爱英	平望镇副镇长	省"绿色社区"创建先进个人	省环保厅
2008	朱昕昀	同里镇副镇长	省"绿色社区"创建先进个人	省环保厅

表 11-14　1983~2003 年吴江市（县）非环保系统干部职工获得的环保类苏州市级
个人荣誉一览表

年度	获奖者	时任职务（或职称、或所属单位）	荣 誉	授奖机构
1983	蔡正伟	—	苏州市环保先进个人	苏州市政府
1983	任洪庆	吴江化工厂副科长	苏州市环保先进个人	苏州市政府
1983	王帮国	吴江东风化工厂技术科科长	苏州市环保先进个人	苏州市政府
1983	陈丽英	—	苏州市环保先进个人	苏州市政府
1983	李铸球	—	苏州市环保先进个人	苏州市政府
1983	宋永明	吴江电镀厂环保治理员	苏州市环保先进个人	苏州市政府
1983	王福昌	—	苏州市环保先进个人	苏州市政府
1987	徐锋捷	吴江东风化工厂"三废"组组长	苏州市工业污染调查先进个人	苏州市经委、苏州市环保局
1988—1989	吴铭新	县人大城建工委主任	苏州市环保先进个人	苏州市政府
1988—1989	黄国勋	县计委副主任	苏州市环保先进个人	苏州市政府
1988—1989	堵理昌	同里镇副镇长	苏州市环保先进个人	苏州市政府
1988—1989	傅维忠	县工商管理局股长	苏州市环保先进个人	苏州市政府
1988—1989	杨仕勤	平望镇新联化工厂厂长	苏州市环保先进个人	苏州市政府
1988—1989	严留根	吴江澄湖化工厂副厂长	苏州市环保先进个人	苏州市政府
1988—1989	俞春寿	吴江绸缎炼染一厂环保科科长	苏州市环保先进个人	苏州市政府

（续表）

年度	获奖者	时任职务（或职称、或所属单位）	荣誉	授奖机构
1990—1991	周北京	震泽镇副镇长	苏州市环保先进个人	苏州市政府
1990—1991	王增寿	黎里镇副镇长	苏州市环保先进个人	苏州市政府
1990—1991	沈根福	县人大城乡工作委员会	苏州市环保先进个人	苏州市政府
1990—1991	傅维忠	县工商管理局股长	苏州市环保先进个人	苏州市政府
1991	高德兴	铜罗中学校长	苏州市环境教育优秀教师	苏州市教委、环保局
1992	戴心怡	县实验小学学生	苏州市环保图画比赛荣誉奖	苏州市科协
1992	沈蓉	梅堰小学学生	苏州市讲环保故事比赛一等奖	苏州市科协
1992	沈奕斐	芦墟中学学生	苏州市环境调查报告答辩比赛一等奖	苏州市科协
1992	曹建国	同里中学学生	苏州市环境保护知识比赛二等奖	苏州市科协
1992	沈蓉	梅堰小学学生	苏州市环境保护知识比赛二等奖	苏州市科协
1992	沈奕斐	芦墟中学学生	苏州市环境保护知识比赛二等奖	苏州市科协
1992	朱云云	市人大常委会办公室副主任	苏州市环保宣教先进个人	苏州市委宣传部、苏州市环保局、共青团苏州市委
1992	钱珣	吴江电视台副台长	苏州市环保宣教先进个人	苏州市委宣传部、苏州市环保局、共青团苏州市委
1993	王彦军	市代表队队员	苏州市"保护蓝天碧水，促进改革开放"环保卡拉OK比赛二等奖	苏州市委宣传部、苏州市环保局、共青团苏州市委
1993	范芸荃	南麻皮具厂职工	苏州市"保护蓝天碧水，促进改革开放"环保摄影比赛优秀奖	苏州市委宣传部、苏州市环保局、共青团苏州市委
1993	江彦	八坼中学学生	苏州市"保护蓝天碧水，促进改革开放"环保书法比赛中学组三等奖	苏州市委宣传部、苏州市环保局、共青团苏州市委
1993	张顼	黎里镇中心小学学生	苏州市"保护蓝天碧水，促进改革开放"环保书法比赛小学组二等奖	苏州市委宣传部、苏州市环保局、共青团苏州市委
1993	徐飞华	震泽镇第一中学学生	苏州市"保护蓝天碧水，促进改革开放"环保绘画比赛中学组三等奖	苏州市委宣传部、苏州市环保局、共青团苏州市委
1993	陆婷婷	铜罗中心小学学生	苏州市"保护蓝天碧水，促进改革开放"环保绘画比赛小学组一等奖	苏州市委宣传部、苏州市环保局、共青团苏州市委
1996	钟永江	桃源镇副镇长	"八五"期间苏州市环保先进工作者	苏州市政府
1996	周北京	震泽镇副镇长	"八五"期间苏州市环保先进工作者	苏州市政府
1996	王增寿	黎里镇副镇长	"八五"期间苏州市环保先进工作者	苏州市政府
1996	宗才正	市人大城乡建设工作委员会主任	"八五"期间苏州市环保先进工作者	苏州市政府

（续表）

年度	获奖者	时任职务（或职称、或所属单位）	荣　誉	授奖机构
1996	宋七棣	吴江除尘设备厂厂长	"八五"期间苏州市环保先进工作者	苏州市政府
1996	陈雪珍	松陵镇污水处理厂	"八五"期间苏州市环保先进工作者	苏州市政府
1996	王涤邦	振华漂染厂	"八五"期间苏州市环保先进工作者	苏州市政府
1996	金洪良	吴江绸缎炼染一厂	"八五"期间苏州市环保先进工作者	苏州市政府
1999	张锦宏	吴江市副市长	苏州市太湖流域水污染限期达标排放工作先进个人	苏州市政府
1999	孔　诚	震泽镇环保助理员	苏州市太湖流域水污染限期达标排放工作先进个人	苏州市政府
1999	黄玉荣	瀛凯纺织有限公司董事长	苏州市太湖流域水污染限期达标排放工作先进个人	苏州市政府
1999	徐关祥	鹰翔化纤有限公司董事长	苏州市太湖流域水污染限期达标排放工作先进个人	苏州市政府
1999	缪汉根	盛虹集团有限公司董事长	苏州市太湖流域水污染限期达标排放工作先进个人	苏州市政府
1999	潘镜铭	吴江二练亚化印染有限责任公司董事长兼总经理	苏州市太湖流域水污染限期达标排放工作先进个人	苏州市政府
1999	施鹤年	东风化工有限公司董事长	苏州市太湖流域水污染限期达标排放工作先进个人	苏州市政府
1999	钱　晨	吴赣化工有限责任公司董事长兼总经理	苏州市太湖流域水污染限期达标排放工作先进个人	苏州市政府
1999	周建萌	新民纺织科技股份有限公司副董事长	苏州市太湖流域水污染限期达标排放工作先进个人	苏州市政府
1999	罗孝基	—	苏州市太湖流域水污染限期达标排放工作先进个人	苏州市政府
1999	鲍卫荣	平望南华纺织整理厂厂长	苏州市太湖流域水污染限期达标排放工作先进个人	苏州市政府
2000	张锦宏	吴江市副市长	苏州市"一控双达标"先进个人	苏州市政府
2000	钱玉林	盛泽镇镇长	苏州市"一控双达标"先进个人	苏州市政府
2000	张玲玲	同里镇镇长	苏州市"一控双达标"先进个人	苏州市政府
2000	俞瑞雪	铜罗镇副镇长	苏州市"一控双达标"先进个人	苏州市政府
2000	仓福明	吴江水泥厂厂长	苏州市"一控双达标"先进个人	苏州市政府
2000	陆小春	铜狮漂染厂厂长	苏州市"一控双达标"先进个人	苏州市政府
2000	谢佰明	吴江经编染织厂厂长	苏州市"一控双达标"先进个人	苏州市政府
2000	张庭荣	盛泽联合污水处理厂厂长	苏州市"一控双达标"先进个人	苏州市政府
2000	杨士勤	平望新联化工厂厂长	苏州市"一控双达标"先进个人	苏州市政府
1998—2002	王永健	吴江市副市长	苏州市环保先进个人	苏州市政府
1998—2002	池国仁	市城管局局长	苏州市环保先进个人	苏州市政府
1998—2002	姚雪球	市水利局局长	苏州市环保先进个人	苏州市政府
1998—2002	戴茂章	市文化广播电视管理局局长	苏州市环保先进个人	苏州市政府
1998—2002	黄伟林	震泽镇副镇长	苏州市环保先进个人	苏州市政府
1998—2002	费福根	金家坝镇副镇长	苏州市环保先进个人	苏州市政府

（续表）

年度	获奖者	时任职务（或职称、或所属单位）	荣誉	授奖机构
1998—2002	徐马兴	梅堰镇副镇长	苏州市环保先进个人	苏州市政府
1998—2002	钟永江	桃源镇副镇长	苏州市环保先进个人	苏州市政府
1998—2002	陈菊生	盛泽镇副镇长	苏州市环保先进个人	苏州市政府
1998—2002	周山南	北库镇副镇长	苏州市环保先进个人	苏州市政府
1998—2002	金琴珍	铜狮漂染有限公司化验员	苏州市环保先进个人	苏州市政府
1998—2002	盛友泉	祥盛纺织染整有限公司董事长	苏州市环保先进个人	苏州市政府
1998—2002	陈玉观	创新纺织有限公司经理	苏州市环保先进个人	苏州市政府
1998—2002	潘镜铭	吴江二练亚化印染有限责任公司董事长兼总经理	苏州市环保先进个人	苏州市政府
1998—2002	钱　晨	吴赣化工有限责任公司董事长兼总经理	苏州市环保先进个人	苏州市政府
2003	唐金奎	盛虹印染有限公司副董事长	苏州市讲理想、比贡献、科技进步"双杯奖"竞赛活动三等奖	苏州市科协、经贸委、人事局、社保局

表 11-15　1986~2000 年吴江市（县）非环保系统干部职工获得的环保类吴江市（县）级个人荣誉一览表

年度	获奖者	时任职务（或职称、或所属单位）	荣誉	授奖单位
1986	俞春寿	吴江绸缎炼染一厂水处理车间主任	县环保先进工作者	县环保局
1986	徐锋捷	东风化工厂三废治理员	县环保先进工作者	县环保局
1986	岑志强	吴江水泥厂旋缸车间班长	县环保先进工作者	县环保局
1986	石会星	同里电镀厂镀金车间工人	县环保先进工作者	县环保局
1986	钱加庆	吴江第二建材厂厂长	县环保先进工作者	县环保局
1986	沈国忠	震泽镇工业公司环保助理员	县环保先进工作者	县环保局
1986	宋永明	吴江电镀厂环保治理员	县环保先进工作者	县环保局
1986	任洪庆	吴江化工厂副科长	县环保先进工作者	县环保局
1986	谢景垫	吴江肉禽蛋联合加工厂技术员	县环保先进工作者	县环保局
1986	张建昌	吴江第二香料厂技术员	县环保先进工作者	县环保局
1986	陈建民	吴江印染总厂水处理车间副主任	县环保先进工作者	县环保局
1986	杨红森	吴江印染总厂水处理车间支部副书记	县环保先进工作者	县环保局
1986	曹荣观	吴江印染总厂水处理车间工人	县环保先进工作者	县环保局
1987	沈海兴	吴江电镀厂环保助理员	县环保先进个人	县环保局
1987	王邦国	东风化工厂技术环保科科长	县环保先进个人	县环保局
1987	周　勇	东风化工厂副厂长	县环保先进个人	县环保局
1987	徐锋捷	东风化工厂三废治理员	县环保先进个人	县环保局
1987	邱巧珍	吴江化工厂车间主任	县环保先进个人	县环保局
1987	任洪庆	吴江化工厂副科长	县环保先进个人	县环保局
1987	王四海	吴江化肥厂科长	县环保先进个人	县环保局
1987	黄国勋	县计委科长	县环保先进个人	县环保局
1987	曹惜时	县经委专职安全员	县环保先进个人	县环保局
1987	周　敏	县乡镇工业局安全科股长	县环保先进个人	县环保局

（续表）

年度	获奖者	时任职务（或职称、或所属单位）	荣　誉	授奖单位
1987	杨仕勤	平望镇新联化工厂厂长	县环保先进个人	县环保局
1988	沈阿木	县经委副主任	县环保先进个人	县环保局
1988	曹惜时	县经委专职安全员	县环保先进个人	县环保局
1988	金水根	县经委干部	县环保先进个人	县环保局
1988	黄国勋	县计委副主任	县环保先进个人	县环保局
1988	吴铭新	县人大城建委主任	县环保先进个人	县环保局
1988	王春阳	县化建公司环保科副科长	县环保先进个人	县环保局
1988	徐雪昆	震泽镇副镇长	县环保先进个人	县环保局
1988	堵理昌	同里镇副镇长	县环保先进个人	县环保局
1988	沈家林	桃源镇经联会主任	县环保先进个人	县环保局
1988	李容明	桃源镇副镇长	县环保先进个人	县环保局
1988	顾有光	八圻镇副镇长	县环保先进个人	县环保局
1988	王剑云	吴江绸缎炼染一厂厂长	县环保先进个人	县环保局
1988	何来法	吴江绸缎炼染一厂副书记	县环保先进个人	县环保局
1988	俞春寿	吴江绸缎炼染一厂环保科科长	县环保先进个人	县环保局
1988	周　勇	东风化工厂副厂长	县环保先进个人	县环保局
1988	王帮国	东风化工厂技术科科长	县环保先进个人	县环保局
1988	邹裕昌	吴江化工厂副厂长	县环保先进个人	县环保局
1988	邱巧珍	吴江化工厂三废处理车间主任	县环保先进个人	县环保局
1988	岑志强	吴江水泥厂旋窑车间班长	县环保先进个人	县环保局
1988	袁三观	吴江水泥厂立窑车间班长	县环保先进个人	县环保局
1988	严留根	澄湖化工厂副厂长	县环保先进个人	县环保局
1988	徐明德	吴赣化工厂副厂长	县环保先进个人	县环保局
1988	沈福根	震泽新农化工厂副厂长	县环保先进个人	县环保局
1988	丁阿菊	庙港金明油桶厂厂长	县环保先进个人	县环保局
1988	丁孝成	芦墟中学总务主任兼环保教员	县环保先进个人	县环保局
1989	周北京	震泽镇副镇长	县环保先进个人	县环保局
1989	王增寿	黎里镇副镇长	县环保先进个人	县环保局
1989	堵理昌	同里镇副镇长	县环保先进个人	县环保局
1989	张　罡	芦墟镇环保助理员	县环保先进个人	县环保局
1989	张海观	平望染化厂副厂长	县环保先进个人	县环保局
1989	郑生荣	上海第四漂染厂吴江分厂副厂长	县环保先进个人	县环保局
1989	沈家林	桃源镇经联会主任	县环保先进个人	县环保局
1989	刘荣宝	八都工业公司副经理	县环保先进个人	县环保局
1989	夏建林	莘塔水产电镀厂副厂长	县环保先进个人	县环保局
1989	王长根	八圻金牛村村主任	县环保先进个人	县环保局
1989	陈周根	横扇文教整型厂厂长	县环保先进个人	县环保局
1989	丁阿菊	庙港金明油桶厂厂长	县环保先进个人	县环保局
1989	任洪庆	吴江化工厂环保助理员	县环保先进个人	县环保局
1989	俞春寿	吴江绸缎炼染一厂环保科科长	县环保先进个人	县环保局

（续表）

年度	获奖者	时任职务(或职称、或所属单位)	荣　誉	授奖单位
1989	陈治华	芦墟镇中心小学副校长	县环保先进个人	县环保局
1989	黄小平	芦墟镇中心小学幼儿园园长	县环保先进个人	县环保局
1989	干勇华	县防疫站卫生科科长	县环保先进个人	县环保局
1989	邹建芳	县邮政局总会计	县环保先进个人	县环保局
1989	吴铭新	县人大城建委主任	县环保先进个人	县环保局
1989	朱建伟	县人大城建委秘书	县环保先进个人	县环保局
1989	黄国勋	县计委副主任	县环保先进个人	县环保局
1989	顾昌杰	县政协提案委主任	县环保先进个人	县环保局
1989	傅维忠	县工商局管理股股长	县环保先进个人	县环保局
1990	堵里昌	同里镇副镇长	县环保先进个人	县环保局
1990	黄永勤	震泽镇村办工业公司科长	县环保先进个人	县环保局
1990	施　峥	震泽镇环保助理员	县环保先进个人	县环保局
1990	邹文祥	县水利局工程师	县环保先进个人	县环保局
1990	包科达	东风化工厂技术环保科科长	县环保先进个人	县环保局
1990	吴兴培	青云乡副乡长	县环保先进个人	县环保局
1990	唐金虎	吴江皮革一厂工会主席	县环保先进个人	县环保局
1990	徐文初	县文化馆创作组组长	县环保先进个人	县环保局
1990	沈玉莲	平望染料化工厂管理员	县环保先进个人	县环保局
1990	干勇华	县防疫站副科长	县环保先进个人	县环保局
1990	夏　阳	芦墟镇中心小学幼儿园教师	县环保先进个人	县环保局
1990	张　罡	芦墟镇人大工作人员	县环保先进个人	县环保局
1990	徐明德	吴赣化工厂副厂长	县环保先进个人	县环保局
1990	沈福根	北库染织厂操作员	县环保先进个人	县环保局
1990	吕明华	达胜皮鞋厂吴江制革厂副厂长	县环保先进个人	县环保局
1990	沈　宇	县档案局业务指导股股长	县环保先进个人	县环保局
1991	沈根福	县人大城乡工作委员会	县环保先进个人	县环保局
1991	傅维忠	县工商管理局股长	县环保先进个人	县环保局
1991	周北京	震泽镇副镇长	县环保先进个人	县环保局
1991	王增寿	黎里镇副镇长	县环保先进个人	县环保局
1991	周秒求	县实验小学校长	县环保先进个人	县环保局
1991	吴玉东	县职业中学	县环保先进个人	县环保局
1991	翁泉林	黎里中学校长	县环保先进个人	县环保局
1991	严公毕	同里中学	县环保先进个人	县环保局
1991	张克裘	庙港中心小学校长	县环保先进个人	县环保局
1991	蒋玉根	桃源中心小学副校长	县环保先进个人	县环保局
1991	王建卫	八都中心小学幼儿园园长	县环保先进个人	县环保局
1991	李申贤	盛泽中学副校长	县环保先进个人	县环保局
1991	肖晔初	八圻中心小学副校长	县环保先进个人	县环保局
1991	吴明初	青云中学副校长	县环保先进个人	县环保局
1992	王增寿	黎里镇副镇长	市环保先进个人	市政府

（续表）

年度	获奖者	时任职务（或职称、或所属单位）	荣　誉	授奖单位
1992	周北京	震泽镇副镇长	市环保先进个人	市政府
1992	朱文彪	芦墟镇农工商总公司总经理	市环保先进个人	市政府
1992	朱雪良	北厍镇副镇长	市环保先进个人	市政府
1992	钟永江	桃源镇副镇长	市环保先进个人	市政府
1992	钮阿坤	南麻镇副镇长	市环保先进个人	市政府
1992	吴兴培	青云乡副乡长	市环保先进个人	市政府
1992	谈雪荣	庙港镇副镇长	市环保先进个人	市政府
1992	沈根福	市人大城乡建设工作委员会主任	市环保先进个人	市政府
1992	蒋炯元	市卫生局局长	市环保先进个人	市政府
1992	黄国勋	市计委副主任	市环保先进个人	市政府
1992	王伯川	市外经委副主任	市环保先进个人	市政府
1992	沈而默	市供销总社副主任	市环保先进个人	市政府
1992	傅维忠	市工商管理局股长	市环保先进个人	市政府
1992	朱淑娥	—	市环保先进个人	市政府
1992	沈中民	—	市环保先进个人	市政府
1992	曹惜时	市经委专职安全员	市环保先进个人	市政府
1992	戴　华	七都镇环保助理员	市环保先进个人	市政府
1992	袁　中	—	市环保先进个人	市政府
1992	周三兰	吴江红旗化工厂	市环保先进个人	市政府
1992	沈玉连	—	市环保先进个人	市政府
1992	沈福根	震泽新农化工厂副厂长	市环保先进个人	市政府
1993	程秀英	吴江医疗保健品总厂办公室主任	市污水处理设施运转管理先进个人	市环保局
1993	张春荣	吴江医疗保健品总厂化验员	市污水处理设施运转管理先进个人	市环保局
1993	吕明华	达胜皮鞋总厂吴江制革厂副厂长	市污水处理设施运转管理先进个人	市环保局
1993	朱茆生	达胜皮鞋总厂吴江制革厂环保科科长	市污水处理设施运转管理先进个人	市环保局
1993	戚根荣	吴江电镀厂副厂长	市污水处理设施运转管理先进个人	市环保局
1993	赵左华	吴江电镀厂操作员	市污水处理设施运转管理先进个人	市环保局
1993	徐增福	吴江绸缎炼染一厂厂长	市污水处理设施运转管理先进个人	市环保局
1993	何来法	吴江绸缎炼染一厂副厂长	市污水处理设施运转管理先进个人	市环保局
1993	俞春寿	吴江绸缎炼染一厂环保科科长	市污水处理设施运转管理先进个人	市环保局
1993	包科达	东风化工厂科长	市污水处理设施运转管理先进个人	市环保局
1993	沈　旋	东风化工厂科员	市污水处理设施运转管理先进个人	市环保局
1993	周三兰	红旗化工厂副厂长	市污水处理设施运转管理先进个人	市环保局
1993	严文岗	红旗化工厂环保助理员	市污水处理设施运转管理先进个人	市环保局
1993	王增寿	黎里镇副镇长	市环保先进个人	市环保局
1993	周北京	震泽镇副镇长	市环保先进个人	市环保局
1993	陈山楠	芦墟镇副镇长	市环保先进个人	市环保局
1993	朱雪良	北厍镇副镇长	市环保先进个人	市环保局
1993	钟永江	桃源镇副镇长	市环保先进个人	市环保局
1993	陈金荣	—	市环保先进个人	市环保局

（续表）

年度	获奖者	时任职务(或职称、或所属单位)	荣　誉	授奖单位
1993	蒋炯元	市卫生局局长	市环保先进个人	市环保局
1993	黄国勋	市计委副主任	市环保先进个人	市环保局
1993	王伯川	市对外经济委员会副主任	市环保先进个人	市环保局
1993	傅维忠	市工商管理局股长	市环保先进个人	市环保局
1993	曹惜时	市经委专职安全员	市环保先进个人	市环保局
1993	张耀基	—	市环保先进个人	市环保局
1993	庞善林	—	市环保先进个人	市环保局
1993	戚根荣	吴江电镀厂副厂长	市环保先进个人	市环保局
1993	王金海	黎里印染有限公司	市环保先进个人	市环保局
1993	沈惠忠	—	市环保先进个人	市环保局
1993	沈阿会	屯村五七电镀厂	市环保先进个人	市环保局
1993	程婉萍	江苏华佳缫丝厂	市环保先进个人	市环保局
1993	沈福根	震泽新农化工厂副厂长	市环保先进个人	市环保局
1993	金洪良	吴江绸缎炼染一厂	市环保先进个人	市环保局
1995	徐瑶琦	—	市环保先进个人	市政府
1995	龚桂林	松陵镇三联化工厂	市环保先进个人	市政府
1995	杨士琴	—	市环保先进个人	市政府
1995	曹惜时	市经委专职安全员	市环保先进个人	市政府
1995	张菊生	—	市环保先进个人	市政府
1995	张　萍	—	市环保先进个人	市政府
2000	吴方明	方林漂染有限公司董事长	市环保先进工作者	市政府
2000	朱培颙	菀坪机械有限公司总经理	市环保先进工作者	市政府
2000	沈阿会	屯村五七电镀厂	市环保先进工作者	市政府
2000	张美金	屯村缫丝厂厂长	市环保先进工作者	市政府
2000	薛　林	莘塔镇司法助理	市环保先进工作者	市政府
2000	浦关通	北厍第三轧钢厂厂长	市环保先进工作者	市政府
2000	张明华	北厍团结电镀厂党支部书记	市环保先进工作者	市政府
2000	朱巧根	金家坝天水味精厂	市环保先进工作者	市政府
2000	陆荣伟	金家坝明星日用化工厂副厂长	市环保先进工作者	市政府
2000	孟福林	苏州新业造纸有限公司管理人员	市环保先进工作者	市政府
2000	沈金根	梅堰镇人大主席	市环保先进工作者	市政府
2000	程婉萍	江苏华佳缫丝厂	市环保先进工作者	市政府
2000	胡　强	新民纺织有限公司印染厂	市环保先进工作者	市政府
2000	沈林泉	南麻镇副镇长	市环保先进工作者	市政府
2000	李荣林	南麻镇平桥村	市环保先进工作者	市政府
2000	吴健勇	八都机械锻造厂	市环保先进工作者	市政府
2000	周红星	横扇镇七家村	市环保先进工作者	市政府
2000	周福明	上海无线电廿一厂吴江分厂副厂长	市环保先进工作者	市政府
2000	钱林弟	七都兴达利防水材料有限公司经营部部长	市环保先进工作者	市政府
2000	金永观	庙港缫丝有限公司总经理	市环保先进工作者	市政府

（续表）

年度	获奖者	时任职务(或职称、或所属单位)	荣　誉	授奖单位
2000	严国荣	铜罗染料化工厂厂长	市环保先进工作者	市政府
2000	蒋幸福	青云镇副镇长	市环保先进工作者	市政府
2000	王耿勇	青云印染厂	市环保先进工作者	市政府
2000	钟永江	桃源镇副镇长	市环保先进工作者	市政府
2000	沈建林	桃源染料厂管理人员	市环保先进工作者	市政府
2000	龚桂林	松陵镇三联化工厂厂长	市环保先进工作者	市政府
2000	周　园	同里三元大酒店经理	市环保先进工作者	市政府
2000	叶振涛	江苏富士化工集团公司董事长	市环保先进工作者	市政府
2000	张雪根	同里电镀厂管理人员	市环保先进工作者	市政府
2000	孔　诚	震泽镇环保助理	市环保先进工作者	市政府
2000	仲文年	震泽废油回收利用厂厂长	市环保先进工作者	市政府
2000	陈洪根	苏龙绢纺麻染织有限公司总经理	市环保先进工作者	市政府
2000	王金海	黎里印染有限公司	市环保先进工作者	市政府
2000	王坤华	亚洲啤酒(苏州)有限公司总裁	市环保先进工作者	市政府
2000	陈云生	平望漂染厂厂长	市环保先进工作者	市政府
2000	毛永红	劲立染料化学有限公司管理人员	市环保先进工作者	市政府
2000	王健南	平望印染有限责任公司管理人员	市环保先进工作者	市政府
2000	袁秋华	汾湖电力有限公司	市环保先进工作者	市政府
2000	潘镜铭	吴江二炼亚化印染有限公司董事长兼总经理	市环保先进工作者	市政府
2000	程安康	吴江丝绸印花厂	市环保先进工作者	市政府
2000	傅计春	中西药业公司红旗化工厂管理人员	市环保先进工作者	市政府
2000	仓福明	恒立水泥有限公司董事长	市环保先进工作者	市政府
2000	徐贵红	吴江皮革二厂厂长	市环保先进工作者	市政府
2000	陈晓东	振华毛纺有限公司	市环保先进工作者	市政府
2000	陈加行	吴江石油机械制造有限责任公司	市环保先进工作者	市政府
2000	沈国华	市建委副主任	市环保先进工作者	市政府
2000	张荣荣	市监察局副局长	市环保先进工作者	市政府
2000	张明德	市法制局副局长	市环保先进工作者	市政府
2000	吴燕青	市工商局外资科科长	市环保先进工作者	市政府
2000	张月琴	市爱卫办副主任	市环保先进工作者	市政府

第十二章　丛录

第一节　政府规范性文件题录

1980年4月28日,县革命委员会印发《吴江县关于〈奖励综合利用和收取排污费的暂行规定〉的通知》(吴革〔80〕字第45号),这是吴江历史上第一个环境规范性文件。至2008年底,吴江市(县)委、市(县)政府以及环保局等行政机关先后制定环境规范性文件288个。

表12-1　1980~2008年吴江市(县)环境规范性文件题录一览表

1. 建设项目"三同时"管理(9个)

日　　期	标　　题	发文机关
1980年8月25日	关于接受苏州市颜料厂脱壳产品必须严格执行"三同时"的通知	县环保办公室
1985年4月11日	关于认真执行"三同时"规定的通知	县环保局
1992年8月28日	关于转发市环保局《实行建设项目环境保护"三同时"保证金的暂行办法》的通知	市政府办公室
1992年9月16日	关于《实行建设项目环境保护"三同时"保证金的暂行办法》的几点说明	市环保局
2001年8月13日	关于建设项目投产必须验收的通知	市环保局
2003年2月8日	关于对近年来建设项目环保执行情况进行全面检查的通知	市环保局
2004年2月2日	关于对建设项目"三同时"进展情况实行月报制度的通知	市环保局
2005年3月8日	关于核对建设项目"三同时"执行情况的通知	市环保局
2006年7月31日	吴江市环保局建设项目"三同时"监督验收工作规程	市环保局

2. 建设项目审批管理(8个)

日　　期	标　　题	发文机关
2001年4月29日	关于建设项目环境影响申报中有关单位名称填报说明的通知	市环保局
2001年8月13日	关于印发《吴江市环境保护局建设项目审批管理办法(试行)》的通知	市环保局
2001年12月28日	关于进一步加强重点建设项目管理工作的意见	市政府
2002年3月29日	关于进一步加强环保审批制度的函	市环保局、市工商局

（续表）

日 期	标 题	发文机关
2002 年 6 月 25 日	吴江市重点建设项目管理考核暂行办法	市委、市政府
2005 年 7 月 21 日	关于对建设项目环境保护管理情况进行调查的通知	市环保局
2006 年 5 月 30 日	关于加强三产建设项目审批管理的通知	市环保局
2006 年 8 月 8 日	关于清理今年以来新开工项目的通知	市环保局

3.环境监测（10 个）

日 期	标 题	发文机关
1985 年 2 月 27 日	关于实行污水送样检验制度的通知	县环保局
1998 年 3 月 22 日	关于建立太湖流域污染源达标排放进度月报制度的通知	市环保局
1998 年 12 月 28 日	关于对我市污染企业开展监督性监测的通知	市环保局
2000 年 4 月 28 日	关于建立排污总量监测月报制度的通知	市环保局
2000 年 12 月 29 日	关于对我市污染企业开展监督性监测的通知	市环保局
2001 年 2 月 3 日	关于开展消耗臭氧层物质（ODS）现状调查的通知	市环保局
2002 年 8 月 29 日	关于我市工业污染自动监控装置由吴江市环保局统一管理的通知	市环保局
2006 年 7 月 24 日	关于安装用水计量设施、实施计量取水监测的通知	市水利局、市环保局
2007 年 6 月 6 日	关于要求安装污染源在线监测仪并实现联网的通知	市环保局
2008 年 10 月 22 日	市政府办公室转发市环保局关于加快我市太湖流域 6 个水环境自动监测站建设工作的意见的通知	市政府办公室

4.污染防治（22 个）

日 期	标 题	发文机关
1985 年 5 月 11 日	关于开展污染源调查的通知	县环保局
1986 年 3 月 12 日	关于加强工业污染源调查工作的通知	县环保局
1989 年 8 月 5 日	关于防汛期间做好危险物品管理防止污染物流失造成水污染的通知	县环保局
1990 年 4 月 23 日	关于要求善始善终做好乡镇工业污染源调查工作	县环保局
1991 年 6 月 21 日	关于防汛期间做好危险物品管理防止污染物流失造成水污染的通知	县环保局
1991 年 6 月 27 日	关于对全县工业炼油企业进行调查摸底的通知	县环保局
1993 年 8 月 3 日	关于严格控制重污染项目建设的通知	市政府
1994 年 8 月 9 日	关于对污水处理设施加强监督管理的通知	市政府办公室
1995 年 4 月 12 日	关于进一步严格控制重污染项目及盲目发展小火电项目的通知	市政府
1995 年 4 月 25 日	关于切实加强水污染防治工作的通知	市政府办公室
1996 年 2 月 29 日	关于对全市重污染企业进行调查的通知	市环保局
1997 年 7 月 26 日	关于禁止建设小炼油、小化工等污染项目的通知	市环保局
1998 年 3 月 30 日	关于加强环境污染治理工程质量的通知	市环保局
1999 年 5 月 22 日	批转市环保局《吴江市排污总量控制工业污染源达标排放和城市环境功能区达标工作方案》的通知	市政府
2002 年 5 月 15 日	关于汛期防止环境污染事故发生的通知	市环保局

（续表）

日　期	标　题	发文机关
2003 年 4 月 30 日	关于进一步加强工业污染防治的通知	市环保局
2004 年 11 月 1 日	关于进一步加强污水治理设施运行管理的通知	市环境监察大队
2006 年 3 月 14 日	关于吴江市 2006 年组织开展工业污染源调查建档工作方案的通知	市环保局
2006 年 8 月 2 日	关于切实加强规模养殖场污染治理的紧急通知	市发改委、市环保局、市国土局、市建设局、市农林局
2008 年 1 月 22 日	印发《吴江市关于加强污染物减排工作的实施意见》的通知	市政府
2008 年 9 月 28 日	关于开展规模化畜禽养殖场基础调查的通知	市环保局、市农林局
2008 年 12 月 4 日	市政府关于印发《吴江市主要污染物总量减排考核办法》和《吴江市主要污染物总量减排专项资金管理办法》的通知	市政府

5. 噪声防治（4 个）

日　期	标　题	发文机关
1986 年 5 月 16 日	关于对手扶拖拉机、单缸柴油机类机动车辆、桨船限期安装低噪声新型消声器的通知	县环保局、县交通局、县公安局
1995 年 5 月 4 日	关于印发《吴江市区环境噪声适用区划分规定》的通知	市政府
1996 年 8 月 26 日	关于印发《吴江市城市环境噪声管理办法》的通知	市政府
2001 年 11 月 25 日	关于调整吴江市区环境噪声适用区划分规定的通知	市政府

6. 消烟除尘（5 个）

日　期	标　题	发文机关
1988 年 3 月 10 日	关于广泛宣传认真贯彻《中华人民共和国大气污染防治法》的通知	县政府办公室
1995 年 5 月 4 日	关于颁发《吴江市区烟尘控制区管理办法》的通知	市政府
1996 年 10 月 14 日	关于印发《吴江市城镇烟尘控制区建成验收办法》	市政府办公室
2001 年 11 月 15 日	转发市环保局等部门《关于加强烟尘控制管理的意见》的通知	市政府办公室
2003 年 2 月 12 日	关于开展烟尘专项整治的通知	市环保局

7. 水源保护（8 个）

发文日期	标　题	发文机关
1995 年 3 月 21 日	批转市城建局、市环保局《关于明确各镇地面水厂水源保护区划定范围的请示》的通知	市政府
1995 年 12 月 12 日	关于进一步加强水资源费征收管理工作的通知	市政府
1998 年 6 月 28 日	转发市爱卫会等部门《关于加强农村水厂卫生管理的意见》的通知	市政府办公室
2005 年 4 月 30 日	关于印发《吴江市开展集中水源地环保专项整治行动方案》的通知	市环保局
2005 年 8 月 15 日	关于同意市区域供水净水厂水源保护区划定范围的批复	市政府
2006 年 9 月 5 日	印发《吴江市生活饮用水源保护细则》试行的通知	市政府
2007 年 5 月 24 日	关于继续开展集中式饮用水源地专项整治的通知	市政府办公室
2007 年 6 月 7 日	关于印发《吴江市饮用水源地环境安全事故应急预案》的通知	市政府办公室

8. 行业管理（49 个）

行业	日　期	标　题	发文机关
纺织印染	1993 年 9 月 29 日	关于报送乡镇印染行业基本情况调查表的通知	市环保局
	2000 年 3 月 30 日	关于对全市印染行业进行摸底整顿调查的通知	市环保局
	2000 年 6 月 15 日	关于同意《实施盛泽地区印染行业环境保护管理暂行办法》的批复	市政府
	2001 年 7 月 5 日	关于同意《盛泽地区印染废水全部处理达标排放实施意见》的批复	市政府
	2001 年 11 月 20 日	关于盛泽镇印染企业限量上水和污水处理厂（站）污泥处理的通知	市环保局、盛泽镇政府
	2001 年 12 月 8 日	关于盛泽地区印染企业污水治理长效管理的实施意见	市政府
	2001 年 12 月 21 日	关于印发《盛泽地区印染企业污水达标排放验收办法》的通知	市环保局
	2002 年 3 月 11 日	关于重申除盛泽以外的印染企业环境管理有关处罚规定的通知	市环保局
	2002 年 3 月 11 日	关于重申加强盛泽地区印染企业环境管理有关处罚规定的通知	市环保局
	2002 年 7 月 9 日	印发《关于盛泽地区印染行业鼓励技术进步限制淘汰落后设备的实施意见》的通知	市政府
	2003 年 1 月 6 日	关于对全市浆料企业进行调查摸底的通知	市环保局
	2003 年 5 月 15 日	关于对印染企业引进定型机淘汰旧设备情况进行执法检查的通知	市环保局
	2003 年 7 月 14 日	关于印发《吴江市浆料化工行业污染专项整治长效管理办法》的通知	市环保局
	2003 年 9 月 27 日	关于要求盛泽镇各印染企业实行轮产的通知	市政府
	2004 年 3 月 15 日	转发市环保局《关于加强全市纺织行业污染防治工作的意见》的通知	市政府办公室
	2004 年 8 月 10 日	盛泽镇喷织废水处理设施管理暂行办法	盛泽镇政府
	2004 年 8 月 18 日	批转市经贸委等部门《关于盛泽镇丝绸纺织产业结构的调整方案》的通知	市政府
	2004 年 8 月 30 日	关于盛泽地区部分印染企业搬迁工作的意见	市政府
	2004 年 10 月 14 日	吴江市喷水织机水污染防治管理办法	市环保局
	2005 年 7 月 22 日	关于对盛泽 27 家印染企业实行轮产的通知	市政府
	2005 年 9 月 20 日	关于要求加大对喷水织机企业废水治理力度的函	市环保局
	2007 年 3 月 1 日	关于淘汰我市印染企业落后产能设备的通知	市环保局
	2007 年 6 月 5 日	关于我市印染企业实施限产限量的紧急通知	市环保局
	2007 年 8 月 20 日	关于加强全市喷水织机管理的意见	市政府办公室
	2007 年 8 月 27 日	关于喷水织机企业环保管理规定	市环保局
	2008 年 5 月 19 日	转发市环保局《关于加强全市喷水织机废水专项整治工作的实施意见》的通知	市政府
旧桶复制	1990 年 2 月 16 日	关于在全县开展清理整顿旧桶复制行业的通知	县环保局、县工商局
	2003 年 2 月 18 日	关于开展旧桶复制企业专项整治的通知	市环保局
	2003 年 4 月 24 日	关于重申旧桶复制企业禁止用水清洗旧桶的紧急通知	市环保局
	2005 年 6 月 29 日	关于责令全市各旧桶复制企业停产整治的通知	市政府

（续表）

行业	日　期	标　题	发文机关
旧桶复制	2005 年 8 月 1 日	关于落实旧桶复制企业关闭措施的通知	市环保局
	2006 年 9 月 26 日	关于取缔有关非法旧桶复制生产窝点的通知	市环保局
化工塑料	2006 年 3 月 3 日	关于开展全市化工石化等建设项目环境风险排查的通知	市环保局
	2006 年 4 月 27 日	关于清理取缔废旧塑料回收加工企业的通知	市政府办公室
	2006 年 6 月 27 日	关于进一步加强对小化工、废旧塑料回收和喷水织机企业清理整顿的通知	市政府办公室
	2006 年 8 月 11 日	关于责令各有关涂层生产企业、生产点停止涂层项目生产（建设）的通知	市环保局
	2006 年 10 月 30 日	关于印发《吴江市化工生产企业专项整治方案》的通知	市政府办公室
金属表面处理	1987 年 7 月 31 日	关于《吴江县电镀行业环境保护管理暂行办法》的通知	市环保局
	2006 年 7 月 11 日	关于吴江市运东金属表面处理加工区有关问题的函	市环保局
	2006 年 7 月 11 日	关于电镀企业实行集中供热不得自建锅炉的通知	市环保局
	2007 年 4 月 18 日	关于严格控制吴江市运东金属表面处理加工区企业办理含氰化合物购买证及公路运输通行证的通知	市环保局、市公安局
旧金属	2003 年 7 月 9 日	转发市计委等部门《关于进一步加强生产性废旧金属管理工作的通知》的通知	市政府办公室
养殖	2005 年 8 月 26 日	转发市水产局《关于严格水域生产管理的意见》的通知	市政府办公室
	2008 年 7 月 24 日	印发《沿太湖区域畜禽规模养殖场整治行动方案》的通知	市政府办公室
	2008 年 10 月 13 日	关于印发《吴江市东太湖网围养殖整治实施办法》的通知	市政府办公室
蚕桑	1986 年 5 月 23 日	批转县多管局、市环保局《关于保障蚕桑生产的紧急报告》的通知	县政府
餐饮服务	2005 年 12 月 1 日	关于开展创建"绿色宾馆（饭店）"活动的通知	市环保局、市旅游局
	2006 年 5 月 23 日	关于进一步加强"绿色宾馆"创建单位污染治理工作的通知	市旅游局、市环保局
	2007 年 9 月 7 日	关于对沿太湖地区船餐、农家乐等餐饮业进行清理整顿的通知	市政府办公室

9. 野生动物保护（1 个）

日　期	标　题	发文机关
1987 年 6 月 24 日	关于保护生态平衡尽快制止"捕蛇热"的通知	县委办公室

10. 排污收费（14 个）

日　期	标　题	发文机关
1980 年 4 月 28 日	吴江县关于《奖励综合利用和收取排污费的暂行规定》的通知	县革委会
1985 年 3 月 20 日	关于限期归还排污费旧欠和借款的通知	县环保局
1985 年 6 月 19 日	关于对乡（村）镇企业征收排污费的通知	县环保局
1989 年 1 月 27 日	关于印发《吴江县排污水费征收、管理、使用暂行办法》	县政府
1989 年 2 月 2 日	关于大力宣传、认真执行《吴江县排污水费征收、管理、使用暂行办法》的通知	县环保局
1989 年 3 月 20 日	关于限期缴清拖欠排污费的通知	县环保局
1989 年 6 月 10 日	关于在全县征收排污费实行"委托收款（劳务）"结算的通知	县环保局、县农业银行

（续表）

日　期	标　题	发文机关
1989 年 8 月 4 日	关于在全县征收排污费实行"委托收款(劳务)"结算的通知	县环保局
1990 年 7 月 19 日	关于限期缴清拖欠排污费的通知	县环保局
1995 年 2 月 9 日	关于实施《吴江市排污收费奖惩考核暂行办法》的通知	市环保局
1997 年 2 月 19 日	关于加强排污收费工作的通知	市政府
1997 年 5 月 19 日	关于我市饮食、娱乐、服务行业超标污水排污费实行简易收费标准的通知	市物价局、市财政局、市环保局
2002 年 3 月 1 日	关于实施《吴江市排污收费奖惩考核办法》的通知	市环保局
2006 年 12 月 11 日	转发市建设局等部门关于加强自备水源用户排污处理费征收实施意见试行的通知	市政府办公室

11. 工业"三废"治理（30 个）

日　期	标　题	发文机关
1987 年 4 月 22 日	转发县市环保局《关于震泽镇污染企业限期治理的报告》的通知	县政府办公室
1995 年 12 月 13 日	关于印发《吴江市全面实施排污申报登记制度工作方案》的通知	市环保局
1998 年 5 月 29 日	关于开展排污口规范化整治工作的通知	市环保局
1998 年 8 月 18 日	关于加强工业固体废弃物管理的通知	市环保局
1998 年 12 月 30 日	关于《吴江市二氧化硫污染综合防治规划》的批复	市政府
1999 年 5 月 27 日	关于组织全市环保联合执法统一行动的通知	市环保局
1999 年 6 月 9 日	关于 1999 年度全市排污口规范化整治工作的通知	市环保局
2001 年 12 月 4 日	关于限期完成污泥压滤配套设施的通知	市环保局
2001 年 12 月 12 日	关于同意《关于实施一厂一策治理方案的请求》的批复	市政府
2002 年 4 月 25 日	关于我市开展工业固体废弃物情况调查的通知	市环保局
2003 年 3 月 19 日	关于我市全面实行污染物排放许可证管理制度的通知	市环保局
2003 年 7 月 14 日	关于开展全市固体废物申报登记工作的通知	市环保局
2004 年 8 月 2 日	关于吴江经济开发区排污企业污水限期接管的通知	市环保局、吴江经济开发区规划建设局、吴江经济开发区经济发展局
2004 年 11 月 26 日	关于区内企业污水接入市政污水管网的通知	市环保局、吴江经济开发区规划建设局、吴江经济开发区经济发展局
2005 年 3 月 8 日	关于对我市工业企业固体废物产生情况进行申报登记的通知	市环保局
2005 年 7 月 26 日	关于第二批排污企业换领排污许可证的通知	市环保局
2005 年 8 月 18 日	批转市环保局《关于盛泽镇工业污水总量控制削减方案》的通知	市政府
2005 年 8 月 19 日	转发市发改委等部门《关于吴江市 2005 年整治违法排污企业保障群众健康环保专项行动工作方案》的通知	市政府办公室
2006 年 7 月 20 日	转发市环保局等部门《关于吴江市 2006 年整治违法排污企业保障群众健康环保专项行动工作方案》的通知	市政府办公室
2007 年 4 月 24 日	关于对重点环境问题开展挂牌督办的通知	市整治违法排污企业保障群众健康环保专项行动领导小组

（续表）

日　期	标　题	发文机关
2007 年 7 月 2 日	印发关于《吴江市 2007 年整治违法排污企业保障群众健康环保专项行动工作方案》的通知	市政府办公室
2007 年 7 月 31 日	关于开展全市热电企业监查的通知	市环保局
2007 年 8 月 20 日	关于对 2007 年部分挂牌督办企业现场检查的通知	市环保局
2007 年 8 月 22 日	关于企业污水按期接入市政污水管网的通知	市环保局、吴江经济开发区经济发展局、吴江经济开发区规划建设局、吴江经济开发区社会事业局
2008 年 4 月 7 日	关于对重点环境问题开展挂牌督办的通知	吴江市整治违法排污企业保障群众健康环保专项行动领导小组
2008 年 6 月 17 日	吴江市关于统一换发排污许可证的通知	市环保局
2008 年 7 月 21 日	转发市环保局关于吴江市 2008 年度整治违法排污企业保障群众健康环保专项行动工作方案的通知	市政府办公室
2008 年 8 月 4 日	关于有关特殊类型的工业废水达标排放要求的通知	市环保局
2008 年 10 月 13 日	关于开展全市整治违法排污企业保障群众健康环保专项行动联合督查的通知	吴江市整治违法排污企业保障群众健康环保专项行动领导小组
2008 年 10 月 29 日	关于全市 2008 年环保专项行动挂牌督办问题的整治落实情况的通报	吴江市整治违法排污企业保障群众健康环保专项行动领导小组

12. 城乡污水治理（13 个）

日　期	标　题	发文机关
1994 年 12 月 23 日	关于转发《吴江市实施〈加快城市污水集中处理工程建设的若干规定〉办法》的通知	市政府
1994 年 12 月 27 日	关于印发《吴江市市政排水设施有偿使用暂行规定》的通知	市政府
1997 年 8 月 4 日	关于转发市计委《关于推广应用"生活污水净化沼气池"技术的意见》的通知	市政府办公室
2000 年 8 月 3 日	关于加强自来水价费中污水处理费征管工作的通知	市政府
2002 年 8 月 13 日	关于印发《盛泽地区污水处理统一管理暂行办法》的通知	市政府
2004 年 4 月 21 日	转发市物价局等部门《关于调整污水处理费和自来水价格的意见》的通知	市政府办公室
2004 年 12 月 2 日	转发市建设局等部门《关于吴江市城镇污水处理费征收和管理办法》的通知	市政府办公室
2005 年 12 月 5 日	转发市建设局等部门关于《吴江市城市污水处理费返还操作办法》的通知	市政府办公室
2006 年 8 月 29 日	转发市物价局《关于调整污水处理费和自来水价格的意见》的通知	市政府办公室

（续表）

日　期	标　题	发文机关
2007 年 1 月 12 日	关于印发《吴江市城市排水管理办法》的通知	市政府
2007 年 12 月 20 日	关于印发《吴江市城市排水许可管理实施细则》的通知	市政府
2008 年 8 月 4 日	印发《关于加强推进农村生活污水处理设施建设的实施意见》的通知	市政府办公室
2008 年 9 月 12 日	关于印发《吴江市推进城镇生活污水处理工作实施意见》的通知	市政府

13. 水环境管理（26 个）

日　期	标　题	发文机关
1989 年 7 月 28 日	批转县财政局、城建局《加强地下水资源管理意见》的通知	县政府
1993 年 8 月 13 日	关于印发《吴江市地面水域功能类别划分规定》的通知	市政府
1993 年 12 月 29 日	关于印发《吴江市城市地下水资源管理暂行规定》的通知	市政府
1998 年 7 月 16 日	关于下达 1998 年度地下水开采计划的通知	市政府办公室
1999 年 3 月 23 日	关于下达 1999 年度地下水开采计划的通知	市政府办公室
2000 年 3 月 23 日	关于同意调整地面水水域功能类别划分的批复	市政府
2000 年 9 月 12 日	关于下达地下水禁止开采封井计划的通知	市政府
2001 年 12 月 5 日	转发市环保局等部门关于《吴江市水环境整治方案》的通知	市政府办公室
2001 年 12 月 5 日	关于印发《吴江市东太湖风景名胜区管理办法》的通知	市政府
2001 年 12 月 12 日	关于同意《盛泽镇河道清淤工程计划》的批复	市政府
2003 年 2 月 21 日	关于吴江市农村河道长效保洁管理的实施意见	市政府
2003 年 4 月 14 日	关于下达 2003 年度地下水封井计划的通知	市政府办公室
2003 年 12 月 21 日	批转市环保局关于《吴江市荻塘河、急水港水环境综合整治方案》的通知	市政府
2004 年 5 月 8 日	关于下达 2004 年度地下水封井计划的通知	市政府办公室
2004 年 9 月 6 日	关于批转《盛泽城区水环境和防洪排涝综合完善工程规划方案》的通知	市政府
2005 年 4 月 26 日	关于下达 2005 年度全市地下水深井封填任务的通知	市政府办公室
2005 年 8 月 12 日	关于印发《吴江市城市节约用水管理办法》的通知	市政府办公室
2005 年 8 月 12 日	转发市建设局等部门关于《吴江市创建节水型城市的实施方案》的通知	市政府办公室
2005 年 8 月 15 日	关于同意市区域供水净水厂水源保护区划定范围的批复	市政府
2006 年 3 月 21 日	关于停止在东太湖围垦区进行投资开发建设的通知	市政府
2008 年 6 月 11 日	关于印发《2008 年度吴江市太湖水污染治理重点任务分解落实方案》的通知	市政府办公室
2008 年 7 月 24 日	印发关于《建立蓝藻打捞与处置长效管理工作机制的实施意见》的通知	市政府办公室
2008 年 8 月 4 日	关于印发《吴江市水污染防治规划》的通知	市政府
2008 年 8 月 6 日	转发市东太湖综合整治工程领导小组办公室《关于东太湖综合整治及相关工作实施计划》的通知	市政府办公室
2008 年 8 月 25 日	关于严格执行河湖管理范围内建设项目许可制度的通知	市政府办公室

14.环保目标责任制（6个）

日　期	标　题	发文机关
1987年12月15日	转发县市环保局《关于我县实行厂长任期目标责任制中制定环境责任的要求和考核标准的报告》的通知	县政府
1988年1月19日	关于松陵地区实行厂长任期目标责任制中制定环境责任的要求和考核指标的通知	松陵镇政府
1989年4月6日	批转县市环保局《关于推行乡（镇）长、县工业主管部门领导环境保护目标责任制意见的报告》的通知	县政府
2005年9月12日	关于进一步落实环境保护责任制的实施细则	市委、市政府
2005年12月14日	关于对2005年度环境保护目标责任完成情况进行自查的通知	市环保局
2007年11月13日	关于印发《吴江市河（湖）水域实行河长责任制及考核办法》的通知	市委

15.环保制度建设（9个）

日　期	标　题	发文机关
1990年2月2日	吴江县市环保局实行"两公开、一监督"的具体办事制度	县环保局
1990年3月19日	关于《吴江乡镇环保助理职责及考核奖励办法》的意见	县环保局
2001年7月20日	关于试行企业环境行为信息公开化制度的通知	市环保局
2001年7月31日	关于印发《吴江市企业环境行为信息公开化制度实施方案（试行）》的通知	市环保局
2002年1月8日	关于印发《环保助理环保工作考核办法》的通知	市环保局
2002年7月7日	关于建立我局110联动体系开展24小时值班制度的通知	市环保局
2005年7月28日	关于印发《吴江市环境保护局行政处罚罚款裁量参考标准（试行）》的通知	市环保局
2006年3月22日	关于印发《吴江市环保局信访工作处理程序》的通知	市环保局
2008年10月27日	关于进一步完善环境建设考核办法的通知	市委办公室

16.城镇环境（19个）

日　期	标　题	发文机关
1985年3月1日	批转县城乡建设局《关于保护城镇沿街绿化的报告》的通知	县政府
1986年4月8日	关于转发县城乡建设局《关于在城镇内实行环境卫生工作有偿服务的报告》的通知	县政府
1995年9月20日	吴江市城市绿化管理办法	市政府
1995年12月30日	关于颁发《吴江市市容和环境卫生管理办法》的通知	市政府
1998年1月19日	关于松陵绿地系统规划的批复	市政府
2001年9月3日	中共吴江市委、吴江市人民政府关于加强盛泽地区环境保护工作的意见	市委、市政府
2002年3月1日	关于苏嘉杭高速公路吴江段绿色通道建设租用土地等有关问题的意见	市政府办公室
2002年3月1日	关于318国道205省道松库线绿色通道和入市口绿化景点建设的实施意见	市政府办公室
2002年3月28日	关于实行城市绿化"绿色图章"管理制度的通知	市政府办公室
2002年10月16日	关于印发《吴江市区"门前三包"责任制管理办法》的通知	市政府
2003年4月28日	关于印发《吴江市城市市容和环境卫生管理规定》的通知	市政府
2004年4月6日	关于印发《吴江市2004年度建设健康城市工作计划》的通知	市政府办公室
2005年2月17日	关于完善城市长效管理的意见	市政府

（续表）

日　期	标　题	发文机关
2005 年 5 月 10 日	关于同意吴江市松陵绿地系统规划纳入吴江市城市总体规划的批复	市政府
2005 年 7 月 29 日	关于同意吴江市城市环境卫生专业规划纳入吴江市城市总体规划的批复	市政府
2005 年 9 月 19 日	关于印发《全市城乡环境整治实施意见》的通知	市政府
2007 年 1 月 12 日	关于印发《吴江市供水管理实施细则》的通知	市政府
2008 年 6 月 19 日	关于禁止在城区现场搅拌混凝土的通告	市政府
2008 年 11 月 28 日	关于同意吴江市城市绿地系统规划纳入吴江市城市总体规划的批复	市政府

17．农村环境（20 个）

日　期	标　题	发文机关
1983 年 3 月 8 日	关于印发全县沼气工作会议纪要的通知	县政府
1983 年 10 月 29 日	关于批转县沼气办公室《关于沼气工作情况和意见的报告》的通知	县政府
1996 年 11 月 6 日	关于发展生态农业的通知	市政府
2001 年 5 月 29 日	转发市环保局等四部门《关于加强夏季秸秆禁烧和综合利用工作的意见》的通知	市政府办公室
2002 年 7 月 10 日	关于进一步贯彻落实《苏州市人民政府关于禁止销售和使用高毒高残留农药的通告》的通知	市政府
2003 年 3 月 4 日	关于吴江市 2003 年农村绿化工作的意见	市政府
2003 年 5 月 22 日	关于认真做好夏季秸秆禁烧和综合利用的通知	市环保局、市农林局
2003 年 6 月 4 日	关于进行农村乡镇生活污水处理调查的通知	市环保局
2003 年 9 月 10 日	关于加快推进农村改水改厕工作的意见	市政府
2004 年 2 月 27 日	关于印发《吴江市农村初级卫生保健实施方案》的通知	市卫生局、市环保局、市计委、市财政局、市农林局、市民政局、市爱卫会
2004 年 3 月 22 日	关于开展农村清洁村庄、清洁家园、清洁河道活动的实施意见	市政府
2004 年 4 月 9 日	关于进一步加强农村卫生工作的意见	市政府
2006 年 1 月 19 日	转发市环保局等部门关于《吴江市农村人居环境建设和环境综合整治试点工作实施方案》的通知	市委办公室、市政府办公室
2006 年 3 月 17 日	关于同意建设吴江市农业生态科技粮食生产基地项目的意见	市政府
2006 年 5 月 26 日	关于印发《吴江市农村居民住宅集中建设实施办法（暂行）》的通知	市政府
2006 年 4 月 12 日	关于推进社会主义新农村建设的若干意见	市委、市政府
2006 年 11 月 13 日	关于推进全市农村环境建设的若干意见	市委、市政府
2007 年 7 月 25 日	印发《关于进一步加强农业面源污染整治工作的意见》的通知	市政府
2007 年 11 月 26 日	关于印发《吴江市农村环境综合整治规划（2006—2010 年）》的通知	市政府
2008 年 4 月 9 日	关于印发《吴江市农村环境卫生长效管理实施意见》的通知	市政府

18.创建工作（11个）

日　期	标　题	发文机关
1998年7月1日	印发《关于创建省级园林城市的实施意见》的通知	市政府
2001年7月8日	关于在全市开展创建国家环境保护模范城市活动的通知	市委、市政府
2001年7月19日	市委办公室、市政府办公室关于印发《吴江市创建国家环境保护模范城市工作方案》的通知	市委办公室
2003年5月20日	关于印发《吴江市创建全国生态示范区建设规划实施方案》的通知	市政府
2003年3月21日	关于开展"环保进社区"和创建"绿色社区"活动的通知	市环保局
2004年3月15日	转发市环保局《关于开展绿色社区创建工作的意见》的通知	市政府办公室
2004年4月5日	转发市创建国家级生态示范区领导小组《关于组织实施八大生态工程的意见》的通知	市政府办公室
2005年3月23日	关于印发《吴江市生态市建设规划》的通知	市政府
2005年3月28日	关于吴江市创建全国生态市的实施意见	市政府
2005年3月29日	关于吴江市创建国家生态园林城市的实施意见	市政府
2008年3月10日	转发市发改委等部门《关于创建省农村发展散装水泥、城区禁止现场搅拌混凝土达标市的实施意见》的通知	市政府办公室

19.应急、预警机制（9个）

日　期	标　题	发文机关
2002年12月31日	关于印发《吴江市特大安全事故应急处理预案》的通知	市政府
2004年2月16日	关于印发《吴江市安全生产事故快速反应机制方案》的通知	市政府
2005年3月24日	批转市环保局《关于2005年度江浙交界断面水质控制预警方案》的通知	市政府
2006年3月2日	关于实施《吴江市突发公共事件总体应急预案》的通知	市政府
2006年6月12日	关于要求有关单位编制《危险废物意外事故应急预案》的通知	市环保局
2006年6月30日	关于印发《吴江市环境保护局突发性环境污染事故应急预案》的通知	市环保局
2008年4月23日	关于印发《吴江市2008年环境安全隐患治理工作实施方案》的通知	市环保局
2008年6月5日	关于印发《吴江市集中式饮用水源环境突发安全事件环保专项应急预案》的通知	市环保局
2008年11月5日	关于印发《吴江市辐射事故应急预案》的通知	市环保局

20.清洁生产和循环经济（4个）

日　期	标　题	发文机关
2004年2月18日	关于抓紧落实2003年度清洁生产审核工作的通知	市经贸委、市环保局
2006年6月26日	批转市经贸委《关于吴江市工业经济产业发展指导意见》的通知	市政府
2006年10月23日	转发市经贸委等五部门《关于进一步加快发展民营企业规模经济、品牌经济,推进企业自主创新、企业上市和节能降耗,发展循环经济的工作计划》的通知	市政府办公室
2006年10月30日	转发市经贸委市环保局《关于吴江市推进工业企业循环经济工作的意见》的通知	市政府办公室

21. 其他(11 个)

日 期	标 题	发文机关
1988 年 3 月 12 日	关于实施《吴江县乡镇环保活动经费管理办法(试行)》的通知	县环保局、县财政局
1991 年 3 月 18 日	关于在全县环境保护工作中开展"争先夺杯"活动的实施意见	县环保局
1996 年 8 月 14 日	市政府关于授权市环保局对造成环境污染的单位作出限期治理决定的通知	市政府
1997 年 9 月 3 日	关于印发《吴江市除四害管理办法》的通知	市政府
2001 年 8 月 21 日	关于在全市各镇、村开展"环保标语上墙"活动的通知	市环保局
2004 年 6 月 10 日	关于开展"清查放射源,让百姓放心"专项行动的通知	市环保局、市公安局、市卫生局
2005 年 2 月 6 日	关于认真实施吴江市 2005 年实事项目的通知	市政府
2005 年 4 月 8 日	关于开展环境保护及相关产业基本情况调查的通知	市环保局
2005 年 8 月 12 日	关于进一步加强环境保护工作的意见	市委、市政府
2006 年 2 月 10 日	关于下达实施吴江市 2006 年实事项目的通知	市政府
2008 年 10 月 27 日	关于进一步完善环境建设竞赛考核办法的通知	市委办公室

第二节　市环保局及所属各机构职能配置

一、市环保局

贯彻执行国家环境保护方针、政策和法律、法规,参与全市环境与发展综合决策,协调有关部门拟定与环境保护相关的经济、技术、资源配置和产业政策;组织协调对全市重大经济和技术政策、发展规划以及重大经济开发计划进行环境影响评价。

拟定全市环境保护规划和计划;参与或组织拟定、监督实施由国家、省、苏州市确定的全市重点区域、重点流域污染防治规划和生态保护规划;组织拟定全市环境功能区划;参与全市经济和社会发展中长期规划、年度计划、国土资源开发整治规划、区域经济开发规划、产业发展规划以及资源节约和综合利用规划的制定工作;参与审核全市城市总体规划和集镇建设总体规划,并组织评审其中的城市环境保护规划和集镇环境保护规划;参与组织自然资源核算工作。

负责全市环境污染的预防和控制工作;起草并组织实施大气、水体、土壤、噪声、固体废物、有毒化学品及机动车排放污染物等污染防治的规范性行政措施;组织和协调全市重要区域、重点流域的水污染防治工作。

监督自然资源开发利用活动的生态保护以及重要生态环境建设和生态破坏恢复工作;监督检查全市风景名胜区、森林公园、生物多样性、野生动植物、湿地保护等工作;负责农村生态环境保护工作,指导全市生态示范工程、环境优美镇、生态村建设。

管理全市环境保护行政执法工作,组织、监督各类污染治理和污染物排放情况;发布全市企业环境行为信息;调查处理或协助处理环境污染事故、生态破坏事件;参与协调解决全市各地方、各部门及跨流域的重大环境问题;负责全市电磁辐射源、放射源以及放射性废物的监控和处置管理；配合和参与上级环境保护部门实施核安全和生物技术环境安全监督管理。组织实施全市环境保护系统行政执法监督。

编制全市环境保护科技发展规划、计划，组织管理环境保护科技发展工作和重点科学研究项目及技术示范工程；贯彻执行国家和地方环境保护标准，管理全市环境管理体系（ISO 14000）认证、环境标志认证和环境保护资质制度执行情况检查；参与制定环境保护产业政策，指导并推动环境保护产业发展。

组织实施国家、省、市和地方各项环境管理制度；负责环境保护行政审批和行政许可工作，审批限额以下基本建设项目和技术改造项目以及开发区域建设项目的环境影响报告书（表）；负责国家、省、市和地方环境保护基金投资项目和污染治理项目的专项投资管理、核查、审计工作；负责监督管理全市环境综合整治工作；负责企业清洁生产审计工作。

负责实施管理全市环境监理和环境监测制度的规范，依照法律、法规征收排污费；统一管理全市环境统计、信息发布工作；组织全市环境质量监测和污染源监督监测，负责编报全市《环境质量报告》和编发《环境状况公报》。

组织、指导和协调环境宣传教育工作，推动公众和非政府组织参与环境保护。

组织全市环境保护领域的对外交流合作；管理、指导全市环境保护国际合作或援建项目的实施。

负责市环境保护系统机构编制和人事管理；组织开展全市环境保护系统行政管理体制改革工作，实行双重领导。

承办市委、市政府及上级环境保护部门交办的其他事项。

二、内设机构

（一）办公室

协助局领导组织、协调机关工作；拟定机关年度工作计划、工作总结及政务公开和内部管理制度，并监督实施；负责处理和督办机关文电、行政会议、政务信息、档案管理等文秘工作；负责机关宣传教育培训、保密、保卫、治安综合治理、卫生绿化、计划生育、接待、离退休人员服务等后勤保障工作；负责局系统的人事、劳动工资、职称和行政表彰等人事管理工作；处理和督办信访、人大代表建议和政协委员提案工作；负责局机关办公自动化工作；开展调查研究，掌握工作动态。

负责局机关各类经费的落实、调度和管理工作；负责局系统预算外资金的管理；负责排污费财务管理和排污费年度收支预、决算编制；负责全市排污收费和污染补助资金的资金管理；负责局机关下属事业单位会议核算和财务决算；负责各类财务统计报表的编制上报；负责核算和监督国有资产的管理；负责局机关和下属事业单位各类社会保险管理；负责局系统财务人员培训、管理；承办国家、省、市补助本市环境保护系统资金项目的审核；编制、上报并组织实施省污染源治理专项资金、市污染防治基金、污染补助资金使用计划及各项经费的使用监督管理。

（二）行政服务科

污染物总量控制和排污许可证核发工作；污染防治设施拆除或闲置的审批工作；建设项

目环境影响评价文件的审批工作；建设项目环境保护设施的验收工作；固体废物、危险废物转移审批工作；危险废物收集经营许可证的审批工作；辐射安全许可证和放射性同位素转让核准的初审上报工作。

综合计划科（在"行政服务科"挂牌）

编制、上报环境保护中长期规划、"五年计划"和年度计划；参与编制经济、社会发展、国土开发整治、区域经济开发计划；参与编制环保基础设施建设和其他环境综合整治计划；参与审核城市总体规划，并组织对其中的环境保护规划进行评审；拟编全市环境功能区划；负责实施开发建设项目环境保护管理制度和行政审批；审批限额以下的本市基本建设项目和技术改造项目以及开发区建设项目的环境影响报告书（表）；对审批的建设项目组织竣工验收；参与审核上级环保部门审批的建设项目的环境影响报告书（表）的工作；配合上级环境保护部门监管全市环境影响评价单位的资质；组织草拟并监督实施自然生态保护规范性行政措施；组织拟定全市生物多样性保护计划；编制全市自然保护区发展规划；负责初审新建各类、各级自然保护区报告，负责自来水水源保护区监督管理工作；负责全市环保目标责任制工作；负责全市环境综合整治定量考核、环境统计工作；负责全市"烟尘控制区、噪声达标区"建设，负责城乡环境综合整治及创建国家环境保护模范城市的工作。

（三）环境管理科

负责全市环境污染的预防和控制工作；起草并组织实施大气、水体、土壤、噪声、固体废物、有毒化学品及机动车排放污染物等污染防治的规范性行政措施；编制、上报全市污染物排放总量控制计划，并组织实施和考核；配合有关部门监督淘汰污染严重的落后工艺和设备；负责实施污染源治理工作；参与或组织、监督实施由国家、省、市确定的全市重点流域、重点区域污染防治规划及其实施情况；负责环境治理工程设计、施工资质审核；监督检查全市自然保护区和自然资源开发活动中的环境保护情况；参与指导全市生态环境恢复整治和湿地保护工作；管理生物技术环境安全；负责排污申报登记注册证、污染物排放许可证、危险废物经营许可证管理；负责废物出入境（国内异地）控制；负责污染治理设施年检、市场化运行工作；管理全市电磁辐射、放射性废物及其他固体废弃物处置；配合监控电磁辐射源、放射源、核材料或核设施等环境安全；参与核污染或辐射污染事故应急处置和调查。编制环境保护科学技术发展规划、计划；参与组织制定环保科技研究、环保实用技术推广和环境保护产业发展的规范性行政措施；负责企业清洁生产审计工作，负责环境标志产品认证的初审工作；负责全市 ISO 14000 环境管理体系认证管理工作；组织全市环境保护对外交流与合作；管理、指导实施全市环境保护国际合作或援建项目；组织和协调市内履行环境保护国际公约、条约的活动；负责协调环境科学学会有关工作。

固体废物管理科（在"环境管理科"挂牌）

宣传、贯彻执行有关固体废物污染防治的防治法律、法规；参与拟定固体废物污染防治管理办法和污染防治规划；组织对固体废物污染源开展针对性专项检查、参与对我市固体废物的污染防治的现场检查；对群众举报或检查发现的固体废物污染的行政违法行为和企业守法情况实施监督、查处工作；负责固体废物转移管理，对全市固体废物的收集、贮存、运输、利用、处理、处置等进行跟踪管理；依法开展固体废物污染调查工作；负责我市危险废物经营单位的能力初审工作,配合市环保局做好固体废物经营许可证的发放、管理工作;组织开展固体废物污染防治技术的开发研究,为有关部门提供技术、政策咨询服务工作;负责进口废物用作原料的有关管理工作;承担固体废物防治建设项目的环境影响评价、"三同时"等技术的咨询服务工作;参与对从事危险废物管理人员及操作人员的专业技术培训及上岗培训;负责全市电磁辐射源、放射源以及放射性废物建设项目审批的预审工作;参与全市核安全监督管理和核污染、辐射污染事故应急管理工作;配合上级环境保护部门对全市范围内的核设施安全实施监督管理,对核材料的管理和核承压设备等实施安全监督。

（四）法制宣教科

配合上级环境保护部门起草环保法律、行政或地方性法规的立法调研工作,参与组织、协调起草审核本市环境保护规范性行政措施;负责环境保护行政处罚、行政复议和应诉事务等工作;组织行政执法和执法监督;负责企业环境行为信息公开化工作;管理全市环境保护宣传教育培训工作;拟定环境教育规划、计划和年度宣传活动计划;负责协调环境新闻报道、发布全市重大环境保护新闻;办好《吴江环保》;会同有关部门开展环境法制、环境知识和岗位专业教育或培训;推动公众和非政府组织参与环境保护。

三、下属机构

（一）市环境监测站

贯彻执行《中华人民共和国环境保护法》及有关环境保护和环境监测的法律、法规、标准、技术规范和管理制度。根据国家、省、市主管部门要求,按照国家环境监测技术规范开展各环境要素(水环境、大气环境、声环境、生物)监测及污染源监督监测。收集、整理、储存吴江市环境监测数据、资料,对本地区环境质量和污染状况进行综合分析,编制环境质量快报、季报、年报等,为政府环境决策提供环境监测信息资料。为建设项目提供环境影响现状评价资料,进行"三同时"和限期治理项目竣工验收监测,提供排污收费、排污申报、排污许可证年审等所需的监测和核实数据。为本市环境保护目标责任制的实施和城市环境综合整治提供考核所需的监测数据和报告。建立本市应急监测网络,参与污染事故调查处理,为污染事故处理和污染纠纷仲裁提供监测数据。为社会提供环境科技服务和承接有关的委托测试检验等。履行环境保护法律、法规所规定的其他职责。

（二）市环境监察大队

贯彻执行国家和地方环境保护法律、法规、政策、规章和制度,拟定环境监察规划和年度工作计划,并组织实施。依法对辖区内污染治理设施运转情况进行现场监督检查,并参与处理。对环境违法行为进行现场调查取证,提出处罚意见,按照有关授权对环境行政违法行为实施处罚。对市政府或市环保局作出的行政处罚决定的执行情况进行监督检查。负责超标排污费和排污水费的核定、征收、统计、汇审,并参与排污费使用计划的制定。对辖区内发生的环境污染事故和因污染引起的纠纷及检举控告环境违法行为的来信、来访、电话投诉进行调查,并参与处理。负责环境监察人的业务技术培训,总结交流环境监察工作经验。执行环境监察报告制度。承担市环保局和上级监察部门委托的其他工作。

四、派出机构

市环保局盛泽分局是市环保局的派出机构，职能是：监督检查盛泽镇的各部门、单位贯彻执行国家和地方环境保护方针、政策、法律、法规的情况；参与盛泽区域经济和社会中长期规划和年度计划，城镇总体规划、综合整治规划和区域开发规划，产业发展规划及资源节约和综合利用规划，开展盛泽镇范围内的建设项目环境影响报告的预审，监督管理盛泽镇的环境污染防治和生态环境保护，督促污染源的治理，组织实施盛泽镇污染治理设施的日常运行监督管理，开展污染源的调查、污染物排放申报登记等工作；协助当地政府落实好环保目标责任制；组织实施本地区的环境宣传教育工作；负责处理直接受理或上级交办的环境污染事故、污染纠纷和环境信访；组织排污费依法征收工作，并对污染治理补助资金使用进行初审；对监督检查行政执法中发现的环境违法行为进行调查取证，并提出处罚意见；与市环境监理大队共同负责好该镇的环境监理工作；承办市环保局交办的其他事项以及当地政府交办的有关环境保护的事项。

五、乡镇环境保护办公室

乡镇环保办的职责是：认真贯彻实施国家和地方政府关于环境保护的法律、法规，负责本辖区实施情况的监督检查，并及时向当地政府和上级环保部门汇报情况。负责监督管理本区域环境污染防治和生态环境保护，抓好年度环境保护责任目标的实施。负责编制辖区内环境保护计划，组织推行环保各项制度，并检查督促落实情况。负责建设项目初审，把好"第一审批关"，协调落实建设项目环境影响评价，抓好项目建设"三同时"工作。组织开展环境保护宣传教育工作。协助征收排污费和超标排污费。及时调查处理群众来信来访、环境污染事故和环境纠纷，并将有关调处结案情况及时上报镇政府和市环保部门。完成党委、政府交办的其他工作任务。

第三节　市环保局内部管理制度选录

2000年后，市环保局逐步完善各项内部管理制度，用以规范环保系统工作人员的行为。

吴江市环境保护局廉政建设制度

一、环保人员要廉洁奉公，忠于职守，禁止利用职权和职务上的便利谋取不正当利益，工作中不得接受任何礼品或宴请，在家庭的婚丧喜庆中不得大操大办或借机敛财。

二、环保人员要严防商品交换原则侵入党的政治生活和机关的政务活动。不准个人经商办企业，不准炒股票，不准参与各种赌博活动，对弄虚作假、虚报浮夸的行为，要追究有关人员责任。

三、环保人员要遵守公共财物管理和使用的规定，禁止假公济私、化公为私。不准用公款参与消费娱乐活动，对利用预算外资金和"小金库"进行贪污、挪用、行贿和挥霍浪费的，要严肃查处。

四、环保人员要遵守组织人事纪律,严格按照干部选拔任用工作制度办理。禁止借选拔任用干部之际谋私利。不准在干部选拔任用工作中封官许愿或打击报复,采取不正当手段为本人或他人谋取职权。

五、环保人员对涉及配偶、子女或其他亲友及身边工作人员有利害关系的事项,应奉公守法,严禁利用职权和职务上的便利为他们谋取不正当利益。不准用公款支付配偶、子女及其他亲友学习、培训等费用。

六、环保人员要发扬艰苦奋斗、勤俭节约作风,不准讲排场、比阔气、挥霍公款,铺张浪费。不准违反规定多占住房,用公款装修、购买、建造超标准住房,不准违反规定配备、使用小汽车。

七、环保人员要严格遵守党的纪律,自觉在思想上、政治上与党中央保持高度一致,严格执行上级的方针政策,做到有令必行,有禁必止。

八、环保人员要坚持党风党纪教育制度,加强思想作风建设,自觉抵制封建思想的侵蚀和资本主义腐败思想的腐蚀。

吴江市环境保护局"六条禁令"

一、严禁在工作时间饮酒、打牌,从事非公务性娱乐活动,违者予以经济处罚、纪律处分;造成严重后果的予以待岗或辞退。

二、严禁参与赌博等违法乱纪活动,违者予以经济处罚、纪律处分、待岗;情节严重的予以辞退或开除。

三、严禁酒后驾驶机动车辆,违者予以经济处罚、纪律处分;造成严重后果的予以辞退或者开除。

四、严禁利用职权或利用公务之便向当事人索要钱物,违者予以纪律处分;情节严重、影响恶劣的予以待岗、辞退或者开除。

五、严禁着制服到公共娱乐场所从事非公务性的活动,违者予以纪律处分;情节严重、影响恶劣的予以辞退。

六、严禁接受可能影响公正执行公务的宴请,违者予以纪律处分;情节严重、影响恶劣的予以待岗或辞退。

吴江市环保执法人员"十不准"

一、不准乱收费、乱罚款。

二、不准弄虚作假、以罚代法。

三、不准人事有偿中介、接受回扣。

四、不准在发证、收费、监察、办案等工作中以权谋私、徇情枉法。

五、不准利用职权接受宴请、礼品。

六、不准参加在营业性娱乐场所用公款支付费用的娱乐活动。

七、不准利用职权购买和赊购商品。

八、不准到被执法单位报销由个人支付的各种费用。

九、不准企业搞摊派、捐赠。

十、不准在工作中摆威风、耍态度、故意刁难。

吴江市环保执法人员行为规范

一、献身环保，爱岗敬业，钻研业务，开拓创新。

二、遵纪守法，清正廉洁，严格执法，不谋私利。

三、仪表端正，举止文明，优质服务，热情周到。

四、求真务实，勤政高效，团结协作，争创一流。

吴江市环境监察人员行为规范

一、坚持四项基本原则，宣传并认真执行国家环境保护的方针、政策、法律、法规和标准。

二、热爱环境监察工作，敬业进取，忠于职守，钻研业务，精益求精。

三、遵守社会公德，举止文明，仪表端正，坚持原则，以理服人。

四、秉公执法，不越权，不渎职，廉洁自律，不徇私情，做到：

1．不收受被监察单位的礼品、礼金或有价证券。

2．不接受被监察单位的宴请。

3．不参加被监察单位邀请的营业性歌舞厅等娱乐活动。

4．不参与被监察单位或个人的营销活动。

五、在现场监察时，遵守环境监察工作程序，做到：

1．佩带"中国环境监察"证章，出示"中国环境监察证"，持证上岗。

2．执行任务须二人以上，向被监察单位说明来意，公开监察结果和收费、处罚的依据，注意现场勘验和取证，妥善保管有关资料。

3．制止环境违法行为，遇有环境污染的紧急情况，立即采取应急措施。

4．执行现场监察报告制度。

5．为被监察单位保守技术与业务秘密。

六、在收排污费时，严格执行排污费征收政策、规定和标准，做到：

1．不得提高或降低标准乱收费。

2．不得擅自减、免、缓征排污费。

3．不得挪用、乱用排污费。

七、在查处环境事故和纠纷时，以事实为依据，以法律为准绳，做到：

1．对群众来信来访逐一登记、立案，妥善处理并及时回复。

2．对群众有关环境问题的检举或控告，认真核实并及时报告有关部门。

3．对环境事故和纠纷的查处，应在规定的时限内完成。

4．执行污染事故报告制度。

吴江市环境监测人员行为规范

一、爱岗敬业。忠于职守,坚持原则,钻研业务,务实进取。

二、科学监测。严格执行标准,遵循监测规范,保证监测质量,做到数据公正。

三、遵纪守法。讲廉洁,拒腐蚀,不徇情,守法规,讲文明。做到:

1. 不准收受被监测单位的礼品、礼金或有价证券。

2. 不准接受被监测单位的宴请。

3. 不准参加被监测单位邀请的营业性歌舞等娱乐活动。

4. 不准参加被监测单位或个人的营销活动。

5. 不准利用职权搞不正之风。

四、遵循环境监测工作程序。做到:

1. 现场监测,出示证件。

2. 持证上岗,遵守安全操作规程,确保安全。

3. 执行任务,二人以上。

4. 文明礼貌、说明来意,请被监测单位提供有关监测条件和资料。

5. 为被监测单位保守技术与业务秘密。

6. 监测完毕,清理现场。

五、遵守保密规定,妥善保管监测资料。

六、群众反映,及时汇报。

第四节　市环保局办事程序选录

2000年后,市环保局不断完善各项办事程序,用以提高工作效率。

吴江市环保局信访工作办理程序

一、办理

1. 局信访接待室负责接待、受理群众来信、来访、来电以及上级转(交)办的信访案件,认真做好登记工作。

2. 局信访接待室负责对受理的信访案件进行审查、立案并按照信访内容进行转办。

3. 重大信访件、上级转办件由信访接待室审查立案后,报分管局长阅批,由分管局长负责协调有关部门、有关科室联合处理。

4. 属两区、各乡镇职责范围内的信访案件转交两区、各乡镇环保部门调查处理。

5. 属局职责范围办理的信访案件转有关科室、分局、站、大队调查处理。

(1)未经环保部门审批同意而投入建设或生产、经审批在建或已建成投入试生产阶段造成的污染纠纷,由监察大队调查处理,综合计划科协助。

(2)建设项目验收合格后的项目造成的污染纠纷,由监察大队会同有关科室调查处理。

（3）固、危险废物及放射源等方面造成的污染纠纷，由固废管理中心负责调查处理，监察大队协助。

（4）污染事故、赔偿纠纷问题，由监察大队会同监测站调查处理。

（5）其他职能机关管辖的信访由局信访接待室负责转交其他职能机关处理。

6.夜间及休假日由专人值班，负责接听环保举报电话，并做好登记工作，并于次日向信访接待室交接。如需当场调处的，值班人员应及时赴现场处理。在发生重大污染事故或纠纷时，应及时向分管局长汇报，以便增派人员进行调处。

7.突发性重大事故、环境纠纷的处理应按照《吴江市环境污染事故应急处理预案》的有关规定和程序进行。

8.赴京、省、苏州市、吴江市集体上访的环境信访案件，应按照市政府有关规定，由局分管领导协调有关部门和乡镇妥善处理。

二、时限及反馈

1.信访接待室将受理的信访件于两个工作日内完成审查、立案工作并按照信访内容转交各调查处理科室。

2.责任科室、分局、站、大队接件后应及时赴现场调查处理，并在15个工作日内向信访接待室书面反馈调查处理结果（包括有关材料），同时向投诉群众反馈调查处理结果；对难以处理的案件于10个工作日内向信访接待室反馈调查情况及处理建议，报分管局长批示。

3.对重大、紧急案件的调查处理，有关科室要随时向信访接待室和局领导反馈信息，信访接待室负责及时向上级有关部门上报。

三、督办

1.在被投诉单位实施整改过程中，监察大队及有关科室应加强现场监督检查，直到整改完成为止。

2.信访接待室要经常督促检查承办科室及时调查处理和加强整改督查。

四、月度审结及分析

每月末，信访按来信、来电、来访及内容进行汇总并上报有关部门，并由分管局长牵头，招集信访接待室、监察大队将受理、办理情况进行汇总分析，找出热点、难点问题，排查不安定因素，并书面形成信访简讯，报局各领导和各科室、分局、站、大队；对重大信访问题形成报告报局领导开会研究；对各承办信访调查的情况，按月信访进行汇报。信访接待室对信访工作中发现的苗头性问题应及时向各领导和上级有关部门上报信访信息。

五、立卷归档

信访案件处理完毕后，由信访接待室及时分类立卷，年度汇总归档。

环境污染纠纷调查处理程序

1.登记立案

（1）当事人书面或口头申请。

（2）申请审查并立案登记。

（3）调查准备。

2. 调查核实

（1）现场调查核实污染事实。

（2）取证、鉴定等。

3. 调解处理

（1）召开当事人参加的协调会。

（2）制作会议纪要。

（3）制发《环境污染纠纷处理意见书》。

（4）书写处理结果报告并上报。

4. 处理时限

较大污染纠纷,接到举报后,12 小时内赶赴现场调查处理。

重大污染纠纷,接到举报后,2 小时内赶赴现场调查处理。

5. 结案归档

按一案一卷归档。

环境污染与破坏事故调查和处理程序

1. 现场处理

（1）采取应急措施,控制污染。

（2）必要时通报或疏散周围单位和群众。

（3）其他应变事宜。

2. 现场调查和报告

（1）勘察现场,了解情况。

（2）调查取证。

（3）事故速报。

（4）事故确报。

3. 依法处理

（1）讨论、研究、决定事故处理意见。

（2）下达处理决定并提出赔偿意见。

（3）落实处理意见。

4. 处理时限

一般污染事故,接到举报后,48 小时内赶赴现场调查处理。

较大污染事故,接到举报后,12 小时内赶赴现场调查处理。

重大污染事故,接到举报后,2 小时内赶赴现场调查处理。

5. 结案归档

填写《查处案件终结报告书》,按一案一卷归档。

第五节　调研报告

一、苏南古镇震泽镇环境保护情况

1987 年 2 月,江苏省副省长张绪武根据年初到震泽镇调研的材料撰写《苏南古镇震泽镇的环境保护情况》,对震泽镇工业污染的状况、原因及治理的途径,作出具体的分析和研究。

苏南古镇震泽镇环境保护情况
张绪武

一九八七年第一个月第一件事,我与省环保局的同志到苏州吴江县震泽镇初步了解该镇经济发展和环境建设及保护的情况。震泽是一个有二千多年历史的古镇,也是我国著名的社会学家费孝通同志的家乡。震泽镇历来商市繁荣,桑、蚕、缫丝尤为发达,清代初期已成为丝织业为中心的江南著名五大镇之一,产品远销南洋。震泽位于吴江西南部,是吴江县农副渔、土畜产品的主要集散地,其中以水产品、小湖羊皮为著。震泽镇的风景也十分优美,水乡、碧田、小市、古宅相映成景。"绿杨藏小市,红杏傍高楼"是当年古镇自然风光的确切写照。

解放后,特别是党的十一届三中全会以来,震泽镇的工农业生产有很大发展,人民生活大有提高,文化生活也大大丰富。现有四万余人的震泽镇(现为镇乡合一体制)就拥有县、镇、村办企业一百四十一家,门类也比较齐全,如纺织、化工、冶炼、铸造、印染、酿酒、建材等等。年产白厂丝超百吨,各类化工产品超千吨,粮食加工超万吨,皮革制品十万张,有色金属二千五百吨,绝缘线四百多公里。一九八六年工农业总产值达二亿二千多万元,比一九八〇年增长近二倍,镇人均收入八六年比八〇年增长近三倍,八六年外贸出口收购额比八〇年增长二倍以上。震泽镇农业、渔业也十分兴旺,仅镇区周围的二十四个生产队,农田有三千七百亩,桑田四百亩,放养鱼塘二千五百亩,渔船一百五十六艘,年产四百万斤粮食、近千吨蚕茧、五千担蔬菜。农副渔业收入一百八十万元。

不断增长的经济实力和经济发展的需要,震泽镇水陆运输也相应有较大的发展,申湖航线,沪、湖、广公路直穿镇区,頔塘河直接连接苏、沪、浙、皖等省市航道,镇年运输量在万吨以上,昼间车流量平均每小时达七十辆以上,船运量平均每分钟通过二点五艘次。

震泽镇文化社会事业发展也较快,全镇现有完全中学二所,小学多所,入学人数达四千人,入学率为百分之百,镇内有文化站、少年之家、图书馆、文化馆、俱乐部、剧场、书场、娱乐场四十余所,是吴江县的文化中心之一。

震泽镇经济繁荣,人民生活富裕给予我们的印象十分深刻,很鼓舞人心,但另一方面震泽镇在经济发展中没有能够重视环境、城镇建设的同步规划与实施,以致造成目前环境污染比较严重的情况,也使我们的心情比较沉重。素以水乡著称的震泽镇,已无清水河。市河、镇南潭子河污水绵延,终年黑臭。每日排放工业污水二万吨,百分之九十以上未经处理,与每日排放的近二千吨生活污水直接排入河道。地处上游的酒厂生产过程中的香料化工污水、发酵酒糟废水全部排入市河,水质严重恶化,醇、酸味浓烈,群众把污染的河水称为"花色酒"。全镇三十只炉窑无除尘装置,整天黑烟滚滚,使镇上相当一部分居民的日常生活受到影响。乡冶炼厂的融铅炉,每天大量的铅烟雾排入空中,严重危及群众的健康。县橡胶厂含有硫化氢的废气影响了镇内近三分之一的居民区。八三年东风化工厂一次事故,排出的氮氧化物气体使周围三亩多早稻全部枯黄。本来比较安静的震泽镇,噪声已大大超过大城市南京的环境噪声值,噪声源主要来自工业和镇区河道内的运输船只,分别占全镇噪声源的百分之七十一点六和百分之十四点八。

职工受污染中毒现象也很严重,勤幸村蓄电池厂八二年二十一名职工中,铅中毒有十二人,达百分之五十六;乡冶炼厂二十三名与铅尘密切接触的职工中,有十一人中毒,达百分之四十七点八;县橡胶厂原板车间三十四名职工,中毒有十二名。

震泽镇污水、废气、噪声、有毒气体等的污染给人民的健康、工作、生活环境所带来的危害是严重的,造成的原因有以下几个方面:

一、单纯的经济观点,长期以来忽略工业发展的方向和工业结构的合理性,与城镇发展的方针及近年来震泽镇制定的总体规划所规定的"以缫丝工业和农副产品加工工业为特色的工商并茂的水乡城镇"的城镇性质差异甚大。目前,震泽镇工业结构中,重、化工业比重占百分之四十点二,重污染工业比重占百分之十二点四,传统的丝绸工业和农副产品加工业相对地已削弱,发展缓慢。

二、工业布局无规划,企业选址不合理。该镇主要的污染源,如毛染厂、印染厂、染料化工厂、东风化工厂(新址)、酒厂均处于震泽镇河道的上游,这几个厂的污染占全镇污染负荷的百分之八十五以上,导致污染点源开花,全镇蔓延。企业厂址没有很好地与城镇功能、基础设施系统统一研究安排,后患甚多。

三、领导思想认识有差距,一方面对如何健康、持久地发展乡镇经济的认识有局限性,一方面缺乏环境保护学的知识。几年来,震泽镇因河道污染,居民饮水困难,被迫大量开采地下水,但旷日持久地采用地下水必将导致地下水源枯竭,陆地沉陷,将会带来一系列的严重后果包括对经济发展的阻碍。对此,乡镇领导尚没有认识。同时狭隘的本位主义也较严重,只顾企业内部生产效益,而对企业造成的对国土、水域、空气的大量污染以及对周围和河道下游人民身体健康的损害则毫无责任感,这是非常不合理,也不应存在的现象。

四、由于各级领导认识上的差距,震泽镇的污染治理工作,国家有关的环境保护法规基本没有执行。全镇日排二万二千吨污水,经过初步处理只占百分之二十二,也没有达到排放标准,而大量的有毒物质如铬、苯胺类、硫酸钠等日以继日地直接排入河道,生活、医院污水都没有经过处理。一平方公里的街镇只有不到二公里的下水道,雨污合流,直接排入河道。在镇内的十四台锅炉,十台无除尘装置;全镇固定工业噪声源五十八个,基本上没有防治噪声的设施。

一九八六年以来,震泽镇的领导和有关部门初步提高了对保护环境、治理污染的认识,开展了一些工作,原占据震泽公园的东风化工厂已将全部迁出,同时在新建车间要求严格执行"三同时";全镇二十一个清洗废油桶厂现已关停了五个;有的厂治理设施也正在上马。但总的综合治理的起点仍不高,在一定的时间里初步改变震泽镇目前的"五毒俱全"(污水、废气、废渣、噪声、垃圾)的状况决心不大、决策不力。

由于时代的不同,工农业生产的发展,社会的进展,我们不可能也不必要完全回复到震泽镇当年"水绕顿塘半月悬,波平柳岸塔影横"的自然环境,但作为社会主义国家,人民的生产、工作、学习、生活环境应该优于前人。如果认识上一致,在经济不断发展同时,保护国土,珍惜资源,创造一个优美的环境,使经济、城镇、环境三项建设同步进行是完全可能的。

同时环境污染有不同于一般事物的特性,即长期性、渗透性(如地面水污染会渗透到土壤,甚至地下水)、潜伏性(因污染带来的某些疾病往往当年当代不出现症状,而在若干年后或下代发病)、转移性(污水殃及土壤,土壤殃及蔬菜,蔬菜又为人们所食),应该引起我们足够的认识和警惕。

震泽镇的经济、文化、社会事业的发展不仅要依靠震泽镇的领导与全体人民的智慧与力量,吴江县、苏州市、省政府都有责任帮助,促进震泽镇的全面发展。当前及今后一个时期内震泽镇的全面建设与发展必须要以震泽镇的城镇总体规划为中心内容,进行改造和实施,重点是加强工业发展的指导性,对发展经济的积极性要保护和促进,盲目性一定要扭转和制止,工农业生产的发展一定要发挥本地的优势和特点,逐步调整好现有的工业结构。对镇办、村办工业必须坚决执行省政府颁发的"江苏省乡镇、街道企业环境管理办法",污染严重而又难以治理的企业坚决停转,全面加强乡镇的环境保护和污染治理工作,严格执法,限期治理。震泽镇政府还应把城镇布局、工业布局、基础设施建设、水系综合治理、绿化覆盖等问题提到议事日程上来,按照实事求是的原则,科学地、协调地、有计划地实施,循序渐进,量力而行。

这次到吴江县震泽镇,通过短时间的交流、了解,吴江县、震泽镇的领导和从事环境保护工作的同志信心很足,态度诚恳,他们表示在今年一季度搞好震泽镇全面综合治理规划,在今年从认识上到实践上都要有一个良好的较大的转变。

震泽镇乡镇及村办工业的发展所带来的环境问题在我省有一定的代表性,从中我们也得到了很多的启示,更感到保护国土,保护环境的重要性和取得加强乡镇环境保护的感性知识,也进一步加深了对省委有关指示的认识,即"江苏省乡镇企业发展较好,更要注意环境保护,城镇建设,才能保证乡镇经济持续、良好地发展,人民能够身心健康,安居乐业"。

1987 年 2 月 5 日

二、盛泽地区印染行业环保情况调查汇报

2000 年 3 月 22 日,市政府在盛泽镇召开现场办公会议,决定对盛泽地区的印染行业进行全面的调查整顿。是年 4 月 10 日,市环保局和盛泽镇政府向市政府呈交《盛泽地区印染行业环保情况调查汇报》。

盛泽地区印染行业环保情况调查汇报

吴江市环境保护局　盛泽镇人民政府

吴江市人民政府:

近年来,随着吴江市经济的迅猛发展,盛泽地区的轻纺行业不断壮大,印染规模不断扩大,为吴江市的社会经济发展作出了应有的贡献,但是由于部分企业的规模擅自扩大,污染治理工作的滞后,明显影响了该地区的水环境质量。近年来虽在水污染治理方面投入了不少财力、物力,但部分水域水质仍显恶化趋势,形势十分严峻。

为了改善区域环境质量,市政府于3月22日在盛泽镇召开了现场办公会议,决定对印染行业的环境保护情况进行全面调查整顿。根据市政府办公会议的要求,环保局与盛泽镇政府组成了联合调查组,对盛泽地区的印染企业逐个进行了调查,现将调查结果及建议措施汇报如下。

一、基本情况

1.印染行业集中,发展趋势迅猛

盛泽地区印染行业现有各类染缸1988台套、定型机167台套,据初步估计,盛泽地区纺织染色约16亿米/年,针织类染色0.5万吨/年,污水排放量约4000万吨/年,平均每天11万吨。

从轻纺行业的发展看,盛泽地区将有较大规模的发展,无梭织机将在近两年内翻番,接近万台,并且棉布、针织类染色将成倍增加。按此发展形势,至2001年,盛泽地区的染色产量将达20亿米/年,针织类染色1万吨/年,污水排放量将达13万吨/日。

2.治理投入较大,但污染治理仍严重滞后

多年来,盛泽镇及有关公司不断加大污染治理投入力度,先后投资4300余万元相继建成污水处理设施8套,特别是在1998年太湖流域水污染达标排放行动中,盛泽镇及有关单位针对实际情况,又千方百计筹资6千万元,建成了联合污水处理厂二期工程、盛泽印染总厂、国营三个染厂污水处理扩建工程,新增污水处理能力4万吨/日。至目前为止,盛泽地区污水处理能力达7.64万吨/日,取得明显效果。

但由于11万吨/日污水排放量与现有的处理能力不相适应,导致了部分污水直排,加上部分企业长期拖欠水处理费,有的甚至拒交污水处理费用,盛泽地区的6.8万吨/日联合污水处理装置有部分设施不能保证正常运作,未能发挥其应有作用,加上部分直排污水,导致了周边水质恶化。

3.印染企业擅自扩产情况普遍

近年来,盛泽地区印染规模日益扩大。由于各种原因,其扩产部分均未办理有关审批手续,造成了行业管理的失控,这是导致污染治理滞后的主要原因。有的企业明知联合处理能力已严重不足,仍借有联合处理为名,无限扩大生产规模。盛泽地区在建的印染企业已有4家,其中2家化纤染色,2家棉织物染色,将新增污水排放量5000吨/日。

4.印染技术落后,工艺设备亟待改进

就盛泽地区整体印染企业而言,绝大部分企业印染设备、工艺陈旧,加工产品低档,产品附加值低,能耗、水耗、物料消耗巨大,污染严重,经济效益低下。

二、建议措施

1.对全市印染企业实行许可证生产制度

根据国家对建设项目的有关法律法规,对全市印染企业实行许可证生产制度,对有关生产设备严格登记发证,严格控制淘汰设备使用,此有利于设备的更新、改造,有利于行业生产工艺的发展。

2.理顺联合污水厂机制

根据国家环保局对联合污水处理的要求,统一盛泽地区的污水处理运行管理,理顺联合污水厂机制,明确污水厂资产关系,建立独立法人体制。盛泽地区的所有厂级污水处理装置本着资产不变,管理分离的原则,纳入污水厂管理,污水厂严格按照企业机制运作,政府同各级职能部门对污水厂严格监控。有关污水处理费用问题应作为市场经济中的双方单位商业经济纠纷处理。这样方能使污水处理厂在市场经济中长久地运作下去,不断提高污水处理质量,提高为有关企业的社会化服务质量,为印染企业的发展提供保障。

3. 统筹盛泽联合污水处理扩建工程

根据盛泽地区现有情况及发展趋势,应将污水处理工程的规模逐步扩建为6万吨/日以上,方能接纳除印染污水外的其他工业污水(初步预计,盛泽地区喷水织机的污水排放量也将接近1万吨/日)。而且,只有统筹扩建,才能降低治理投入成本,降低污水处理费用,创造环保投入的效益最大化,从而促进经济的持续发展。根据目前的实际情况,应立即在镇西扩建1.5万吨/日处理设施。

4. 统一资金管理,统一出资标准,明确污水处理权

为了保证环保污染治理投入,应在盛泽地区建立污染防治基金。污染防治基金来源,一是新办企业交纳污染处理配套费;二是对擅自扩产的企业按盛泽镇镇政府每台定型机60万元的规定追交的污水处理配套费;三是水费中的污水处理费上交返回部分。污染防治基金统一由镇政府管理,市环保局监督,主要用于盛泽地区的联合污水处理厂建设以及厂级污水处理设施的改造,这样方能保证污染治理的持久投入,促进环境综合整治工作深入开展,促进环境质量的全面提高。而且,企业在交纳污水处理配套费以后,即拥有污水处理权,该污水处理权可以转让。

5. 严格新建、扩建、改建项目的审批

对全市印染行业的新、改、扩工程,应严格按照国家、省市有关建设项目环境保护法律、法规要求进行,在严格控制污染物排放总量的基础上,充分利用印染产品结构调整的契机,依靠科技进步,加大对老设备、旧工艺的技术改造和技术创新,不断开拓新的印染加工技术,积极推广清洁生产工艺,从提高产品附加值上下工夫,用低能耗、低水耗、低物料消耗、高品质、高技术的先进印染工艺代替落后的污染严重的印染工艺、设备,提高印染产品质量。在确保促进印染行业健康持续发展的同时,控制水污染物排放总量,逐步改善水环境质量。

6. 严格对违法违规行为的处理

为了改变管理失控的状态,在对印染企业实行发证许可生产的基础上,严禁擅自扩产行为。对于违反国家、省、市有关建设项目规定,擅自扩建、新建,不按规定交纳水处理设施建设费、处理费和排污费,污水不排入处理装置而直排入水体等行为,应按有关环保法规进行处罚,直至由市政府责令其停产整顿。加强对污水处理的严格督查,改变行业失控现象,提高盛泽地区水环境质量。

只要加强行业管理,提高印染工艺水平,杜绝行业失控现象,确保污水全部达标排放,即使印染行业有较大发展,盛泽地区的水污染物排放总量将极大降低。届时盛泽周边水体水质也将会有明显好转,可改变现有因水质恶化出现的被动局面,以改善盛泽整体环境质量,优化投资环境,促进经济建设、社会事业的可持续发展。

附表：

表12-2 2000年4月盛泽地区印染行业印染设备情况表

单位名称	O型缸	横开门	平缸	J型缸	定型机	印花机	炼桶	碱减量机	染色机	真丝精炼
金涛印染公司	32	28	16	2	7	1	—	—	—	—
永前纺织印染公司	20	31	26	16	6	—	1	—	—	—
胜天印花厂	28	24	—	1	4	—	—	—	—	—
三联印染公司	33	34	6	28	8	—	1	—	—	—
春联印染公司	101	34	—	5	16	4	—	—	—	—
翔龙印染公司	105	48	—	16	13	3	2	—	—	—
盛虹公司一分厂	35	—	—	26	6	—	2	4	—	—
盛虹公司二分厂	52	—	—	20	7	—	2	5	—	—
盛虹公司三分厂	49	49	—	14	8	—	2	5	—	—
盛虹公司四分厂	—	—	—	—-	2	4	—	—	—	—
盛虹公司五分厂	20	20	20	6	8	—	—	—	—	—
盛虹公司六分厂	26	26	2	20	8	—	—	4	—	—
胜达印染公司	33	36	5	4	6	—	—	1	—	—
和服绸厂	—	—	—	—	1	—	—	—	—	2
毕晟印染厂	11	64	16	8	6	—	—	1	—	—
新民染厂	12	30	14	11	5	—	—	1	—	—
东宇印染公司	—	—	—	—	2	—	—	—	14	2
新生针织染厂	10	—	11	13	4	—	—	1	10	—
绸缎炼染一厂	14	41	—	8	7	3	1	—	11	5
绸缎炼染二厂	19	57	52	17	8	3	—	1	5	1
丝绸印花厂	9	28	19	21	4	5	—	4	—	2
吴伊印染公司	23	—	—	33	6	—	—	3	—	—
德伊印染公司	—	—	—	22	3	—	—	—	—	—
中服印花厂	—	—	—	—	2	5	—	—	—	—
中盛印染公司	44	26	10	13	9	—	—	4	—	—
时代印染公司	38	20	2	11	8	—	2	2	—	—
三明印染公司	18	22	5	—	3	—	1	—	—	—
合计	732	618	204	315	167	28	14	35	40	12

说明：正在建设中的吴江利源纺织印染公司、颖晖丝光棉有限公司、宇丽纺织公司、吴江盛利织服整理厂未列表中。

三、吴江市水环境污染现状分析及对策

2006年9月，吴江市环境保护局组织专业技术人员撰写《吴江市水环境污染现状分析及对策》，供市政府决策所用。

吴江市水环境污染现状分析及对策

吴江市环保局

吴江市地处长江三角洲地区,依傍太湖,全市面积 1176 平方公里,其中水面积 40.06 万亩(不包括所辖太湖水面),占总面积的 22.7%。全市境内河道纵横,湖荡众多,降水丰富,水环境自净能力较强。但近几年随着城市、经济和人口的飞速发展,我市城镇和农村的水环境都遭受严重破坏,地面水环境使用功能逐年下降。

一、吴江市水环境质量现状

水是一种宝贵而有限的自然资源。近年来,吴江市主要河流水质以有机污染较为严重,主要受氨氮污染较严重,其次是BOD、溶解氧、高锰酸盐指数,毒物因素挥发酚的检出率和超标率相对来说比较高。根据 2006 年 1 月到 7 月的水质监测数据,全市 22 个监测断面,对照《地表水环境质量评价标准》GB 3838—2002,通过综合评价,全市河流水质达到 Ⅱ 类的没有,达 Ⅲ 类水质的断面仅有 3 个(太浦河、界标、雅湘桥),占 13.6%,而 Ⅳ 类的有 9 个,占 40.9%,Ⅴ 类和超 Ⅴ 类水质断面数为 10 个,占 45.5%。吴江实行区域供水以来(华衍水务),除吴江净水厂取水口这个饮用水源地水质较好、稳定保持在 Ⅲ 类外,其他水域水质都不同程度的受到污染,并且污染程度较严重。城市和农村的河道普遍发黑发臭,流速缓慢,以前在河里洗衣洗菜、游泳嬉戏的情景不复存在。

二、吴江市水环境污染原因分析

目前,影响全市水环境质量有三大主要因素,分别为工业污染、农业面源污染和城市生活污染。

1. 工业污水排放量居高不下。迄今为止,我市共有工业污染企业 2108 家,其中纺织印染企业共 1314 家,化工企业 120 家,电镀企业 9 家,水泥企业 6 家,电力及热电 8 家,污水处理厂 17 家,绢纺、铸造、涂层等其他行业的企业共 634 家,年废水排放总量为 12603 万吨,年 CODcr 排放量达 12989.255 吨。大部分污染企业能做到废水达标排放,但还存在着一些小、散、乱企业治污资金投入不足、乱排放,有的企业污水处理工艺尚不完善,治污设施不能满负荷运行导致超标排放。受利益驱动,个别企业违法偷排直排污水的现象时有发生。工业污染成为影响水环境质量的最主要因素。

2. 农业面源污染日益严重。一是化肥、农药等得不到合理使用所造成的农田径流污染,以及畜禽养殖(包括规模化、分散式两种形式)污染影响农村河流水质问题一直得不到很好的解决。二是近年来高密度的水产养殖所造成的污染也是影响水环境的重要因素。据 2004 年统计资料表明,已养殖面积达 37.85 万亩,占水面总面积的 94.5%。三是农村生活污水及生活垃圾得不到有效处理,直接排入河道,也是农村水环境恶化的直接因素。四是河道淤泥得不到彻底清理,使得河床变浅、水流流速变小甚至断流,这些因素都加速着农村水质的恶化。

3. 城市生活污水产生量逐年增加。经济发展使我市外来人口不断增长,城市生活污水排放量占全市污水排放总量比例也越来越大。而我市城市污水处理厂处理能力比较薄弱,特别是城市污水管网的建设相对滞后,污水接管率低,大部分生活污水未经处理直排入河,一旦天气炎热,或河闸关闭水不流动,就会直接导致城市河道水质变黑变臭。

4.循环经济和清洁生产理念淡薄。虽然近年来我市坚持科技治污之路,大力发展循环经济,倡导企业开展清洁生产,力争从工业生产源头减少污染排放量,目前全市已有18家循环经济试点单位和67家清洁生产企业。但相对于全市几千家污染企业而言,如何在真正意义上改进生产工艺,开展科技治污,提高循环利用率,变废为宝,污水资源化,从而削减污水排放总量,还是一个艰巨的课题。

根据近五年吴江市地表水水质监测数据,我市水环境容量呈下降趋势。敏感的地理位置、脆弱的水环境承载力,使得水环境问题已成为制约吴江经济快速健康发展的"瓶颈"。大力开展水环境综合治理,是广大群众改善人居环境的强烈愿望,也是我市树立城市形象、打造生态品牌的迫切需要,更是我市实现可持续发展、构建和谐社会的重要保证。

三、关于水环境污染治理的对策与建议

水污染综合治理是一项庞大的系统工程,需要政府、环保、水利、城建等多个职能部门和社会各阶层齐心协办共同完成。针对目前水污染防治存在的薄弱环节,建议从以下几个方面开展具体工作。

1.加快产业结构调整步伐。从我市现有产业结构来看,纺织、印染、化工等重污染企业仍占较大比例,排污总量很大。要从根本上改善水环境质量,从源头上控制工业污水排放总量,就要着眼长远,选择科技含量高、资源消耗低、经济效益好、环境污染少的项目,逐步"关、停、并、转"那些资源利用率低,经济、环境效益差的行业。同时向社会广泛宣传,使投资者、生产者、管理者取得共识,在较短的时间里有效地实施产业结构性整治。

2.制定好科学的城市经济的发展规划和工业布局。水环境污染既具有区域性,也具有可转移性。工业布局是否合理,直接关系到水环境污染的程度,因而有必要通过调查研究与分析,制定相对完善的城镇发展规划和工业布局,使每个城镇都有明晰的生活居住区和工业开发区划分,建立统一的污水处理厂(站),污水统一接管处理,做到与当地环境容量相适应。

3.加大水污染源防治力度。作为水环境保护和治理的主要职能部门,环保局要进一步加强各类污染源治理,进一步加大执法力度,防治并举,标本兼治,确保各类污染源达标排放。具体措施为:

①实行"三严"政策,即严格按照环境容量来仔细核定新建设项目的排污量,严把新建设项目环保审批关,严格执行环境影响评价和"三同时"制度,做到环境污染增减平衡,从源头上控制工业污染排放总量。

②加大重点流域、重点地区和重点行业综合整治力度,要继续加大太湖流域水环境保护,保证居民生活用水安全;集中力量开展好喷水织机、化工等对水环境危害大的行业整治,确保盛泽、桃源等重点地区的水质稳定。

③强化执法监督,举全局之力严厉打击各类环境违法行为,增加明察暗访频率,企业违法的行为一旦查实,严肃处理,绝不姑息。平时加强全市污染企业的监督管理和指导,确保废水达标排放。同时做好全市水量水质控制应急预案和监测预案,实施应急跟踪监测,真正使水质监测为水资源决策和管理提供技术支持。

④加快集中污水厂建设,提高城市污水处理能力。进一步加快震泽、南麻、横扇、临沪等污水处理厂建设;提高城市生活污水处理率和截污管网建设进度,形成全市性区域污水"大管

网",形成全市区域集中治污的新格局。同时,建议把大型住宅小区、宾馆、学校等排放的生活污水进行就地处理,并就地回用于厕所冲洗、地面和路面冲洗、庭院绿化,这也是实现资源再生利用和城市生活节水的重要方式。

⑤鼓励和指导企业推行清洁生产和开展循环经济探索,在企业改造的过程中加大技术投入,实行全过程污染控制,压缩污染物排放量。只有排废得到有效的控制,才有可能减轻河流的污染负荷,恢复水源自净功能,从而改善水环境现状,达到"资源—经济—环境"系统的良性发展。

4.恢复原生态水系,增强水体自净能力。

农林、环保、水利、城建等职能部门各司其职,从各个层面入手,联手恢复全市河荡湖泊的原生态系统,增强水体自净功能。农林、环保部门要强化农业污染治理,尽快开展农村饲养业、畜禽屠宰加工业的废水治理,加快生态型畜、禽饲养场建设;推行科学施肥,严格禁止使用高毒性、高残留农药,治理水土流失以减少农业面源污染,改善各支流河水质。水利部门要做好河道闸口管理工作,在非汛期及时开闸,让水体保持流动,以防水体静止发酵变腐。城建部门要及时做好全市河道清淤工作,防止河床变浅、水流流速变小甚至断流。

5.加强新闻舆论监督,严格责任追究制。对超标排放的企业予以曝光,对违法排污企业负责人严格依法查处;定期公布主要河流水质监测情况和重点污染源排污状况,宣扬环保和节水理念,改变生活陋习,发动全社会力量共同做好水环境治理工作。

2006 年 9 月 5 日

第六节 人大代表建议和政协委员提案办理选介

1981 年 6 月 17 日,对县人大七届一次会议 255 号建议的答复[1]

费阿虎同志:

你在县七届一次会议上关于"严格控制镀锌化工业的发展"提案,编号 255,已转来我局处理,现将有关情况答复如下:

随着我县工农业生产的发展,"三废"污染日益严重,由于过去对污染的危害认识不足,加上经济上、技术上以及组织上的种种原因,污染未能控制和治理。现在国家已公布《环保法》,这一问题已引起重视。我县在环境保护上也正在逐渐开展工作,当前着重于"三废"的治理和控制两方面。

(一)"三废"治理方面:在基本摸清重点污染源的情况下,为治理污染和收取排污费积累了一些资料,在这基础上进行了全县电镀行业的重点治理和复查巩固工作。1980 年经地区多次抽查监测,除 2 家电镀厂因超标被停办外,其余 9 家都处于比较稳定状态。

北厍公社团结大队电镀厂是 1979 年 1 月在大队综合厂内兼营金属电镀,今年 5 月经县社队企业管理局批准、我局验收,更名为"吴江北厍公社团结电镀厂"。黎里公社南星大队电镀厂是 1975 年批准塑料电镀。这 2 个厂,今年来厂房都已迁新址,布局比以前合理,废水

---

1 该建议是"文化大革命"结束后县人大代表提出的第一件环保类建议。

处理采用多功能废水净化器,地下排放管道比较完整,铬雾回收已有效益,经现场取废水带回化验结果,六价铬含量低于国家规定排放标准,治理基本合格,是我县电镀行业中"三废"治理搞得较好的2个厂。最近,在5月21—23日,我局组织全县9个电镀厂在团结大队电镀厂开会。会议期间,花半天时间参观学习了团结、南星2个厂的"三废"治理装置以及治理管理措施。通过看现场,到会同志都较满意,表示回去要跟团结、南星一样增设治理装置,加强管理措施,落实"三废"治理责任,健全管理制度,努力减轻环境污染。此外,对各排污单位,已开始收取排污费,排污费将返回用于建立治理装置。

(二)对新污染的控制方面:我们将根据"三同时"的规定把好关,特别对那些能源消耗高、产品不对路、污染严重又无法治理的新工程项目要严格控制发展。对新建电镀厂(点),根据地区行署计委、工交办、科委及环境保护办公室1979年6月17日苏地行计〔79〕第120号、苏地工交〔79〕第15号、苏地行科〔79〕第47号、苏地行环〔79〕第07号文件规定:"从七九年六月份起,原则上不准增设电镀厂(点)"的精神,我县是严格控制发展的。

由于环保工作涉及面广,政策性强,对人类的生存和发展影响极大,而我局又是新设单位,人员还不健全,监测手段尚未建立,因此要求各位委员和代表给予支持,共同搞好环境保护工作。

　　　此致
敬礼

吴江县环境保护局

1981.6.17

1981年6月23日,对县政协六届一次会议82号提案的答复[1]

陈文才同志、姚爱珠同志:

你们在县政协六届一次会议上关于轧钢厂烟囱冒黑烟的提案(编号82)已转来我局,现将有关情况告知如下:

轧钢厂冒黑烟确实较为严重。为了解决这一问题,该厂已于去年花了一万余元安装了除尘装置,但由于种种原因,除尘效果不明显。最近,我们曾会同县经委、劳动局等有关部门就消烟除尘问题与轧钢厂领导进行了研究,决定先采取两个措施解决:①改装除尘装置;②加强操作管理。这些措施预计在七月份完成。但由于我们对工业炉消烟除尘缺少经验,采取以上措施后的效果是否理想还不能定论。如果仍不能基本解决,那么再采取其他措施。

　　　特此函复。此致
敬礼

县环保局

1981.6.23

1　该提案是"文化大革命"结束后县政协委员提出的第一件环保类提案。

1992年7月10日,对市人大十届三次会议50号建议的答复

马阿传代表:

您在县人大十届三次会议上提出的"要求政府对现有染厂进行整顿,促使进行污水治理"的建议,已转至我局办理。感谢您对环境保护工作的支持,您在建议中所反映的情况属实。现就有关问题答复如下:

党的改革开放政策实行以来,盛泽的工业发展非常迅速,经济效益连续翻番,但由于在工业高速发展的同时,忽视了环境保护,结果,经济与环境不能协调发展,导致盛泽镇的环境质量明显下降,特别是水环境遭破坏的问题尤为突出,甚至有些河荡已报废。今年,污水已蔓延到国营水产养殖场的三池湾荡。3月17号,我局接报后,派员赴现场查看。当时三池湾荡和向家荡的水全呈黑色发臭,取样测试结果,溶解氧为0(当溶解氧低于4mg/L时,鱼类就难以生存)。造成这种状况的主要原因是,位于盛泽镇的几家染厂排放的废水(大部分未经处理)以及大量的生活污水所致。

为了控制污水继续蔓延,危害环境,我局也采取了相应的措施。一方面,严格把好环保审批关,同时加强对污染企业的监督管理;另一方面,督促还没有治污设施的几家染厂限期完成治污设施。现在,盛泽印染总厂的治污工程已开工,投资600万元,计划年内完成,并已建议盛泽建一生活污水处理厂。

此外,现在盛泽镇的领导对经济、环境协调发展的问题已有基本共识。5月中旬,镇政府发文"不准新办染厂,同时要切实搞好治污工作"。我们相信,只要领导真正重视环境保护工作,今后盛泽的环境状况会有改观的。

欢迎今后多提宝贵建议。

吴江市环境保护局

1992年7月10日

马阿传代表接到上述答复后不久,又提出新的看法。1992年12月28日,市环保局除登门拜访表示感谢之外,再次答复如下:

马阿传代表:

您看了我局7月10日的答复后,又提出了新的看法,认为盛泽镇的染厂越办越多,规模越来越大,但治理设施却很少,因此环境质量还在继续下降,问题十分严重。您的看法是正确的。造成盛泽镇环境状况日趋恶化的主要原因是:一些领导和重污染企业的厂长在发展工业中只抓经济效益,没有重视环境保护工作。盛泽现有大小印染厂12家(还有发展趋势),日排废水3.7万多吨,绝大部分废水未经处理直接排放,严重污染了周围环境,使可利用、可养殖的水域面积日趋缩小,且时常造成污染事故,经济损失相当严重。尽管我局对有关企业和单位依法做了大量劝阻和说服工作,并多次向上级反映,但效果不佳,局面难于控制。可以说,盛泽的经济发展是建立在牺牲环境的基础上的,责任在当地政府,因为《环境保护法》第十六条明确规定:"地方各级人民政府,应当对本辖区的环境质量负责,采取措施,改善环境质量。"我局作为市政府环境保护行政主管部门,为了正确

行使环境监督管理权,就盛泽镇的环境污染状况已在 12 月 26 日向市政府详细报告并提出治理方案:1.组建盛泽镇西区印染废水联合处理厂,集中处理吴江新生丝织总厂、吴江工艺织造厂和东方丝绸染厂的印染废水。2.抓紧对盛泽东区印染废水的治理。①扩建吴江绸缎炼染一厂治理设施;②要求盛泽漂染厂(杨扇)的治理设施尽快上马。3.今年新建的盛虹、胜天、二丝厂三家染厂未执行"三同时",其治理工程必须限期于 1993 年 1 月 22 日前竣工正常运转并达标排放,到时达不到要求,则责令三家停产治理。

上述意见如能采纳,并采取各种有效措施,那么盛泽镇的环境状况会逐步改观的。

欢迎多提宝贵建议。

吴江市环境保护局

1992 年 12 月 28 日

1993 年 5 月 3 日,对市政协十届一次会议 149 号提案的答复

徐子瞻委员:

您提出的关于"保护好盛泽蚬子斗水源"的提案收悉,现答复如下:

(1)蚬子斗是盛泽自来水厂今后的取水源,因此,我局将依照《环境保护法》和《水污染防治法》的有关条款严格控制在蚬子斗附近及上游发展污染型企业,以确保蚬子斗水质。

(2)关于在"金家荡"(东下沙荡)建中日合资皮革厂之事。经查,是这样的:原平望皮革服装厂于 1993 年 1 月同日本三洋株式会社合资开办苏州市金洋皮革制衣有限公司,主要是用成皮革生产销售皮革服装及其他皮革小件制品,生产过程中无污染物排放,对周围环境无污染。目前,厂址仍在平望镇,只是在"金家荡"(东下沙荡)东北滩的公路西侧造几间普通房子,作为样品间和经营门市部用房。

请提宝贵意见。

吴江市环境保护局

1993 年 5 月 3 日

联系人:吕根生　联系电话:423495

2001 年 5 月 18 日,对市人大十二届四次会议 82 号建议的答复

吕林江代表:

您提出的关于规范养殖户粪便排放、城镇生活污水排放,强化农村改厕标准的建议收悉。现答复如下:

"九五"期间,在市政府的统一领导和直接关心下,我市各镇、各部门认真贯彻落实上级有关环境保护的方针、政策,围绕发展经济建设这个中心,以不断提高全市环境质量,努力实现"太湖水变清"为目标,全面开展"一控双达标"(污染物总量控制;工业污染物排放达标,环境功能区达标)工作,取得了显著成效,但环境保护形势仍然十分严峻。如您在建议中所提到的,"前几年对工业污染治理一直比较关注,但近年来的农副业生产和生活污染越来越严重"。对此,各级政府也一直比较关注,整治的力度在不断加强。今年以

及今后几年,将实施以下治理措施。

一是深入开展太湖水环境综合整治工程,确保太湖流域饮用水源的水质安全。着重抓好全市畜禽养殖污染控制,压缩水产围网养殖面积,减少农田氮素化肥、农药施用量,鼓励畜禽粪便综合利用,不断加强农副业生产的面源污染防治。

二是逐步推进小城镇生活污水处理厂的建设。在各镇财力许可的情况下,尽可能早规划早建设。目前,松陵镇的生活污水处理厂正在建设中,年内要投入使用,盛泽镇已在规划中。城镇生活污水处理厂的建设是势在必行。

三是进一步推进创建卫生村工作,并着重强化农户改厕率和达标率。这项工作在我市抓得比较早,并列为创建卫生镇、村的重点内容之一,成效也越来越明显。今后将不断巩固、提高,尽量减少农户生活污水直接排放。

四是继续加大环境保护的宣传教育力度,不断增强全社会的环境保护意识,推动公众自觉参与环境保护。

环境保护工作既是一项生命工程,又是一项面广量大、涉及方方面面的系统工程。因此,我们要在市政府的统一领导下,尽心尽职,与农业、水利、卫生等部门密切协同,努力把市政府的各项规定、措施落到实处,不断改善我市环境质量。

以上答复,请指正。

吴江市环境保护局

2001 年 5 月 18 日

联系人:沈云奎　联系电话:3486602

2006 年 6 月 3 日,对市政协十二届四次会议 87 号提案的答复

范振涯委员:

您提出的关于"重视农村局部性的水污染"的提案收悉,现答复如下:

你在提案中所提到的我市部分农村局部地区的环境污染十分严重,有的地方整条河与小湖泊发黑、发臭。这种农村区域性水污染的现象确实存在。主要原因是部分喷织企业未按规定接管污水处理厂;个别地区绢纺企业直排偷排污水;个别企业超标排放等。此问题已引起了市委、市政府的高度重视,从去年起已经采取了一系列措施,狠抓农村局部地区的水污染问题。现将主要工作开展情况向你作如下介绍:

一是努力建设集中治污工程。为使各镇的企业和生活污水都能得到达标排放,市委、市政府加大了治污资金投入。去年,出台奖励措施,凡建成 1 万吨/日污水处理工程,奖励 60 万元,鼓励各镇建设集中治污工程。截至目前,盛泽镇 17.5 万吨/日、松陵镇扩建 3.5 万吨/日、运东开发区 1 万吨/日、七都 0.1 万吨/日、芦墟 0.2 万吨/日、黎里 0.5 万吨/日、平望 1.5 万吨/日、震泽镇 3 万吨/日、桃源镇在镇区及铜罗社区各建 1 万吨/日处理工程均已建成。这些污水处理设施建成后,已明确要求各企业的工业及生活污水都要接管进入污水厂,确保废水达标排放。现各企业及生活小区正在按要求加快接管建设,工程一旦完工,将极大改善各地的水质状况。

二是开展专项治理喷织企业废水行动。为加强治理喷织企业的废水污染,切实改变

农村水环境的质量,我市于4月5日在盛泽镇召开了喷水织机废水治理工作会议。会上,徐明市长明确指出,要巩固印染企业污水达标排放的成果,加强喷水织机废水的治理。要求各地喷织企业在7月1日前集中整治,限期整改。7月1日后,政府将组织环保、消防、公安、供电等部门进行集中联合执法,采取措施,责令仍未达标排放的企业搬迁、停产或关闭。目前,此项工作正在进行中,部分喷织企业已接管入污水处理厂,另有一部分企业正在接管建设中。专项治理结束后,将在一定程度上减轻喷织企业对农村河道的污染。

三是加大水环境的保护力度。去年以来,市政府要求采取对重点企业严控污水排放总量、严控生产设备运行的"双控"措施,控制企业废水总量的排放,切实减少对水体的污染,增加水环境的容量。环保部门抓住重点企业,加强日间的监管,侧重夜间的突击检查,坚决打击各地的环境违法行为,促进企业合法规范排污。2005年开展了小化工和旧桶复制业专项治理,关闭53家化工企业、化工车间,彻底取缔了101家旧桶复制企业。同时,注重发挥新闻媒体的监督作用,在媒体上公开曝光被处罚的企业名单,公布关停的企业名单,扼制了企业的违法排污行为。

四是积极推进农村环境综合整治。今年,我市以创建全国生态市为抓手,结合省级生态村创建,以六清六建为核心,全力开展农村环境综合整治试点工作。要求各地逐步建立人畜粪便管理制度,严禁排放未经无害化处理的粪便、污水污染环境。建立河道长效管理机制,禁止倾倒垃圾,禁止直排生活污水,切实保护好水环境。同时,严格执行国家和地方环保法律法规,村域内企业无违法排污现象,新、改、扩建项目均实行"三同时"。另外,今年4月,各镇按照市委、市政府要求,投入大量的资金、人力,开展农村河道和河荡清淤,努力改善农村水环境的质量,这些措施的实行将有力地促进农村水环境质量的提升。

水环境质量是涉及千家万户、涉及子孙后代的重要问题,市民关心,社会关注。我们相信,只要全体群众积极参与监督,所有企业自觉遵守环保法律,杜绝直排偷排行为,政府进一步加强监管检查,我市农村局部地区的水环境污染问题肯定会得到改善。

以上答复,不知您是否满意? 如有不到之处请多提宝贵意见! 最后感谢您对环保工作的支持。

吴江市环保局

2006年6月19日

联系人:龚晓燕　联系电话:63481726

第七节　群众来信、来电、来访办理选介

对政协委员张馨麟投诉的答复

2001年10月,政协委员张馨麟来信投诉吴江博雅精密陶瓷有限公司烟气污染居民生活。经调查,答复如下:

张馨麟委员:

您好! 来信已收悉。对于您提出的"吴江博雅精密陶瓷有限公司烟气污染居民生活"

一事,现答复如下:

吴江博雅精密陶瓷有限公司创办于1994年,属吴江市农业局局办企业,生产产品是水嘴陶瓷内芯。该公司原在吴江蚕桑研究所内,于1999年搬迁至西塘小区。因该公司在生产中有一道脱蜡工艺及陶瓷产品需要打磨,所以正常生产时有腊味以及粉尘产生及排放。所以当时搬迁厂址时,我局按照环保要求,让该厂采取了一些有效的治理措施:

一、控制排腊气体排放。该公司于1999年投资2万元建造了一套水处理装置,使排出的气体温度降到60℃以下,促使大部分石蜡凝固沉淀,收到明显效果。但是随着西塘小区的逐步发展,入住的居民越来越多,环保要求也更高了。为了彻底解决问题,该公司于今年8月又投资7万元,向江西陶瓷研究所购进一套液化气排腊窑,对排出腊味进行燃烧处理。该窑炉是国家专利产品,该治理设施已于9月中旬开始使用,效果比较好。

二、控制粉尘排放。对于球磨工艺造成的粉尘污染问题,原先该公司是利用吸尘机治理的,效果不是最好。今年7月,该公司投资3千多元自行设计建设了一套水膜除尘装置,目前从使用情况来看,效果十分明显。

下一步我局将加大对该公司的监督管理力度,保证该公司治理装置正常使用,确保废气、粉尘稳定达标排放。

感谢您对环保工作的关心和支持,希望您对我们的工作今后多提宝贵意见。

吴江市环境保护局
2001年10月28日

对芦墟镇部分群众反映恒立水泥有限公司粉尘污染问题的处理

2003年12月,芦墟镇部分群众上书市委,反映恒立水泥有限公司粉尘污染问题。吴江市环保局接到市委办公室转来的投诉后,立即调查,处理如下:

恒立水泥有限公司的前身是吴江水泥厂,上世纪70年代初开始生产,当时离镇区较远,影响不大。但随着城镇建设的扩大,该厂逐渐被商店、市场、居民小区、中学校园包围,最近处不超过300米。与此同时,该厂水泥生产的规模也在不断地扩大,于是该公司粉尘污染的问题逐步成为芦墟镇群众反映的热点。2001年出现过到省里集体上访的苗头,但在芦墟镇党委、政府和环保部门的劝说下,没有行成。

对于恒立水泥有限公司的污染纠纷问题,环保部门和芦墟镇党委、政府一直十分重视,除加强监督管理之外,1999年下半年开始,先后投资400多万元建设除尘设施。尤其是2003年2月竣工并投入使用的两台布袋除尘器,总投资170万元,是同行业中比较领先的,经环保部门的监测,达到排放标准。但该公司还有一些小扬尘点并没有得到治理,仍存在超标排放的现象。所以,将采取如下措施:

①要求恒立水泥有限公司对生产工艺、环保设施进行一次全面检查,确保设施始终正常运转,同时对尚未治理的扬尘点作出整治方案。近期先投入20万元对机立窑熟料提升机口扬尘点进行整治。明年对汽车卸料口安装除尘设施、在二次除尘设施等扬尘点进行整治,2004年3月完成并投入使用。

②要求恒立水泥有限公司进一步加强内部管理,增设专职环保管理员,加强对环保治

理设施的运行情况、检修情况等进行管理,并做好台账记录,长效管理,确保现有环保设施长期稳定运转,达标排放。

③芦墟镇党委、政府积极做好疏导工作,稳定群众情绪,客观地向群众宣传恒立公司的环保工作,通报下一步计划和方案,尽可能把矛盾解决好,防止集体上访现象的产生。

④通过土地置换、异地重建办法,将恒立水泥有限公司搬迁到离居民区较远的地方。搬迁的同时,淘汰落后的生产工艺,采用比较先进的工艺和环保技术,彻底解决污染问题。

对震泽镇区部分群众来电的处理

2004年6月6日下午,市环保局110举报热线接到群众来电,反映震泽镇区弥漫着刺激性气味。当晚,市环保局立即派人处理如下:

环境执法人员抵达现场后,立即对周围的重点污染企业进行排查。但由于气流、气压等因素,给气味来源的确定带来困难。

次日,市环保局首先对震泽镇慈云香料香精公司等三家重点污染企业送达了停产整治通知,要求上述企业有废气产生的车间立即停止生产。然后,继续安排人员进行探查,终于确认气味的来源为新幸村九组旁"牛舌头"处一非法旧桶堆放地。新幸村王姓村民擅自回收固体危险废物,从其已经倾倒的十余桶废物中挥发出大量的刺激性气味,对周边环境造成严重影响。于是,监察人员当即责令王姓村民停止拆桶倾倒废物的作业,同时保护废物倾倒现场,防止污染进一步扩大。

6月8日,苏州市固废处理中心接报后派员来到现场,吴江市海事处、当地派出所也介入此事。通过各职能部门的协同配合,终于消除了一次重大事故的隐患。

对盛泽镇虹洲村六组村民对涂层企业投诉的处理

2006年3月15日,市环保局接到市政府办公室转来的群众投诉,反映盛泽镇虹洲村六组涂层企业空气污染严重。市环保局立即安排环境执法人员前往检查,处理如下:

虹洲村六组有6家涂层企业,分别是吴江盛泽舜升整理涂层厂、吴江市仲氏喷织整理厂、吴江市腾虹丝绸涂层厂、吴江市舜鑫工贸有限责任公司、吴江市盛泽镇月欣纺织品整理厂和吴江市盛泽联欣丝绸整理厂。该村六组村民主要居住在这6家厂的南面及西北面,离厂区最近的住宅仅约10米。经查,6家企业均有配套的水膜除尘装置,并正常使用,生产用锅炉烟囱烟气能够达标排放。群众反映的异常气味,主要是涂层企业在生产时涂层胶水加热烘干过程中产生的甲苯、醋酸乙酯气味。6家企业中仅1家企业安装了废气回收装置,其余企业均未对废气进行有效处理,生产时产生的含有甲苯、醋酸乙酯成分的废气经吸附罩收集后在车间顶部直接排放,对虹洲村6组周边的大气环境造成一定影响。

此外,6家企业虽然办理了工商营业执照,但其中有2家未按国家规定办理环保审批手续就擅自投入生产,4家虽办理了环保审批手续,但没有执行环保"三同时"的规定,未通过"三同时"验收就投入正式生产。

针对这6家涂层企业的环保违法行为,市环保局采取以下措施:①依法责令相关涂层企业,限期补办环保审批手续或限期进行"三同时"验收;②责令企业必须安装废气回收装置;③加强跟踪监督,督促措施到位,对逾期未按要求完成的企业则做出相应行政处罚;④督促盛泽镇人民政府尽快筹建涂层工业小区,对紧靠镇区居民住宅的涂层企业逐一搬迁,进一步合理规划工业布局,规范涂层企业的环保行为,达标排放,减轻环境污染。

对盛泽镇居民林麟电子投诉的答复

2007年1月,盛泽镇居民林麟通过电子邮件向苏州市市长阁立反映盛泽镇环境污染的问题。吴江市环保局接到苏州市政府转来的投诉后,答复如下:

林麟先生:

你好。今年年初我局收到了你通过电子邮件向阁市长反映盛泽环境污染严重情况的来信,我局立即组织执法人员对来信中涉及的三家印染企业进行突击检查,现将调处情况反馈如下:

三家印染企业分别为盛虹集团印染三分厂(即你来信中所提到的位于坛丘大桥的盛虹印染厂)及位于南麻社区的吴江创新印染厂和吴江市第二印染厂。经查,目前这三家印染企业生产过程中产生的印染废水均接入盛泽镇水处理发展有限公司,经有效治理后排放。我局环保执法人员对这三家印染企业的冷却水及反冲水排放口也进行了排查,并未发现有违法排污行为,周边水体亦未见异常。根据我市重点水域监控点的布置,在这三家企业的下游均设有水质监测点,每天安排专人采样化验以及时掌握水质动态。从近期日常监测结果来看,也未见水质有明显波动。针对这三家印染企业,我局执法人员将继续保持高压态势,以高密度的检查频次、全天候的现场抽查,有效杜绝企业的侥幸心理,确保印染废水达标排放。

同时,我局调查人员经现场勘查,南麻社区目前确仍存在个别河道水质较差的情况。经分析,一方面是由于水系水利工程密布,水体流动缓慢甚至停滞,引起水体自净能力降低所致;另一方面也由于盛泽地区纺织产业高速发展,喷织企业数量众多,仍存在少数喷织企业产生的喷织废水未能得到有效治理的情况。喷水织机企业所造成的环境问题,已引起我市市委、市政府的高度重视。2006年,我市全面开展了喷水织机专项行动。盛泽镇政府切实贯彻整治精神,率先于2006年3月份成立了专项整治工作领导小组和工作小组,明确了专项整治的实施步骤,制定了实施细则。通过专项整治,既提高了各喷织企业的处理率,又打击了少数企业无视环保法律法规污染环境的违法行为。至2006年年底,已责令84家喷织企业实施停产整治,并对27家喷织企业进行了行政处罚。但由于喷织企业数量多,分布广,南麻地区仍有少数企业既未自建污水处理设施也未接入盛泽镇水处理发展有限公司进行治理。针对这部分企业,我局已将其已列入今年环保重点执法对象,并将配合当地政府对个别长期无法得到治理的喷织企业采取拉电等强制性措施,最终实现所有喷织废水均得到有效治理、达标排放的整治要求,切实改善农村环境,维护群众的环境权益。

感谢你对我们环保工作提出中肯的意见,也欢迎你继续对盛泽的环境保护工作进行监督。如发现存在违法排污行为的企业,你可拨打环保投诉热线"12369",该热线是24小时开通的。

　　祝安康!

吴江市环境保护局
2007 年 1 月 24 日

对平望镇居民反映自来水水质问题的处理

2007 年 11 月 19 日,平望镇居民反映自来水有异味,无法饮用。市环保局接到举报后,立即派出环境监察人员赴现场调查,处理如下。

　　当时,平望水厂已经采取了应急措施,中止取水,全部启用太湖水供水。由于取水口的异味带有明显化工水特点,监察人员立即对上下游的化工企业进行排查,并对太浦河平望取水口上下游 1 公里范围内布点采样,经常规分析,所有指标符合饮用水水源标准,只是感官上有异味。

　　由于仪器无法分析原因,只能靠嗅觉逐家排查。直至 11 月 26 日,才把疑点确定为新达印染厂。于是,监察人员立即对该厂的每个环节进行排查,最终认定:①该厂在污水处理过程中,使用稀酸调节废水碱度,稀酸纯度不高;②在混凝气浮时使用的药剂有欠缺。正是这两点,致使排放水虽然达到了环保上的排放标准,但有明显异味。

　　于是,监察人员立即责令该厂更换稀酸及混凝药剂,使用正品稀酸和优质混凝药剂。更换后,在正常生产和污水处理达标排放情况下,排放水基本无异味。

　　与此同时,河对面的吴江平望柳湾助剂厂虽然未对取水口造成污染,但该厂擅自设立仓库,出租给他人储存化工产品及部分化工废料。所以,市环保局责令该企业立即拆除仓储,为水源地安全消除一个隐患。

　　事后,市环保局上报市政府,提出三条建议:①加强全市饮用水安全检查;②会同平望镇政府、水利局等部门,把新达染厂的排污口向下游延伸到取水口下游 500 米外;③关闭饮用水源对面的吴江平望柳湾助剂厂,消除隐患。

第八节　工作汇报

一、关于《水污染防治法》实施情况的汇报

2001 年 7 月 30 日,市环保局局长张兴林受市政府委托,在市十二届人大常委会第二十六次会议上作《关于〈水污染防治法〉实施情况的汇报》。

关于《水污染防治法》实施情况的汇报

主任、副主任、各位委员:

　　我受市政府委托,就我市《水污染防治法》实施情况汇报如下:

　　《中华人民共和国水污染防治法》于 1996 年 5 月颁布,2000 年 3 月又出台了《水污染防

治法实施细则》。《水污染防治法》的制定为我们进一步加强对水污染源防治,保护水体环境提供了法律依据和保障。我们吴江地处江南水乡,水面积占总面积的40%,贯彻实施好《水污染防治法》,切实加强水环境保护显得尤其重要。多年来,我市认真贯彻落实《水污染防治法》,不断加大水环境依法管理力度,强化水污染防治,在经济和社会事业持续稳定发展的情况下,保持了全市良好的水环境质量。除总磷、总氮和个别地区外,主要河道、湖荡水质总体上保持在Ⅲ~Ⅳ类水左右,大部分水域达到了功能区标准。

一、前阶段实施情况

1. 抓好《水污染防治法》宣传,提高干部群众水环境保护工作重要性的认识

贯彻落实《水污染防治法》,首先要加强对《水污染防治法》的宣传教育,提高全社会的环境法治意识,提高干部群众尤其是工业企业法人代表实施《水污染防治法》的自觉性。几年来,我们把《水污染防治法》列为环保法制宣传重点,采取多种形式,加大社会性宣传力度。一是把《水污染防治法》列入"三五"普法的内容,结合依法治市、"三五"普法活动,在干部群众中广泛开展《水污染防治法》宣传。二是结合环保工作不断深化宣传力度,1997年印制了《水污染防治法》的单行本,分发到各污染企业,并在电视台开设了专题讲座,着重加强对企业法人代表的宣传教育;1998年结合太湖水污染源达标排放活动,进一步开展了以《太湖水污染防治条例》和《水污染防治法》为中心内容的环境宣传教育活动;1999年、2000年结合全市的"一控双达标"活动,再次进行了广泛的《水污染防治法》宣传活动。三是把环保法规宣传列入干部培训内容,先后在市中青班、经济干部培训班、村主任培训班、村书记培训班上开设环保讲座,把《水污染防治法》列为讲座主要内容。四是在青少年中开展环保法规、环保知识教育。主要在学校中开设环保课程,把《水污染防治法》作为教学内容,向在校学生普及水污染防治法知识。通过这一系列的环保宣传教育活动,全市干部群众的环境法治意识不断加强,为《水污染防治法》的贯彻实施打下了良好的工作基础和社会基础。

2. 加大环保投入,加强水污染治理

实施《水污染防治法》的一个重要举措是加强水污染源治理,确保废水达标排放。多年来,我市一直坚持以水污染源的治理为抓手,不断加大水环境保护力度。一是抓好工业废水达标排放工作。1997年下半年起,在全市开展了太湖水环境综合整治工程,把工作重点放在工业企业废水达标排放上。1998年,共投入1.5亿元用于工业水污染治理设施建设,建成了一大批污染治理工程,大大提高了全市废水治理能力。至1998年底,全市废水排放企业基本上做到了达标排放,通过了上级"零点"达标验收。二是开展对来自种植、养殖、生活、船舶运输的面源污染治理。从1999年起,在全市开展了太湖治理第二战役和"一控双达标"活动。在继续抓好工业废水治理的同时,开展面源污染治理,在全市实施禁止使用含磷洗涤用品活动;协助太湖渔管委开展了太湖围养清理整顿,压缩围网面积;开展了畜禽养殖污染的防治;开展了进入湖体的船舶污染防治,较好地保护了太湖水体。2000年底通过苏州市政府对我市治太第二战役的验收。三是抓好重点地区水污染治理工作。盛泽镇是我市工业重镇,纺织印染行业比较发达,但带来的水环境矛盾也比较突出。最近几年来,市、镇二级政府投入了大量的财力、精力,加强对盛泽地区的水污染治理工作。从1999年下半年开始,丝绸行业逐步复苏,盛泽地区无梭织机快速发展,印染企业满负荷运行,原有的污水处理设施跟不上生产总量需要,

出现部分企业废水超标、直排现象。为此,市政府及时批转了市环保局和盛泽镇人民政府制定的《盛泽地区印染行业暂行管理办法》,对印染企业实行高峰期轮产、限产措施,清点印染设备,实行挂牌生产,封掉了21%的定型机。对违反限产规定的1家企业,采取了强制性停产整顿的措施,有效地遏制了废水直排、超排现象。去年8月开始,采取镇政府牵头、企业出资的办法,在该地区再建日处理能力为4.5万吨污水的装置。到目前为止,3万吨已投入运行。到年底,全镇可形成日处理12.6万吨的污水处理能力,基本上可满足现有生产能力。今年7月初,又制定了《盛泽地区印染废水全部处理达标排放的实施意见》,规定进联合处理厂治污的企业必须严格按照投资额度分配的水量安排生产,严禁超量进入,以保证印染废水全部处理后达标排放。同时,为了有效地监控盛泽地区印染企业的废水排放量,从今年4月开始,环保局对各厂的进出水口强制安装了与计算机联网的水表和流量计,对印染行业实施远程监控,可及时发现和制止企业超标排放行为。

3.开展综合整治,促进水环境质量稳定

实施《水污染防治法》的目的是保护水环境,提高水体质量,促进生态良性循环。污染源治理作为一种末端治理手段是行之有效的,但更重要的是从源头上治理污染,着力于对整个大环境进行综合治理。在水环境防治方面,我们坚持综合整治,在抓好现有水污染源治理的同时,在源头上把好关,尽力控制削减污染物排放总量。一是积极调整产业结构,严格控制新建、扩建印染、化工等有污染、重污染项目,同时积极推广清洁生产工艺,应用科技手段,减少水资源的消耗,减少能耗,从而减少污染物排放的总量。二是开展环境综合整治。加强基础设施建设,开展生活污染的治理,在松陵城区,建成了2万吨/日生活污水处理设施,年底可以运行,市区的生活污水处理率可达到50%以上。开展河道的综合整治,对全市河道进行三清:清淤、清漂浮物、清垃圾水草等。加强了河道两岸的整治,景观水体质量有了明显提高。三是加强对农业、养殖业等面源污染的治理,逐步解决水体富营养化问题。四是加强对饮用水源的保护,对自来水取水口设立了保护区和保护制度。

4.坚持依法管理,加大执法力度。

为了贯彻实施《水污染防治法》,近几年来,我市不断加大水环境管理方面的执法力度。每年都要组织有关部门开展全市性的以水环境保护为重点的环境执法大检查。环保部门做到了坚持严格执法,依法行政,一是严控审批关,积极控制新污染源,对新建、改建、扩建工程项目实行严格的环境影响评价审批。二是积极开展治理设施运转检查为主的现场检查,每年对治理设施的集中运转检查不少于五次,同时加强平时的抽查,经常不定时对污染治理设施进行抽查,发现偷排污水、运转不正常的违法行为给予严肃查处。近几年来,在人大、政协的支持下,市政府组织环保、法制、监察等部门,开展了一些专项检查,及时查处了未批先建、擅建十五小项目及直排、超排污水等违法行为。从1998年开始,苏北的小炼油开始进入我市,并迅速蔓延,在不到一年时间里,先后发现了十八家五十多套装置,严重污染了环境。市政府立即组织公安、法院、工商、技监、劳动、环保、法制等部门进行专项查处,强制性拆除了生产设备。从今年开始,小炼油从固定生产转变为流动生产,从陆地转移到船上。接到群众举报后,市政府分别于四月、六月组织了二次联合执法行动,拆除并没收了部分设备,有效遏制了小炼油的蔓延。

二、目前存在的问题

虽然我市在实施《水污染防治法》的过程中做了大量的工作,取得了较好的成效,但目前我市的水环境状况还不容乐观,工作中还存在不少薄弱环节,主要体现在以下几个方面:一是工业企业废水达标排放有回潮现象。企业改制和民营企业发展给环境保护工作带来了一些新情况,一些企业法人代表存在重经济效益、轻环境效益的错误思想,污水治理设施不足,现有的设施运转不正常,对污水治理惜工惜本导致偷排、超排废水等违法现象不断发生,不能做到常年达标排放。二是面源污染治理方面还缺乏有力措施,城镇生活污水治理设施不足,生活污水处理率较低,部分湖塘高密度围养现象没有得到有效的控制,水质富营养化问题日趋严重。三是个别地方未批先建污染项目仍然比较严重,执法难、执法不严的问题依然存在。四是局部地区的水环境状况还比较严峻,特别是盛泽地区的水质还没有根本性好转,省际断面水质仍未达标,少数镇的饮用水源的水质问题成了群众关注的热点。

三、下一步工作打算

全面实施《水污染防治法》,促进水环境质量的根本好转是我市环境保护工作的重点,也是我市创建国家环境保护模范城市成败的关键。我们要以创建国家环保模范城市为动力,进一步做好《水污染防治法》的实施工作,全面提高水环境质量。主要抓好以下几项工作:

一是继续抓好《水污染防治法》及其实施细则的宣传,要结合"创模"宣传,开展形式多样、内容丰富的宣传活动,不断提高全社会的水环境保护意识,尤其是要加强工业企业法人代表的思想工作,提高他们抓好环保,保护水环境的自觉性。

二是巩固提高工业企业废水达标排放成果。对全市重点水污染源进行排队摸底,治理设施不足,或与生产能力不配套的污染企业,要加快治理设施建设,不能坚持达标排放的要限期治理。在"创模"责任状中,市政府已把限期治理任务下达各镇及有关部门,下半年要进一步加强监督,确保限期治理任务的完成。

三是要加强对重点地区的水环境监管力度,确保《水污染防治法》落到实处。市政府对盛泽地区的环境保护问题已作了专题调查和研究,提出了一系列措施,下一步要抓紧落实,力争该地区的水质状况在一年内有较大改观,三年内有根本性转变。

四是加大面源污染治理力度,加快城镇生活污水治理设施建设,提高生活污水处理率。清理整顿湖塘围网养殖,把围网养殖面积控制在合理范围内,防止水质富营养化,要加强饮用水源保护,尽快启动市原水厂工程建设。

五是加大执法力度,改善执法手段。从下半年开始,我市将按照"监理自动化"的要求,建立污染源自动远程监控网,重要水污染源排放口要安装流量计、COD 在线监测仪,全市联网,实行 24 小时监控。同时要进一步加强水环境监督检查力度,对违反《水污染防治法》、造成水环境污染的行为,要严格依法执法,加大处罚力度。

六是坚持发展与环境综合决策,从源头上抓好水环境保护,对生产建设项目严格实行环境影响评价制度,严格控制新建、改建、扩建对水环境有影响的工程项目。

吴江市环保局局长　张兴林
2001 年 7 月 30 日

二、吴江市创建国家环保模范城市工作汇报

2002年6月4日,吴江市政府向国家环保总局派出的调研组作创建国家环保模范城市的工作汇报。

吴江市创建国家环保模范城市工作汇报

创建国家环保模范城市是吴江现代化城市建设的一件大事,是全市人民的共同心愿。为获得这一殊荣,使吴江经济社会和环境协调发展,让吴江这一"天堂福地"天更蓝、水更清、城更秀,我们于1998年7月提出了创建国家环保模范城市的目标。

吴江城虽不大,但历史悠久,文化灿烂,人文荟萃,名人辈出,历史文化底蕴丰富而深厚;吴江地虽不广,但素有"鱼米之乡、丝绸之府"的美誉。改革开放以来,吴江市经济迅猛发展,成为长江三角洲最具发展潜力的新兴城市之一。2001年,国内生产总值突破200亿元,人均达3130美元,财政收入达15.29亿元。在经济快速发展的同时,社会进步明显加快。近年来,我市相继获得了全国文化、科技、教育、体育、绿化造林、社会治安综合治理等先进县市的称号,是国家卫生城市、全国优秀旅游城市、全国城市环境综合治理优秀城市和全国15个科技兴农与可持续发展两大战略示范县(市)之一。近年来,我们从实践江总书记"三个代表"的重要思想出发,化压力为动力,变挑战为机遇,以"铁的决心、铁的纪律、铁的手段、铁面无私、铁石心肠"的"五铁"精神,攻坚克难,坚韧不拔,全力创建国家环保模范城市,努力开创我市经济与环境协调发展的新局面。

一、以"创模"为动力,加快实施可持续发展战略

市委、市政府确定"创模"目标后,我们及时成立了以市长为组长,市四套班子有关领导为副组长,市有关部门主要领导为成员的"创模"领导小组,下设办公室和6个工作小组。我们把创建国家环保模范城市的目标写入党代会和人代会的工作报告。市委、市政府下发了《关于在全市开展创建国家环保模范城市活动的通知》《吴江市创建国家环保模范城市工作方案》等一系列文件,明确了"突出重点,主攻难点,城乡联动,整体推进"的工作思路,形成了"市委领导、政府负责、部门协作、环保监管、公众参与"的"创模"管理体制,精心组织,一个战役连着一个战役,有序有力地开展"创模"工作。全市上下,凝心聚力,密切配合,协同作战。特别是环保部门作为主要职能部门,倾尽全力,拼搏苦战;计委、经贸委、开发区等经济部门大力度加强产业结构调整,全力以赴治理工业污染,加快发展高新科技产业;市财政、城建、城管、水利、农林、公安、工商、旅游、交通等部门为城市建设和环境综合整治作出了极大努力;宣传、法制办、教育、卫生等相关部门发挥了重要作用。市"创模办"、硬件组、资料组、宣传组、督查组、执法组、环境组等工作机构加强组织、协调和督查力度,全力推进"创模"工作。三年多来,我们以"创模"为动力,有力地加快实施可持续发展战略。

随着改革开放的深入,市委、市政府清醒地意识到发展是硬道理,但环境保护也是硬道理。保护环境就是为民造福,就是实践"三个代表"重要思想的具体体现。为此,市委、市政府确立了"可持续发展、开放带动、城市化、科教兴市"四大战略。把正确处理和把握经济社会发展与环境保护的关系放到事关全局、事关长远发展的重要位置上。在多年来的实践中,我们坚持做

到"四个纳入",即把改善城市生态环境和搞好防治污染纳入到国民经济和社会发展的总体规划中去,纳入到产业结构调整中去,纳入到两个文明建设中去,纳入到对单位和领导班子政绩的考核中去,并做到"四个强化",即强化环境保护与发展的综合决策,强化目标责任制考核,强化环境保护的优先投入,强化综合整治力度。按照统一规划、合理布局、配套发展的原则,加强区域性环境保护,加强省级经济开发区及各镇工业小区的环保规划。在新项目审批中,严格执行环境影响评价制度和"三同时"制度。多年来,在市区、省经济开发区和太湖沿线,我们坚决不新批重污染项目。不管投入多大、效益多高,环保部门果断行使否决权,未经批准的项目不准设计、建设和验收,三年中共拒批项目78个。同时,我们还花大力气取缔、关停一批小化工、小电镀、小炼油等"十五小"企业。因此,近年来,我市既做到了经济持续快速发展,又削减了污染物负荷。

加大产业结构调整力度,营造可持续发展的优势。丝绸纺织、电缆光缆和电子信息是我市三大支柱产业。特别是丝绸轻纺,其工业产值20世纪80年代末约占全市经济总量的70%以上。近年以来,市委、市政府从实施可持续发展的战略出发,痛下决心,制定了一系列结构调整方案措施,加大产业结构调整力度。根据我市实际,坚持以高科技为先导,先进工艺为基础,重点发展IT产业,做强电缆光缆产业,改造提升纺织为主的传统产业。为此,我们采取了一系列行政、经济、法律等综合手段,调大调强调优高科技、低污染IT产业和光电信缆产业,市区省经济开发区内一个电子资讯高科技产业园已经形成。目前,区内企业达188家,其中95%为IT产业,合同外资累计达16亿美元。2001年,进出口达10亿美元。区内企业一旦全部生产,三年内预计年出口可达40亿—50亿美元。不断壮大电缆光缆产业。现在,我市电缆光缆的销售分别占全国市场份额的1/5和1/4。目前,丝绸轻纺占全市工业总产值的比例已下降了近40个百分点。特别是通过多年来的努力,市区的产业结构调整取得了出色成绩。引进的170多家电子信息企业绝大部分都是高科技企业。尽管有不少外商希望投资一些规模大、效益好的电镀企业等,但由于污染严重,市委、市政府都予以婉拒。这些都充分体现了市委、市政府削减城乡污染负荷,改善城市环境的决心和魄力,也为吴江经济实现跨越式发展奠定了良好基础。

优化太湖沿线产业结构,保护太湖湖体水质和沿线生态环境。我市太湖沿线共47公里,跨越5个乡镇。为了保护太湖水质,改善沿湖生态环境,市政府及有关部门历年来坚决不批重污染工业企业,并划定了70平方公里的东太湖风光旅游带,建立管委会,制定了有关管理办法,加强了湿地等自然资源的保护。作为省生态农业示范区,我们大力发展生态农业,减少农药、化肥用量,减少中高毒农药,积极推广新型肥料,氮、磷、钾结构得到明显改善。太湖沿线各乡镇历届党委政府都把经济发展与环境保护放上重要位置。尤其值得一提的是,经济大镇七都镇,在20世纪90年代初就把辖区内太湖沿线规划为七都太湖环境保护区,不准1个污染企业进入区内。正是由于全市上下的共同努力,因此我市辖区内太湖水质一直保持在二、三类水,沿湖风景优美,自然生态良好。

举全市之力加强盛泽地区的环境综合整治。盛泽镇历史上就是我国著名的四大绸都之一。改革开放以来,经济迅速发展,但由此带来的环境问题也十分突出,特别是去年盛泽与嘉兴边界水污染纠纷和水事矛盾发生以后,在党中央、国务院、省委省政府、苏州市委市政府的高度重视下,在国家和省、苏州市环保部门的大力关心支持下,市委、市政府不折不扣地贯彻各级领导指示,严格按照国家环保总局会同江浙两省政府制定的"9条""4条"等有关协调意见,狠下决心,强化整治。市委、市政府多次召开市委常委会、市长常务会议、市委市政府现场办公会进行专题研究,先后制定了《关于加强盛泽地区环境保护工作意见》《关于加强盛泽地区印染行业环境保护管理暂行办法》等文件,及时提出了"五高"措施,即高要求限量限产、高强度督查处罚、高标准整治管网、高力度科技监控、高起点结构调整。加强综合整治力度,削减污染排放总量,加快产业结构调整步伐。去年11月以来,先后通过了三个阶段全面加强盛泽地区的环境综合整治。一是突击整治阶段。从2001年11月中旬至年底,以限产轮产为重点,盛泽镇政府与各企业签订了达标排放责任书。市政府先后召开各种会议30多次,对各印染企业提出明确要求和措施,各级环保部门强化督查处罚,停产整治7家,关闭1家年产值1.2亿元、职工500多人的印染企业。二是长效管理阶段。从2002年1月至4月,市政府制定了《关于加强盛泽地区印染企业污水治理长效管理的实施意见》,明确了7条长效措施,以长效管理为抓手,开展清洁生产审计,采用废水回用等先进技术,完善治理设施,加强管网整治,全镇安装了7台COD自动监测仪,实行远程监控,淘汰落后的印染设备,计划淘汰228台(套),已淘汰218台(套),到6月底全部完成,削减全镇排污总量23%。加强治理后产生的污泥处置的管理,全面安装带式压滤机,安装了24台带式压滤机,新建、扩建了4000立方米浓缩池。仅此2项,全镇投入近千万元,有效地防止了二次污染。加强河道清淤,开展环境综合整治,逐步提高环境质量。三是优化提升阶段。从4月中旬开始,盛泽地区的环境综合整治进入优化提升阶段,着力从产业结构调整和水环境综合整治的高度,全面深化提升盛泽的经济与环境的协调发展水平。聘请东华大学制定《盛泽地区产业结构和产品结构调整三年规划》,聘请中国纺织工业协会、东华大学制定《吴江市盛泽地区水环境综合整治可行性研究报告》。两份报告于4月29日在北京通过专家论证,原纺织工业部副部长、中国纺织工业协会主席许坤元,中科院院士汪集旸以及国家计委、经贸委、环保总局等部门的19位专家提出了十分宝贵的意见。目前,我市正组织力量,细化措施,全面落实,推进方案的实施。通过几个阶段来的努力,盛泽地区实现了"四个确保":一是确保印染废水达标排放;二是确保排污总量严格控制;三是确保出境断面水质按期达到国家环保总局要求;四是确保经济社会持续发展。对此,国家环保总局解振华局长、汪纪戎副局长和陆新元司长等领导三次督查调研和以环资委叶如棠主任为组长的全国人大常委会调研组的调研都予以了充分肯定。

二、以创模为载体,大力改善城市环境质量

1.铁心铁腕加强污染源达标治理

为实现工业污染源的达标排放,我们以"五铁"精神扎扎实实地开展太湖水污染防治、"一控双达标"等活动,不断加大工业污染源达标治理。1998年,开展了太湖水污染源达标排放的"零点"行动,先后投入1.5亿元用于工业废水治理设施建设,24家治理无望的污染企业被关停并转,工业水污染源实现了达标排放。1999年开始,在巩固"零点"行动成果的基础上,全面开展"一控双达标"活动,实施了以大气污染源治理为重点的"蓝天工程",对全市公路两侧、集镇的烟尘进行全面整治,淘汰1蒸吨以下的燃煤锅炉,更换油锅炉,对1蒸吨以上的燃煤锅炉进行除尘处理。在盛泽镇进行集中供热,拆掉几百只烟囱,大气污染源治理取得突破性进展。2000年1月通过苏州市政府的"双达标"验收。2001年11月以来,我们又以江浙边界水污染和水事矛盾处理为契机,在各级环保部门的帮助指导下,对于盛泽地区的印染企业实行了"五高"措施,不仅刹住了少数企业在双达标后出现超标排放等"反弹"现象,而且对这一地区的排污企业全面加强了长效管理。同时,我们又举一反三,加强全市水环境综合整治,严格达标排放,巩固"双达标"成果。目前,全市主要污染物排放总量严格控制在国家、省规定的指标内,城市环境空气、地面水环境质量全部达到功能区标准。市区工业废水排放达标率、市区工业固体废物综合利用率均达到100%。2001年,大气环境质量指标中二氧化硫、二氧化氮和总悬浮颗粒物指标均优于国家二级标准;城市区域环境噪声和交通干线噪声都达到城市环境噪声功能区要求;市区饮用水水源水质达标率和城市水域功能区水质达标率均为100%,优于国家环保模范城市标准。

2. 致力于营造洁净优美、典雅文明的城市环境

吴江市区所在的松陵是一座千年古城、江南名胜。开展"创模"后,市委、市政府明确要求,要在创建国家卫生城市的基础上,进一步加强保护和建设力度,大力改善城市环境质量,既要保持江南水乡的古城情韵,又要赋予现代城市的崭新姿容,使之以其洁净、优美、典雅、文明的独特风貌,卓然独异于华东地区林立的城市群中。按此要求,我们着力从三方面入手。

一是加快新城建设和旧城改造步伐。按照中等城市的格局高起点、高标准进行规划,建成区从3平方公里拓宽到10.53平方公里。先后投资6亿多元,新建了30多公里道路,建设了市实验初级中学、新华书店、博物馆、人民医院病房大楼等一批文化体育卫生设施和电信大楼、世纪大厦、城中广场等建筑,市区的建筑更显露出现代化的风貌。同时,相继对庙前街、人民墩等地段的居民区进行改造,拆除了旧房,拓宽了马路,增加了绿化面积和景点。按国家住宅标准要求新建了水乡花园、鲈乡三村等规范化小区。

二是加强环境保护基础设施的投入和建设。重点展开了五大环保工程:(1)总投资6000多万元,建成市区城市污水处理厂,日处理能力达到2万吨。2001年,生活污水年平均处理率为51%。(2)截污管网工程。总投资6000多万元,建立了市区生活小区和部分公建单位的污水管网系统。完成水乡花园、鲈乡三村、木中小区、建设小区等一批小区的高标准截污管网建设工程。(3)市区气化工程。投资2000万元,铺设液化气管道41公里,管网覆盖率达70%。城市气化率达到100%。(4)垃圾处理工程。新建4座机械化垃圾中转站,53座2级以上公厕,所有垃圾桶全部换成不锈钢或塑料桶。改造原垃圾填埋场,同时投资2000万元,新建标准化垃圾填埋场。(5)河道"双清"工程。连续三年冬春之季,在全市开展大规模的城、镇、村三级河道清淤活动。开展"创模"活动以来,全市共完成了1283条长928公里542万方的河道疏浚任务,最近又开展了河道清淤和清除漂浮物的"双清"活动。去年以来,投入上万人次,动用大量物力,安排近千万元对河道实施综合整治,实现了河畅、水清、岸绿的目标。

三是大力加强绿化、美化、亮化。按照"有河必有路,有路必有绿,有绿必有景,有景必有特(色)"的要求,对城区主要河道、街道两侧绿化、美化,加快单位绿化、庭院绿化、住宅区绿化,拆围透绿,拆临还绿,新建了仲英大道绿地、运河边绿带、音乐广场绿地等一大批绿色广场和绿化带,大大增加了城市绿化、美化的空间。市区绿化覆盖总面积达396.77公顷,绿化覆盖率达37.68%。单位绿化工程也全面展开,如吴江经济开发区去年投资350万元,完成绿化面积15万平方米。其中运河风光带绿化面积9万平方米,道路绿化带6万平方米。同时,进一步加强

市区亮化、美化,精心构筑富有"鲈乡"特色的景点、景观,形成了中山街、垂虹桥等融水乡风貌和现代情韵于一体的休闲、商贸和观光区。今日的吴江,既凝重典雅又生动活泼,既简约明快又风姿绰约。天空湛蓝纯净,道路通达整洁,景观精美靓丽,河流碧波荡漾,到处绿树满目,鸟语花香,令人心旷神怡。

3. 全面提升古镇的保护建设水平

吴江素以小城镇密集而著称,全市千年以上古镇众多,以镇为中心,向农村辐射,形成独特的小城镇经济社会形态。吴江还是费老开展小城镇建设研究的发源地。从我市独特的城市形态出发,我们大力加强城乡联动。各镇进一步加大小城镇的环保和发展的综合决策,加强环保规划,注重环境建设,既保持了水乡韵味的古镇风貌,又具有现代化功能设施,古镇焕发了无限生机,成为人们向往的最适宜人居和创业的人间"天堂"。一是开发保护并重,走协调发展之路。在古镇的开发建设中,我们坚持环境先行,把古镇作为我们吴江独特的资源,在发展经济开发利用的同时,切实加以保护,特别是有世界文化遗产退思园的名镇同里,把小桥、流水、人家的古镇特色作为旅游资源开发,成为闻名遐迩的江南古镇。二是规划先行,实行经济发展、城镇建设、环境保护的统一协调。编制规划,合理开发,走上经济与环境协调发展的道路。芦墟、黎里、同里、桃源等镇先后成为环境与经济协调发展的示范镇,也出现了七都这样经济快速发展、环境洁净优美的全国卫生镇。全市18个建制镇中已有1个全国卫生镇,17个省级卫生镇。三是开展城乡环境综合整治。在"创模"过程中,大力开展城乡环境综合整治,开展城乡环境绿化、美化和净化工程,对沿路、沿河、集镇等开展绿化美化建设,开展集镇的烟控区建设,全市18个镇有14个建成了烟控区。开展河道整治工程,先后完成了境内大运河、太浦河、苏申内港线、苏申外港线等主要航道整治工程。同时,连续多年开展声势浩大的河道清淤、清漂浮物和绿化活动,取得了显著成效。开展了白色污染防治等活动。我市还在全省最早大力推广秸秆气化工程,努力改善农村生态环境。投资500多万元,建成一批秸秆气化村、站,取得了明显的社会效益和环境效益。全市城区、集镇、农村同步推进,齐头并进,使我市小城镇更加错落有致,异彩纷呈,各具风情。全市有不少古镇蓝天与碧水相映,绿草与鲜花相伴,繁荣与宁静相融,既有江南水乡的古典韵味,又有现代城市的气息氛围。

4. 努力开创生产发展、生活富裕、生态良好的新局面

通过"创模",进一步优化投资环境,提高城市整体素质和综合竞争力,特别是使在改革开放中勤劳创业的吴江人能身处蓝天碧水,享受绿色宁静,领略富裕文明,实现人与自然的和谐相处,促进吴江经济社会环境的协调发展。这可以说是我们开展"创模"的主要动因。因此开展创模以来,我们致力于经济与环境的协调发展。一是经济持续快速发展。近年来,我市经济得到较快增长,特别是开放型经济和个私经济。去年,我市新批外资项目127个,引进合同外资达到7.08亿美元,实际利用外资2亿多美元,分别比上年增长17%和35.7%。外贸进出口总额超过15亿美元。今年以来,态势良好。今年1—4月,合同外资达6.7亿美元,实际利用外资达1.2亿美元,同比分别增长155.8%和198.9%。我市个私经济迅猛发展,成为全省私营经济发展的一个亮点。二是城市的综合素质明显增强。不断优化产业、产品结构,经济发展的质量、效益得到了较快提升。各项社会事业加快推进,并跻身全国县市一流水平,市民的文明程度也大大提高。总之,城市经济社会的综合竞争力大大增强。三是城市的人居和创业

环境大为改善。通过"创模",这些年来,加快高等级公路、高速公路及跨运河大桥等建设,构筑起快捷立体的交通网络,融入紧密沟通沪、宁、苏、杭等现代都市的"一小时经济圈"中。尤其是大容量光纤与数字微波、有线与无线全面覆盖的宽带信息通信传输"高速公路",使吴江拥有了以邮电通讯、信息网络和有线电视为主的"信息平台"。充分依托太湖、大运河、太浦河以及如散珠碎玉般的湖泊河流,浓化湖光水色;发挥江南平畴沃野的自然优势,加快绿化建设,增添绿意生机。切实加强自然保护区建设,加强了世界文化遗产退思园所在的古镇同里保护区、肖甸湖森林公园保护区、东太湖旅游风光带的保护措施,出台了管理办法,成立了保护机构,自然保护区覆盖率提高到 5.56%。总之,我市正在全力构筑环境强市的新的发展平台。正因为这些因素,台湾电电公会通过对国内 46 个城市的调查,把吴江列为"投资环境最佳,投资风险最低"的双料冠军。四是人民生活水平质量不断提高。去年,我市职工和农民人均收入分别为 9985 元和 5610 元,比上年增长 6.2% 和 5%。近年来,我市城镇职工和农民人均年收入均位居全国县(市)前列。尤其是我市市民的吃、住、行等各方面生活质量明显改善。优美、整洁、幽雅、舒适的环境不仅使本市市民安居乐业,而且也吸引很多外来人口定居。近几年,我市的外来人口明显增长,现市区常住人口已达 5.3 万。同时,来我市旅游观光的人数也大为增长,2001 年达 190 万人次,比上年增长 9.2%,旅游总收入 14 亿元,比上年增长了 15.7%。近年来,我市经济持续健康发展,综合实力迅速增强,社会文明昌盛,人民富裕安康,城市品位明显提高,人与自然和谐相处,走出了一条生产发展、生活富裕、生态良好的文明发展之路。

三、以创模为抓手,提高城市环保管理水平

1.广泛发动,深入宣传,强化公众的环保理念和生态意识

公众良好的环保理念和生态意识是创建国家环保模范城市的重要思想基础。我们在全市范围内广泛、深入地宣传发动,强化全市各个层面的环保意识以及创模意识。市委、市政府召开了全市创模动员大会,朱建胜书记、马明龙市长亲自到会作了宣传发动。此后,召开"创模"、环保方面的会议 50 多次。同时充分利用媒体广泛宣传,通过新闻报道、专题报道、开设专栏等形式,广泛深入地进行宣传。编印《环保基础知识》1 万册,环保相关法律法规 5000 册,下发到各部门、学校、街道,开展广泛的群众性宣传活动,还举办了全市性环保知识竞赛、中小学生环保知识竞赛等群众性环保文化娱乐宣传活动,开展了"绿色学校"评选、"青少年环保监督岗"等环保活动。涌现了一批环保文明先进典型,如芦墟中心小学创建"永鼎环保科技园",有声有色地开展环保教育和实践活动,受到了各级领导和社会的广泛好评。广泛深入的宣传教育,使干部群众牢固树立起五个理念,即保护环境就是保护生产力、保护环境就是维护人民群众的根本利益、保护环境就是可持续发展、保护环境必须强化法制化、保护环境必须强化"人人都生活在下游"的理念。广泛深入的宣传教育,引导公众更加迫切地追求美好的生活质量和生活环境,极大地唤醒了市民的环保意识,特别是"既要'衣被天下',更要'碧水鱼虾'"已成为人们的共识。"江南水乡水是根,点点滴滴连子孙。"水乡人对此更有切肤之痛,尤为刻骨铭心。所以,保护环境,建设美好吴江已成了市民的自觉行动,市民群众的参与度达到了前所未有的高度。尤其是市区曾经十分普遍的乱倒垃圾、乱扔烟头、纸屑和乱倒生活污水等不讲卫生的现象已基本杜绝,市民良好的卫生习惯、文明行为蔚然成风,市民的良好素质也提升了城市档次、品位和精神文明水平。

2.积极探索,勇于创新,建立健全环保管理体制

在"创模"过程中,我市不断摸索经验,建立健全切合本地实际的环境保护管理体制及工作方法。在认真编制和实施环境保护规划、加强环保队伍建设的同时,我市在环保管理方面实现了"两个率先",强化了"四项制度"。两个"率先"即一是率先在一个镇设立环保分局。为了加强对盛泽地区的环保监督管理,我们于2000年在该镇设立全国首家镇级环保分局。实践证明,分局的设立对于这一地区的环境保护管理发挥了积极有效的作用。此外,我们还将市环境监理大队升格为二级局建制,加强了监理力度。二是率先建立污染治理市场化运行机制。在污染源治理方面,积极走集中治污的道路。1995年,我们率先在盛泽镇开展污染治理市场化运作的探索,由镇政府牵头,10多家污染企业按生产规模出资,联合建设了首期日处理能力1.5万吨污水处理厂。污水处理厂作为独立法人,进行企业化管理。采用这一办法,目前盛泽地区日污水处理规模达12.5万吨,而且设施、工艺先进,在国内达一流水平。去年11月以来,我市积极探索对污水处理设施实施托管的市场运行机制,通过生产与治污管理运行的分离,将更为有效地确保达标排放,确保到2005年达到太湖水污染防治计划的环境质量目标。坚持落实"四项制度"。一是"三同时"制度,执行率达100%。二是"一票否决制",对违反环保法律法规的单位坚持实行"一票否决制"。三是环评制度。"环评"审批率达100%。四是环保举报制度。市局开通"12369"、盛泽分局开通63559300的环保热线,实行有奖举报制度。三年中共受理投诉912起,做到件件有回音,事事能落实。

3.加大力度,不断完善环保投入机制

三年来,我市共投入各类环保资金11.88亿元。在实践中,我们明确责任主体,政府负责城市基础设施的建设,企业负责自身治污投入,同时运用市场经济条件下的经济政策,把一些由政府管理的环境保护服务事业推向市场,吸纳社会投资、吸纳引入民间投资到环保项目上来,逐步形成多元化环保投入机制。市财政从有限的财力中挤出足够的资金,用于城市环保基础设施建设,如城区的2万吨/日污水处理厂、居民小区的生活污水截污管网、运东垃圾填埋场等等。企业积极筹措资金用于治理设施的建设,在太湖水污染防治及"一控双达标"中投入大量资金,建设治理设施,出现鹰翔集团老总卖掉进口轿车,筹措资金建设污水处理厂的动人事迹。随着创模的不断深入,不断提高达标排放的标准,企业积极投资改造治理设施,巩固达标排放的成果。由于投资主体明确,使我市的创模有了必要的资金作为保障,能较高标准地完成各种环保设施的建设。

4.加大执法力度,依靠科技手段,提高依法管理水平

在"创模"实践中,我们越来越深刻地认识到,保护环境,防治污染,不仅要靠思想教育,严格执法,而且还要运用市场机制和现代科技手段,多管齐下,才能取得良好成绩。因此,我市环保工作立足于法制化、规范化、市场化和科技化。我们全面加强环境保护行政执法的规范化、制度化建设,严格实行环保行政执法的责任制和公示制。为了加大执法力度,除日常监督检查外,市四套班子牵头,每年2—3次,在全市开展大规模的环保执法检查。去年共组织3次,检查企业200多家(次),其中水污染企业100多家(次)。"创模"领导小组下属的执法组、监督组每月都督查1次。三年来,全市共作出处罚决定234起。特别是去年11月以来,在对盛泽地区水环境整治中,国家、省、苏州市和我市四级环保部门,强化执法力度,日监夜查,严密检

查,严格执法,对28家印染企业进行了全面有力的整治,取得了明显成效。为了消灭"人海战术",提高监控效能,近年来,我们加大投入,依靠科技手段,建立自动化监控系统,确保执法、管理的科学、及时、快速,安装COD在线监测仪,实现了远程监控。今年,全市印染和化工两大重污染行业又重点进行梳理,完善治理设施,提高管理水平。目前已有27家企业安装COD在线监测仪,到6月底计划再安装20台,严格监控,科学管理。此外,积极推广ISO 14000环境管理体系认证,已有20多家企业通过认证,有一批企业进入了申报程序中。我们还将对重点污染企业实行清洁生产审计。随着这一工作广泛推进,企业环境管理将跃上一个新台阶,全市环境保护依法管理水平将得到新的提高。

四、以创模为契机,进一步提升城市发展品位

创模是一个过程,也是一种手段,最终目的是提高城市的环境管理水平,提升城市发展品位,打造明天的可持续发展城市,使吴江成为最适宜人居和创业的人间天堂。对于下一步工作,我们将根据国家环保总局的新要求,进一步提高水平,扩大战果。为此,着重做好以下几项重点工作。

1. 继续加强环境与发展综合决策。继续推进全市经济结构战略性调整,从源头上控制污染物排放总量,加快培育第三产业,调优产业、产品结构,大力发展绿色产业,营造区域经济优势,不断提高全市经济整体素质和竞争力。坚持执行环境影响评价和"三同时"制度,继续淘汰落后的对环境造成严重影响的企业、产品和生产工艺,采用先进技术,推行清洁生产,依靠科技进步,提高环境管理水平,大力推广ISO 14000环境管理体系的认证工作。在治污和发展方面,要积极探索"政府引导、社会参与、市场运作"的新路子。按照"管理规范化、监控自动化、运行市场化"的要求,加强对污染源的监督管理,全面巩固"双达标"成果。

2. 继续加大环境保护的建设力度。要继续加大城市环境整治力度,按照适度超前,配套完善的要求,我们要继续加大投入,建设完善环保基础设施。着重做好3件事:(1)加快2万吨级运东污水处理厂的建设;(2)启动预算10亿元的区域供水工程;(3)加大"五个五"的绿化工程建设,即连高速公路和国道绿色通道5000亩,建设生态防护林和经济林5000亩,新增苗木基地5000亩,城镇新建绿地500亩,农村庭院旁植树超过50万株。同时,进一步巩固提高市区烟控区和噪声达标区建设成果,开展"宁静小区"工程。加强城建规划和环境规划,科学规划逐步推进,加强城乡环境卫生的长效管理,把吴江建成一个环境优美、人和自然和谐发展的中等城市。

3. 大力推进城乡联动。牢固树立"创模"不仅仅是一个建成区,而且是一项全市范围内的社会性活动的观念,在加强城市环境建设的同时,继续加强城乡联动,加快农村生态环境建设,重点抓好绿化造林、污染防治、水资源保护,开展好中心镇的生活污水处理工程、垃圾集中处理等基础设施建设,开展好白色污染防治,开展好河道"双清"工程和农村环境的综合整治工程,积极推广生态农业,开展好畜禽养殖、水产养殖污染防治,特别是要保护好东太湖水环境质量,逐步实现湖体生态的良性循环。进一步加强经济与环境协调发展示范镇和生态村建设,建成更多的示范镇、生态村。

4. 继续加强盛泽环保工作。盛泽地区是全市环保工作重点,我们将在巩固已取得的综合整治成果的基础上,继续坚持长效管理,按照"产业结构和产品结构调整规划"和"水环境综

合整治工作可行性研究报告"提出的整体思路,制定一些切实可行的实施细则,着力开展 5 万吨生活污水处理工程的建设,并按照管网先行的原则,先着手开展截污管网工程建设,开展好产业、产品结构调整,向低污染、轻污染的服装服饰业延伸,主动接受吴江开发区 IT 产业集中的辐射,发展 IT 产业,丰富产业结构体系。在第一轮淘汰落后设备和落后工艺的基础上,由经贸委制定新一轮鼓励采用先进技术、淘汰落后设施的方案,并严格按要求实施。继续加强环保执法检查,加大检查力度与频次,防止环境违法行为的发生,不断提高盛泽的环境质量和盛泽地区的城市品位及管理水平。同时按照"团结治污、团结治水"的指导思想,以积极的姿态,与浙江方面共同探索盛泽废水排海及嘉兴取用太湖水合作项目,进一步完善联合磋商机制,确保实现国家环保总局提出的出境断面水质控制目标,使双方团结治污、团结治水不断取得新的进展,促进区域经济与环保协调发展。

创建国家环保模范城市是我市实施可持续发展的一项战略性工程,是率先实现基本现代化的基础性工程,也是新世纪展示吴江美好形象的社会性工程。通过多年来的努力,我市的"创模"工作取得了明显成绩,但今后的任务还很重,工作还很多。借此机会,衷心感谢国家、省、苏州市环保部门的大力关心和支持,并恳切希望今后仍一如既往地给我们悉心指导和大力帮助。我们将以江总书记"三个代表"的重要思想为指导,与时俱进,开拓创新,争取早日跨进国家环保模范城市的行列,向更高的目标——国家生态城市迈进!

吴江市人民政府

2002 年 6 月

三、关于盛泽环境整治情况的汇报

2001 年 11 月 22 日凌晨,浙江省嘉兴市秀洲区部分民众在清溪塘沉船筑坝,封堵航道,爆发江浙边界由水污染引起的最严重的纠纷。11 月 24 日,国家环保总局、水利部和江、浙两省政府在认真磋商的基础上,签订《关于江苏苏州与浙江嘉兴边界水污染和水事矛盾的协调意见》。之后,吴江市委、市政府以及市环保局、盛泽镇党委、政府等采取一系列行动和措施,贯彻和落实《协调意见》,并将贯彻和落实的情况即时上报国家环保总局。这里辑录的是其中的5 份汇报。

(一)关于江苏吴江盛泽镇印染企业长效管理落实情况的汇报

国家环保总局:

按照国家环保总局关于江浙水污染和水事矛盾落实《协调意见》现场督办的意见精神,近期,我市以长效管理为抓手,坚持不懈地做好盛泽地区的水环境综合整治,按照"规范化、市场化、自动化"的要求整合企业,主要工作情况如下:

1. COD 在线自动监测仪 7 台已全部安装完毕,并与盛泽环保分局的监控系统联网,实行远程监控。

2. 全镇各污水处理厂(站)新增 11 台 2 米宽的污泥压滤机,已到位安装,其中 6 台已开始工作,污泥浓缩池也正在抓紧建设,污泥得到有效处理,杜绝了二次污染。

3. 各印染企业污水调节池的改造扩建工程已完成总工程量的 80%,永前、三明、新民、宇泽、吴伊、中服、旺申、胜天、三联、印花、时代、德伊等已完成,其他企业正在建造之中。

4.关于清洁生产审计,已落实由中国环境科学研究院负责,先期确定对盛虹和新民两家印染公司审计,待探索出比较成熟的经验后,再全面推开。1月10日下午,在盛泽召开印染企业清洁生产审计动员大会,中国环境科学研究院段宁博士(副院长)将作辅导,省市有关领导作动员。

5.关于污水处理市场化运作,已由北京清华永新双益环保有限公司在盛泽作调研,调研后制定操作方案,经协商确定后实施,把污水处理逐步推向市场。

6.关于淘汰工艺落后的印染设备,盛泽镇政府与我局正在加紧调研,确立淘汰设备目录,把部分耗水量大、能耗高的设备予以淘汰,减少排污总量。

7.元旦以来,省、苏州、吴江三级环境保护部门继续加紧对盛泽地区的日监夜查。我局监理执法人员从未撤离现场,继续加大执法力度,严防死守,元旦之后,未发现偷排、漏排等违法行为。

8.从元旦之后,经我局监测站监测,7个外排口全部做到达标排放。

吴江市环境保护局

2002 年 1 月 10 日

(二)关于江苏吴江盛泽印染企业长效管理的近期落实情况的汇报

国家环保总局污控司:

为了更好地落实长效管理措施,强化各印染企业的环境管理,确保达标排放,全面落实《协调意见》提出的交界处水质分阶段控制目标,盛泽镇各印染企业利用春节期间企业停产的时机,加强对一些基础设施改造建设,对治理设施进行修缮,提高处理效果,加紧河道清淤,改善河道水质,现将近期我市落实盛泽镇印染企业长效管理的主要情况报给你们,请审示。

1.全镇28家印染企业加紧污水调节池建设,节日不放假、不休息,目前已有18家印染企业完成了调节池建设。

2.进一步加强污泥的干化、无害化处置。全镇七家污水处理厂(站)新增2米宽履带式污泥压滤机14台,已全部到位,安装完毕,污泥浓缩池也基本建成,2月底全部完成投入使用。

3.排污口整治工程已全部结束,全镇7个外排口全部整治到位,树立公示牌。COD在线自动监测仪7台已全部安装完毕,实现了监控自动化。在试运行过程中,还有一些技术问题,安装厂家正在作进一步的调试。

4.清洁生产审计试点工作由中国环科院(国家审计中心)负责审计,试点工作在盛虹和新民两印染公司展开,按合同将于3月底结束。

5.污水处理的市场化运作。北京清华永新双益环保有限公司已进驻盛泽,对镇东1.5万吨污水处理设施进行接管,目前,已拟出运作方案,待双方修改确认后实施。

6.全镇印染老设备已淘汰110台(套),其中O型缸、141型缸、平缸等63台,碱量机、起皱机等47台(套)。

7.盛泽镇的河道清淤工程春节期间不停工,预计镇区河道及部分外河的清淤工作到2月底结束。

8.苏州市、吴江市与嘉兴市、秀洲区两级环保部门已进行互相沟通制度,1月26日开展一次联合检查,沟通协调活动也不定期进行,到目前已开展了两次活动。

9.江苏省环保厅、苏州市环保局和吴江市环保局三级环保部门继续密切关注盛泽镇的环境问题,加强检查。春节期间,28家印染企业全部放假停产。从2月19日开始,个别厂家开始生产,生产量也极少,目前交界处水质仍保持良好状态。

吴江市环境保护局
2002年2月20日

(三)关于江苏吴江盛泽有关情况的汇报

国家环保总局:

接国家环保总局值班室电话通知:据太湖管理局反映盛泽镇北虹桥、排泾港水质普遍下降,并且在镇东闸外发现两个新的排污口。对此要我局立即组织人员进行调查分析。现将情况汇报如下:

1.关于北虹桥、排泾港水质普遍下降的原因。(1)由于近期江南雨水偏多,盛泽镇地势低洼,不得不通过排涝降低圩内水位,原来镇东闸只开3台泵6个流量,近来下雨量增大,5月1日开始,开4台泵8个流量,其中3台泵是全天开,1台泵视雨量大小时开时停,由于排涝水量增加,镇区生活污水也随之排到外河,致使排入外河的生活污水增多,导致该水域水质下降。(2)由于近期水流方向发生变化,原镇东闸排出的河水向东向北分流,最近变化为向东向南分流,致使往嘉兴方向的水域水质下降。

2.关于镇东闸外发现两个新的排污口的说明。此两个排污口分别是翔龙集团污水处理站和丝绸集团污水处理站的排污口。该两个污水处理站排污口原排入镇区市河,为了降低镇东闸排涝水的污染物浓度,按市政府要求,将排污管道延伸到镇东闸外,原排污口停止使用,排放标准不变,COD在线监测仪仍正常使用。据5月9日晚上7时COD在线监测仪显示数据表明,翔龙集团污水处理站和丝绸集团污水处理站排放水的COD浓度分别为90mg/L和180mg/L,达到规定的排放标准。

吴江市环境保护局
2002年5月9日

(四)关于近期盛泽地区水环境综合整治和"创模"工作汇报

国家环保总局:

现将我市盛泽地区水环境综合整治和"创模"工作汇报如下:

一、关于深化盛泽地区的水环境综合整治

自两省签订《协调意见》以来,我市竭尽全力加强盛泽地区的水环境整治,江浙交界断面水质一直保持在Ⅳ类水左右,始终稳定在《协调意见》规定的分阶段控制目标之内。盛泽地区的水环境综合整治经过应急措施和长效管理已经取得较为明显成效,为进一步改善盛泽地区的水环境质量,全面落实"协调意见"的精神,我市聘请东南大学和全国纺织工业协会的专家对盛泽地区丝绸纺织发展与环境保护进行专门的研究,提出了《盛泽地区产业结构和产品结构调整三年规划》和《盛泽地区水环境综合整治工程可行性研究报告》。以实施这两个整治方案为"抓手",市委、市政府在 4 月 23 日和 6 月 22 日两次召开了盛泽水环境综合整治的现场办公会议,召集了发展计划委员会、经贸委、科技局、水利局、财政局、环保局、城管局、水产局、丝绸集团等有关部门共同研究,落实措施,把盛泽水环境综合整治作为市委、市政府的重要工程来抓好落实。重点抓好以下工作:

1. 加快印染企业的技术改造,减少污染排放总量。按照《盛泽地区产业结构和产品结构调整三年规划》,积极提升盛泽地区印染企业科技水平,用三年的时间淘汰落后的印染设备。凡在 1992 年以前购置浴比在 1∶10 以上的印染设备,分三年进行淘汰,分别是第一年淘汰 20%,第二、三年各淘汰 40%,由市经贸委、环保局、技监局建立联席会议制度,加强监督落实。市政府为鼓励淘汰老设备,对企业因淘汰老设施、购置先进设备的贷款采取贴息 50% 的鼓励政策,三年不变,确保淘汰落后设备目标的顺利完成。

2. 立即着手组建污水处理有限公司,实行生产与治污相分离。在前一阶段调查研究的基础上,用 1 个月的时间组建污水处理公司,对现有污水处理设施实行集中经营、统一管理、市场化运作,把印染企业与污水处理公司分离,形成相互监督机制,提高达标排放的水平。污水处理统一管理的暂行办法已经确定,7 月底开始统一管理的试运行。

3. 启动了西白漾分流工程,投资 600 万元建成镇西排涝站。6 月 8 日,该工程已开始试运行,在汛期,突击排涝,将镇区河道部分水分流到镇西闸,由镇西闸排出,减轻因镇东闸大流量排涝对下游水域水质造成影响,收到了一定的效果。

4. 筹建 10 万吨/日污水处理厂,一期工程 5 万吨/日即将上马,全面加强生活污水的治理。按照《盛泽地区水环境综合整治工程可行性研究报告》的要求,盛泽将建设 5 万吨综合污水处理工程,主要用于生活污水的处理,目前选址已确定,环境影响评价及其评审已经通过,部分资金也已到位,工程建设即将上马。集污管网建设同时进行,确保 2003 年底该污水处理工程正常运转,对改善盛泽地区水环境质量发挥积极作用。

5. 改造现有污水处理设施,高标准达标排放。计划再投入 7500 万元对现有 7 套污水处理设施进行全方位的技术改造,达到"三级处理,一级排放标准",将 COD 排放浓度从 180mg/L 降低到 100mg/L,减少排放总量,为发展腾出空间。首先对盛泽联合污水处理厂的 4.5 万吨治理设施进行改造,9 月份完成改造设施的设计方案后立即动工改造。

6. 进一步加大执法力度。继续坚持环保执法责任制、企业法人治污责任制,严格执行责任查究制度,做到日监夜查与科技监控并举,确保达标排放。

7. 加强河道清淤工作。今冬明春,继续对盛泽地区主要河道进行全面疏浚,逐步改善河体水质。

二、关于落实"创模"调研八项意见的工作

6 月 2~4 日,国家环保局组成调研组对我市创建国家环境保护模范城市的工作进行了调研,调研组在充分肯定吴江市创模工作的同时,提出了 8 条意见和要求。对此,市政府高度重视,专门召集各有关部门进行研究,落实整改措施,以最优越的工作成果迎接国家的考核验收。

1. 老垃圾填埋场封场后处置的规划

目前,新城市生活垃圾无害化填埋场正在建设中。建成后,老垃圾填埋场正式封场。如何更好地综合利用,消除隐患,由市城市管理局负责,具体计划采取 4 个方面的措施。

（1）老填埋区：在原覆盖面上再覆土，把覆土厚度增加到1米，使覆土层能满足树木花草生长的需要。现这项工作已基本完成，总计改造面积约3.67万平方米，总改造工程计划投入资金200万元，形成绿地。

（2）近期垃圾填埋区：在停止垃圾进场后，按规范要求对作业区进一步压实，然后回土覆盖（30公分厚黏土）待下层填埋垃圾经过一段时间的腐化缩容沉降再进行覆土、生态恢复改造，最终形成一片休闲绿地。

（3）垃圾渗沥水处理：在填埋场最终封场后，对原有的垃圾渗沥水收集系统仍按要求由专人负责管理，根据实际情况定时将渗沥水提升送入污水厂进行处理。

（4）安全防范，按照要求落实安全防范措施，定时对垃圾填埋区导气管巡查，确保导气管排放口的畅通，在防火区内设置醒目的防火禁示牌。

2.坚持高标准新垃圾填埋场建设

对于正在建设的垃圾填埋场，我市按照无害化要求，根据国家关于垃圾处理污染控制的标准进行设计施工，着力做好防渗措施和渗沥水的处理问题。一是场底防渗措施利用单层柔性膜加黏土层构成复合结构，两层紧密结合，采用1.5mm厚的HDPE膜，其渗透系数达10—14cn/s，防渗能力满足要求。二是加强渗沥水控制及处理。渗沥水处理采用物化＋生化的流程，渗沥水经处理后达到《生活垃圾填埋污染控制标准（GB16889—1997）》中规定的一级排放标准和有关地方标准后排放入水体。

3.进一步加强截污管网建设

为了充分发挥已建成的城市污水处理厂作用，不断提高城市污水处理率，我市不断完善截污网建设，已建成市区污水截流主管线长20公里，覆盖率达到60％。目前，我们正在着手实施扩面工程，预计到8月底可以覆盖市区70％以上面积。本污水收集系统总投资3700万元，已投入2800多万元。

4.单位GDP水耗问题

由于吴江产业结构的特殊性，单位GDP水耗偏高。针对这一问题，我们将在产业发展导向、技术改造等方面，继续加大产业结构调整力度，依托高新技术改造传统丝绸纺织板块，逐步建立循环经济的模式，充分利用价格杠杆促进节约用水，逐步调整水资源费，促进节约用水等措施。减少水耗、降低能耗，达到节能降耗、减污增效的目标。

5.进一步加大污染监督

由于近几年来的努力，我市大气环境质量一直保持在较好水平，基本优于国家二级标准，但是由于整个大环境的影响偶尔出现可吸入颗粒物（PM10）超过国家二级标准。针对这些现象，我市将进一步加大大气污染的防治力度，强化监督管理，积极推广清洁能源，加强城区绿化建设，加强建筑工地管理，加大对大气污染源的执法检查力度。

6.进一步加强城乡水环境保护

为了进一步提高城乡环境质量，我市以"创模"为契机，以长效管理为抓手，以综合整治为手段，深入开展河道"双清"，建立长效保洁管理机制，绿化、美化城乡环境，控制农业面源污染防治。

7.加强工业污染源执法监督

　　为了进一步强化监督,确保老污染企业持续稳定达标排放,今后我们将从以下几个方面进一步强化工业污染源的监督管理。一是健全网络,强化监督管理。进一步健全三级市、镇、环保助理监督网络。二是力求实效,改变检查方法。在检查方法上,我们坚持日常监督检查与突出检查相结合,重点突出突击检查,特别是夜间抽查,使检查无规律可循,促使污染企业的污水处理设施长期正常运转,达标排放。三是依靠科技,加强执法检查。充分发挥科技监督作用,对全市重点污染源统一安装 COD 在线监测仪,目前已经到位 27 台,到年底力争到位 50 台,基本消灭"人海战术",对全市主要污染源实现联网监控,24 小时进行监督检查。四是强化处罚力度。

吴江市人民政府

2002 年 7 月 22 日

（五）关于盛泽污水自动监控仪器不能连接情况的说明

国家环保总局调查中心:

　　你处来电询问我市盛泽镇 7 台自动监控仪器不能连接的原因,经调查,情况如下:

　　（1）永前:盛泽分局自动监控系统能连接,你处联不上原因可能是因使用的联网设施是西安交大的,而企业使用的是太仓创造电子有限公司的,两者不相适配所致。

　　（2）联合:该污水站的自动监控仪器现场反映数据正常,但传输系统有误,盛泽分局自动监控系统所反映的运行记录数据也不正常,现已请太仓创造电子有限公司来维修。

　　（3）盛虹:不能连接的原因是适配器损坏,已请太仓方面来维修。

　　（4）丝绸:自动监控仪器不能收集到数据,前一阶段已请南京熊猫电子来维修,至今没有修好。

　　（5）翔龙:盛泽分局自动监控系统能正常连接,你处不能连接也可能是适配的原因。

　　（6）春联:盛泽分局获取数据基本一致,自动监控仪器监测数据本身有一定误差。经我们监督检查采样,监测在达标值之内。

　　（7）胜天:不能连接的原因是适配的损坏,已请太仓方面来维修。

　　7 个污水处理站自动监控仪的使用电话从一开始至今没有变更过。

　　吴江市盛泽镇现有 COD 在线监测仪 7 台,2 台为广州怡文,5 台为南京熊猫电子的产品,监控系统为太仓创造电子有限公司的产品。由于目前国产的 COD 在线监测仪以及相应的适配器质量不是很稳定,企业在使用操作进程中也存在着操作不当的原因,使用过程难免出现一些技术问题,影响数据的获取。为此,我局准备专门成立 COD 在线监测仪管理中心,把全市所有 COD 在线监测仪收到局里集中管理,实行有偿服务,尽最大可能保证其正常运行。目前,该项工作正在筹备之中,近期可以正式实施,届时仪器损坏的现象可大为改变。

　　以上情况报告,妥否请指正。

吴江市环境保护局

2002 年 9 月 17 日

第九节 通讯报道

一、绸都：吴江环保风暴刮向纺织业污染

绸都：吴江环保风暴刮向纺织业污染

吴江新闻网

2006 年 6 月 20 日

今年 7 月 1 日之前，彻底解决喷水织机废水处理问题，吴江市所有喷水织机废水必须全部接入各镇污水处理厂或自行安装的污水处理设施进行处理。素有"绸都"之称的吴江，正以铁腕手段治理发达的纺织业所派生出的环境痼疾——喷水织机废水。

5 月 26 日，吴江市市长徐明在接受"中华环保世纪行"记者采访时介绍说，吴江市去年以来对喷水织机废水进行了专项整治，面向全国征召最先进的治理工艺，实行镇级集中治污、企业联合治污、小企业异地搬迁等分类管理措施，新建了 262 套喷水织机污染水治理设施，使 80％以上的喷水织机废水得到有效治理。同时，严格实行污水限量排放。各印染企业的污水排放量被限制在排污权量的 65％安排生产。环保部门对所有印染企业的生产设备进行彻底核查，登记造册，不在册设备全部进行封存。印染企业未经申报擅自使用封存设备的，一经发现，作偷排处理，停产整治 3 个月。这些手段使得江浙交界断面水质明显好转，得到了国家和省相关部门的充分肯定。

纺织重镇盛泽一方面拥有发达的纺织业，另一方面位于江浙两省交界的环境敏感区域，污水处理不善，极易引发省际争端。镇长张国强告诉记者，盛泽痛下决心要在生产美丽纺织品的同时，控制对水环境的污染。控制排放总量，全镇 27 家印染企业，将印染废水排放总量控制在 10.5 万吨／日以下；利用价格手段控制排放浓度，高浓度高收费，低浓度获奖励。此外，为削减废水排放总量，镇政府下决心搬迁 7 家印染企业。目前，搬迁企业都在选址、关闭、建新厂区的进程中。7 家印染企业搬迁后，盛泽地区每天可减少印染废水排放量 3.3 万吨。

调优产品档次，是减少污水排放的源头途径。吴江已经形成一批上规模、技术含量高、工艺先进、设备一流、低能耗、轻污染的优势企业。以中国东方丝绸市场为依托，产业结构向后道延伸，向基本无污染的服装服饰业发展，增加轻纺产品的附加值。加快工艺改革，淘汰落后工艺，着力引进一批技术先进的喷气织机、剑杆机等，盛泽已经拥有先进的喷气织机、剑杆机超过 1 万台。吴江还成功探索了碱液量废水综合利用、印染污水处理后产生的污泥资源化利用等循环经济技术。

为了防止企业在大生产的同时大排污，吴江市 4 月份特地在盛泽召开现场会议，对喷水织机废水再次进行整治。吴江市环保局局长范新元告诉记者：各镇镇长、各有关单位的主要领导是第一责任人。在治理进程中，4、5、6 月，各镇进行专项整治；7 月以后，环保、工商、供电、公安等部门进行联合执法检查，凡发现未达标排放、治理设施不正常运转的，责令停产 3 个月，

供电部门实行停电措施;对确无办法达标排放的,坚决责令关闭。

(王晓映)

二、吴江市整治印染污染出新招

吴江市整治印染污染出新招

《扬子晚报》

2006 年 8 月 4 日

为密切监测城区河流的水质变化,吴江市实行了一项创新性的方法:在流经市区的河流上密集设立了 13 个水质监测点,每天为水样"体检",并将结果以短信的形式在第一时间报告给市委书记朱民和市长徐明。他们的手机被称为水情"遥测点"。

在吴江市环保局局长范新元的办公室,对面墙上挂了一幅巨大的地图,沿着河流方向,13 个红色的标志点煞是惹眼。"这就是我们对河流水质进行切面监测的 13 个监测点。任何一段河水水质出现变化,我们只要分析该河段相邻的两个监测点的数据,基本上就可以断定问题出在哪个企业的身上!"范局长说完,又打开手机,让记者看当天的水情报告短信,密密麻麻的地名和数据占据了整个屏幕:麻溪桥 49、思古桥 37、溪南桥 47……通过这样具体的数据来监测各个地点的水质是否正常。范局长介绍说,吴江是以纺织业为支柱产业的地方,尤其是盛泽镇集中了 27 家大型印染企业,是环境保护关注的重点对象,光是污水处理费每年就是 5 亿多元。由于一衣带水,盛泽和相邻的浙江嘉兴虽然交往密切,但是由于水质问题,历史上也多次发生"口角",而矛盾的焦点往往集中在太平桥。从吴江来的河流流经这里进入嘉兴境内。一旦盛泽的水质稍有异常,下游的嘉兴就有"感觉"。

为了彻底治理好流经盛泽境内的三条河流,管好沿岸各个印染企业的排水口,从今年初,吴江就首创了这种在多个点采集河流断面水质的方法,在印染企业集中的圆明寺桥、南草圩闸、新白龙桥等 13 个地点分别设立水质监测站。每天上午 7 时派出多名工作人员,骑着摩托车,来回近百公里,奔赴各个站点采集水样,然后到盛泽环境监测站进行化验检测。到下午 4 时结果出来,立即以手机短信的形式报告给书记、市长和分管副市长,同时收到短信的还包括环保局的负责人、盛泽印染行业协会会长、各家企业的老板等。环保,真正成了吴江市的负责人每天都要关注的大事。

今年 6 月 23 日,范新元忽然接到徐明市长的电话。电话那头,徐市长口气有些焦急:"短信显示这两天的水质不太好哇,怎么回事啊?"也正在寻找答案的范新元坐不住了,他立即赶到盛泽召集 27 家印染企业的负责人开起了现场会。通过分析,大家得出结论:高温下,水体本来就容易变坏。水质临近警戒线就是命令,范新元马上启动了紧急方案:限产!每家企业减少一半的生产量,严格治污,严控排放,直到水质好转!两天后再查,结果令人欣喜:水质恢复正常!

通过这样的密集地点监控,还可以直接找到肇事企业。如果一段水体水质变差,则从下游向上沿着各个监测点逐级排查,在数据明显异常的站点附近就可以有的放矢的检查了。发现偷排企业,除了罚款 10 万元,还将停产三个月,让其为破坏环保付出惨重代价。今年 3

月,环保局通过这种方法发现了一家夜间偷排的企业,从严从重处理,罚款10万元,并责令停产。

通过13个水质监测点和书记、市长的"手机监测枢纽",从盛泽流出去的水得到了最大程度的保证。这样的监测也能厘清责任。譬如,如果太平桥放出去的水是好的,即使嘉兴的水质不好,我们也不像以前那样"心虚"了,问题肯定不在我们这边。如今,吴江和嘉兴的关系空前改善,党政部门和环保部门的走动显著增多,而吴江自身受惠更大,本地企业环保意识大大增强,盛泽地区至今没有发生乱排事件。

(庾康 燕志华)

三、吴江推行激励机制,倒逼纺织印染企业"提标升级"

吴江推行激励机制,倒逼纺织印染企业"提标升级"

江苏环保网新闻动态栏目

2008年6月12日

近日,在江苏省召开的纺织印染企业"提标升级"现场会上,来自全省13个省辖市环保部门和众多印染企业代表齐聚吴江市盛泽镇,饶有兴趣地现场参观了一批印染企业废水"提标升级"的"得意之作"。

在江苏省太湖地区印染企业"提标升级"攻坚战中,吴江市为何能在全省率先树起印染废水"提标升级"的"标杆"?这个市采取何种举措,倒逼印染企业踊跃去"提标升级"呢?在这次印染企业"提标升级"现场会上,吴江市环保局局长范新元介绍了吴江市推行激励机制,倒逼"提标升级"的成功做法。

2007年10月份,江苏省政府批准了《太湖地区重点工业行业主要水污染物排放限值》,把印染企业每升印染废水COD排放限值由100毫克提高到60毫克,氮、磷排放限值也提高了50%以上,基本达到"国外发达国家"的排放限值。面对新一轮印染企业"提标升级"攻坚战,吴江市委、市政府深感压力重大,治理任务艰巨。为促使广大印染企业尽快向新的地方排放标准"靠拢",以进一步压减排污总量,吴江市以"铁的决心、铁的手腕、铁的纪律、铁石心肠、铁面无私"的五铁精神,坚持铁腕整治水污染。通过下大决心、花大气力,加快完善治污政策体系和激励机制,强力倒逼印染企业引进国内外先进环保科技成果,积极探索科技治污"提标升级"新路径。

进入今年以来,吴江市及时落实治污目标责任制,推行了"提标升级"的倒逼机制。吴江市政府及时下发了限期治理决定,要求全市60家未达到新排放限值的水污染企业立即启动"提标升级"攻坚战。同时,吴江市政府还与10个镇(区)和9个职能部门签订了"提标升级"环保责任状,把"提标升级"完成情况纳入年度党政领导政绩考核内容,形成了强烈倒逼企业"提标升级"的氛围。

为强化"提标升级"政策支撑,吴江市从建立完善治污激励机制入手,适时出台了"提标升级"专门优惠政策和监督考核等制度,有力地促进了企业治污工作的深入开展。吴江市政府规定,全年新增财力的10%~20%专项用于环保投入。对规模较大的污染治理减排工程,优先列入上级财政污染防治资金申报项目。对完成总量减排任务的企业实行总量"减二增一"的优惠政策。对减排重点项目建设,在立项审批、办理建设用地和环评手续、资金信贷、保证电力供应等方面给予优先安排。同时,设立市级治污专项资金。在2008年度中,市财政将拨出2000万元资金专门奖励完成治污任务的单位、企业、个人。对完成深度处理,并安装"除磷脱氮"设施的污水集中处理厂,每减排1吨COD,一次性奖励5000元;对实施"提标升级"和中水回用的企业,每1000吨/日工程一次性奖励20万元。此外,还确定了"区域限批"制度,对完不成治污任务的镇(区),将在一定期限内对相关行业实行环保"区域限批"。

吴江市通过推行激励机制,倒逼"提标升级",有力推进了印染企业对治污的深度攻坚。吴江市环保局率先组织实施了永前印染公司、盛泽水处理一公司、盛虹印染、三联印染、龙英织造等五大"提标升级"示范工程,为太湖地区印染企业"提标升级"树起了"标杆"。

吴江永前印染公司原有7200吨/天废水处理设施,通过总投资500余万元,建成了"提标升级"及中水回用工程,采用"复合功能树脂吸附深度处理"及中水回用工艺,每天使1200吨废水实现了回用,出水水质COD降到了40毫克/升,处理运行费用为0.88元/吨水左右;盛虹印染集团启动建设了日处理2万吨的生化、物化印染废水预处理系统,并引进厦门威士邦超滤膜分离技术对印染废水进行深度处理,使出水COD下降到了10毫克/升,再回用到生产,使回用率达到40%;苏州龙英织染有限公司投资1300万元,采用生化、物化组合工艺,建成了日处理5000吨废水深度处理及中水回用设施,将COD浓度由100毫克/升降至60毫克/升以下。又采用臭氧生物活性炭深度处理技术,把COD浓度降至30毫克/升以下,并实现了每天中水回用4000吨。

(李玉芳　闫艳　高杰)

第十节　民生访谈

一、确保吴江有一个良好的人居环境

2007年9月5日,吴江市环保局局长范新元做客吴江新闻网新闻中心"民生直通车"栏目,向市民汇报吴江人居环境保护状况,并现场回答《吴江日报》记者和市民的提问。

确保吴江有一个良好的人居环境

会客零距离

记者:环保是个大概念,想请范局长先谈谈吴江的人居环境问题。

范新元:人居环境离不开三个因素,一是水,二是空气,三是噪声。

无锡太湖蓝藻暴发后,省委书记李源潮说过一句非常震撼的话:"无论经济怎样繁荣发达,如果不能让老百姓饮用干净的水,人民群众就不会认可我们的全面小康模式,江苏全面小康的成果就会被颠覆。"

吴江市委、市政府一直非常重视环保、重视水环境整治。在无锡太湖蓝藻暴发的时候,吴江居民喝的是干净的太湖水;吴江的空气在苏州五县市中处于中游水平;吴江的噪声在公安、

建设、城管及环保等部门的齐抓共管下,也是达标的。

但是,水与空气都是流动的,治理上有很强的区域性,难度较大。

记者:近年来,吴江在人居环境整治与保护方面取得哪些成效?

范新元:近年来,在成功创建国家环保模范城市、全国生态示范区的基础上,市委、市政府把建设国家生态市列为全市工作的重点,加大投入力度,铁腕抓整治,生态建设成效明显。6项基本条件、36项指标基本达到要求;18项重点生态工程全面完工;全市所有镇均创建成全国环境优美乡镇,其中4个已被命名、3个待命名;所有镇均是省级以上卫生镇;卫生村达67%;各级"绿色学校"88所,占学校总数的91%;各级"绿色社区"43个,占社区总数的89%;省级生态村70个,占全市行政村的30%;各级"绿色旅游饭店"12家,"绿色旅游饭店"达100%;建成20多家循环经济试点企业、20多家环保型企业;56家企业通过ISO 14000认证,102家企业通过清洁生产审核。截至目前,我市的创建工作已通过省级考核和国家级技术考核。国家生态市的创建,是保证人居环境的重要措施。

记者:吴江水域面积267.11平方公里,占国土面积的22.7%。水是吴江的灵魂,也是全市人民赖以生存的命脉,在人居环境建设中,首要因素是"水"。吴江地处江、浙、沪交界处,江浙交界处断面水质非常敏感,历史上曾多次发生水事纠纷,请问现在吴江断面水质情况如何?

范新元:2006年2月以来,吴江市环保局首创"多点采集,短信报告"方式,在纺织重镇盛泽镇内外河设立15个监测点位,在水系上游桃源镇设立5个监测点位。每天对每个监测点进行采样化验,每天早晨7点,派专人骑摩托车往返100多公里对每个监测点进行采样化验,下午4点将化验结果和水质情况通过手机短信形式发给市委、市政府、环保部门和盛泽镇的主要领导,以及盛泽印染协会会长和各大印染企业业主。

推行交界断面水质报告有三大好处,一是可以准确锁定污染源,实施精确打击。过去,一个月检测一次,发现问题,搞一刀切,几十家厂统统停产,大家哇哇叫。现在,一个监测点管几个厂,很容易锁定排污者,罚得偷排者哑口无言。二是提高了印染业主达标排放的自觉性。过去,监测是"大呼隆",谁偷排谁占便宜。现在,是谁偷排谁倒霉,侥幸心理大大减少。三是有利于市镇领导快速处置。去年8月31日,市长徐明得知江浙交界烂溪塘水质恶化,当天下午就召集环保、水利及盛泽、桃源镇的负责同志,一同乘快艇实地察看,当场采取了3条措施,5天后水质就恢复了正常。去年,像这样市长艇上现场办公就有3次。

通过这几年的努力,重点区域水质明显改善,江浙断面水质高锰酸盐指数基本稳定在四类水,东太湖常年保持二至三类水。

记者:要保护水资源,环保执法是最重要的手段之一。近年来,吴江环保执法情况如何?

范新元:近年来,市环保局继续发扬"铁的决心、铁的纪律、铁的手段、铁面无私、铁石心肠"的"五铁"精神,全力开展小化工、旧桶复制等行业的专项整治活动。2005年,先后关闭了55家化工企业、101家旧桶复制企业。2006年,又先后关闭了42家废旧塑料加工点和盛泽2家化工企业。今年以来,重点加大对沿太湖地区的检查,在关闭3家化工企业的基础上,又停产整治了5家企业。有的厂家宁愿罚款,不愿停产,我们偏偏打他的软肋,就是不罚款而叫他停产,起到特别好的效果。同时从2006年至今,我市全面落实夜间督查机制,特别是今年6月份以来,我们专门成立夜查中队,坚持每两天组织一次夜查,对重点企业反复检查,对检查中发现的违法企业及时作出停产处理,有力地震慑了违法排污行为。另外,我们还强化科技监控手段。2006年6月,投入48万元从瑞士引进一套高科技雷达红外线探地仪,彻底清查企业污水管道的铺设情况,并购置了两艘环保执法快艇,为查处环境违法行为提供了有效的执法手段。

记者:目前,吴江正在开展哪些环保基础设施建设项目,以改善人居环境?

范新元:目前,全市有工业和生活污水处理厂157个,居民集中区地埋式生活污水处理设施8个,日处理能力达到42万吨,确保了工业和生活污水的有效治理。同时,投资7亿元、日供水能力33万吨的区域供水一期工程已建成投入使用。全市78万人加上外来人口60万,全部用上了洁净水。投资2.5亿元、日处理能力600吨的生活垃圾焚烧发电厂已完成选址规划等前期工作;投入450万元,建成了全省惟一一家县级农产品监测中心;投资1000多万元,建成了全国第一家污泥干化处理厂;投入910万元,建成了环境质量自动监控系统,实现了对全市水、气、声等环境质量的实时在线监测。

记者:下一步,市环保局将采取哪些措施进一步提高全市人民的人居环境质量?

范新元:下一步,我局将围绕创建国家生态市、污染物减排、水环境整治、水源地保护四大中心工作,进一步加大生态环境建设力度,继续开展环保专项整治行动,切实解决一些影响群众切身利益的环境问题,不断提高全市的人居环境质量。

第一,继续高标准抓好国家生态市创建,切实提高生态建设水平,使人民群众真正感受到国家生态市创建的成果。

第二,进一步狠抓污染物减排任务。对全市所有印染企业分批逐步强制性推进中水回用,有条件的企业要实现生产废水零排放。原则上对喷水织机、生产用水要求不高的企业全部实行零排放。强化深度处理,对总量有限且水量排放大的企业,特别是污水处理厂,将COD从100毫克/升削减到50毫克/升以下,并安装脱磷除氮设施。淘汰、关闭高能耗、高污染、高COD排放的企业。

第三,进一步加强水环境综合整治。继续把水环境治理作为工作的重中之重,进一步加大资金投入。2008年起,计划从新增财力中增加支出,专项用于水污染治理。尽力完成列入国家、省和市治污规划中的污水处理、河道整治、疏浚清淤、生态修复、湿地保护区等重点工程建设任务。2007年底前,凡不能达标排放的企业全部停产整顿。

第四,进一步加大水源地的保护力度。首先是东太湖的整治,吴江制定东太湖环境整治方案,计划投入47亿元,实施围网清理、退垦还湖、生态清淤、生态修复、污水厂及管网建设等5个重点整治工程。目前,正在积极向上争取生态修复、保护资金。其次是在年底前完成辖区内排入东太湖的各类排污口的普查工作,对无审批手续的依法予以取缔、关停、实施全面封堵整治,并取缔沿太湖1公里范围内的畜禽养殖。另外,吴江集中式供水二期工程已经启动,这对吴江百姓来说也是一个利好消息。吴江净水厂已每天安排3个人对取水口周边1000米范围内的水面污染物进行清理。

嘉宾面对面

松陵镇西塘社区支部书记吴娟红:汽车排放的尾气成为污染环境的一大公害,请问在这方面,环保局是怎样看待的?

范新元:目前,我国汽车尾气合格率的确不高,特别是一些以柴油发动机为主的车型对环境的污染不容小觑。6月29日,国家环保总局宣布,相当于欧3标准的国家机动车污染物排放标准于7月1日在全国范围内开始实施。自2008年7月1日起,全面停止仅达到"国Ⅱ标准"轻型车的销售和注册登记。所以这里我要提醒一下各位市民,买车的时候不要忽略汽车尾气的排放标准,不合格的车是无法上牌的,甚至可能被强制淘汰。

吴娟红:在我们社区,有很多人对一些居民区里开麻将馆导致声音太大有意见,请问对这种问题要怎么解决?

范新元:由于职能划分问题,城市噪声主要是由城管部门来管理,而建筑噪声则由建设部门管理。对于社区里的一些噪声,比如麻将馆等,建议可以向工商、公安和城管部门反映。

吴江远东邱舍污水处理有限公司总经理沈虹:我们企业所在的工业园有很多电镀企业,想问一下,这样对周边居民有没有什么影响?

范新元:电镀废水里含有大量的重金属,应该说污染是很严重的。对这个问题,政府部门也很重视。我们在工业园专门成立了管委会,对电镀企业严查严防,一发现问题马上整治改造。当然,最根本的解决办法是,或者居民搬迁,或者让这些电镀企业一起进区,进行集中管理。对这个问题,我们正在考虑当中。

沈虹:我们污水处理中心已经设计好了中水回用方案。这里我想问一下,政府方面有没有相应的扶持政策?

范新元:经过污水处理厂处理过的达标排放水就是"中水"。对于企业的"中水回用"系统的建设,政府一定会给予政策上的扶持,比如经济补贴、退二进一等等。目前,相关的具体申报正在进行当中,估计到今年年底,相应的优惠扶持政策就会出台。

吴江蚕种场退休职工王和新:大家对饮用水的问题非常关注,有的人反映,早上的自来水有一股味道,想请范局给我们介绍一下吴江的饮用水情况。

范新元:目前,吴江的饮用水来自两个地方。一个是庙港太湖取水口,为市民供应的是太湖水,还有一个水源点则是位于松陵的自来水厂,供应的是拼接水,只含有一部分太湖水。不过,现在正在和苏州吴中区商量,设想从吴中区接一根输送管道直通松陵,将吴中的太湖水直接引用过来。相信到明年,吴江市民全部可以饮用上太湖水了。

二、吴江环境保护走在全国前列

2008年6月6日,吴江市环境监察大队大队长许竞竞做客吴江新闻网新闻中心"民生直通车"栏目,向市民汇报环境监察情况,并现场回答《吴江日报》记者和市民的提问。

吴江环境保护走在全国前列

会客零距离

记者:对环境监察工作,有不少市民不是太了解,请你首先介绍一下你们大队的具体职能、性质和环境监察人员的工作权限。

许竞竞:吴江市环境监察大队隶属于吴江市环境保护局,是受市环保局委托,依法对吴江市辖区内一切单位和个人履行环保法律法规,执行各项环保政策、制度和标准的情况进行现场监督、检查和处理的专职机构。

应该说,环境监察大队是整个环境保护行政主管部门实施统一监督管理的一个组成部分,是宏观管理的延续。我们在环境现场开展监督执法活动,工作更具体、更直接,主要负责污染源监察,排污费征收,排污申报,环境污染事故与污染纠纷调查处理,有关环境方面的来信、来访及电话投诉的调查处理,建设项目和限期治理项目的环境监察等几大块内容。

环境监察是直接执法行为,具有充分的严肃性和强制性。环境监察人员在执法时可以对排放污染物现场进行调查、采样并查阅有关资料,可以约见排污单位的负责人及有关人员及制止违法排放污染物的行为等,并运用征收排污费、罚款等经济手段强化对污染源的监督处理。

记者: 保护生态环境,就是保护我们自己和子孙后代的家园。随着经济社会的快速发展,环境问题也日益突出,如何保持经济发展与环境建设的协调推进,各地采取了多种扎实有效的措施,请问环境监察大队为此做了哪些工作,取得了怎样的成绩?

许竞竞: 吴江是著名的江南水乡,生态环境优美古已传之。在经济社会又好又快发展的同时,吴江非常注重生态环境保护与建设。为了将吴江的环境治理得更好,为了让天更蓝、水更清、气更净,环境监察大队所有成员付出了艰辛的努力,工作扎实有效。

去年,我大队采取有效措施组织开展各项环境监察专项行动,主要是挂牌督办、水源地保护、应对太湖蓝藻、重点污染源监管、污染减排项目检查、环境信访投诉处理、建设项目"三同时"检查等环境监察工作,共出动 19125 人次,检查企业 6375 厂次,提出行政处罚建议书 123 份,报请市政府对 14 家企业发出停产通知,排污收费达 3173.92 万元。

其中"环保专项行动"在环境监察工作中发挥了重要作用,取得了明显成效。首先,我们针对群众反映比较强烈、环境污染比较严重的 15 家企业进行挂牌督办,督促企业尽快落实整治措施,在规定期限内完成整改任务;其次对集中式饮用水源地保护区继续开展专项整治,加强对保护区内企业的监督检查,确保饮用水的安全;第三,我们与有关部门先后开展了化工行业专项整治和无证无照喷水织机行业专项整治两大行动,对全市 349 家化工企业逐一进行调查摸底,全年关闭了 95 家化工企业。另外,摸清全市无证无照企业户数达 1373 家,对它们加强环境评审,规范企业行为。

另外,我们围绕环保中心工作组织了各项执法检查,密切关注太湖沿线及江浙交界断面水质情况,加强夜间突击检查,对全市国控、省控重点排污企业、集中工业区、集中污水处理厂等进行拉网式排查,对未达到治理要求的喷织企业给予严厉打击。系列执法行动,有力地保障了吴江的环境保护和建设成果,为吴江市民提供了一个安全、生态的生存环境,付出我们环保人的努力。

记者: 环境监察队伍建设是做好监察工作的重要保证,请问吴江环境监察工作是怎样提升能力水平的,目前现状怎样?

许竞竞: 环境监察工作是非常辛苦的,工作多、任务紧、压力大,有时还会受到被查单位和个人的威胁,但越是困难,就越能考验每个监察人员的素质和能力。为提高环境监察队伍整体的执法能力,我们进行了大量创新管理工作。目前,我们大队共有 23 名环境监察人员,分 6 个中队进行分区定点定人负责管理。一直以来,我们的工作人员都是经常性地加班加点,除春节以外,基本上没有节假日,一听到哪里有问题,就第一时间赶到现场。我可以很自信地告诉大家,我们环境监察大队不论是人员的业务水平,还是各项设施配备,都是非常出色的。吴江的环境监察工作不仅在苏州、全省乃至全国来说,都是名列前茅的。去年,我们荣获了"苏州市优秀环境监察大队"称号。

吴江水环境整治首开"短信日报"制度,环境监察人员能在第一时间收到监测报告。我们会根据专业判断,对短信显示区域的水质进行分析,如果发现有问题,立即就对该区域范围内的企业进行排查,运行至今已经处理了不少案件。这种方式的及时、快速、高效,给环境监察工作带来了新活力。另一方面,在执法形式上进行创新。去年6月份,我们根据实际需要成立的夜查中队备受好评。据了解,这在整个苏州大市范围都是首创,并且已经作为先进经验推广开来。

我们注重人员的教育培训,努力提高人员的执法能力。去年,在苏州地区环境监察人员互查活动中,我们大队的两名队员和吴中区的一名代表一起到常熟交流学习。他们用半天时间,就解决了当地很长时间都未能解决的难题,这让我们感到非常自豪。

记者:环境监察工作直接针对企业的排污行为,在查处过程中影响企业的经济利益和行业发展,因此监察工作受到阻挠是可以理解的。请问目前吴江的环境建设存在怎样的问题,在环境监察过程中,你们遇到的主要问题是什么?

许竞竞:环境建设与经济发展是密不可分的,吴江的产业结构对环境建设的影响是根本性的。就环境监察工作而言,我们感到第一个问题是吴江环境建设的欠债不少。规模越大的企业,环保意识越强,监察工作越容易开展,而大量分散的小规模企业则是环境建设方面的软肋。

目前,我们遇到的最大困难就是喷水织机的污染与整治很难在根本上得到扭转,这个问题要解决,难度相当大。据摸底调查,吴江喷水织机企业生产点共有2000多家,相当一部分都是家庭作坊式的,分布比较分散,很多都是在家里开展生产经营,一家一两台或三四台,多数是无证无照的。即使环保意识强的企业主,也很难实现管道接入,来配置污水净化装置,进行污水处理。而现实中大多数小企业主环保意识非常差,对环境监察工作不配合、不理解、不支持,碰到检查,老板不出面,员工一问三不知,取样后无人签字,甚至还会出现阻挠。在监察人员配备有限的情况下,喷水织机污染治理难度非常大。

除了喷水织机外,七都的废铝回收行业、北厍的铜字招牌行业,还有小炼油等也都因为分散且规模小而使环境监察工作很难开展起来。当然针对这种现状,已经有不少乡镇开始进行产业疏导和调整,比如横扇镇就在规划喷水织机的集中搬迁,实行工业区式的统一管理,便于包括环境建设在内的各项公共管理顺利开展。我们在这方面也在尽最大的努力,从去年开始至今,一直在对喷水织机行业开展环境专项整治行动。本月将对喷水织机企业的污水处理情况进行验收,验收不合格的,我们将更进一步加强处罚力度。

第二个问题是信访处理较难。去年,我们受理有效来信、来电、来访1155件,处理率100%,满意率90%。但是,信访事件难处理,有时一个信访往往来回十多趟。对于敏感性信访,我们是紧盯不放,却很难处理。很多问题是以前规划上的,比如市区通虹路上和鲈乡南路上的小饭店一条街,油污、噪声严重影响居民生活,同时由于当时建造或装修时没有设置好专门的排污管道,有的就直接排污到雨水管网里,对整个水环境造成影响。还有地沟油即小炼油,都难以处理。

第三个问题是居民区靠近工厂，还有小区里的老虎灶，噪声、气味污染居民，引发矛盾，居民进行投诉。即使是达标排放了，也不能让居民满意。

第四个问题就是根据目前的法律规定，我们的处罚手段比较有限，一般只能进行罚款，而限期整改和停产关闭，需要经市政府同意才能操作。不仅时间跨度大，而且企业主故意躲避，不在通知书上签字，处罚决定无法真正执行起来，使监察工作陷入被动。

记者：你从事环境工作很多年了，对环境工作有着什么样的体会？对于广大社会民众，你希望他们以怎样正确的方式来参与环境建设？

许竞竞：我从事环境工作已经 28 年了，一路过来，我深切感受到，现在国家对环保的重视程度是史无前例的。国家对环境建设越来越重视，把环境建设提升到国家长远发展的战略高度，这是我们环保人的幸事，同时也是我们的一种压力，压力真的越来越大。同时，我也深切感受到，环境建设依然任重道远，需要环保人更多的付出。

就吴江的环境监察本身的环境而言，我很荣幸地告诉大家：第一，吴江没有地方保护主义。吴江与浙江交界，环保压力大，因而领导更是非常重视，吴江的环保绝对走在全省、全国的前列。第二，吴江处理环保事件，没有说情风。相反，据我们所知，有的老板找到领导，领导反而会批评督促他们。第三，吴江大老板的环保意识绝对强，很自觉，很配合，有的随叫随到，甚至主动思考怎样做好环保，有的生产经营交给儿子，自己专门研究环保。第四，吴江规模企业没有偷排现象，也没有环保设备停开现象。

当然，环境建设是一项复杂的系统工程，不仅仅是环保部门一家的事，需要其他部门、企业和民众的共同参与。广大市民既是环境建设的参与者，又是成果的享受者。我们呼吁大家的环保意识能更快提高，特别是一些小的作坊式企业主，希望他们不要只顾眼前利益，要从全社会的大局着眼，在拓展经营的同时，也要为我们的子孙后代多考虑蓝天碧水。

记者：今年环境监察有哪些打算？

许竞竞：根据苏州市环境监察支队要求，结合吴江实际，我们计划做好以下几方面工作：一是继续推进环保专项整治行动，加大挂牌督办力度。去年挂牌督办 15 家企业，今年全市计划挂牌督办 20 家。二是加大对全市污染源的监管力度，重点加强对化工、印染、电镀、织造等行业的执法检查，提高检查标准，加大打击力度。三是全面开展排污申报制，依法全面足额征收排污费，力争全年完成 3650 万元，对列入环境统计名单的重点污染企业实行月报制度。四是处理好环境信访案件，严格控制环境群体事件发生，加强队伍建设和管理，提升科学执法和信息化监管水平，加大环境监察的后督察等。

现场直通

小灵通尾号为 5769 的林女士来电反映：有一次，我和朋友在河边散步。我们看到一市民往河里扔了垃圾袋，朋友向我说了那人很多缺点，可朋友自己说话时，也往河里扔了刚擦完汗的餐巾纸。对我朋友的行为，请问你怎么评价？

许竞竞：环境建设需要人人参与，人人参与才能建设我们更好的家园。人人都从现在开始，人人都从自己做起，收起只照亮别人的"手电筒"，我们吴江的明天一定会更加美丽。

手机尾号为 9733 的沈先生来电反映：环境监察大队开展夜查活动，是否经常进行？如果遇到下雨等天气，是否也要去？市民如果发现有企业偷排污水的，应该怎样举报？

许竞竞：我们的夜查活动自开始以来，一直都有规律地进行着，而且大多是在半夜、凌晨去查，带上有关仪器，查的时候企业根本觉察不到我们就在附近。对于下雨天，我们就更要去夜查了。因为这个时候，下雨声会掩盖排污声，给检查造成麻烦，越是这种情况，我们越不能马虎。

当然，环境监察只靠我们自己有限的力量，效果毕竟有限，让广大市民更积极地参与进来，才能为环境监察提供强大的动力支撑。市民发现企业有可疑的环境问题，可直接拨打举报电话 12369，我们对举报人的情况绝对保密。

编 后 记

2006 年 9 月,吴江市政府召开地方志第四次工作会议,对全市地方志、专业志的编纂工作作出部署。11 月,市环保局成立地方志编纂领导小组,由副局长严永琦任组长,办公室主任王炜任副主任,科员王静任组员。2009 年 8 月,市环保局聘请市教师进修学校退休教师夏元麟参与编写。

2011 年 8 月,《吴江市环境保护志》完成第一稿,交市档案局地方志编纂科初审。2012 年 2 月,完成第二稿。4 月,完成第三稿。11 月,完成第四稿。2013 年 2 月,完成第五稿(送审稿),交吴江区档案局地方志编纂科复审。

2013 年 3 月 22 日,区地方志办公室召开《吴江市环境保护志》评审会,区档案局、区环保局的领导和区地方志办公室审稿领导小组的专家参加会议。与会的领导和专家对志稿的质量予以肯定并提出修改的意见。会后,编写人员根据领导和专家的意见,对志稿作进一步修改。8 月,定稿。

《吴江市环境保护志》是吴江有史以来第一部环保专业志,是区环保局领导和所属各科室共同努力的成果。本志在编纂过程中,得到区地方志办公室、区档案局的大力支持,谨在此表示深深的感谢。

由于编写人员水平有限,差误疏漏之处难免,恳请读者谅解并指正。

2013 年 3 月 22 日,《吴江市环境保护志》评审会全体与会人员合影留念

《吴江市环境保护志》编纂委员会
2013 年 9 月